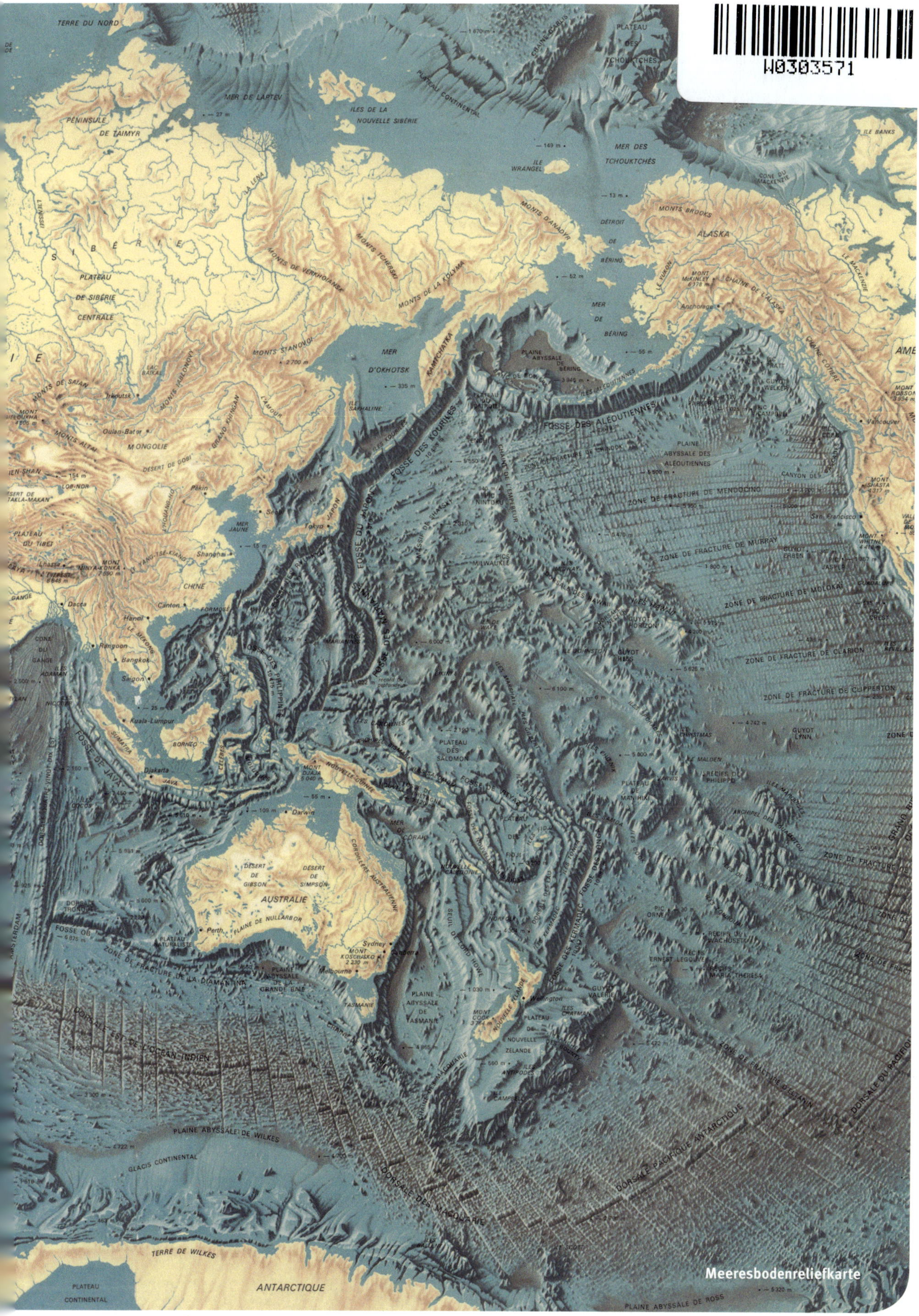

Meeresbodenreliefkarte

Seydlitz | Diercke

Geographie

Bayern
Oberstufe 11

Autorinnen und Autoren
Thomas Bauske, Bayreuth
Andrea Döringer, Spiegelau
Katharina Eckinger, Deggendorf
Charly Hoenig, München
Evelin Mederle, Regensburg

Schroedel®

westermann®

Ernst von Seydlitz-Kurzbach (geb. in Tschöplau/Kreis Freystadt) lebte von 1784 bis 1849. Mit der Herausgabe des Lehrbuches „Leitfaden der Geographie" im Jahre 1824 begründete er das traditionsreiche Unterrichtswerk „Seydlitz". Ausführliche Informationen sind unter www.schroedel.de/seydlitz-chronik.de nachzulesen.

Carl Diercke (geb. in Kyritz, Landkreis Ostprignitz/Preußen) lebte von 1842 bis 1913 und war Pädagoge und Kartograf. Von ihm stammt der bekannte Diercke-Schulatlas, der erstmals 1883 unter dem Namen „Schul-Atlas über alle Teile der Erde" erschien. Weitere Informationen können unter www.diercke.de entnommen werden.

Mit Beiträgen von:

Jürgen Bauer, Dieter Engelmann, Dr. Gerd Garten, Albrecht Gerke, Dr. Wolfgang Gerber, Uwe Grau, Matthias Heier, Sigrun Hallerman, Dr. Reinhard Herzig, Prof. Dr. Reinhard Hoffmann, Peter Köhler, Wolfgang Latz, Uwe Meier, Frank Morgeneyer, Winfried Waldeck, Anja Schreiner

Titelbilder (von links nach rechts):

Mondaufgang oberhalb der Erdatmosphäre · Blick auf Sölden in den Ötztaler Alpen · Sea Kayaking in der Antarktis · Verwüstungen nach dem Tsunami vom 26.12.2004

Druck A[5] / Jahr 2011
Alle Drucke der Serie A sind im Unterricht parallel verwendbar.

Redaktion: Lars Büttner
Bildredaktion: Christin Sperling
Satz: Yvonne Behnke
Umschlaggestaltung: typocepta – Büro für Gestaltung, Köln
Layout und Typographie: Thomas Schröder
Druck und Bindung: westermann druck GmbH, Braunschweig

ISBN 978-3-507-**52055**-4 (Schroedel) · 978-3-14-**151011**-9 (Westermann)

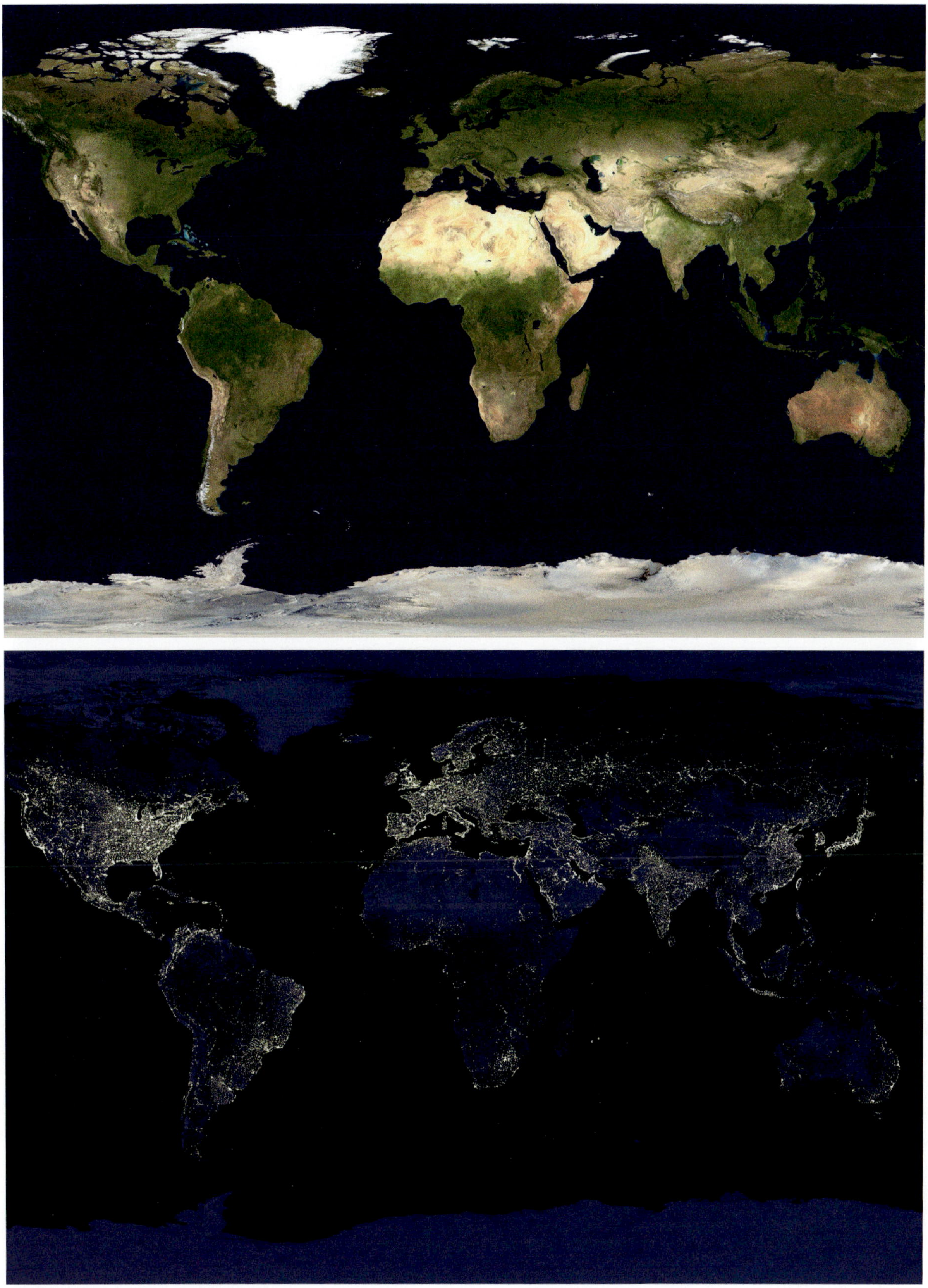

1 Die Erde bei Tag und bei Nacht

Inhalt

1 Der Blaue Planet und seine Geozonen

1 Forschungsobjekt Erde

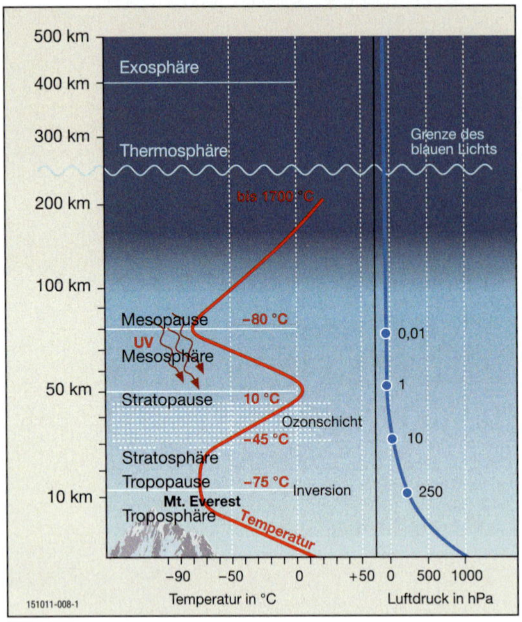

Die Atmosphäre besteht aus den Hauptbestandteilen:

Stickstoff (N_2) – 78,08 Vol.-%	= 75,46 Gewichts-%
Sauerstoff (O_2) – 20,95 Vol.-%	= 23,19 Gewichts-%
Argon (Ar) – 0,93 Vol.-%	= 1,29 Gewichts-%
Kohlenstoffdioxid (CO_2) – 0,03 Vol.-%	= 0,05 Gewichts-%

Diese Zahlen ergeben zusammen nahezu 100 %. Die Atmosphäre enthält jedoch noch zahlreiche weitere Gase, die nach Millionstel oder gar Milliardstel gemessen werden (ppm bzw. ppb = parts per million bzw. billion, dt.: Milliarde). Sie werden daher als Spurengase bezeichnet.

Neon (Ne) 18,20 ppm	Lachgas (N_2O) 0,50 ppm
Helium (He) 5,20 ppm	Xenon (Xe) 0,08 ppm
Methan (CH_4) 1,50 ppm	Kohlenmonoxid (CO) 0,05 ppm
Krypton (Kr) 1,14 ppm	Schwefelwasserstoff (H_2S) 0,10 ppb
Wasserstoff (H_2) 0,50 ppm	Ozon (O_3) 20–50 ppb

Die Konzentrationen von CO_2 verändert sich seit Beginn der Industrialisierung durch die Verbrennung fossiler Brennstoffe. Durch eine Intensivierung der Landwirtschaft wird verstärkt Methan aus Reisfeldern und aus Massentierhaltungen freigesetzt. Künstlich hergestellte Stoffe, wie z. B. Fluorchlorkohlenwasserstoffe (FCKW) oder Chlorfluormethane (CFM), sind ebenso in die Atmosphäre gelangt. Menschliche Aktivitäten führten zu Ruß- und Staubbildung, was die Konzentration von **Aerosolen** ebenfalls steigen ließ. Auf natürlichen Weg entstehen Aerosole in großen Mengen z. B. bei Vulkanausbrüchen.

1 Aufbau und Zusammensetzung der Atmosphäre

1.1 Atmosphärische Grundlagen

Aufbau und Zusammensetzung der Atmosphäre

Die Erde wird von einem mehrere Hundert Kilometer mächtigen Gemisch aus Gasen, Flüssigkeiten und festen Stoffen umhüllt, das die Rotation des Planeten mitvollzieht: die **Atmosphäre**. Sie hat im Vergleich zu allen anderen Sphären die geringste Dichte (griech.: atmos = Dunst) und die geringste Masse. Hätte die Atmosphäre die Dichte von Wasser, wäre sie nur etwa 10,13 m mächtig. Der von einer Wassersäule dieser Dicke ausgeübte Druck entspricht daher in Meereshöhe exakt dem **Luftdruck** der Luftsäule in Meereshöhe. Dieser sogenannte Normaldruck beträgt im Mittel 1 013 Hektopascal (hPa). Da die Atmosphäre von der Schwerkraft der Erde festgehalten wird, ist der größte Teil ihrer Bestandteile in den untersten Schichten konzentriert; nach oben wird der Luftdruck geringer, da immer weniger Masse vorhanden ist.
Mit der Höhe nimmt auch die Temperatur ab. Diese Temperaturveränderungen verlaufen jedoch nicht gleichmäßig. Daher lässt sich die bis in etwa 1 000 km Höhe reichende Atmosphäre in verschiedene Stockwerke gliedern, die durch sogenannte Pausen – Bereiche mit mehr oder weniger raschen Temperaturwechseln – gegeneinander abgegrenzt sind (M1).

Die unterste Schicht, die Troposphäre, reicht an den Polen bis in 8 km, am Äquator bis in 18 km Höhe. Innerhalb der Troposphäre nimmt die Temperatur im Mittel um 0,65 °C je 100 m ab und erreicht an der Tropopause Werte unter –60 °C. Die an der Tropopause einsetzende Temperaturumkehr (= Inversion) verhindert weitgehend vertikale Luftströmungen in die Stratosphäre. Dadurch kann besonders der Wasserdampf aus der Troposphäre nicht in den Weltraum entweichen. Das Wettergeschehen findet daher hauptsächlich in der Troposphäre („Wetterschicht“) statt, in der aufwärtsgerichtete und horizontale Luftbewegungen ständig für kräftige Durchmischungen sorgen.
Oberhalb von ca. 25 km steigt die Temperatur bis zur Stratopause wieder kräftig an, weil dort O_2 und O_3 (M1) einen Großteil der für alle Lebewesen gefährlichen und energiereichen UV-Strahlung der Sonne chemisch umwandeln und damit Wärme erzeugen. Da das Ozon durch die UV-**Absorption** wieder zerfällt, unterliegt die Ozonschicht einem ständigen Wandel von Auf- und Abbau.

Aufgaben

1. Beschreiben Sie den Aufbau und die Schichtung der Atmosphäre (M1).
2. Nennen Sie weitere Sphären außer der Atmosphäre.
3. Erklären Sie, warum Leistungssportler im Hochgebirge trainieren.

Strahlungs- und Wärmehaushalt der Erde

Von der Sonne, unserer Energiequelle, wird seit Milliarden von Jahren elektromagnetische Strahlung in den Weltraum abgegeben. Wegen ihrer hohen Oberflächentemperatur von etwa 5 700 °C strahlt sie überwiegend im kurzwelligen Bereich. Damit erzeugt sie an der Außenseite der Erdatmosphäre, wo die Sonnenstrahlen aufgrund der großen Entfernung praktisch parallel ankommen, einen als **Solarkonstante** bezeichneten Strahlungsenergiefluss von 1 360 W/m² (vgl. S. 10, M2). Die Erde und ihre Atmosphäre sind ebenfalls „Körper mit Temperatur", weshalb auch sie strahlen. Beide geben wegen ihrer im Vergleich zur Sonne weit geringeren Temperaturen jedoch nur langwellige Strahlung im Infrarotbereich ab.

Das System Erde nimmt die ankommende kurzwellige Strahlung (**Globalstrahlung**) auf, wodurch sich ihr Energiegehalt ändert und gibt die aufgenommene Energie in Form von langwelliger Strahlung (Wärmestrahlung) wieder ab. Die Atmosphäre wirkt wie ein Fenster aus Glas und sorgt für den natürlichen **Treibhauseffekt**, welcher die ausstrahlungsbedingte Abkühlung der Erdoberfläche verhindert (M3). Zusätzlich gibt die Erde Energie in Form von **Konvektions**- und Verdunstungswärme – auch fühlbare und latente Wärme genannt – an die Atmosphäre ab. Der Transport dieser Wärme erfolgt auch in horizontaler Richtung und kann damit die Strahlungsbilanzüberschüsse oder -defizite verschiedener Regionen der Erdoberfläche ausgleichen (M2).

Aufgaben

1. Erläutern Sie die Strahlungsbilanz der Erde und die besondere Bedeutung von H_2O und CO_2 (M2).
2. Begründen Sie, warum es im Winter bei klarem Himmel besonders kalt ist, selbst wenn den ganzen Tag die Sonne scheint.
3. Erläutern Sie die Abbildung M4.

3 Der natürliche Treibhauseffekt

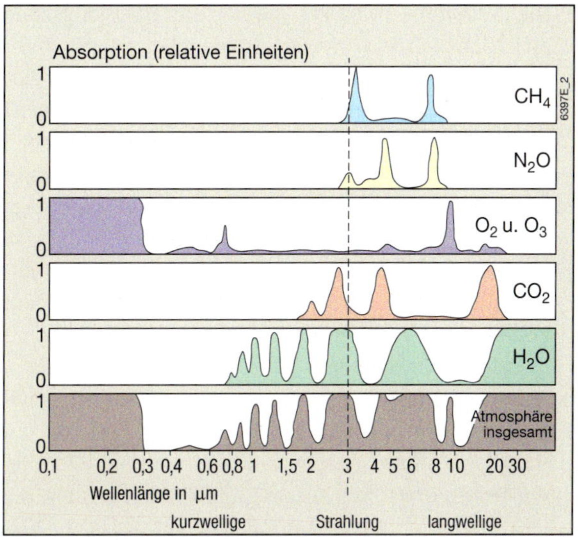

4 Wirksamkeit von Treibhausgasen

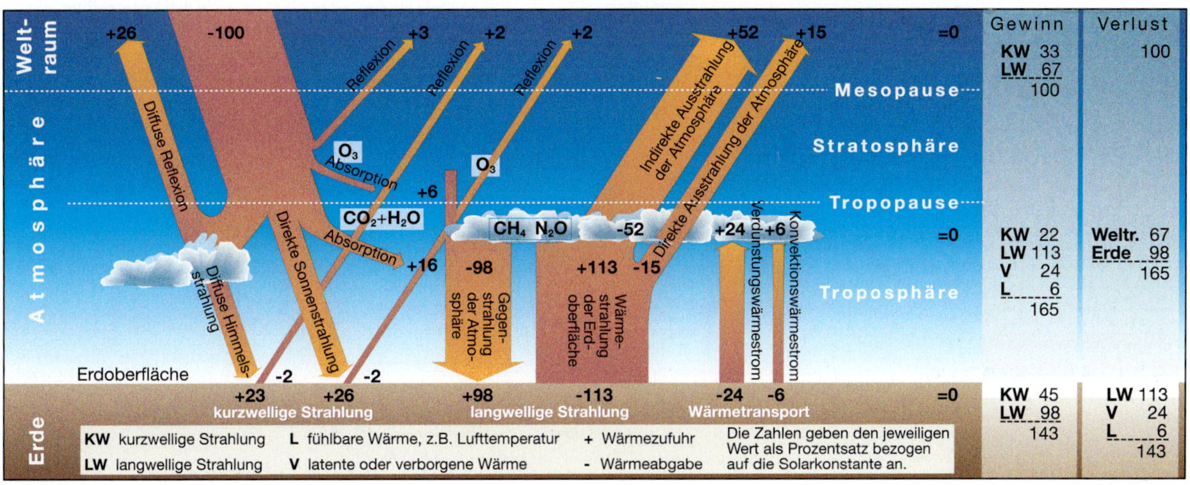

2 Globale Strahlungsbilanz für das System Erde-Atmosphäre-Weltraum

Energiezufuhr – Globale Beleuchtungsverhältnisse

Aufgrund der Kugelgestalt der Erde und der Schiefe der Ekliptik ändern sich die Intensität und Dauer der Sonneneinstrahlung an einem Ort beständig. Die Sonnenhöhe (Einstrahlungswinkel) und die Tageslänge unterliegen starken Schwankungen in Abhängigkeit der geographischen Breitenlage. Die sich daraus ergebenden Beleuchtungsverhältnisse im Jahresgang führen zu einer Einteilung in fünf Zonen, die durch Wende- und Polarkreise abgegrenzt werden (M1):

- Die Tropen erhalten die größte Energiezufuhr; sie schwankt nur wenig, da die Sonne im Jahresverlauf zwischen den Wendekreisen immer wieder im Zenit steht und ganzjährig einen Energieüberschuss erzeugt.
- Die beiden Polarzonen besitzen trotz hoher Energiegewinne während der halbjährigen Polartagphase im Jahresmittel eine negative Strahlungsbilanz.
- Die Mittelbreiten bilden jeweils die Übergangszone zwischen diesen extremen Zonen. Sie zeigen strahlungsklimatisch und thermisch deutlich unterscheidbare Jahreszeiten und werden in niedere (Subtropen) und hohe Mittelbreiten untergliedert. Die Subtropen besitzen im Sommer hohe Sonnenstände und relativ lange Nächte, im Winter dagegen relativ lange Tage mit immer noch wärmender Sonne. Die zwischen 45 Grad Breite und den Polarzonen gelegenen hohen Mittelbreiten haben im Sommer dagegen lange Tage mit hohem Sonnenstand und im Winter kurze Tage mit niedrigem Sonnenstand.

Aufgrund der unterschiedlichen Energiebilanzen zwischen den Tropen und den Polarzonen, erfolgt ein naturgesetzmäßiger Ausgleich in Form eines Wärmeenergietransportes. Ein Ausgangspunkt hierfür stellt die Entstehung unterschiedlich warmer Luftmassen und -schichten dar. Die Mittelbreiten sind damit die Zone, in welcher der Energieaustausch zwischen Tropen und Polarzonen durch Luftmassen- und **Meeresströmungen** stattfinden muss.

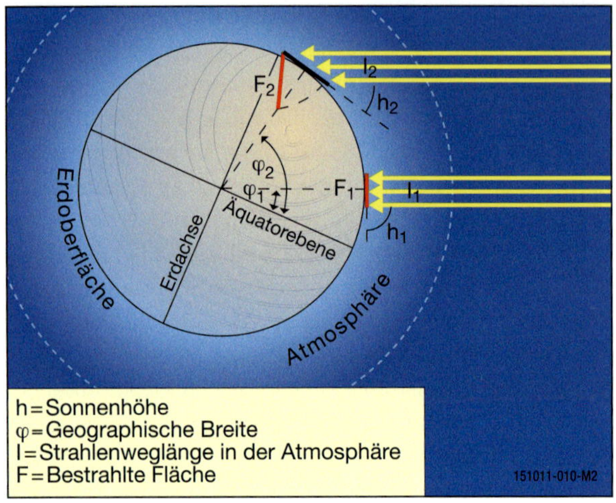

2 **Beleuchtung der Erde**

Aufgaben

1. Erläutern Sie die unterschiedliche Energiezufuhr für die Flächen F1 und F2 in M2.
2. Begründen Sie mithilfe von M1, wodurch sich jahreszeitliche Wechsel und Veränderungen in den Beleuchtungszonen ergeben.
3. Erklären Sie, weshalb die Dämmerung im äquatorialen Bereich nur kurz ist und die Tageslänge konstant bei 12 Stunden liegt.
4. Erarbeiten Sie sich mithilfe von M2 die Beleuchtungsverhältnisse auf der Südhalbkugel.

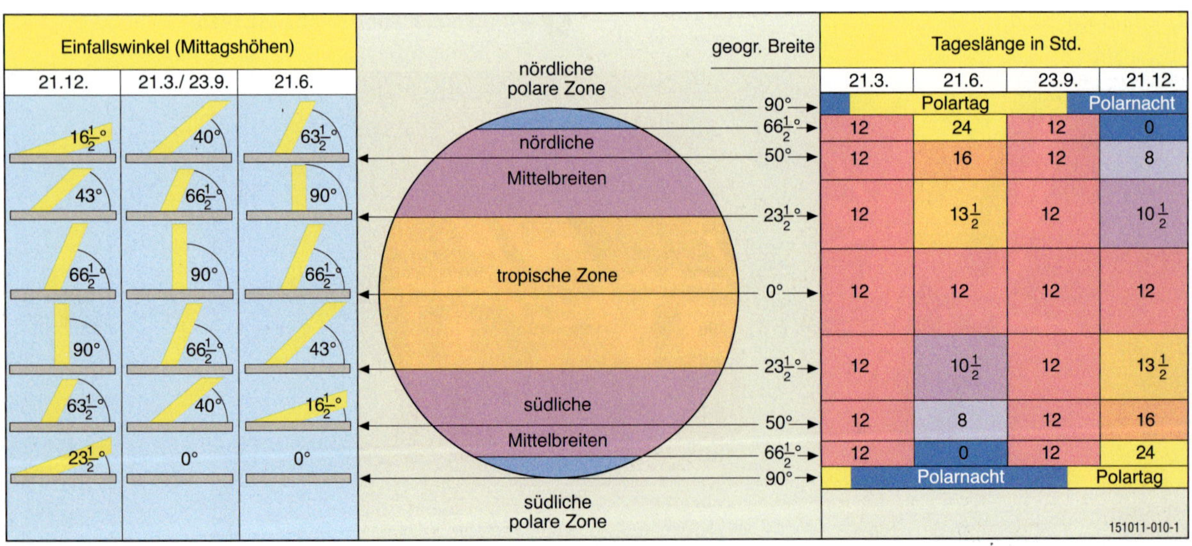

1 **Beleuchtungszonen der Erde**

Lufttemperatur

Die räumlichen und zeitlichen Variationen des **Strahlungs- und Wärmehaushalts** haben Auswirkungen auf die Lufttemperatur, den Wärmegehalt der Luft. Physikalisch betrachtet ist sie Ausdruck des Bewegungszustandes der Luftmoleküle. Deren kinetische Energie ändert sich in dem Maß, wie Strahlungsenergie zu- oder abgeführt wird. Der durchschnittliche Tagesgang der Temperatur wird wesentlich vom Tagesgang der Sonnenstrahlung beeinflusst. Das Maximum der Lufttemperatur tritt erst nach dem Sonnenhöchststand – etwa gegen 14 Uhr – auf, denn die Abgabe der temperaturwirksamen, langwelligen Wärmestrahlung erfolgt mit einer zeitlichen Verzögerung. So kann die Lufthülle auch noch nach Sonnenuntergang vom Wärmevorrat der Erdoberfläche profitieren. Erst in den Nachtstunden ergibt sich ein Defizit, das in den frühen Morgenstunden seinen Höchstwert erreicht. Dann wird auch das Minimum der Lufttemperatur gemessen. Dieser strahlungsbedingte Zusammenhang wird allerdings auf globaler Ebene von der Oberflächenbeschaffenheit, der Höhenlage sowie von Wasser- und Landmassen beeinflusst.

Die primär breitenabhängigen Strahlungsunterschiede auf der Erde beeinflussen die Tagesgänge und somit auch den Jahresgang der Temperatur der Luftmassen (M3).

Aufgaben

1. Erklären Sie die Temperaturunterschiede zwischen Strahlungs- und tatsächlicher Temperatur in M4 und die Unterschiede zwischen den Hemisphären.
2. Begründen Sie die Temperaturamplituden in M5.
3. Beschreiben Sie in M3 den jährlichen Verlauf der Energiezufuhr am Äquator und in 50° n.Br. Diskutieren Sie die Zusammenhänge mit der Lufttemperatur.

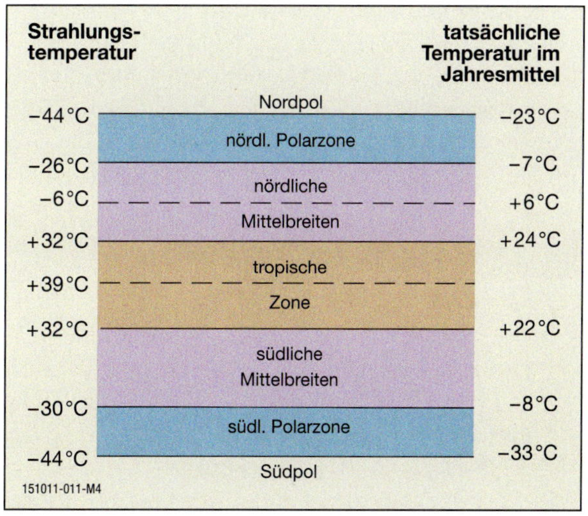

4 Strahlungstemperatur und tatsächliche Temperatur

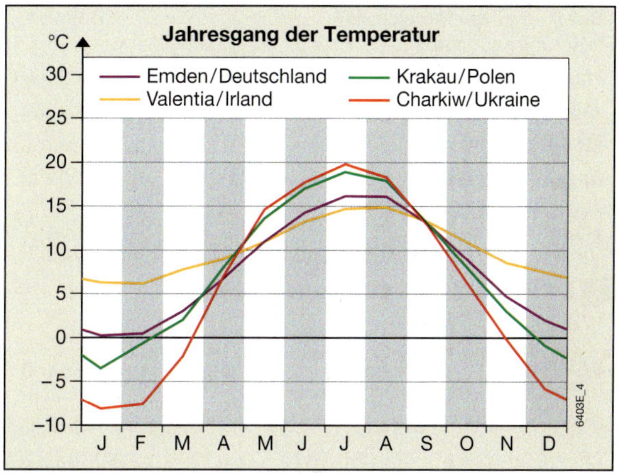

5 Jahresgang der Temperatur im Bereich des 50. Breitengrades in Europa

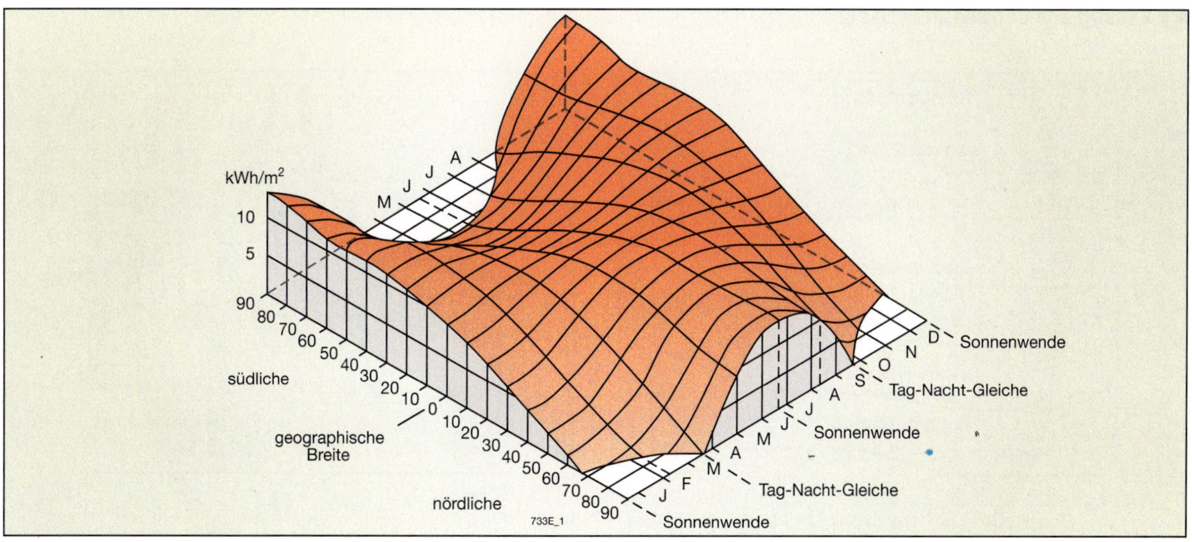

3 Tagessummen der Sonnenstrahlung

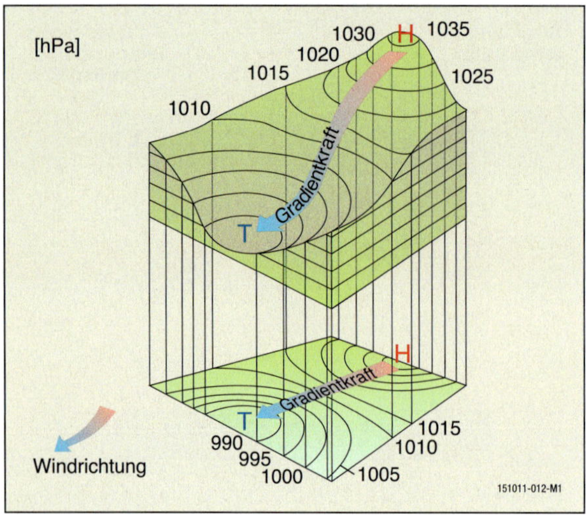

1 Gradientkraft – Folge von Luftdruckunterschieden

Druck, den der Mensch mit der Lunge erzeugt:	200 mbar
Wasserleitung:	2 – 5 bar
Autoreifen:	1 – 2 bar
Mountainbike:	4 – 6 bar
Baggerhydraulik:	100 bar
Luftdruck an der Erdoberfläche:	1013 hPa = 1 bar

2 Beispiele für Druckangaben

Windstärke	Bezeichnung	Windgeschwindigkeit
4	mäßige Brise	20 – 28 km/h
8	stürmischer Wind	62 – 74 km/h
9	Sturm	75 – 87 km/h
11	orkanartiger Sturm	103 – 117 km/h
12	Orkan	›118 km/h

3 Auszug aus der Beaufort-Skala

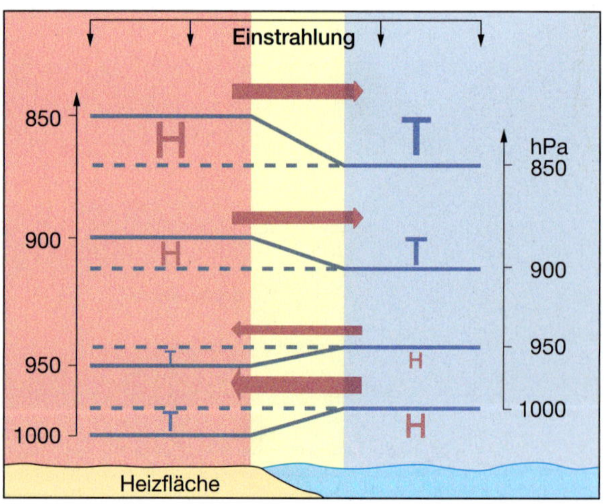

4 Land-See-Windsystem (Isobarenflächen)

Energietransport – Luftdruck und Wind

„Luft“ ist nicht sichtbar, aber überall auf der Erde vorhanden. Bereits Demokrit (460 – 371 v. Chr.) bezeichnete die Luft als Körper, dem eine gewisse Schwere zugeschrieben werden müsse. Luft übt durch ihr Gewicht auf jede gewählte Bezugsfläche einen Druck aus, den Luftdruck. Im Meeresspiegelniveau beträgt der Luftdruck der gesamten darüber stehenden Luftsäule durchschnittlich 1 013 Hektopascal (hPa) beziehungsweise 1 013 Millibar (mb, vgl. S. 8). Ein Pascal entspricht dem Druck, den eine Kraft von 1 N (Newton) auf einen Quadratmeter ausübt.

Um den Luftdruck an verschiedenen Orten vergleichbar zu machen, wird der gemessene Stationsdruck jeweils auf das Meeresniveau (Normalnull, NN) umgerechnet und als Normaldruck in Wetterkarten eingetragen. Orte mit gleichem Druck werden dabei durch sogenannte Isobaren verbunden. In Blockbildern oder Vertikalprofilen der Atmosphäre werden dagegen isobare Flächen, das heißt Höhenniveaus mit jeweils gleichem Luftdruck, dargestellt (M1). In kalter Luft, in der die Moleküle dicht beisammen sind, liegen die isobaren Flächen enger geschart als in warmer, weniger dichter Luft (M4). Im Blockbild M1 entsteht dadurch plastisch das Bild eines Druckgefälles, welches im frei beweglichen Gasgemisch der Atmosphäre zu einer horizontalen Druckausgleichsströmung, einem Wind, führt. Die Kraft, welche die Luft dabei in Bewegung setzt, wird als **Gradientkraft** und die horizontale Verlagerung der Luftmasse als **Advektion** bezeichnet. Die Gradientkraft ist stets vom hohen zum tiefen Druck gerichtet und steht senkrecht auf den Isobaren. Je geringer der Abstand der Isobaren ist, desto stärker ist der Wind. Mithilfe der Beaufort-Skala werden Windstärken unterschieden. Windstärke 1 wird als leiser Zug bezeichnet und weist eine Windgeschwindigkeit von 2 – 6 km/h auf, Windstärke 12 wird als Orkan bezeichnet und weist eine Windgeschwindigkeit von über 118 km/h auf (M3).

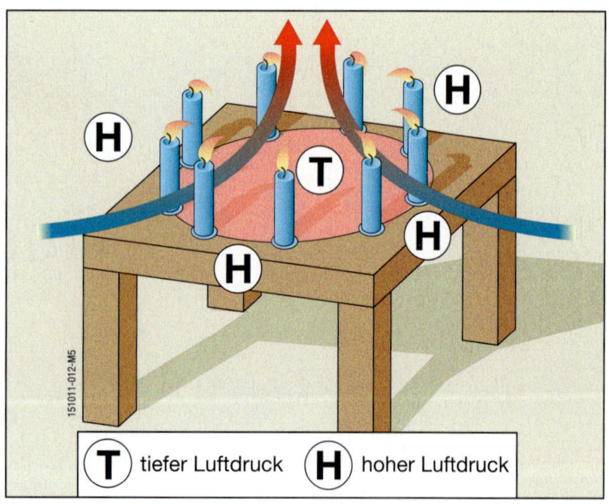

5 Das Kerzenexperiment

Luftdruckunterschiede und die von ihnen ausgelösten Winde entstehen meist durch unterschiedliche Erwärmung der Luft. Sie sind Ausdruck des Energietransportes bzw. Ausgleichs in der Atmosphäre aufgrund der unterschiedlichen Energiezufuhr. Die im Kerzenexperiment zum Zentrum gerichteten Flammen zeigen diese Luftmassenströmung (M5). Sie weist auf einen geringeren Luftdruck (= Tief) in der Kreismitte hin, der durch das Aufsteigen der von den Kerzen erwärmten Luft entsteht.

Das Land-Seewind-System

In der Natur wird die Luft bei Sonneneinstrahlung durch die von der Erdoberfläche ausgehende Wärmestrahlung von unten angeheizt. Über Land herrscht in gleichem Höhenniveau ein höherer Luftdruck (= Hoch) als über dem Wasser. Sandflächen erhitzen sich stärker und geben daher mehr langwellige Strahlung ab, wogegen im benachbarten Wasser viel Energie für die Verdunstung verbraucht wird. Die Erwärmung führt zu einer – nur nach oben möglichen – Volumenausdehnung der Luft, und zwar umso mehr, je geringer der auflastende Druck ist. Es entstehen Luftdruckunterschiede bei gleichem Höhenniveau.

Da vergleichsweise über Land ein höherer Luftdruck als über dem Wasser herrscht, liegen die isobaren Flächen über Land generell höher als über dem Wasser. Als Folge entsteht eine in der Höhe seewärts gerichtete Luftmassenströmung, die über dem Wasser insgesamt zu mehr Luftmasse führt. Nahe der Wasseroberfläche entsteht so ein Bodenhoch, über dem Land ein Bodentief und damit der landwärts gerichtete Seewind als Druckausgleichsströmung. Die aus dem Bodenhoch ausfließenden Luftmassen werden durch von oben absinkende ständig ergänzt.

Dieses regionale Zirkulationssystem, das Land-See-Windsystem, resultiert aus rein thermisch bedingten Druckgebilden. Daher kehren sich nachts die Luftdruckverhältnisse und damit die Luftmassenströmungen um (M6).

7 **Orkan – Windstärke 12**

Aufgaben

1. Begründen Sie, warum der vertikale Isobarenabstand mit der Höhe zunimmt.
2. Beschreiben Sie den Zusammenhang zwischen Windgeschwindigkeit und Abstand der Isobaren in einer Bodenwetterkarte (M1).
3. Erklären Sie das Kerzenexperiment (M5). Übertragen Sie dieses auf die Vorgänge in der Natur.
4. Erläutern Sie, warum sich eine sogenannte Weihnachtspyramide aus dem Erzgebirge dreht.
5. Erklären Sie, warum nachts am Boden ein Landwind weht (M6).
6. Das Kontinentalklima ist gekennzeichnet durch große Amplituden im täglichen und jährlichen Temperaturverlauf. Begründen Sie.

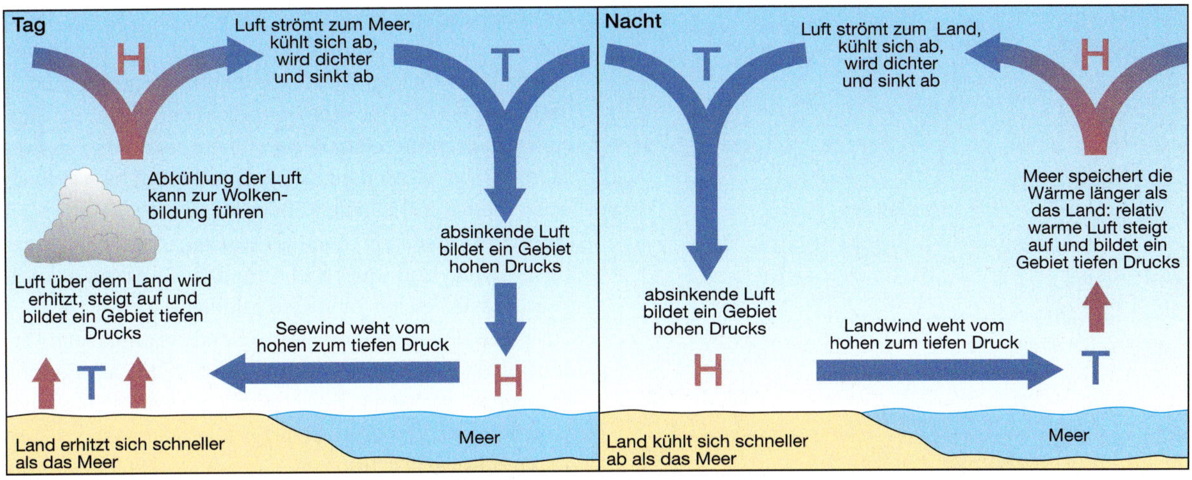

6 **Land-See-Windsystem (Tag-/Nachtsituation)**

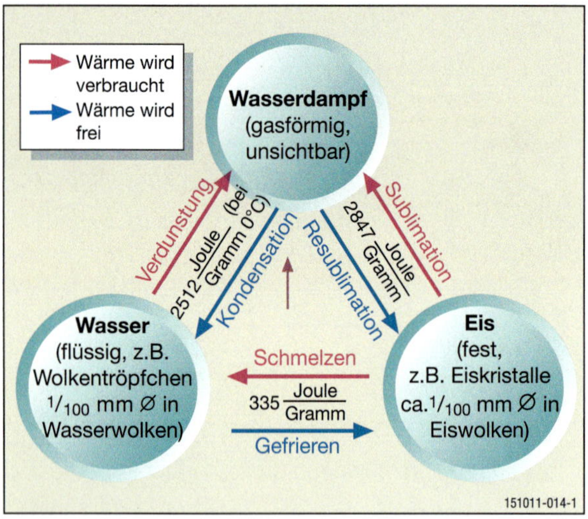

1 Wasser in der Atmosphäre

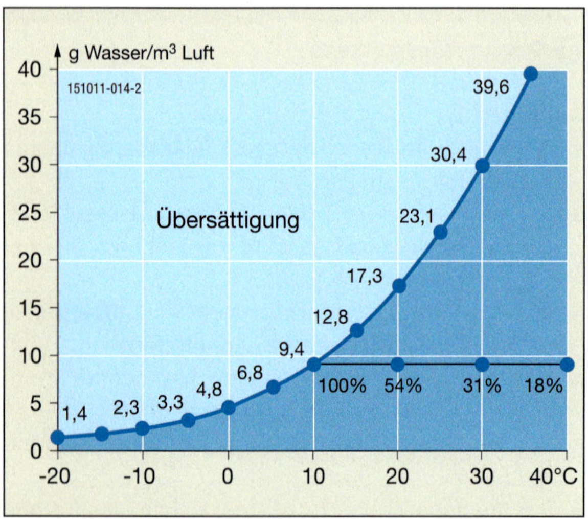

2 Taupunktkurve

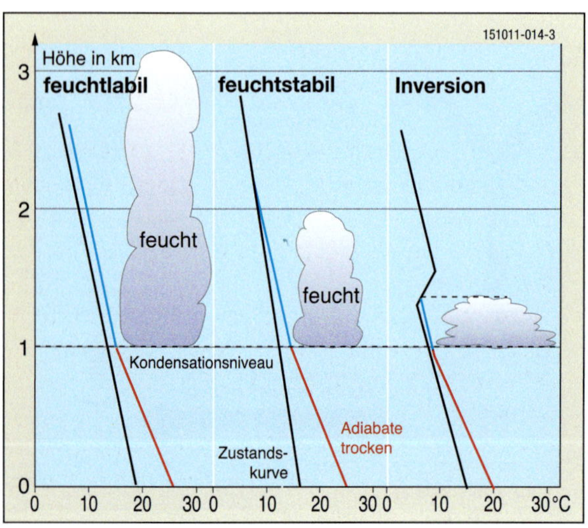

3 Schichtungstypen

Energietransport – Wasser in der Atmosphäre

Die irdische Atmosphäre enthält im Durchschnitt etwa 15 Billiarden Liter Wasser – genug, um den Bodensee rund 300-mal zu füllen. Statistisch gesehen wird diese riesige Wassermenge in zehn bis elf Tagen einmal völlig umgewälzt. Damit ändert sich der Wassergehalt der Luft rascher und in weit größerem Umfang als der aller anderen Bestandteile der Atmosphäre.

Wasser kommt zudem in der Lufthülle des Planeten in allen drei Aggregatzuständen vor. Da jeder Wechsel des Aggregatzustandes mit einem Energieumsatz verbunden ist, trägt der dabei ausgelöste latente Wärmestrom entscheidend zum horizontalen und vertikalen Energietransport innerhalb der Atmosphäre bei (M1).

Die Menge des in der Luft enthaltenen Wasserdampfs wird in g/m³ angegeben und heißt **absolute Feuchte**. Die größtmögliche Menge Wasserdampf, die 1 m³ Luft bei einer bestimmten Temperatur aufnehmen kann, heißt maximale Feuchte. Sie wird ebenfalls in g/m³ angegeben und lässt sich aus der sogenannten Taupunktkurve entnehmen.

Der **Taupunkt** ist diejenige Temperatur, bei der Wasserdampf kondensiert. Das Verhältnis von absoluter zu maximaler Feuchte wird als **relative Feuchte** bezeichnet und in Prozent angegeben. Beim Erreichen des Taupunkts beträgt die relative Feuchte somit 100 % (M2).

Bei der Kondensation entstehen aus dem unsichtbaren gasförmigen Wasserdampf Wassertröpfchen, die als Nebel oder Wolken sichtbar werden. Sie bilden sich aber nur, wenn Kondensationskerne in der Luft sind wie z. B. Ruß- und Staubpartikel oder Salzkristalle. Eine Erwärmung über den Taupunkt hinaus führt zu erneutem Verdunsten der Tröpfchen, zu Wolkenauflösung und gesteigerter Wasserdampfaufnahmefähigkeit.

Die meisten Abkühlungsvorgänge werden in Bodennähe durch Wärmeabstrahlung in wolkenarmen Nächten oder durch Aufsteigen von Luftmassen in Gang gesetzt. Im letzteren Fall dehnt sich ein Luftvolumen wegen des mit der Höhe geringer werdenden Luftdrucks aus und kühlt dadurch ab. Ohne Wärmeaustausch mit der Umgebung (**adiabatisch**) beträgt die Temperaturabnahme 1 °C/100 m (trockenadiabatischer Temperaturgradient). Wird der Taupunkt überschritten, kondensiert der mitgeführte Wasserdampf. Dabei werden bei 0 °C pro kondensiertem Gramm Wasserdampf 2 512 Joule Kondensationswärme frei (M1). Diese frei werdende Energie bewirkt, dass die weiter aufsteigende Luft nur noch um 0,5 °C/100 m abkühlt (feuchtadiabatischer Temperaturgradient).

Die wetterwirksamen Folgen von Kondensations- und Verdunstungsvorgängen lassen sich anschaulich am Beispiel des Föhns verfolgen (M4). Nach trockenadiabatischer Abkühlung im Luv eines Gebirges folgt oberhalb des Kondensationsniveaus bis zum Kamm feuchtadiabatische Abkühlung mit intensivem Steigungsregen. Jenseits des

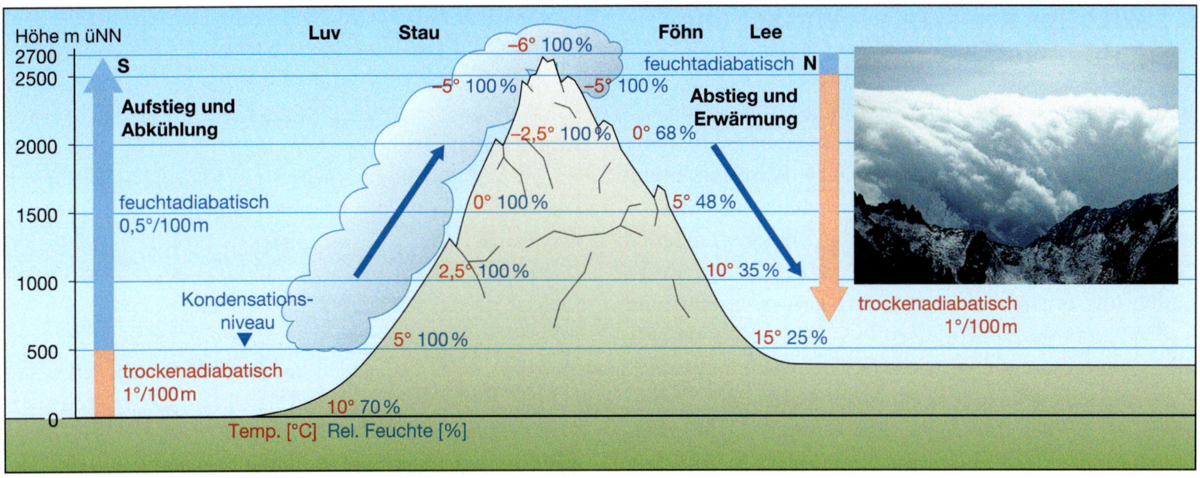

4 Steigungsregen und Föhn / Foto: Föhnmauer im Kammbereich

Kamms wird die Luft beim Absinken durch Kompression wieder erwärmt. Nach einer kurzen Phase der Wolkenauflösung erfolgt der Abstieg ausschließlich trockenadiabatisch, die relative Feuchte sinkt dabei rasch. Die Leeseite des Gebirges hat durch den trockenen und warmen Fallwind, den Föhn, auf gleichem Höhenniveau daher höhere Temperaturen als die Luvseite.

In der Atmosphäre werden Luftvolumen ständig vertikal verlagert, zum Beispiel wenn am Tage bodennahe Luftschichten erwärmt werden. Mehr oder weniger große Warmluftblasen lösen sich dann vom Untergrund und schlingern in die Höhe, was als Konvektion bezeichnet wird. Zum Ausgleich sinkt in ihrer Umgebung Luft ab, sodass sich – ausgelöst durch die Thermik – überall kleine Konvektionszellen bilden. Innerhalb der aufsteigenden Warmluftblase ändert sich die Temperatur rein adiabatisch. Die Temperaturverhältnisse ihrer Umgebung sind davon unberührt, entscheiden aber über den weiteren Weg des Luftvolumens (M3).

Im Normalfall kann dieses Luftvolumen nur so weit aufsteigen, bis es eine Luftschicht gleicher Dichte erreicht. Ist die umgebende Luftschicht kälter, bleibt der Auftrieb der Warmluftblase wegen ihrer noch geringeren Dichte erhalten und es steigt weiter auf (labile Schichtung). Ist die Umgebung dagegen wärmer, sinkt sie wegen ihrer größeren Dichte zurück (stabile Schichtung); eine äußerst stabile Schichtung liegt bei einer Temperaturumkehr (Inversion) vor. Sie wirkt als Sperre und erlaubt Vertikalbewegungen nur bis zu ihrer Unterseite, sodass sich dort zum Beispiel Luftverunreinigungen ansammeln.

Die Entstehung verschiedener Wolkengattungen (M5) basiert einerseits auf solch unterschiedlichen Schichtungsverhältnissen und damit verbundenen Kondensationsvorgängen bei der Konvektion. Andererseits können sie auch Produkt von Aufgleitvorgängen unterschiedlich temperierter Luftmassen bei der Advektion sein (vgl. S. 13).

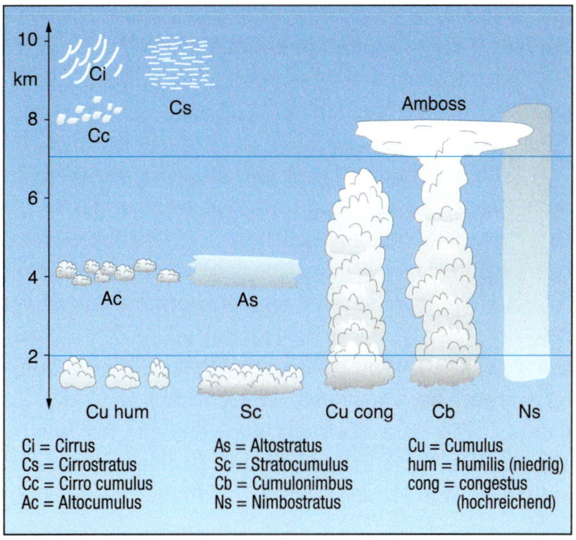

5 Wolkengattungen

Aufgaben

1. Ermitteln Sie, wie viel Prozent relative Feuchte Luft mit 9,4 g Wasser pro m³ bei 10, 25, 35 und 0 °C hat (M2).
2. Erklären Sie, warum tropische Regenfälle intensiver und ergiebiger sind als außertropische Niederschlagsereignisse.
3. Erläutern Sie die Auswirkungen des Föhns bei N-Wind (M4).
4. Erläutern Sie die Begriffe labile und stabile Schichtung sowie Schichtung mit Inversion (M3). Finden Sie Auswirkungen von häufig auftretenden Inversionswetterlagen.
5. Nennen Sie ein Regionalbeispiel für besonders inversionsgefährdete Gebiete. Begründen Sie, warum Temperaturinversionen in Ballungsgebieten häufig mit Gesundheitsgefährdung verbunden sind.

1.2 Wichtige Kreisläufe – Wasser und Kohlenstoff

Neben den tektonischen Prozessen ist die Sonne die wichtigste Energiequelle für die zahlreichen Stoffströme der Erde. Anders als die Energie, die als Wärmestrahlung letztlich ins Weltall abgegeben wird, bleibt die Materie jedoch innerhalb des Systems Erde. Die verschiedenen Stoffe zirkulieren dabei in meist geschlossenen Kreisläufen, die untereinander vielfältig gekoppelt sind und sich dadurch gegenseitig beeinflussen. Im Grunde sind alle Stoffkreisläufe biogeochemische Kreisläufe, weil die Elemente einerseits in anorganischen Molekülen das Gestein, den Boden, das Wasser und die Luft, andererseits in organischen Molekülen die Lebewesen durchlaufen. Atmosphäre, **Pedosphäre** und **Hydrosphäre** haben dabei jeweils wichtige Transportfunktionen.

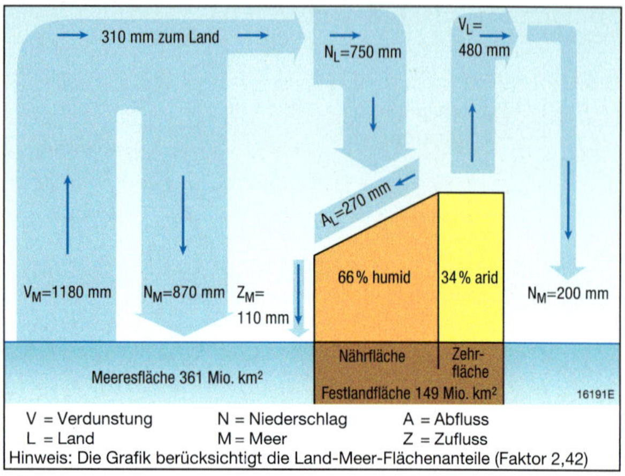

2 Niederschlags- und Verdunstungsmengen beim globalen Wasserkreislauf

Wasser – eingebunden in einen Kreislauf

Die Gesamtmenge des Wassers im System Erde ist konstant, variabel dagegen sind die regionale Verteilung oder die prozentualen Anteile an den drei Zustandsformen. Im langzeitlichen Mittel besteht ein ausgewogenes Verhältnis zwischen Verdunstung und Niederschlag, das in M2 dargestellt wird. Die angegebenen Werte entsprechen dabei der Höhe einer Wassersäule. Analog zu Angaben bei Niederschlägen ist dabei 1 mm Wassersäule äquivalent zu einem Liter Wasser pro Quadratmeter.

Unter Verwendung erheblicher Energiemengen verdunstet Wasser über Land- und Meeresflächen. Der Wasserdampf in der Luft speichert diese Energie als **latente Wärme**, die wieder freigesetzt wird, wenn das in der Luft enthaltene Wasser nach erfolgter Abkühlung kondensiert.

Die Wassertropfen bzw. Eiskristalle wachsen und fallen schließlich als Niederschlag in unterschiedlicher Form auf Meeres- und Landflächen. Je nach „Zielgebiet" kann der Niederschlag dort unterschiedlich lange verweilen, bis er schließlich durch Verdunstung wieder in die Atmosphäre gelangt oder in Flüssen dem Meer zufließt und dort verdunstet. Im Durchschnitt wird das Wasser in der Atmosphäre alle acht bis neun Tage ausgetauscht, rund 42-mal im Laufe eines Jahres (M1).

In M2 wird u.a. auch der grundsätzliche Unterschied zwischen humiden und ariden Festlandsflächen verdeutlicht. Humide Gebiete führen dem Meer „überschüssiges" Wasser in Form von Oberflächen- und Grundwasserabfluss zu. Bei ariden Gebieten, die durchaus auch Niederschläge erhalten, fehlt dieser Abfluss. Sie sind durch starke Verdunstung gekennzeichnet.

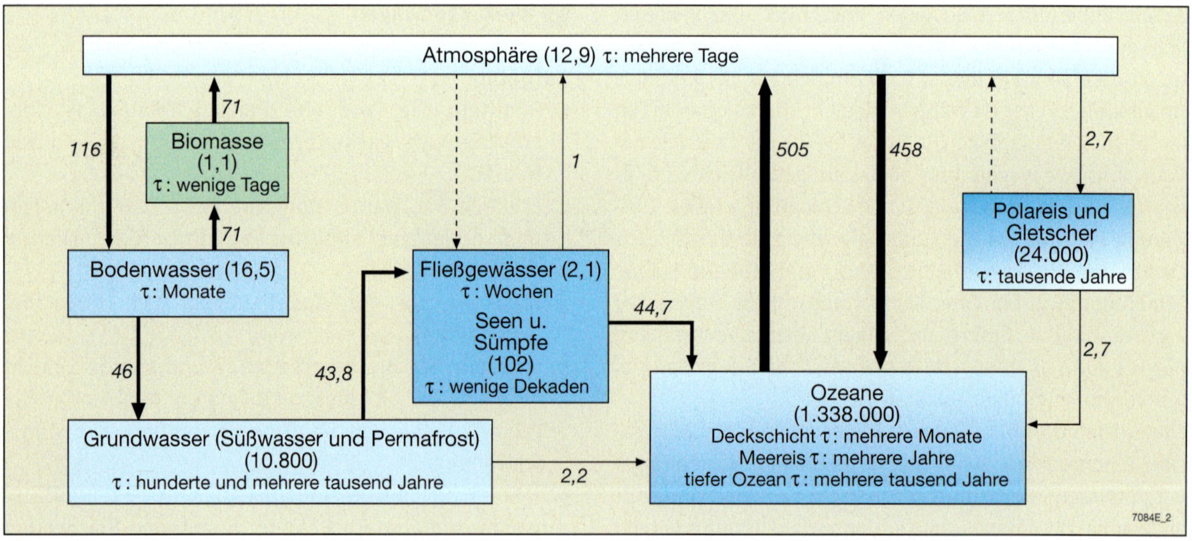

1 Globaler Wasserkreislauf – Reservoire (in 1000 km³), bewegte Wassermenge (in 1000 km³/Jahr) und typische Verweildauer *(τ)*

Kohlenstoffkreislauf

Der **Kohlenstoffkreislauf** ist überwiegend ein CO_2-Kreislauf, der zunächst unmittelbar mit dem Sauerstoffkreislauf verbunden ist. Zusätzlich ist er auch mit dem Energietransport, der über organisch-chemische Moleküle, wie z.B. Fette und Kohlenhydrate, mit Kohlenstoffketten als Grundbausteinen abläuft, kombiniert. Es können zwei wichtige Wege der Zirkulation unterschieden werden: die Assimilation von CO_2 durch autotrophe Organismen in der Fotosynthese und die Respiration von Kohlenhydratmolekülen zur Energiegewinnung unter Abgabe von CO_2.

Unter natürlichen Bedingungen ist die Gewinn-Verlust-Bilanz auf der Erde ausgeglichen, wenngleich dem Kreislauf unter Luftabschluss Kohlenstoff durch Fossilierung verloren geht (M4). Denn im Gegensatz zum Kreislauf des Wassers besitzt der CO_2-Kreislauf (genauer Kohlenstoffkreislauf) bedeutende Senken, d.h. Mechanismen, durch die bestimmte Mengen des Kohlenstoffs zeitweilig oder dauerhaft dem Kreislauf entzogen werden können. Im Laufe der Erdgeschichte ist durch die Bildung von Torf, Kohle, Erdöl und Erdgas, v.a. aber durch die Bildung von kalkhaltigen Sedimenten die Menge des im Kreislauf zirkulierenden Kohlenstoffs in großem Umfang vermindert worden. Durch Verbrennung fossiler Brennstoffe (M4) und durch von Menschen verursachte Waldbrände steigt der CO_2-Gehalt in der Atmosphäre jedoch wieder. Nur etwa die Hälfte des dabei freigesetzten CO_2 wird von den Ozeanen absorbiert (M3).

Die Zunahme des Kohlenstoffgehalts der Atmosphäre durch die anthropogene Kohlenstofffreisetzung kann nicht durch die Ozeane und Pflanzen kompensiert werden, obgleich sie mehr aufnehmen als sie abgeben.

4 Kohleflöz – C-Senke und CO_2-Quelle

Aufgaben

1. Erläutern Sie den globalen Wasserkreislauf.
2. Geben Sie den Zusammenhang zwischen Niederschlag, Verdunstung und Abfluss wieder (M2).
3. Erklären Sie die Kreisläufe des Kohlenstoffs (M3). Erläutern Sie, inwieweit Lebewesen darin integriert sind.
4. Erklären Sie anhand der fossilen Brennstoffe den Unterschied zwischen Senken und Quellen.
5. Begründen Sie, wodurch der CO_2-Gehalt der Atmosphäre zu- und abnimmt.
6. Stellen Sie einen Zusammenhang zwischen Wasser- und Kohlenstoffkreislauf her.
7. Recherchieren Sie weitere Stoffkreisläufe auf der Erde wie z.B. den Stickstoffkreislauf.

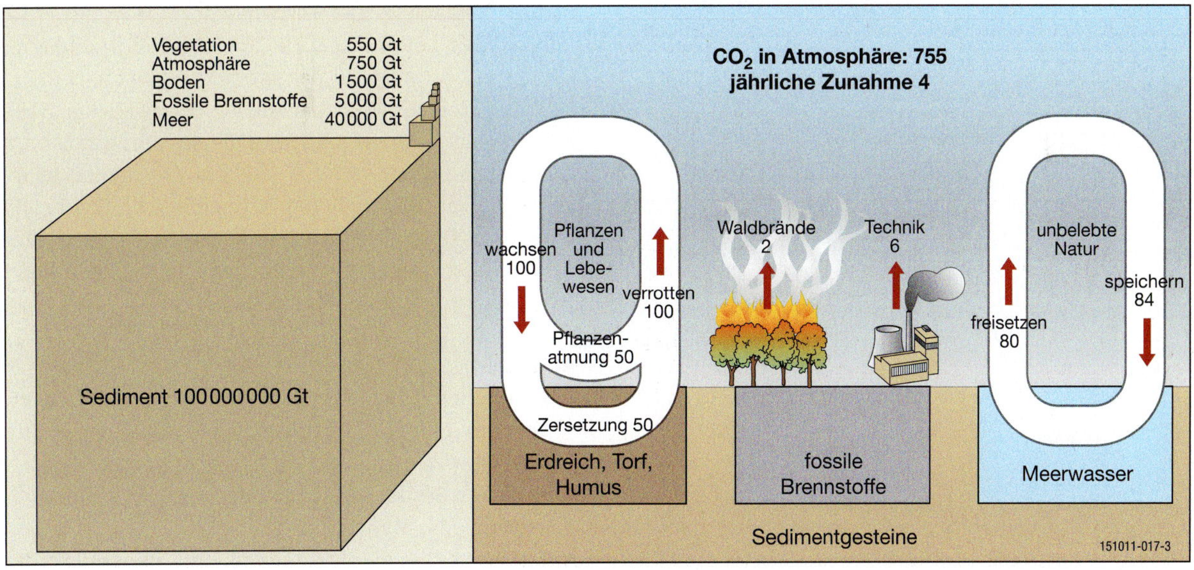

3 Schematisierte Darstellung der C-Senken und des CO_2-Kreislaufs (Angaben in Gigatonnen = Mrd. t)

1.3 Grundlagen der atmosphärischen Zirkulation

Corioliskraft und Westwindjet

Bei einer ruhenden, nicht rotierenden Erde würde sich aufgrund der Temperatur- und Luftdruckgegensätze zwischen den Tropen und den Polarregionen eine dem Land-See-Windsystem (vgl. S. 13) vergleichbare, aber weitaus großräumigere Zirkulation einstellen: In der Höhe jeder Halbkugel würden Luftmassen vom Äquator Richtung Pol und in Bodennähe von dort zurückfließen. Wegen der Rotation der Erde gibt es dieses einfache Zirkulationsmuster und den dadurch möglichen Energieaustausch jedoch nicht.

Jedes Luftvolumen, das aufgrund der Druckgradientkraft (M1) in meridionaler Richtung vom Äquator polwärts bewegt wird, behält als träge Masse seine am Äquator erhaltene Drehgeschwindigkeit von 465 m/s bei.

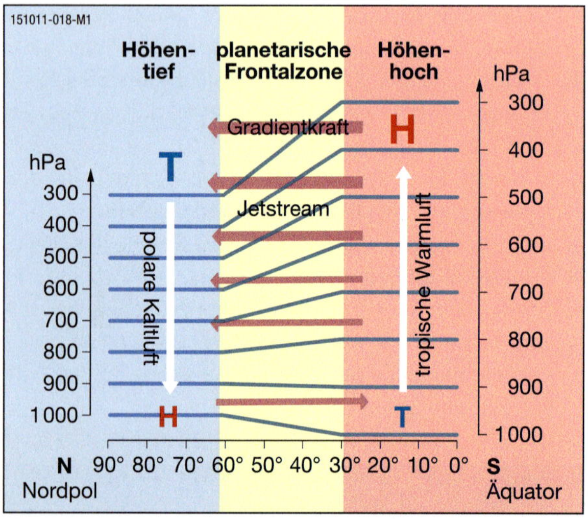

1 **Planetarische Druckverteilung in der Atmosphäre**

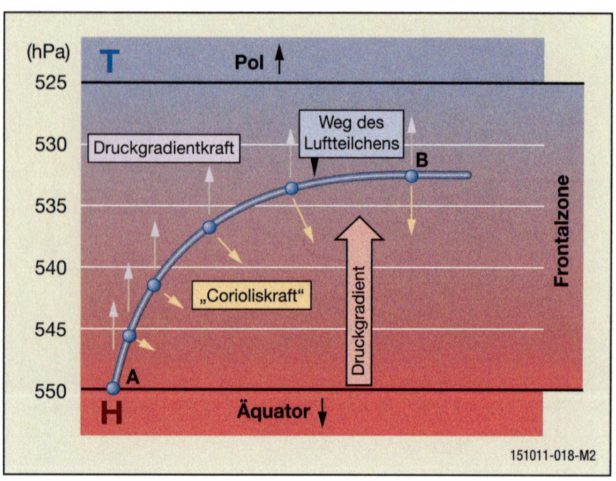

2 **Die Ablenkung des Windes durch die „Corioliskraft"**

Bereits bei 40 ° nördlicher Breite ist es daher um 110 m/s schneller als die Luftvolumen und die Erdoberfläche auf diesem Breitengrad: Bei 40 ° nördlicher Breite würde die Drehgeschwindigkeit normalerweise nur 355 m/s betragen. Da die Luft eine träge Masse ist, behält sie aber ihre hohe Drehgeschwindigkeit bei. Das Luftvolumen eilt also der Erdoberfläche voraus und biegt von der ursprünglichen Richtung nach rechts ab. In umgekehrter Richtung bleiben Winde, die vom Pol äquatorwärts wehen, gegenüber der Erdoberfläche zurück. Die Ablenkung erfolgt nach links.

Die scheinbar ablenkende Kraft heißt nach ihrem Entdecker Gaspard Gustave de Coriolis (1792 – 1843) „**Corioliskraft**“, ist in Wirklichkeit aber nur eine Geschwindigkeitsüberlagerung. Sie wirkt immer im rechten Winkel zur jeweiligen Bewegungsrichtung (M2). Auf der Nordhalbkugel bewirkt sie eine Rechts-, auf der Südhalbkugel eine Linksablenkung der Luftmassenströmungen.

Die Stärke dieser Ablenkung steigt mit der Geschwindigkeit der Strömung und der geographischen Breite. In äquatornahen Gebieten, wo die Luft direkt vom Hoch zum Tief fließt und die Druckgegensätze rasch abgebaut werden, ist die Corioliskraft am geringsten. Ihre größte Stärke erreicht sie daher dort, wo bewegte Luftmassen nicht durch Reibung am Boden gebremst und durch hohe Luftdruckgegensätze (hohe Gradientkraft) stark beschleunigt werden. Diese Bedingungen sind besonders im Bereich der sogenannten **planetarischen Frontalzone** gegeben, die auf beiden Halbkugeln als Übergangsgebiet zwischen der hoch reichenden Warmluftsäule der Tropen und der weniger hochreichenden Kaltluftsäule der polaren Gebiete liegt (M1).

Aufgrund der Coriolisablenkung entwickelt sich hier in den mittleren Breiten ein breites Band beständig wehender Westwinde, die Westwindzone. Da in der Frontalzone das Luftdruckgefälle mit der Höhe zunimmt, kommt es dort auch zu den größten Windgeschwindigkeiten. Der sich dadurch in sieben bis zwölf km Höhe entwickelnde Höhenstrahlstrom (**Jetstream**) umtost mit Geschwindigkeiten von 100 – 600 km pro Stunde in einer Breite von 500 – 1000 km in den mittleren Breiten die Erde (M3). Durch die Wellenströmung (nach ihrem Entdecker Rossby-Wellen genannt) wird das globale Energieungleichgewicht abgebaut (M4).

Aufgaben

1. Erläutern Sie die Coriolisablenkung für ein Luftpaket, welches auf der Südhalbkugel vom Äquator polwärts bewegt wird.
2. Erläutern Sie die Entstehung der planetarischen Frontalzone (M1, M2).
3. Erläutern Sie die Entstehung und Bedeutung der Mäanderwellen der Höhenströmung (M4).

Jetstreams sind schmale, bandförmige Starkwindfelder, die in der oberen Troposphäre und der unteren Stratosphäre auftreten. Sie sind in der Regel einige Tausend Kilometer lang, mehrere Hundert Kilometer breit, aber nur wenige Kilometer dick. Oft sind sie korkenzieherförmig verdreht, winden sich wie Flussläufe und können sich in mehrere Äste aufspalten, sind also in ihrer Form und Intensität ständigen Veränderungen unterworfen. In ihnen können Windgeschwindigkeiten von über 500 km/h erreicht werden (über dem Nordatlantik wurden Windgeschwindigkeiten von 535 km/h gemessen).

Flugzeuge profitieren vom Jetstream: Bei Atlantikflügen in West-Ost-Richtung ist die Flugzeit durch diesen „Rückenwind" kürzer und der Treibstoffverbrauch geringer. Auf der Nord- und Südhalbkugel der Erde gibt es jeweils zwei Strahlströme, den Polarfront- und den Subtropen-Jetstream. Während der Polarfront-Jetstream zwischen 45° – 60° nördlicher und südlicher Breite liegt, häufig stark mäandriert und in viele Teilstücke und Äste aufgespalten ist, umschlingt der Subtropen-Jetstream zwischen 25° – 35° nördlicher und südlicher Breite als kontinuierliches Westwindband die Erde. Er erreicht manchmal extrem hohe Windgeschwindigkeiten. Über dem Pazifik wurden schon Windgeschwindigkeiten von 750 km/h gemessen.

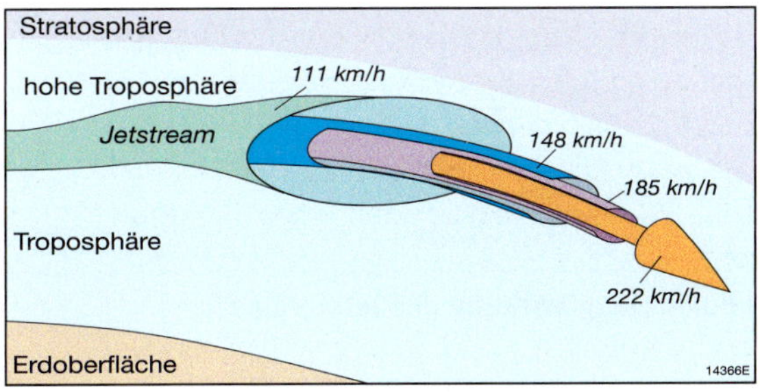

3 Jetstreams, die Schwungräder der atmosphärischen Zirkulation

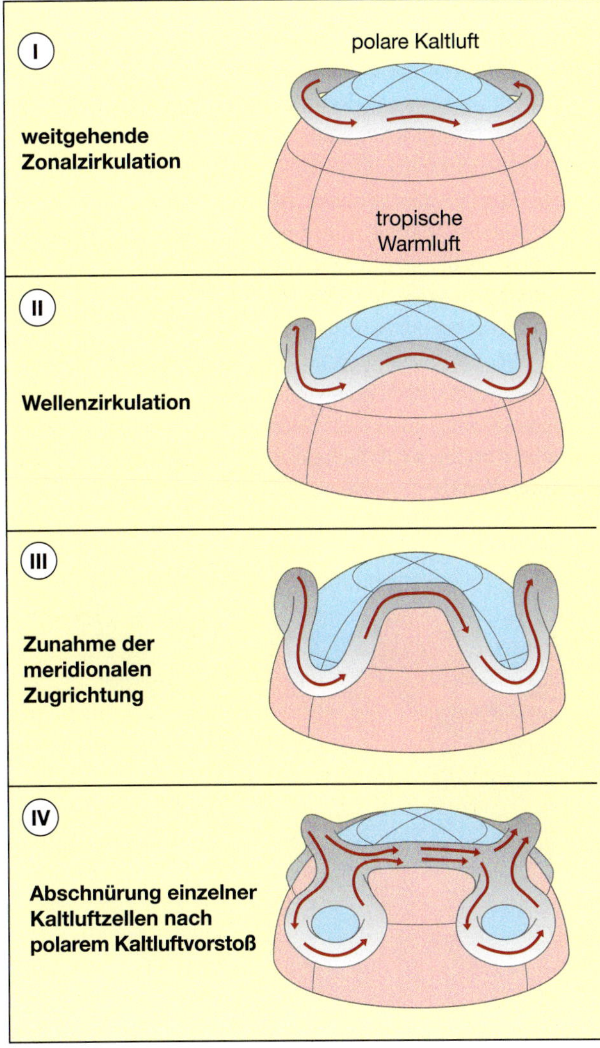

Die Westwindströmung und der darin eingebettete Jetstream blockieren auf den ersten Blick den Luftmassen- und Energieaustausch zwischen Tropen und Polargebieten. Tatsächlich verläuft dieses Windband aber nie ganz breitenkreisparallel, sondern immer in einer mehr oder weniger stark ausgeprägten Wellenbewegung. Hochragende, in meridionaler Richtung verlaufende Gebirgszüge wie z.B. die nord- und südamerikanischen Kordilleren lenken die Strömung ständig ab: Vor dem Gebirge kommt es durch erhöhte Reibung zum „Stau", zur Verringerung der Geschwindigkeit und damit auch der Coriolisablenkung. Da die Druckgradientkraft gleich bleibt, wird die Strömung polwärts ausgelenkt. Jenseits des Hindernisses kommt es dagegen wegen sinkender Reibung wieder zur Erhöhung der Strömungsgeschwindigkeit; die Coriolisablenkung wächst und die Strömung wird wieder äquatorwärts gelenkt. In unregelmäßiger Reihenfolge wird ein stärkeres Mäandrieren der Höhenströmung zudem dadurch ausgelöst, dass der Temperaturunterschied zwischen tropisch-subtropischen und polaren Luftmassen den Grenzwert von 6 °C/1000 km überschreitet. Die Anzahl der Mäanderwellen pendelt so ständig zwischen drei, vier oder fünf Ausschlägen hin und her. In allen Fällen werden entlang der Wellen Luftmassen weit pol- und äquatorwärts bewegt. Gelegentlich werden durch rasche Änderungen des Wellenausschlags auch einzelne Zellen abgeschnürt, die dann vorübergehend die Westströmung blockieren. Insgesamt gleicht sich die Temperatur der vorgestoßenen polaren Kaltluft und subtropischen Warmluft durch Erwärmung bzw. Abkühlung allmählich der Umgebungstemperatur an.

4 Abbau des globalen Energieungleichgewichts durch Wellenströmung

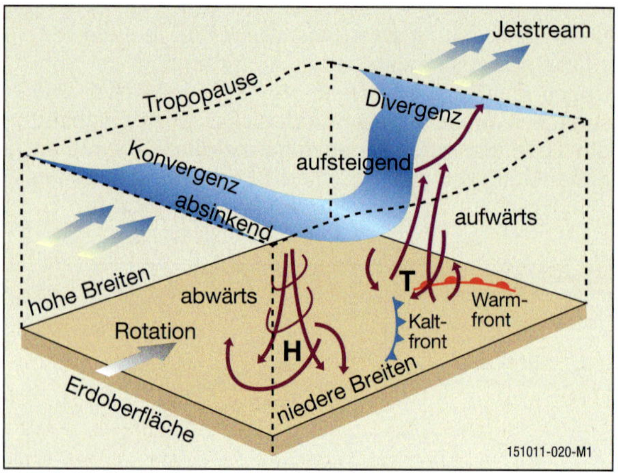

1 **Pump-Saug-Wirkung des Jetstreams**

Entstehung dynamischer Hoch- und Tiefdruckgebiete

In den mittleren Breiten erfolgt der Energieaustausch durch Umsetzung der vor allem im Wasserdampf enthaltenen latenten Wärme. Hierbei ist der Westwindstrahlstrom in entscheidender Weise beteiligt, denn er verursacht ständig starke vertikale Luftmassenbewegungen und verbindet damit die Dynamik der oberen Troposphäre mit dem Geschehen in den bodennahen Luftschichten.

Immer wenn der Jetstream langsamer wird, drücken die nachfolgenden Luftmassen infolge des „Staueffekts" Luft wie bei einer Druckpumpe bodenwärts (M1, M2). Die so entstehenden Hochdruckgebiete (**Antizyklonen**) reichen vom Boden bis in große Höhen und werden von dort ständig „nachgefüttert". Sie driften als dynamische (= ständig neu gebildete) Hochdruckwirbel mit der Westströmung ostwärts und unterscheiden sich damit von thermisch gebildeten Hochdruckgebieten, welche stationär und entweder nur am Boden oder in der Höhe ausgebildet sind. Ein Teil der dynamisch gebildeten Hochdruckgebiete schert äquatorwärts aus und bildet als lockere Aneinanderreihung den „subtropischen Hochdruckgürtel" (M3). In Bodennähe strömen die Luftmassen vom Kernbereich dieser Hochdruckgebiete weg und werden dabei – auf der Nordhalbkugel nach rechts – abgelenkt. Ein Teil fließt als Passatströmung Richtung Äquator, ein anderer Teil bewegt sich polwärts Richtung subpolarer Tiefdruckrinne und trifft dort an der Polarfront auf Kaltluftmassen.

Beim Beschleunigen saugt der Jetstream wie ein Staubsauger Luftmassen selbst aus Bodennähe noch in die höhere Troposphäre. In Polarfrontnähe werden in die durch diese Saugwirkung des Jets ausgelösten Tiefdruckgebiete (**Zyklonen**) subtropische Warmluft- und polare Kaltluftmassen gegen den Uhrzeigersinn (Nordhalbkugel) eingezogen und miteinander verwirbelt (M3). Bei diesen Verwirbelungen kommt es zu vielfältigen Prozessen, die für das wechselhafte Wetter in diesen Breiten verantwortlich sind (vgl. S. 30/31). Hierbei wird diejenige Wärmemenge freigesetzt, die in niederen Breiten zur Verdunstung benötigt wurde.
Generell gilt: Je größer das Energieungleichgewicht zwischen Nord und Süd an einer bestimmten Stelle ist, desto stärker mäandriert dort der Jetstream (M1), desto mehr Zyklonen werden gebildet, desto größer ist der Umsatz von latenter Wärme. Die Zyklonentätigkeit ist daher im Winter jeweils stärker als im Sommer und auf der Südhalbkugel wegen des „Eisschranks" Antarktika generell stärker als auf der Nordhalbkugel.
Wie die dynamisch entstehenden Antizyklonen driften auch die dynamisch entstehenden Zyklonen mit der Westwindströmung ostwärts. Einige scheren dabei polwärts aus und bilden so als lockere Aneinanderreihung von Tiefdruckzellen die „subpolare Tiefdruckrinne" (M3).

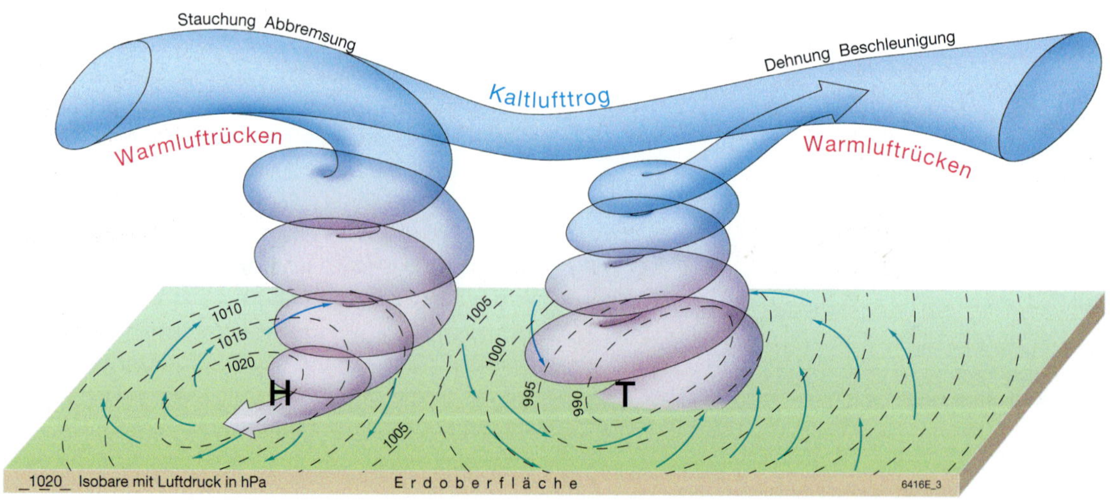

2 **Die Entstehung dynamischer Hoch- und Tiefdruckgebiete (Antizyklonen / Zyklonen) auf der Nordhalbkugel**

Wind- und Druckgürtel der Erde

Aus den Strahlungsverhältnissen ergibt sich eine globale Verteilung von bodennahen Druckgebilden und Windgürteln (M3). Am Äquator liegen thermische Tiefdruckzellen der innertropischen Konvergenzzone (ITC). Polwärts folgen bei etwa 35° nördlicher oder südlicher Breite die Hochdruckgebiete des subtropischen Hochdruckgürtels, in dem sich dynamisch entstandene Antizyklonen an der tropischen Seite des Jetstreams (z. B. Azorenhoch, Hawaiihoch) befinden. Bei etwa 60° nördlicher oder südlicher Breite liegt die subpolare Tiefdruckrinne mit dynamisch entstandenen Tiefdruckgebieten an der polwärtigen Seite des Jetstreams (z. B. Islandtief). Diese jeweils nur im statistischen Mittel als „Gürtel" vorhandene Druckverteilung wird – je nach Jahreszeit – über den Kontinenten durch Kältehochs bzw. Hitzetiefs unterbrochen. Schließlich folgt an beiden Polen das polare Kältehoch als thermisches Druckgebilde.

Zwischen den Druckgebieten liegen in Bodennähe die Windgürtel. Von Pol zu Pol erkennt man diese miteinander verbundenen Luftströmungen, die zusammen mit den Meeresströmungen den globalen Energieaustausch bewirken. Deutlich werden drei miteinander verbundene Zellen, die z. T. nach bekannten Klimatologen benannt wurden, unterschieden (M3).

In den bodennahen Luftschichten wehen in den Tropen ganzjährig beständige Winde, die Passate, vom subtropischen Hochdruckgürtel zur äquatorialen Tiefdruckfurche. In den mittleren Breiten überwiegen Westwinde, die Zyklonen mit sich führen. In den polaren Gebieten entstehen durch die bodennah aus dem Kältehoch ausströmenden Luftmassen die polaren Ostwinde. Die Wolken in M3 kennzeichnen Gebiete mit beständigem Niederschlag. Mit der jahreszeitlich bedingten Veränderung des Sonnenstandes verlagern sich die Druck- und Windgürtel der Erde um je 5–8 Breitengrade nach Nord bzw. Süd. Es gibt daher Breitenzonen, die je nach Jahreszeit von unterschiedlichen Luftdruck- und Windverhältnissen geprägt werden (alternierende Klimazonen). In anderen Zonen ändern sich die dominierenden Luftdruck- und Windverhältnisse im Jahresverlauf dagegen kaum (stetige Klimazonen).

Aufgaben

1. Begründen Sie ein altes Windgesetz (Buys-Ballot): „Wenn man auf der Nordhalbkugel mit dem Rücken zum Wind steht, befindet sich links vorne tiefer Druck, rechts hinten hoher Druck."
2. Erläutern Sie die Pump-Saug-Wirkung des Jetstreams und die Entstehung dynamischer Druckgebiete (Antizyklone, Zyklone – M1, M2).
3. Erklären Sie die Mechanismen des Ausgleichs der Energieunterschiede auf der Erde (M1, M3).

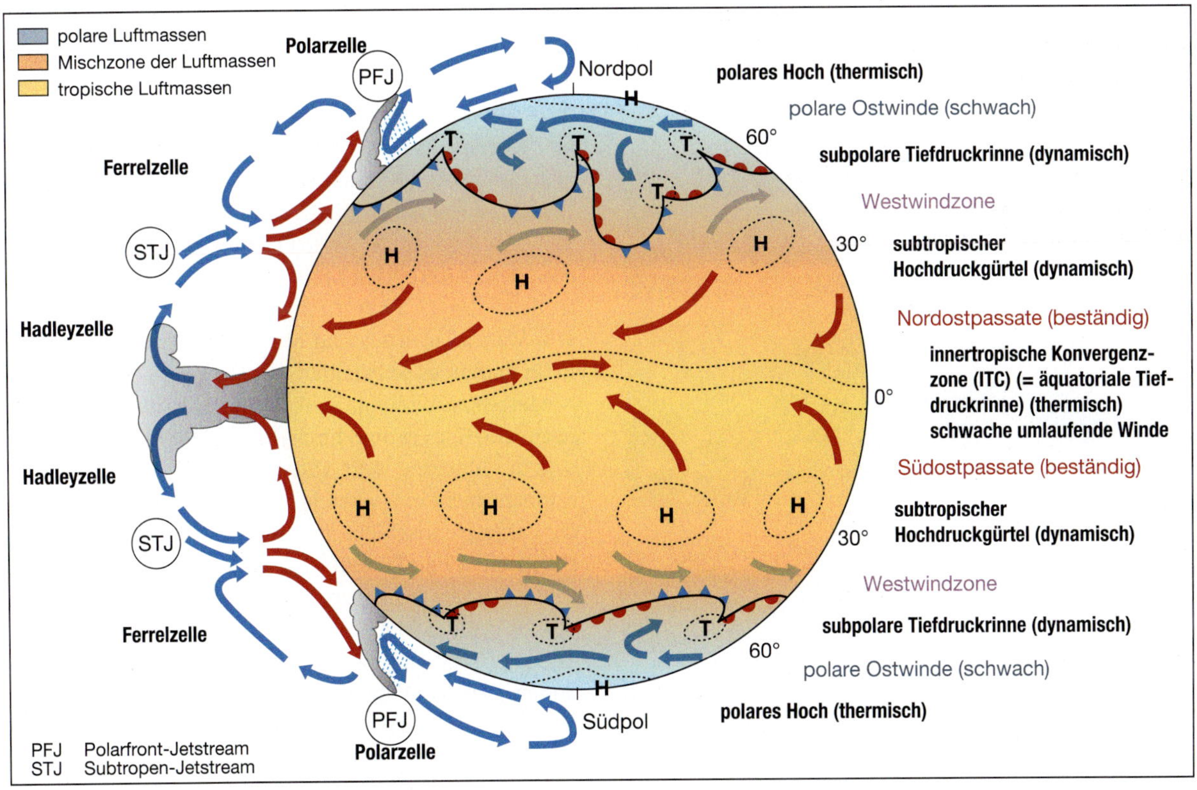

3 Modell der planetarischen Zirkulation

Passatzirkulation

In den Tropen wird das Wetter v. a. von der **Passatzirkulation** bestimmt (M4), die in Bodennähe durch den Luftdruckgegensatz zwischen den subtropisch-randtropischen Hochdruckgebieten und der äquatorialen Tiefdruckrinne angetrieben wird.

Durch die starke Erwärmung kommt es in dem äquatornahen Gürtel von thermischen Tiefs (= **äquatoriale Tiefdruckrinne**) zu raschen und hoch reichenden Vertikalbewegungen der feuchtheißen, labil geschichteten Tropikluft. Diese erreicht bei turbulenter Thermik bereits in 1000 – 1500 m Höhe ihr Kondensationsniveau, wird aber durch die bei der Kondensation frei werdenden großen Mengen von latenter Wärme meist bis zur Obergrenze der Troposphäre hochgetrieben. Dazu saugen die häufig in Gruppen (Clustern) mit einem Durchmesser von 100 oder mehr Kilometern auftretenden Wolkentürme feuchte Warmluft aus einem weiten Umkreis an (M1 – M3).

Da warme Luft sehr viel Wasserdampf speichern kann, sind die aus diesen Gewitterwolken (Cumulonimbus) fallenden Platzregen heftig: Sie betragen am Tag 100 mm und mehr und setzen regelmäßig am Nachmittag ein. Im Jahresverlauf erreichen sie ihre höchste Intensität, wenn die Sonne im Zenit steht (Zenitalregen). Zwischen den Gewitterwolken verhindern jedoch kräftige, zum Massenausgleich notwendige Abwinde die Niederschlagsbildung. In den immerfeuchten Tropen regnet es daher nicht überall jeden Tag.

Die kräftige Konvektion führt unterhalb der Tropopause zu einem Luftmassenüberschuss, einem Höhenhoch. Von dort strömen die Luftmassen polwärts. Durch die Coriolisablenkung entsteht dabei ein Westwind (**Antipassat**). Teilweise sinken bereits in niederen Breiten aus dem Antipassat Luftmassen ab und fließen zurück Richtung Äquator. Aus ihnen entwickelt sich durch die Coriolisablenkung ein Wind aus östlichen Richtungen, der sogenannte Urpassat, dessen Luftmassen sich beim Absinken zunehmend erwärmen.

Andere Luftmassen des Antipassats sinken im Bereich der Wendekreise ab und schließen als bodennahe, beständig wehende Winde (Nordost-/Südostpassat, ital.: passata = Überfahrt) die Zirkulation der tropischen **Hadley-Zelle** (vgl. S. 21, M3). Entsprechend ihrer Herkunft aus den subtropisch-randtropischen Hochdruckzellen ist diese nur 1 – 2 km mächtige Passatgrundschicht eine sehr warme, wolken- und niederschlagsarme Strömung. In ihr kommt es selbst über dem Meer zunächst nicht zur Niederschlagsbildung, weil die dafür notwendige hoch reichende Konvektion durch die sogenannte Passatinversion unterbunden wird. Diese durch die absinkende Passatoberschicht entstehende Temperaturumkehr begrenzt die Passatgrundschicht nach oben.

Die genannte großräumige Absinkbewegung ist eine Folge der Flächendivergenz: Da sich wegen der Kugelgestalt der Erde die Abstände zwischen den Meridianen zum Äquator hin vergrößern, müssen die Luftmassen eine immer größer werdende Grundfläche überdecken. Daraus folgt auch, dass sich ein bestimmtes Luftvolumen äquatorwärts immer mehr verbreitert, dabei jedoch in seiner vertikalen Erstreckung schrumpft. Dadurch wird von oben mehr Luft angesaugt. Äquatorwärts steigt der

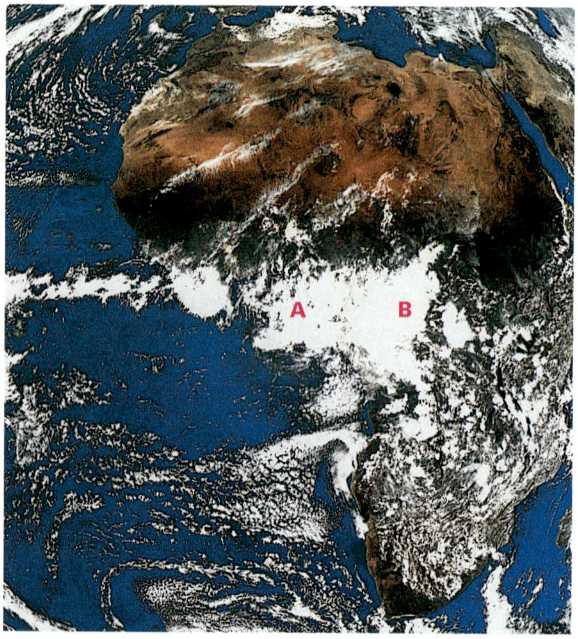

1 Zirkulationsmuster über Afrika mit Wolkencluster der ITC

2 Tropische Konvektionswolken

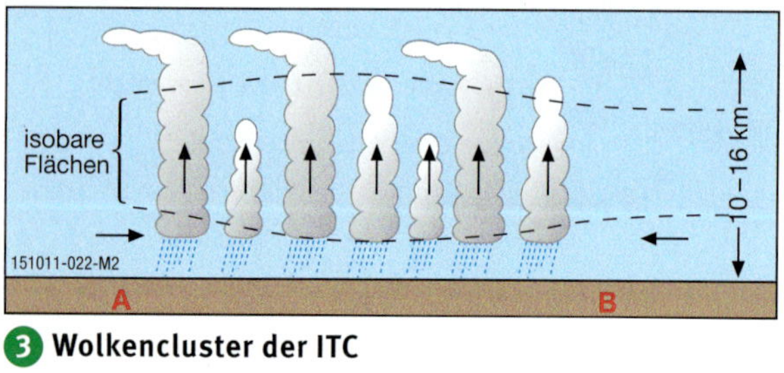

3 Wolkencluster der ITC

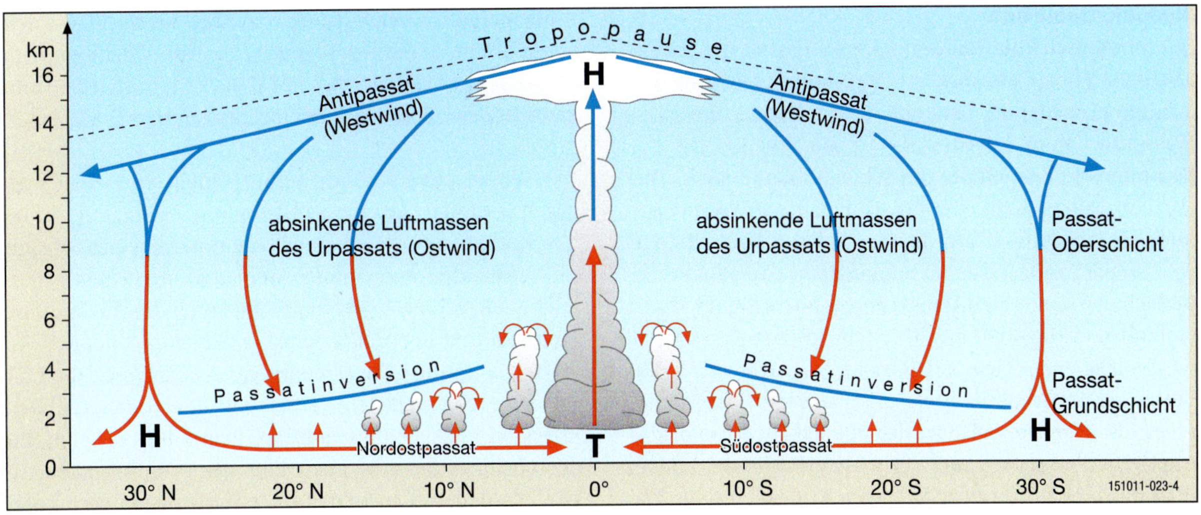

4 Die Passatzirkulation

„Inversionsdeckel" aber allmählich an, weil die Luftmassen der Grundströmung vom Boden her zunehmend aufgeheizt werden und immer mehr Wasserdampf aufnehmen. Schließlich reicht die angesammelte Energie aus, um die Inversionsschicht zu durchbrechen, zunächst nur lokal, äquatorwärts dann immer großflächiger. Die Konvektionsvorgänge werden zudem begünstigt durch die wegen des geringer werdenden Luftdruckgegensatzes allmählich abflauende Horizontalbewegung.

Sind die Passatströmungen beider Halbkugeln stärker ausgebildet, konvergieren ihre Luftmassen in einer etwa 100–200 km breiten Zone. Diese „Innertropische Konvergenzzone" (ITC) entspricht der äquatorialen Tiefdruckrinne.

Wie alle Luftdruck- und Windgürtel verlagern sich auch die Einzelbereiche der Passatzirkulation mit dem jahreszeitlichen Wechsel des Sonnenstands. Für die davon betroffenen Regionen ergibt sich daraus ein markanter jahreszeitlicher Wechsel von Trockenzeiten (Passateinfluss) und Regenzeiten (Einfluss der ITC, M5).

Aufgaben

1. Erklären Sie den Passatkreislauf (M4). Berücksichtigen Sie die verschiedenen Schichten der Passatluft.
2. Erläutern Sie, warum im Bereich der Passate über dem ebenen Festland kaum Niederschläge fallen.
3. Begründen Sie, warum die ITC über Kontinenten weiter polwärts wandert als über Ozeanen (Atlas).
4. Begründen Sie, warum sich die Bewölkung in M1 nicht entlang des Äquators über den ganzen Kontinent erstreckt.
5. Beschreiben und erklären Sie die in M5 dargestellten Niederschlagsverhältnisse und verorten Sie diese mithilfe des Atlas.

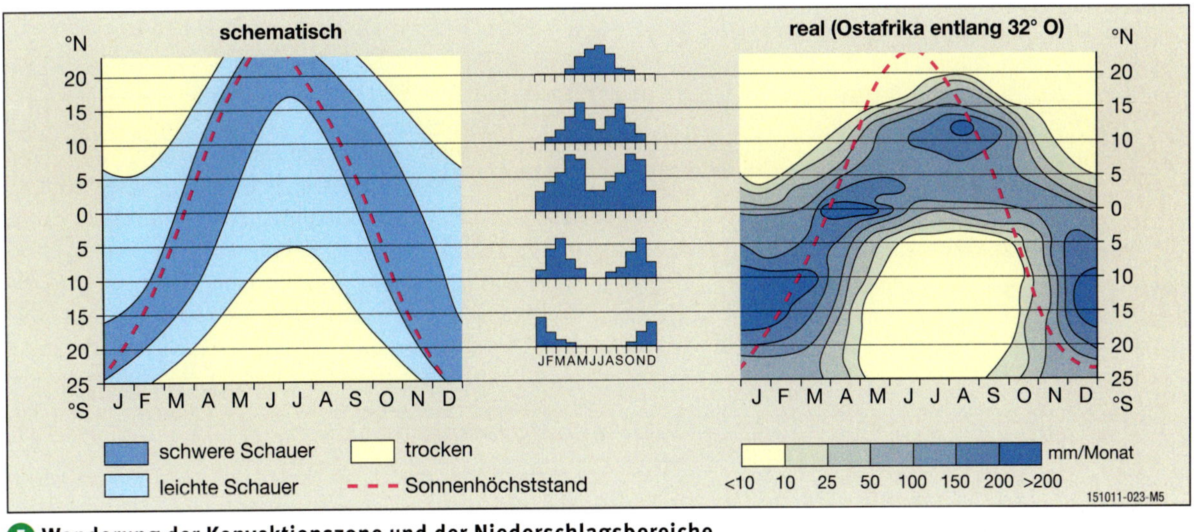

5 Wanderung der Konvektionszone und der Niederschlagsbereiche

Monsunzirkulation

Die **Monsunzirkulation** kann als Sonderfall der Passatzirkulation betrachtet werden. Sie bildet sich überall dort aus, wo ausgedehnte Landmassen am Rande und große Wasserflächen im Zentrum der Tropen liegen.

Besonders im Bereich des indischen Subkontinents, aber auch in Südostasien, an der Guineaküste Westafrikas und – in abgeschwächter Form – auf der Südhalbkugel werden die Landmassen im Sommer stark aufgeheizt. Im Bereich der Indus- und Gangesebene bildet sich dadurch ein kräftiges Hitzetief, das durch die großen Heizflächen der Hochebenen Innerasiens noch verstärkt wird. Der Luftdruck innerhalb dieses „Monsuntrogs" liegt noch tiefer als normalerweise in der äquatorialen Tiefdruckrinne. Die Passatströmung der Südhalbkugel wird daher über den Äquator hinweg in dieses Tief eingesaugt, das damit als eine weit nordwärts verlagerte ITC aufgefasst werden kann. Da der in Äquatornähe liegende Gürtel von thermischen Tiefs jedoch erhalten bleibt, spricht man auch von einer „Aufspaltung der ITC" in einen nördlichen (NITC) und südlichen Ast (SITC, M2).

Aus dem Südostpassat wird nach Überquerung des Äquators durch die auf der Nordhalbkugel nach rechts gerichtete Coriolisablenkung eine südwestliche Strömung, der Südwest- oder Sommermonsun. Auf seinem langen Weg über den warmen Indischen Ozean nimmt er durch Verdunstung große Wasserdampfmengen auf und trifft mit feuchtheißer, labil geschichteter Äquatorialluft auf den erhitzten indischen Subkontinent. Die über Land rasch einsetzende Konvektion führt zu heftigen Niederschlägen, welche im Luv – z. B. der Westghats oder des Himalaya – noch durch Steigungsniederschläge verstärkt werden können. Die Stationen Mamsynram und Cherapunji im Khasi-Gebirge verzeichnen mit 11 407 mm bzw. 10 869 mm die weltweit höchsten Niederschlagssummen.

Die Wintermonate werden über Indien von einer entgegengesetzten Luftmassenströmung beherrscht, dem Nordostmonsun. Er entspricht dem Nordostpassat. Seine Luftmassen entstammen dem umfangreichen Kältehoch, das sich im Winterhalbjahr durch die Auskühlung Sibiriens und der Hochflächen Innerasiens bildet. Beim Absteigen in die Gangesniederung erwärmt sich die Luft und ihre relative Feuchte sinkt. Auf ihrem weiteren Weg über den indischen Subkontinent vermischt sie sich mit der absinkenden trockenen Luft der Passatoberschicht. Die sich dadurch ausbildende Passatinversion verhindert über dem ganzen Land hoch reichende Konvektionen. Die Zeit des Nordostmonsuns (Wintermonsun) ist daher extrem niederschlagsarm. Überquert der Nordostmonsun jedoch Wasserflächen wie den Golf von Bengalen, kann er dort Wasserdampf aufnehmen. Die Ostghats in Indien und die Nordostküste Sri Lankas erhalten dadurch auch im Winter Niederschläge.

Mit dem gegen Sommer steigenden Sonnenstand erhitzt sich dann der Subkontinent wieder stärker. Die dritte Jahreszeit Indiens, die Vormonsunzeit, ist daher durch steigende Hitze bei monatelanger Trockenzeit gekennzeichnet. Das erneute Eintreffen des Sommermonsuns wird deshalb in Indien sehnlich erwartet. Er ist allerdings nicht sehr „zuverlässig": Mal kommt er zu früh, mal zu spät, mal bringt er zu viel, mal zu wenig Niederschläge.

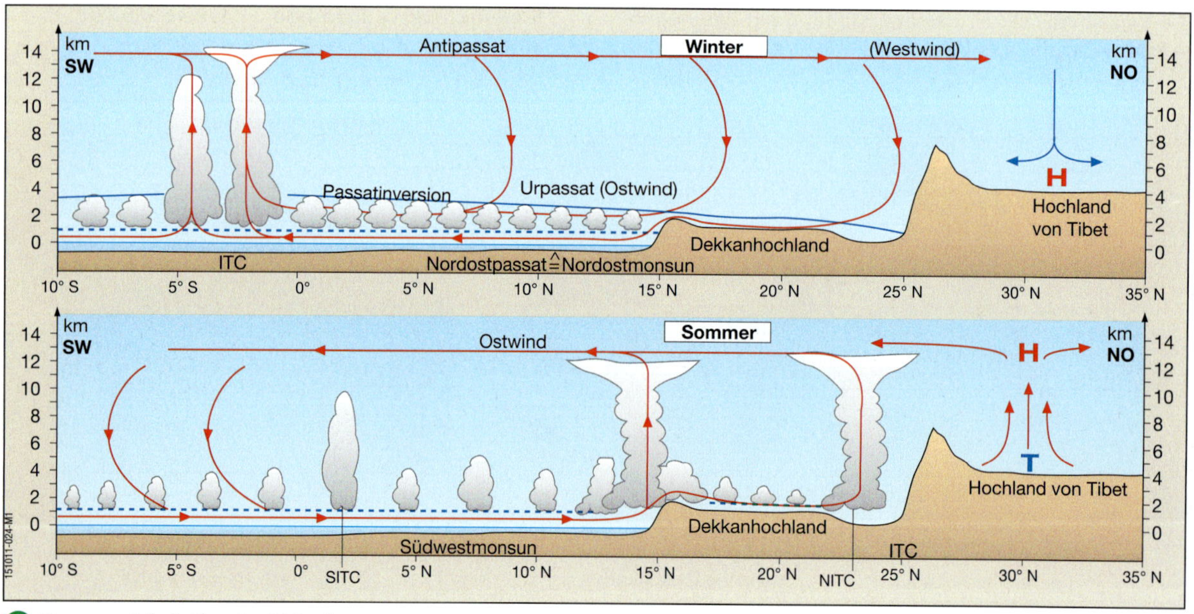

1 **Monsunzirkulation in Südasien**

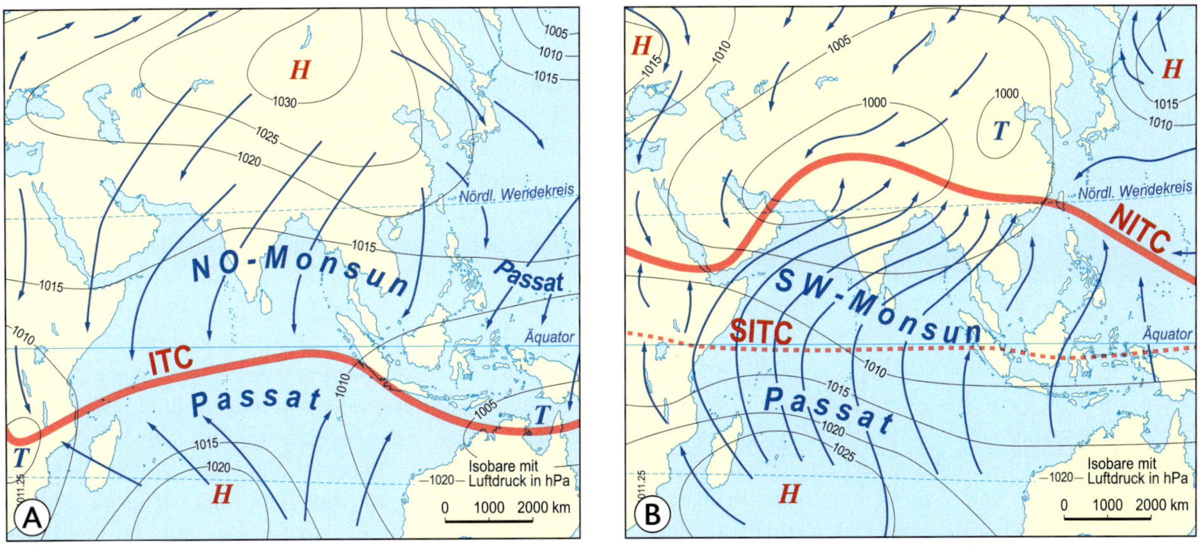

2 Wintermonsun (A) von Oktober bis Mai und Sommermonsun (B) von Juni bis September

Der Begriff Monsun leitet sich ab vom arabischen „mausim" (Jahreszeit). Arabische Seefahrer nutzten die jahreszeitlich wechselnden Winde für ihre Handelsfahrten zwischen den afrikanisch-arabischen und den indischen Handelszentren. Heute werden alle großräumigen Windpaare als Monsun bezeichnet, die durch zwei völlig unterschiedliche, je nach Jahreszeit aus entgegengesetzten Richtungen kommende Luftmassenströmungen gekennzeichnet sind. In Westafrika besteht dieses Windpaar z. B. aus dem feucht-schwülen Südwestmonsun im Sommer und dem im Winter dominierenden Nordostpassat, der als „Harmattan" (Wüstenwind) Hitze, Trockenheit und Staub aus der Sahara mit sich führt.

Aufgaben

1. Erläutern Sie den Zusammenhang von Passat- und Monsunzirkulation (M1, M2).
2. Erläutern Sie Entstehung und klimatische Auswirkung der Monsunzirkulation am Beispiel Südasiens (M2).
3. Ordnen Sie den Klimadiagrammen in M3 die unterschiedlichen Monsunarten zu und begründen Sie Ihre Zuordnung.
4. Stellen Sie die mit dem Wechsel von Sommer- und Wintermonsun in Südasien verbundene Dramatik in einer Bildcollage oder einer Powerpoint-Präsentation dar. Nutzen Sie dazu das Internet.
5. Begründen Sie folgende Aussagen:
   - Der Süden Chinas erhält Sommerregen.
   - In Nordchina ist es im Winter kalt.
   - Nordaustralien ist monsunal geprägt.
   - Der Nordosten Indiens ist relativ trocken.
6. Erläutern Sie mit schematischen Skizzen das monsunale Geschehen in Westafrika (Atlas).

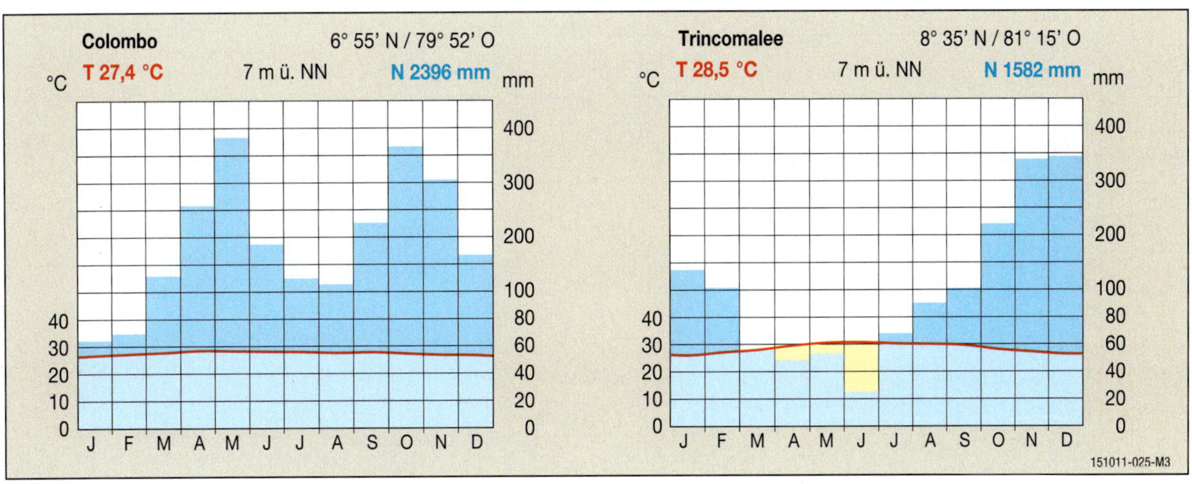

3 Klimadiagramme aus Sri Lanka (West- und Ostseite)

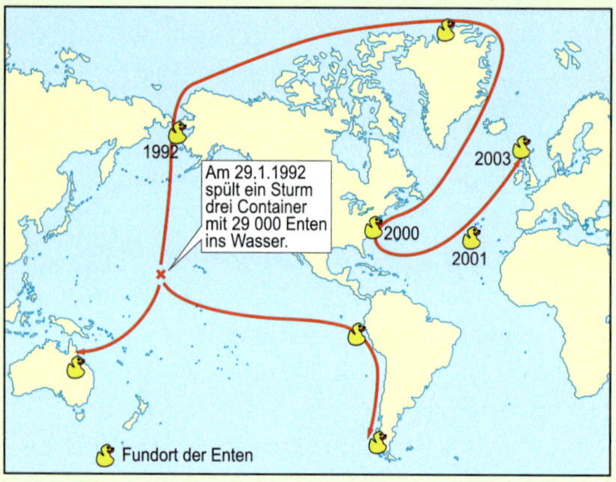

Im Januar 1992 verlor ein Frachter aus Hongkong auf seiner Reise nach Tacoma im US-Staat Washington im Ostpazifik einige Container mit insgesamt knapp 29 000 Spielzeugtieren. Die Behälter öffneten sich, und die Plastikobjekte schwammen fortan auf den Weltmeeren dorthin, wo die Strömung sie hintrieb und verteilten sich in verschiedene Richtungen. Zwei Drittel der „Floatees" trieben nach Süden, einige Exemplare wurden in Australien, Indonesien und Südamerika gefunden. Etwa 10 000 der Figuren gelangten in nördlicher Richtung durch das Beringmeer in Richtung Alaska, wo einige im Eis festfroren und andere strandeten. Durch Entenfunde konnten Wissenschaftler Aufschlüsse über Klimawandel und Meeresströmungen gewinnen. Experten rechnen damit, dass der Kunststoff mindestens 100 Jahre im Meer überstehen wird.

(Quelle: www.spiegel.de, 30.06.2007)

1 „Floatees"

1.4 Marine Grundlagen

Ursachen für Meeresströmungen

Wie die Atmosphäre des Planeten Erde ist auch das Wasser seiner Meere ständig und überall in Bewegung. Die wichtigsten Ursachen für die nicht nur die oberflächennahe Schicht, sondern den ganzen Wasserkörper erfassenden Strömungen sind die Schubkraft des Windes sowie die Dichteunterschiede des Meerwassers.

Die polaren Ostwinde, die Westwinde der Mittelbreiten und die Passate wehen meist über längere Zeit aus denselben Richtungen und erzeugen durch Windschub dabei jeweils eine sogenannte Trift im Meerwasser, das heißt eine bis maximal 300 m tief reichende Oberflächenströmung. Die Richtung der über große Entfernungen wirksamen Triftströmungen wird zwar von der Land-Meer-Konstellation und dem Meeresbodenrelief beeinflusst, in erster Linie aber durch die Windrichtung und die ablenkende Kraft der Erdrotation (Coriolisablenkung) bestimmt. Letztere erzeugt im zentralen Bereich aller Ozeane große, im Wesentlichen von den Passaten angetriebene Strömungswirbel mit je nach Halbkugel verschiedenem Strömungssinn (M2). Die Passate verschieben an den Westseiten der Kontinente stets auch warmes und nährstoffarmes Oberflächenwasser seewärts, das durch aufsteigendes kühles, nährstoffreiches Tiefenwasser ausgeglichen wird.

Triftströmungen sind jedoch nur ein Teil des globalen, auch die Tiefen der Ozeane umfassenden marinen Zirkulationssystems, das für einen Durchlauf einige Tausend Jahre benötigt. Dichteunterschiede treiben dabei die dazu nötigen vertikalen Strömungen und die Tiefenströmungen an (**thermohaline Zirkulation**, M4).

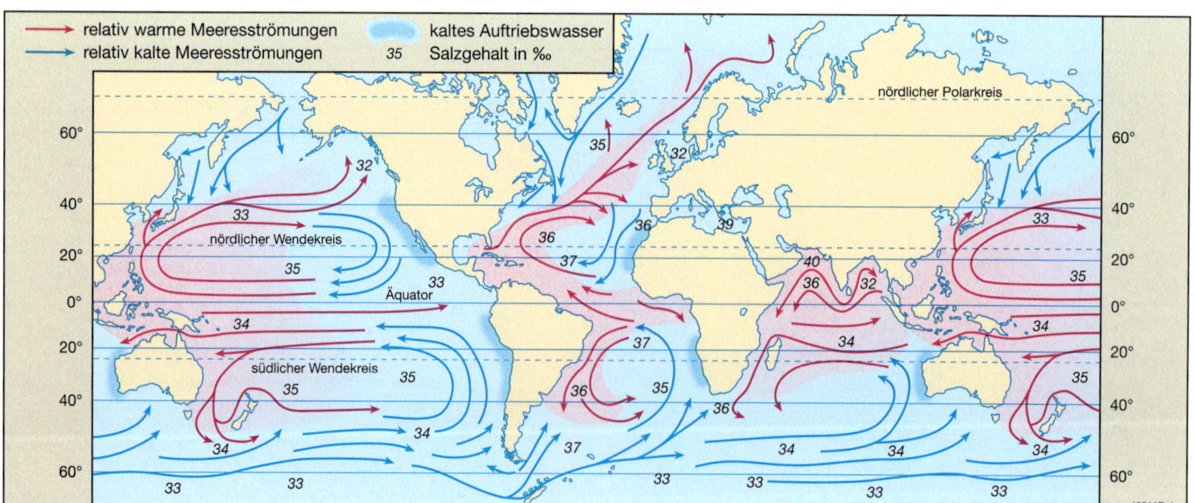

2 Oberflächenströmungen und Salzgehalt der Meere

Modell der globalen ozeanischen Zirkulation

In der Karibik wird das Wasser aufgeheizt und fließt dann, von Winden getrieben, Richtung Norden. Von der Höhe Neufundlands an fließt dieser Strom nach Nordosten über den Ozean. Dabei mäandriert er wie ein Fluss und bildet Wirbel, die Monate oder Jahre stabil bleiben können.

Angetrieben wird der Strom von den vorherrschenden Westwinden. Zunehmend wird er jedoch auch von einem Sog im Europäischen Nordmeer angezogen, dem Bereich der Tiefwasserbildung (M4). Hier sinken pro Sekunde etwa 17 Mio. m^3 Wasser nach unten – ungefähr 20-mal mehr, als sämtliche Flüsse der Erde führen.

Ursache dafür ist eine Veränderung von Temperatur und Salzgehalt. Auf dem Weg nach Norden gibt der Golfstrom immer weiter Wärme ab, zudem wird durch die ständige Verdunstung sein Wasser immer salziger. Beides zusammen macht das Wasser dichter und schwerer, sodass es schließlich nach unten bis in etwa 2000 bis 3000 m Tiefe sinkt. Dort fließt es dann in einer Tiefenströmung wieder äquatorwärts. Nach einigen Hundert bis Tausend Jahren steigt ein Teil wieder im Indischen oder Pazifischen Ozean an die Meeresoberfläche und fließt erneut Richtung Karibik (M3). Die transportierten Wassermengen der größten Meeresströmungen im globalen Förderband sind so gewaltig, dass zur Bezifferung eine eigene Maßeinheit geschaffenen wurde. Ein Sverdrup (Sv), nach dem norwegischen Ozeanographen Harald Sverdrup benannt, entspricht dabei 1 Mio. Kubikmeter pro Sekunde.

Aufgaben

1. Benennen Sie die wichtigen in M2 dargestellten Kalt- und Warmströme mithilfe des Atlas.
2. Erläutern Sie die thermohaline Zirkulation (M4).
3. Recherchieren Sie die Positionen und Fundorte der „Floatees“ (M1) mithilfe von Online-Artikeln.

Kaltes Wasser ist schwerer als warmes, weil es eine höhere Dichte hat. Und Salzwasser ist, weil das Salz zusätzliches Gewicht mitbringt, schwerer als Süßwasser. Unterschiede in Temperatur- und Salzgehalt lösen daher die sogenannte thermohaline Zirkulation (griech.: thermos = warm, halos = Salz) aus.

Auf seinem Weg nach Norden verliert der Golfstrom viel Wasser durch Verdunstung, wodurch der Salzgehalt des Oberflächenwassers steigt. Im Nordatlantik treffen die Ausläufer der warmen Meeresströmung auf arktische Polarluft und kühlen sich dabei stark ab. Zwischen Grönland und Nordnorwegen ist das Wasser des Nordatlantikstroms schließlich so schwer geworden, dass es in die Tiefe sinkt. Diese vertikale Wasserverlagerung ist ein entscheidender Motor für das weltumspannende Strömungssystem, denn das absinkende Wasser „saugt“ neues Oberflächenwasser aus Süden nach. Das kalte Tiefenwasser ist Teil eines weltweiten Strömungskreislaufes, gelangt an die Oberfläche, wird erwärmt und wieder in den Nordatlantik bewegt.

Auch im Antarktischen Ozean gibt es eine solche thermohaline Zirkulation, denn bei der Bildung von Seeeis reichert sich im umgebenden Meerwasser Salz an. Vor allem entlang der Küste des antarktischen Kontinents sinkt dadurch das dichte Wasser zum Ozeanboden. Das antarktische Bodenwasser breitet sich unter dem nordatlantischen Tiefenwasser aus und verteilt sich fast über den gesamten Ozeanboden.

4 Thermohaline Zirkulation

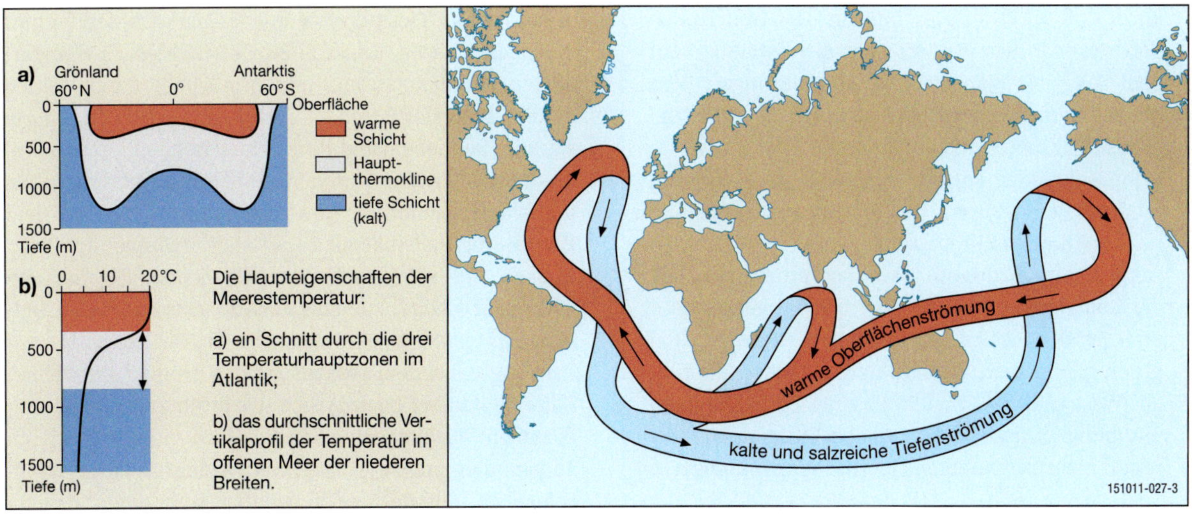

3 Globaler vereinfachter Strömungskreislauf und vertikale Schichtung der Ozeane

Meeresströmungen als Energietransportsystem

Meeresströmungen üben regional und global einen großen Einfluss auf das Klima aus, weshalb Störungen der Strömungsdynamik weitreichende Auswirkungen haben (vgl. El Niño-Phänomen). Allein mit dem Golfstrom (M1) gelangen jede Sekunde eine Milliarde Megawatt in den nordatlantischen Raum – das entspricht der thermischen Leistung von 25 000 Kernkraftwerken. Ohne den Golfstrom wäre es an den Küsten Norddeutschlands im Winter mindestens fünf Grad kälter und weite Teile Skandinaviens wären mit Eis bedeckt. Der Golfstrom, einer der schnellsten und mächtigsten Oberflächenströme der Erde, ist 50 bis 150 Kilometer breit und einige hundert Meter tief.

Durch die globale Erwärmung werden Störungen in der Strömungsdynamik befürchtet: Höhere Niederschläge sowie das Abschmelzen der Gletscher verringern den Salzgehalt des Meereswassers. Zusammen mit steigenden Wassertemperaturen kann dies das System der thermohalinen Zirkulation schwächen und ggf. unterbrechen. Die daraus resultierenden möglichen Auswirkungen für das Weltklima werden in der Wissenschaft im allgemeinen als sehr umfassend und ernst bezeichnet. So geht man beispielsweise davon aus, dass in diesem Fall warme tropische Oberflächenströmungen weniger weit polwärts fließen und hierdurch ihre Funktion als „Warmwasserheizung“ für die angrenzenden Landmassen verlieren.

Der Golfstrom trägt seinen Namen eigentlich zu Unrecht, da er seinen Ursprung nicht im Golf von Mexiko hat, sondern lediglich ein Teil der nordhemisphärischen Strömungszirkulation im Atlantik darstellt. Die warme Strömung des Äquatorialstroms wird durch die Meeresstraßen im Bereich des Golfs von Mexiko eingeengt. Dieser „Düseneffekt“ erhöht die Strömungsgeschwindigkeit auf ca. 15 km/h und wirkt als Anschub für den Weitertransport des warmen Wassers über dem Atlantik. Auf dem Weg bis vor Neufundland verringert sich die Strömungsgeschwindigkeit auf 2 – 3 km/h, bei einem Transportvolumen von etwa 140 Mio. m^3/s. Seine polwärtige Fortsetzung findet der Golfstrom im Nordatlantikstrom, der von großer Bedeutung für das Klima in Europa ist.

Aufgrund der Erdrotation werden Strömungen wie der Golfstrom zu Strömungswirbeln umgelenkt und ihre Zentren weiter nach Westen verlagert. Bei gleich bleibendem Wasserdurchsatz führt dies z. B. am Westrand des Atlantik zu einer beschleunigten Strömung („Düseneffekt“) und am Ostrand des Meeres zu einer langsameren Oberflächenströmung.

1 Der Golfstrom

Walker-Zirkulation und El Niño

Die enge Wechselwirkung zwischen Meeres- und atmosphärischen Strömungen und die daraus resultierenden Folgen können anschaulich anhand des sogenannten ***ENSO-Phänomens*** veranschaulicht werden. Hiermit werden im Zusammenhang stehende Änderungen von Meeresströmungen (**El-Niño**-Phänomen) und Luftdruckverhältnissen (Southern Oscillation) im tropischen Pazifik bezeichnet, die folgend beschrieben werden.

Neben der überwiegend Nord-Süd-gerichteten Passatzirkulation gibt es in Äquatornähe auch eine in West-Ost-Richtung angeordnete Reihe von Zirkulationszellen. Diese nach ihrem Entdecker benannte **Walker-Zirkulation** wird durch die Luftdruckgegensätze weit auseinanderliegender Regionen angetrieben. Sie zeigt eine enge Kopplung von Luftmassen- und Meeresströmungen und ist im Pazifik besonders deutlich ausgebildet.

Im Pazifik verursacht das im Südwinter sehr kräftige Südpazifik-Hoch starke Südostpassate, die über dem warmen Ozean große Mengen Wasserdampf aufnehmen. Diese ermöglichen intensive Konvektionsniederschläge in den Hitzetiefs der ITC im Westpazifik zusammen mit den dort hohen Wassertemperaturen. Zur Kompensation der bodennahen Strömung fließt die aufgestiegene Luft in der Höhe zurück nach Osten, sinkt vor Südamerika ab und schließt die pazifische Walker-Zelle (M2/A).

Der Windschub der Passate bewegt auch große Wassermassen westwärts, die sich auf dem Weg nach Südostasien auf bis zu 30 °C erwärmen. Dort staut sich das Warmwasser um 40 – 50 cm über NN auf und drückt zugleich die Thermokline (= Trennschicht zwischen dem warmen Oberflächen- und dem kalten Tiefenwasser) auf etwa 200 m Tiefe hinab.

Zum Ausgleich des wegdriftenden Oberflächenwassers strömt vor der Westküste Südamerikas ständig kaltes antarktisches Tiefenwasser auf (M2/A). Dieses verhindert eine rasche Erwärmung des kühlen, küstenparallelen Humboldtstroms und ermöglicht durch seinen hohen Sauerstoff- und Nährstoffgehalt bei ganzjährig starker Sonneneinstrahlung eine hohe Biomasseproduktion. Über dem Aufquellgebiet verursacht die kühle und wasserdampfarme Luft zusammen mit den aus dem Pazifik-Hoch absinkenden und sich erwärmenden Luftmassen eine sehr stabile Passatinversion. Die dadurch in Peru und Nordchile entstehende, extrem lebensfeindliche Küstenwüste steht daher im krassen Gegensatz zu dem angrenzenden, biologisch hoch produktiven Meer.

Mitte September beginnt sich das Strömungssystem umzustellen: Das südostpazifische Hoch verlagert sich im Südsommer polwärts, die Passatwinde und der Windschub im Äquatorbereich werden schwächer, das im Westpazifik aufgestaute Warmwasser schwappt zurück.

Es erreicht nach einigen Monaten die südamerikanische Küste, überströmt die Auftriebsgebiete und drückt die Thermokline abwärts (M2/D). Als Folge brechen die an das aufsteigende Tiefenwasser gebundene Biomasseproduktion und die damit zusammenhängenden Nahrungsketten mehr oder weniger zusammen. Diese alljährlich um Weihnachten erfolgende Verdrängung ertragreicher Kaltwasserfischschwärme durch fischereiwirtschaftlich weniger interessante Warmwasserfische bezeichnen die einheimischen Fischer traditionell als El Niño (span., = der Knabe, das Christkind). Die Auswirkungen des von den Fischern „ungeliebten Christkinds" verflüchtigen sich aber meist schon nach wenigen Wochen, weil sich die vorherigen Strömungsverhältnisse wieder einstellen.

Aus bisher ungeklärten Gründen tritt etwa alle vier bis neun Jahre in diesem System von im Jahresrhythmus hin und her schwappenden Oberflächenwasser des Pazifiks und der damit korrespondierenden Luftdruckwippe (Southern Oszillation) eine über mehrere Monate anhaltende El-Niño-Situation mit extremen Auswirkungen auf. Regelmäßig beobachtet wird dabei eine außergewöhnlich starke Abschwächung der südostpazifischen Antizyklone. Zeitweise erlischt der Südostpassat sogar völlig (M2/C). Dies ermöglicht ein lange anhaltendes Zurückströmen sehr großer Warmwassermassen. Mit ihnen und den damit verbundenen Konvektionsbewegungen der Luft verlagern sich auch die Bereiche tiefen Drucks zunehmend von Südostasien Richtung Südamerika.
Dadurch kehrt sich die Walker-Zirkulation im Pazifik für längere Zeit völlig um: Die nun vor der südamerikanischen Küste aufsteigenden warmen und sehr feuchten Luftmassen verursachen im Küstenbereich von Ecuador, Peru und Nordchile heftige Starkniederschläge mit oft verheerenden Überschwemmungsfolgen. Im Westpazifik entsteht dagegen eine stabile Hochdrucklage. Südostasien und Australien leiden unter einer anhaltenden Trockenheit.

Während der Rückkehr des Systems vom extremen El-Niño-Ereignis zum Normalzustand erscheint vorübergehend meist auch „La Niña" (die kleine Schwester), eine besonders starke Abkühlung des Meeres vor der Westküste Südamerikas, verbunden mit einer dort starken Trockenheit und steigenden Niederschlägen in Südostasien und Australien.

Aufgaben

1. Recherchieren Sie die Auswirkungen der Unterbrechung der thermohalinen Zirkulation nach der aktuellen wissenschaftlichen Forschung.
2. Erläutern Sie das El-Niño-Phänomen (M2).

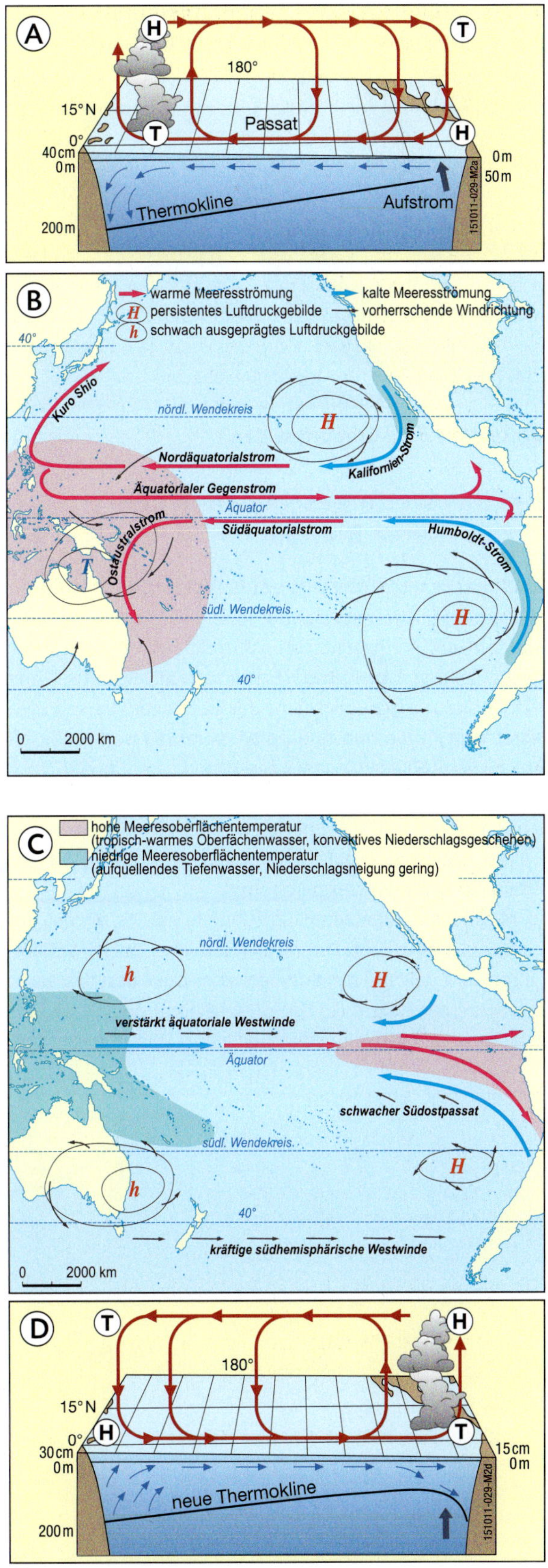

2 Normalzustand (A-B), Extrem-El-Niño Zustand (C-D)

1 Zyklone über Großbritannien

1.5 Das Wettergeschehen in den mittleren Breiten

Zyklonales und antizyklonales Wettergeschehen

Die mittleren Breiten sind die klimatisch ausgeglichensten und am wenigsten von Wetterkatastrophen betroffenen Regionen der Erde. Hier vollzieht sich durch die Wellenbildung des Jetstreams der Energieaustausch zwischen den tropischen und polaren Luftmassen, dadurch ist ein beständiger Wechsel des Wetters im ganzjährigen Westwindklima typisch. Grundsätzlich treten – mit vielen Varianten – zwei Wetterlagen im Wechsel auf.

Das zyklonale Wettergeschehen

In den Tiefdruckgebieten (Zyklonen, vgl. S. 20) ist am Boden ein Druckabfall festzustellen, der durch aufsteigende und gegen den Uhrzeigersinn einströmende Luftmassen erzeugt wird (M1). Sie ziehen mit der Westwindströmung ostwärts und erreichen einen Durchmesser von durchschnittlich 1 500 km (M2). Sie sind der Hauptmotor für den Luftmassenaustausch, verwirbeln tropische Warmluft und polare Kaltluft und bilden an den Grenzflächen sogenannte Wetterfronten aus.

An der **Warmfront** wird leichtere Warmluft über die schwere Kaltluft gehoben. Mit dem langsamen Aufgleiten der Warmluft ist eine charakteristische Wolken- und Niederschlagsbildung verbunden: langsame Abkühlung der Luft, Kondensation und allmähliche Entwicklung einer Aufgleitbewölkung. Weit vor Eintreffen der Warmfront am Boden bilden sich hohe Schleierwolken (Cirren), die sich zu hohen und dünnen Schichtwolken (Altostratus), später zu immer mächtigeren und tieferen Schichtwolken (Nimbostratus) verdichten, aus denen zunächst Nieselregen, später dauerhafter feiner Landregen fällt (M3). Nach dem Durchzug der Warmfront am Boden existiert keine Aufgleitbewegung mehr, folglich findet im nachfolgenden Warmluftsektor auch keine Kondensation mehr statt. Vom Feuchtigkeitsgehalt und der Lufttemperatur im Warmluftsektor hängt es ab, ob die Schichtwolken des Landregens verdunsten oder ohne Niederschlagsbildung als Wolkendecke erhalten bleiben. Der Temperaturunterschied nach Durchzug der Warmfront ist oftmals gering, sodass er kaum empfunden wird.

An der **Kaltfront** stößt kalte Luft gegen die vorgelagerte warme Luft. Die schwere Kaltluft bricht regelrecht in den Warmluftsektor ein und verdrängt diesen nach oben. Die rasch aufsteigende Warmluft kühlt sich schnell ab und bildet hochreichende Konvektions- oder Haufenwolken (Cumulus). Dabei kommt es zu Schauerregen mit großen Regentropfen, z. T. auch Hagel. Nach Durchzug der Kaltfront nimmt die Wolkenbildung im folgenden Rückseitenwetter wieder ab, wenn die Feuchtigkeit der zuvor verdrängten Warmluft kondensiert und abgeregnet ist und die relative Luftfeuchtigkeit der Kaltluft gering ist.

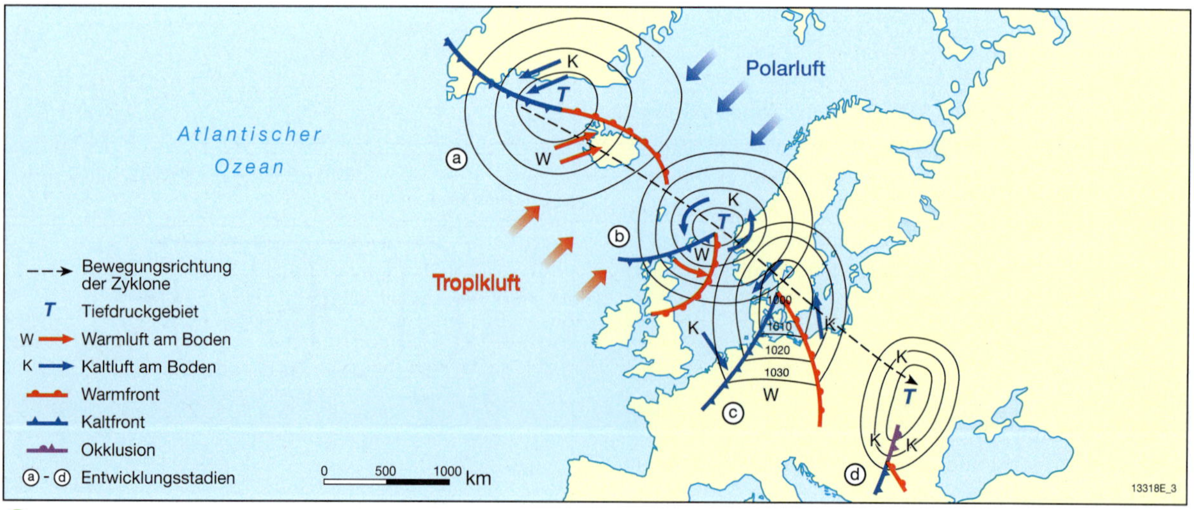

2 Bewegung und Entwicklung einer Zyklone

Auf dem Weg der Zyklone nach Osten holt die schnellere Kaltfront die Warmfront schließlich ein, weil die Warmluft bei den Aufgleitvorgängen an Bewegungsenergie verliert. Der Warmluftsektor wird schließlich in der **Okklusion** (Aufeinandertreffen von Kalt- und Warmfront) vom Boden abgehoben und kühlt in der Höhe aus. Die Zyklone verliert an Eigendynamik, Kondensations- und Niederschlagsbildung nehmen ab, die Zyklone stirbt.

Das antizyklonale Wettergeschehen

Aus den Hochdruckzellen (Antizyklonen, vgl. S. 20) strömen in Bodennähe die Luftmassen im Uhrzeigersinn heraus. Durch diese werden die mit der Westwindströmung herbeigeführten, verschieden temperierten Luftmassen um das Hoch herumgeführt. Sie können somit nicht wetterwirksam werden. Im Bereich der Hochdruckzelle entstehen daher keine Fronten. Dafür ist die beständig aus dem Hoch herausströmende Luft wetterwirksam: Erwärmung, Verdunstung, Wolkenauflösung und Sonnenschein am Tage bzw. Ausstrahlung in der Nacht sind die Folgen. Im Winter überwiegt die Ausstrahlung. Bodennahe Luftschichten werden abgekühlt, wodurch langanhaltender Bodennebel entstehen kann.

Aufgaben

1. Erläutern Sie die Entwicklung einer Zyklone (M2).
2. Erläutern Sie die Vorgänge, die im Bereich der Warmfront und Kaltfront ablaufen.
3. Beschreiben Sie, wie der Beobachter (P) beim Durchzug der Zyklone (M3) das nachfolgende Wettergeschehen erlebt.
   a) Berücksichtigen Sie dabei Luftdruck, Temperaturverlauf, Niederschlag und Sichtverhältnisse.
   b) Begründen Sie die Veränderungen der Windrichtung und der Windgeschwindigkeit beim Durchzug einer Warm- bzw. Kaltfront.

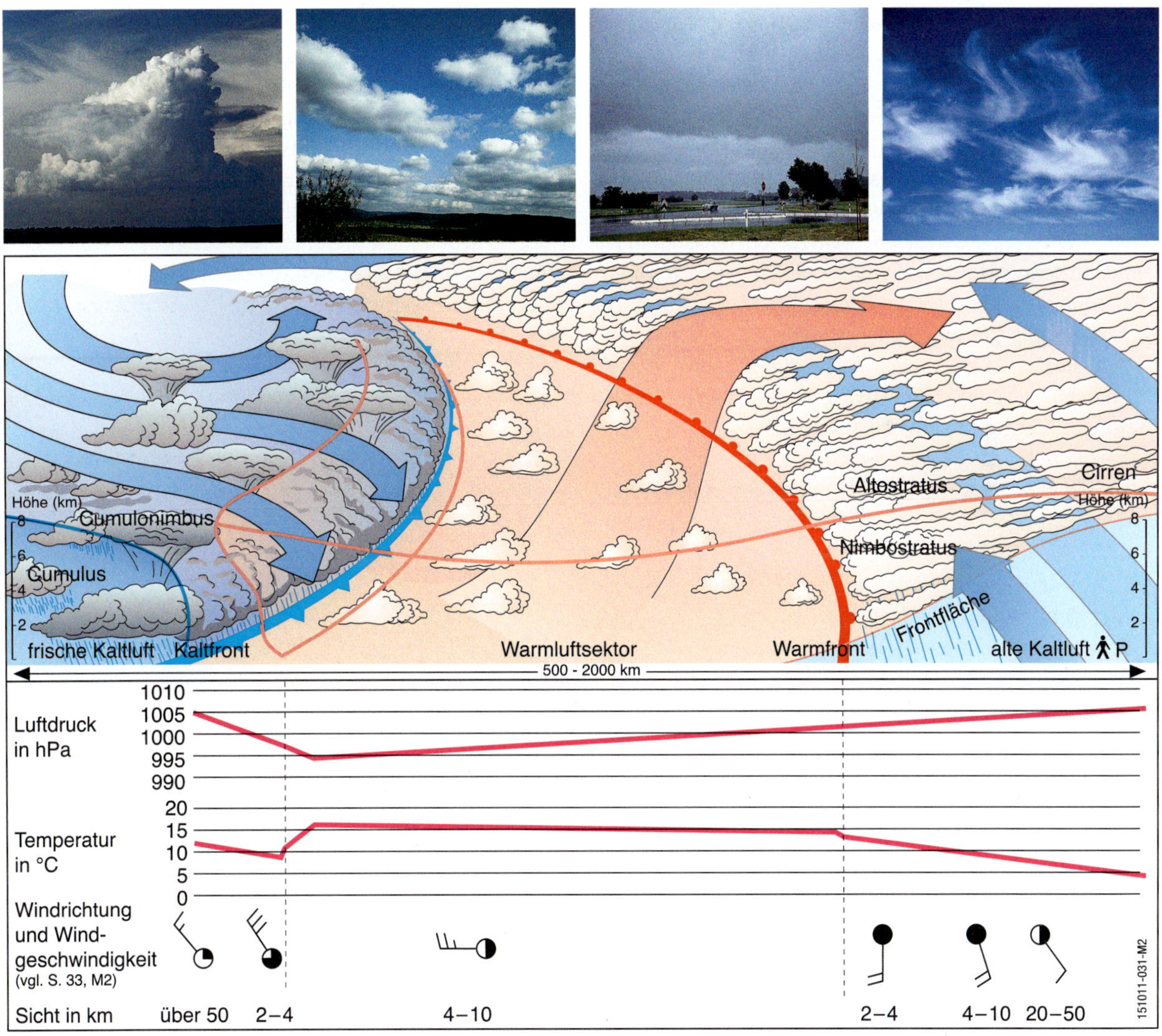

3 **Bewegung und Entwicklung einer Zyklone (Querschnitt), Fotos: entsprechende Wolkenmuster**

Methode

Auswertung einer Wetterkarte

Ein wichtiges Hilfsmittel der Wettervorhersage sind die Wetterkarten, aus denen die Entwicklung bestimmter Wetterlagen mit charakteristischen Merkmalen, wie z. B. Temperatur, Bewölkung, Luftdruck, Niederschläge und Wind abgeleitet werden kann. Sie stellen den Zustand der Atmosphäre zu einem bestimmten Zeitpunkt für ein bestimmtes Gebiet dar und entsprechen einer Momentaufnahme der Wetterelemente an den zahlreichen Stationen des Beobachtungsgebietes.
Die Meteorologen benötigen aber nicht nur die Wetterbeobachtungen aus dem eigenen Land, weshalb weltweit ca. 10 000 Landstationen und zahlreiche Handels- und Passagierschiffe, die Wetterbeobachtungen zu festgelegten Zeiten durchführen, existieren. Außerdem werden viele Daten von Wettersatelliten übermittelt.
Die zusammengestellten Informationen werden schließlich mit verschiedenen Zeichen auf Wetterkarten dargestellt. In den Bodenwetterkarten, wie sie aus den Medien bekannt sind, kann man den Verlauf der Frontalzone und damit die vorherrschende Wetterlage ablesen (M2). In der Höhenwetterkarte ist hingegen dargestellt, in welcher Höhe sich eine bestimmte Luftdruckfläche, z. B. 500 hPa, befindet (M1). Die daraus resultierenden Auswirkungen auf das konkrete Wettergeschehen sind in der Bodenwetterkarte zu erkennen. Die Angaben beziehen sich immer auf den angegebenen Tag (z. B. 04.01.2000) und die angegebene Uhrzeit (00.00 UTC = GMT). Das Satellitenbild der Großwetterlage, die Höhenwetterkarte und die zugehörige Bodenwetterkarte können ständig unter www.dwd.de abgefragt werden.

Um eine Bodenwetterkarte richtig lesen und interpretieren zu können, sind im Folgenden Arbeitsschritte angegeben:
1. Aus der räumlichen Verteilung der Luftdruckgebilde und dem Verlauf der Isobaren (Linien gleichen Luftdrucks) können die weitere Entwicklung der Wetterlage und die Lage Mitteleuropas zu den Hoch- und Tiefdruckgebieten abgelesen werden.
Wetterbestimmend für Mitteleuropa wird ein Tiefdruckgebiet über Skandinavien (970 hPa), dem voraussichtlich weitere aus dem Raum Island (975 hPa) folgen werden. Die Iberische Halbinsel und Nordafrika stehen unter dem Einfluss von Hochdruck mit 1030 hPa. Über Mitteleuropa liegt damit ein Bereich starker Luftdruckänderung.
2. Die Lage der Fronten zum Betrachtungsraum und die Abfolge der Fronten im Druckfeld lassen Schlüsse über Art und Bewegung der Luftmassen und damit Voraussagen über Temperaturveränderungen, Bewölkung, Niederschlagsbildung, Windrichtung und -geschwindigkeit zu.
Über Mitteleuropa liegt das Frontensystem einer Zyklone. Kiew, noch vor der Warmfront liegend, hat eine Temperatur von –5 °C. Dresden, nach Überstreichen der Warmfront im Warmsektor liegend, hat 5 °C. Die zur Zyklone gehörende Kaltfront liegt über den Küsten der Nord- und Ostsee und bringt wieder kühlere Luft nach Mitteleuropa (Plymouth 4 °C).
3. Für einzelne Stationen sind durch Symbole Aussagen zu Lufttemperatur, Bewölkung, Art der Niederschläge, Windrichtung und -geschwindigkeit angegeben.
Station Warschau: Lufttemperatur 2 °C, bedeckt, kein Niederschlag, Wind aus SW mit 10 km/h.

Aufgaben

1. Bestimmen Sie die Druckgebilde, die für Osteuropa wetterbestimmend sind.
2. Führen Sie eine Auswertung hinsichtlich Bewölkung, Niederschlag, Windrichtung, -geschwindigkeit und dazugehöriger Vorhersage durch.
3. Geben Sie für die Stationen Plymouth, Hannover, Paris und Kiew die entsprechenden Werte an.
4. Werten Sie nach dem vorgegebenen Schema eine aktuelle Wetterkarte aus.

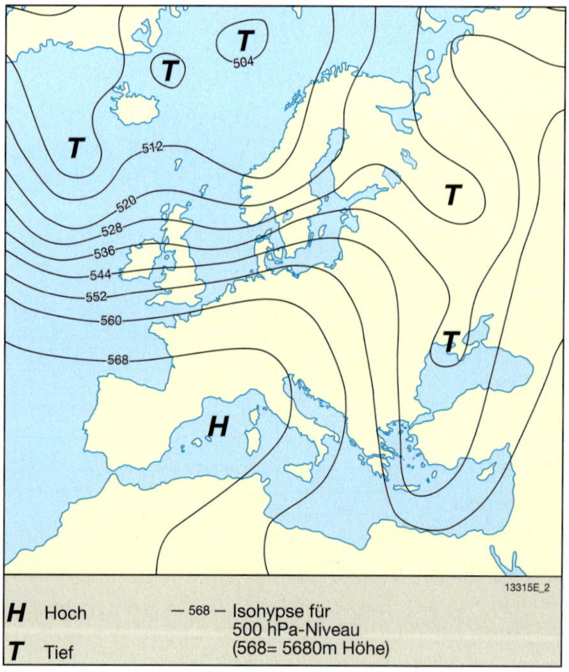

1 Höhenwetterkarte (500 hPa-Niveau), 04.01.2000

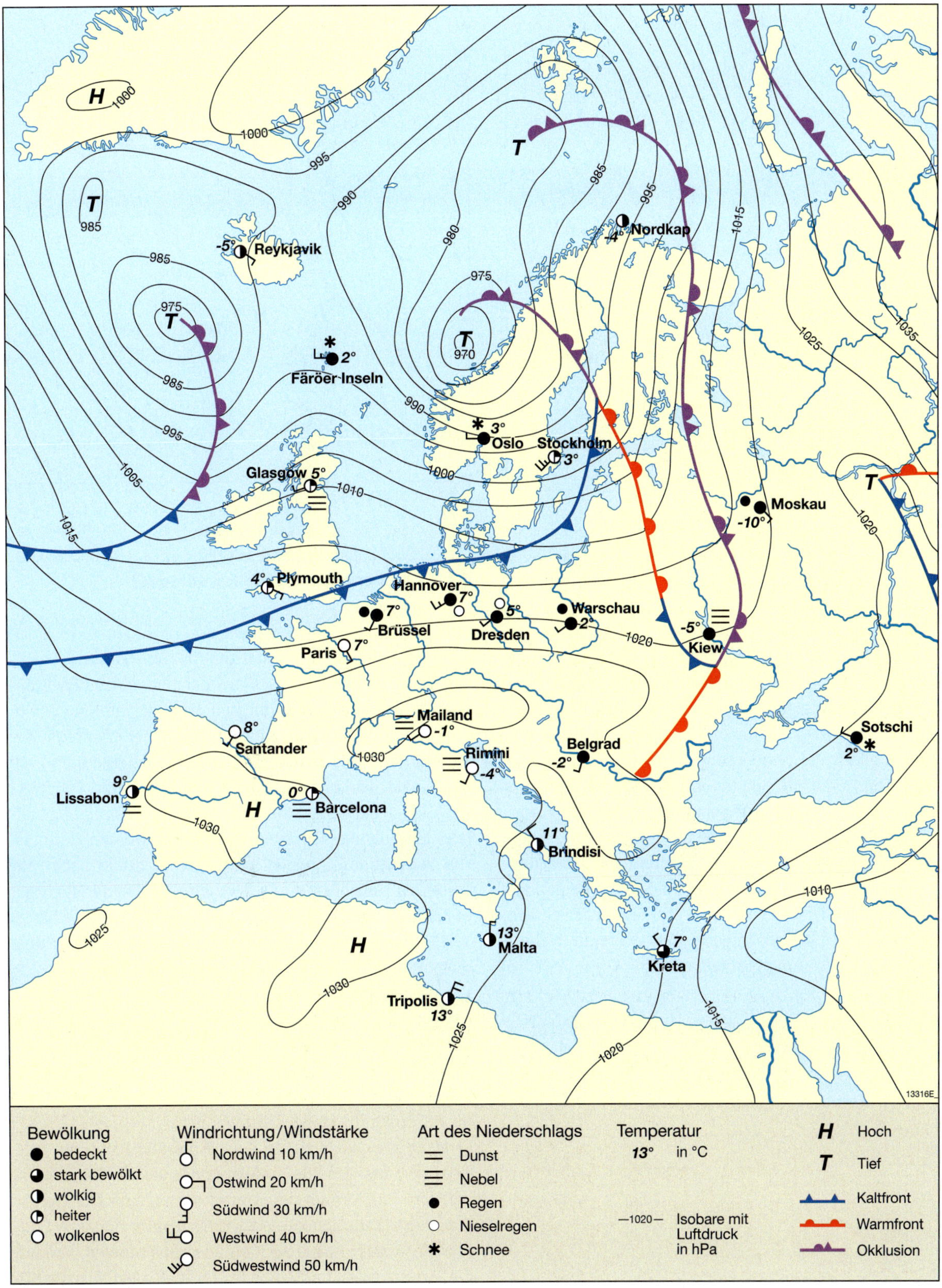

2 **Bodenwetterkarte, 04.01.2000**

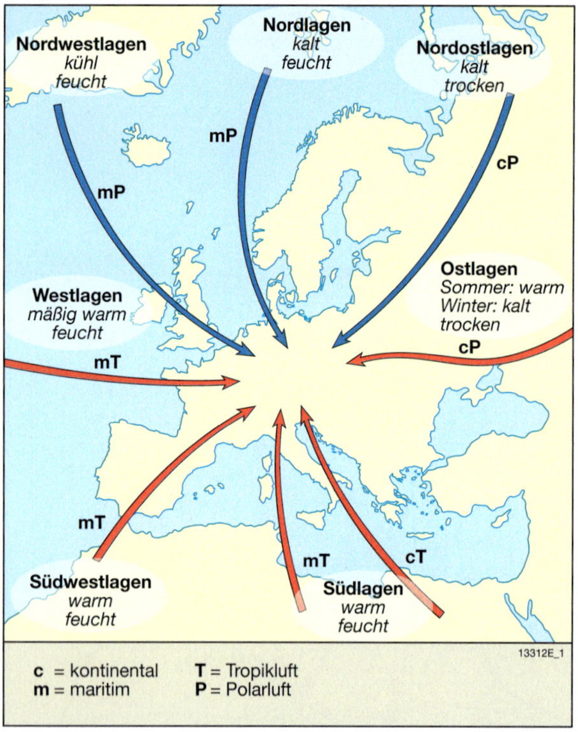

1 **Hauptluftmassen und Wetterlagen Mitteleuropas**

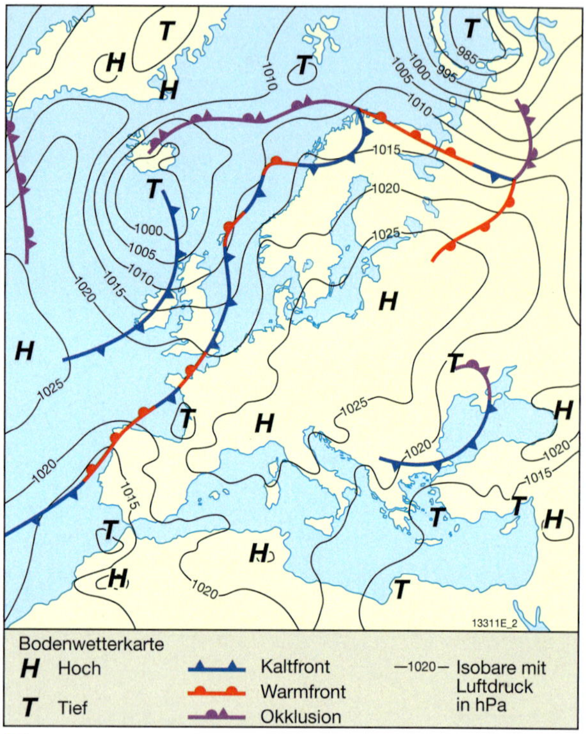

3 **Hoch über Mitteleuropa (13.06.2006)**

Großwetterlagen in Mitteleuropa

Durch die Wirkung einer oder mehrerer Luftmassen, die entsprechend der Lage der planetarischen Frontalzone nach Europa herangeführt werden, ist jede **Großwetterlage** gekennzeichnet. Die einströmenden Luftmassen beeinflussen häufig die Temperaturen stärker als die direkte Einstrahlung durch die Sonne. Am häufigsten wird das Wettergeschehen in Mitteleuropa durch Tropikluft (warm) und Polarluft (kalt) bestimmt. Die Luftmassen unterscheiden sich noch dadurch, ob sie kontinentalen (trocken) oder maritimen (feucht) Ursprungs sind (M1). Grundlage für die Wettervorhersage sind die typischen großflächigen Wetterlagen, denn kleinflächige Wetterlagen sind in ihrer Entstehung und Deutung problematisch.

Wetterlage	Januar	Juli	Jahr
SW-Lage	6,2	1,0	2,8
W-Lage	24,0	28,4	25,1
NW-Lage	8,8	17,4	9,2
N-Lage	11,1	16,0	16,2
O-Lage	18,1	10,0	16,0
zentrales Hoch	17,6	15,2	17,3
restliche Wetterlagen	14,2	12,0	13,4

2 **Durchschnittliche Häufigkeit (%) der Hauptwetterlagen über Mitteleuropa (1890 – 1950)**

Lage und Stärke des Jetstream in der höheren Troposphäre bestimmen den Verlauf der planetarischen Frontalzone und steuern damit den Weg der großen Zyklonen und Antizyklonen. Aus der Höhenwetterkarte ist der Verlauf der planetarischen Frontalzone zu erkennen (vgl. S. 32, M1). Verläuft die Frontalzone annähernd von West nach Ost, herrscht also eine zonale (breitenkreisparallele) Zirkulation des Jetstream vor, so werden Luftmassen vom Atlantik aus in westlicher Richtung nach Mitteleuropa transportiert. Es liegt eine Westwetterlage (vgl. S. 33, M2) vor, die überwiegend zyklonales, wechselhaftes Wetter mit Niederschlagsbildung und sommerlicher Kühle bzw. winterlicher Milde für Mitteleuropa bringt.

Bei vorherrschender Wellenzirkulation des Jetstream treten gemischte Zirkulationsformen auf. Je nach der Lage Mitteleuropas zu diesen Wellen kann bei NW-Strömung (NW-Wetterlage) feucht-kühle maritime Polarluft oder bei SW-Strömung (SW-Wetterlage, M4) feucht-warme maritime Tropikluft herangeführt werden.

Erreicht die Wellenzirkulation Nord-Süd-Richtung, entsteht eine meridionale Zirkulation. In diesem Fall können bei Nord-Süd-Verlauf der Frontalzone N- oder NO-Wetterlagen sehr kalte feuchte oder extrem kalte trockene Luftmassen aus der Arktis nach Mitteleuropa bringen. Verläuft die Frontalzone von Süd nach Nord, also bei S- bzw. SO-Wetterlagen, wird meist sehr trockene und heiße Luft aus dem Mittelmeerraum bzw. Nordafrika herangeführt.

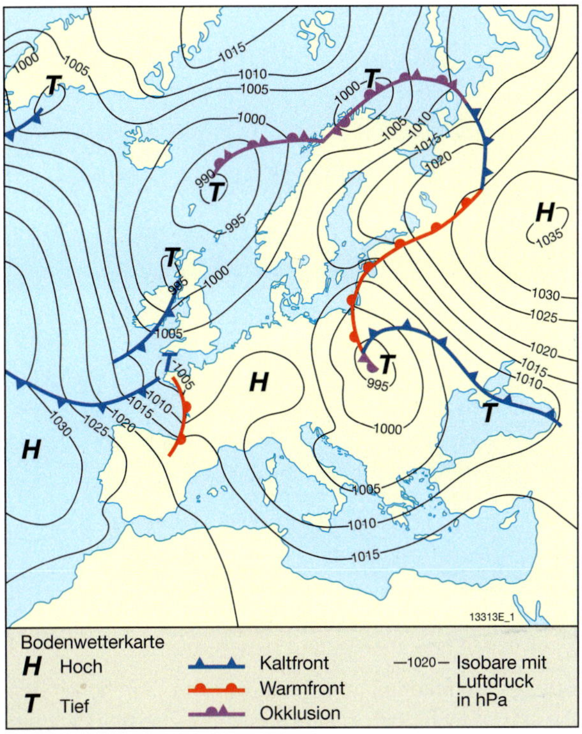

4 SW-Lage (07.04.2004)

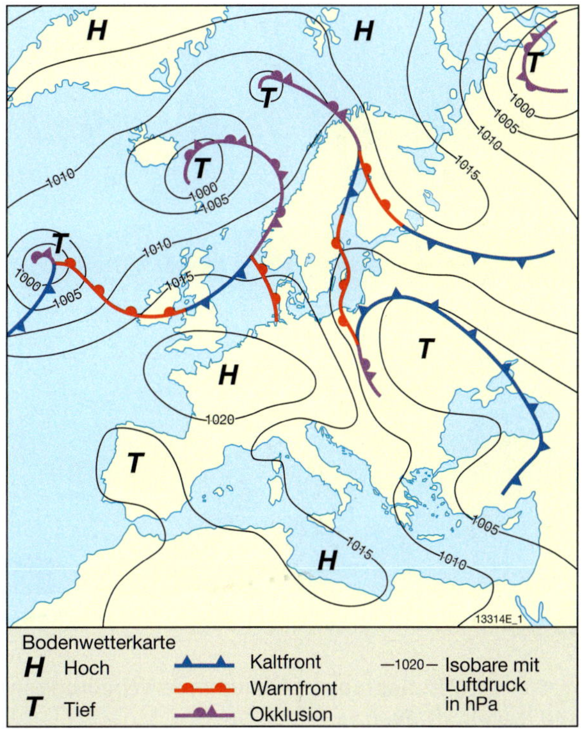

5 Vb-Wetterlage (14.08.2002)

Führt die Frontalzone über Skandinavien hinweg, bildet sich südlich davon über Mitteleuropa ein Hoch heraus. Die Wetterlage „Hoch über Mitteleuropa" (M3) verlagert sich meistens nur wenig. Das bedeutet für längere Zeit geringe Bewölkung sowie Niederschlagsarmut. Im Sommer kann es bei hohen Temperaturen zu Wärmegewittern kommen; im Winter treten durch intensive Ausstrahlung sehr niedrige Temperaturen und Hochnebel auf.

Bei einer Ostlage blockiert ein Hoch über Skandinavien die Westwindströmung, sodass den atlantischen Tiefdruckgebieten der Weg auf den Kontinent versperrt bleibt. Die Frontalzone verläuft über den Mittelmeerraum. In Mitteleuropa kommt es zu einer Ostströmung, bei der polare Luftmassen aus Osteuropa herangeführt werden. Im Winter führt das zu strenger Kälte, im Sommer zu starker Erwärmung, jeweils bei Wolkenarmut und niederschlagsfreiem Wetter.

Eine besondere Wetterlage ist die Vb (Fünf-B)- oder Troglage (M5). Sie entsteht aus einem längere Zeit ortsfesten Tiefdruckwirbel über Oberitalien. Dabei wird warmfeuchte Luft aus dem Mittelmeerraum über die Alpen herangeführt. Für das östliche Mitteleuropa bedeutet das lang anhaltende und starke Niederschläge, die häufig zu Hochwasser führen.
Die Bezeichnung Vb entstammt der alten Systematisierung des Wetterablaufs von W. van Bebber (1881), der fünf Hauptzugstraßen der Tiefdruckgebiete über Mitteleuropa beschrieb. Diese Großwetterlagen kategorisierte der deutsche Wetterforscher mit den römischen Zahlen Ia bis VIb, die teilweise heute noch Verwendung finden. Die Vb-Zugstraße verläuft von Oberitalien über Österreich, Ungarn und Polen in das Gebiet des Ladogasees. Eine derartige Wetterlage führt oft zu extremen Wetterereignissen und war für das Pfingsthochwasser 1999 und das Alpenhochwasser 2005 die Ursache.

Aufgaben

1. Beschreiben Sie die Lage der Druckgebilde sowie die Witterungsverhältnisse (M3, M4).
2. Beschreiben Sie, wodurch Hochdruckwetterlagen im September gekennzeichnet sind.
3. Werten Sie die Tabelle zur durchschnittlichen Häufigkeit der Hauptwetterlagen über Mitteleuropa aus (M2).
4. Erläutern Sie die Bedingungen der Wetterlage für das Eintreten von Südföhn.
5. Recherchieren Sie die Wetterlage, die im März 2006 dafür sorgte, dass in Bayern die Schüler schneefrei erhielten und diskutieren Sie die Eintrittswahrscheinlichkeit während Ihrer Schulzeit.

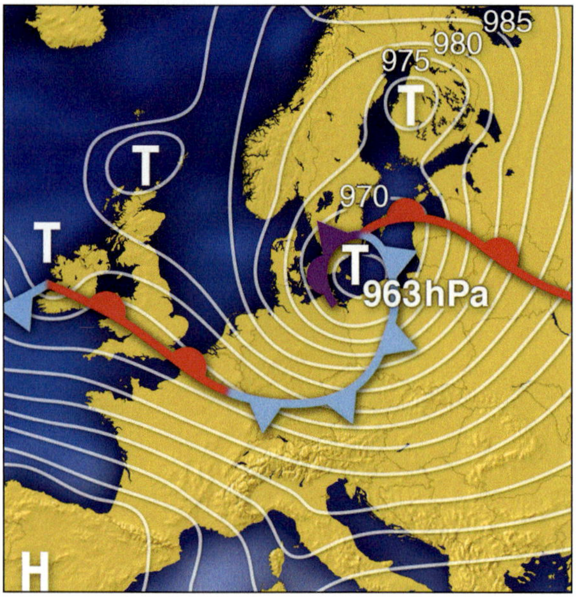

1 Isobarenkarte vom 18. Januar 2007

3 Orkantief Kyrill – Satellitenaufnahme

Wetter in Mitteleuropa – Ausnahmeerscheinungen und Regelhaftigkeiten

Im Schuljahr 2006/2007 stellte sich eine Großwetterlage in Mitteleuropa ein, die im Verlauf weniger Tage zu einem Sturm führte, der unter dem Namen „Kyrill“ Schlagzeilen machte. In Bayern fiel an diesem Tag der Nachmittagsunterricht aus, um den Schülern ein sicheres Heimkommen zu ermöglichen. Am folgenden Tag wurde schulfrei gegeben, da die meisten Schüler durch die ausgefallenen Transportmittel – viele Straßen und Eisenbahnlinien waren gesperrt – die Schulen nicht erreichen hätten können.

Aber nicht nur in Bayern, sondern in weiten Teilen Europas wurde das öffentliche Leben beeinträchtigt.

Schon seit dem Jahreswechsel 2006/2007 herrschte eine sehr zonale Westwetterlage, bei der in rascher Folge Sturmtiefs über Deutschland hinwegzogen. Der Höhepunkt der Sturmtätigkeit wurde mit dem Orkantief „Kyrill“ am 18. Januar 2007 erreicht. Im Zentrum des Tiefs über Dänemark sank der Luftdruck dabei bis auf 963 hPa und der Sturm erfasste das gesamte Land von der Küste bis zu den Alpen. Die höchste Windgeschwindigkeit wurde auf dem Wendelstein mit 202 km/h erreicht, aber auch im Flachland wurde verbreitet Windstärke 12 (zum Beispiel Berlin-Adlershof mit 146 km/h) gemessen. Erstmals in der Geschichte der Bundesrepublik stellte die Bahn AG ihren Betrieb im ganzen Land ein. Das Tief ließ sich schon Tage zuvor gut prognostizieren, mithilfe der Unwetterzentrale mit Sitz in Bad Nauheim (Hessen) konnte eine sehr genaue Abschätzung der zu erwartenden Windgeschwindigkeiten und damit der möglichen Gefahren gemacht werden.

Sven Plöger, meteomedia

2 Wettersituation des Orkantiefs „Kyrill“

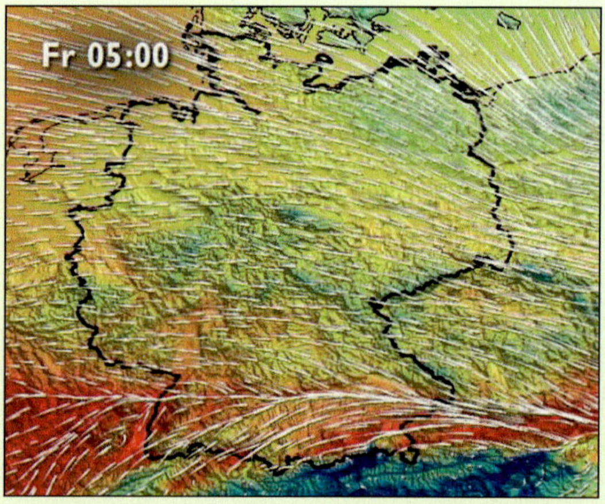

Im Strömungsbild werden Richtung und Geschwindigkeit der Luftströmung durch Linien dargestellt (je länger desto größer die Windgeschwindigkeit). Die Farben zeigen die Temperatur der Luftmasse (je rötlicher desto milder). Kyrill liegt zu diesem Zeitpunkt über der Ostsee und führt hier zu einem nordwestlichen Wind.

4 Stromlinien – Ausschnitt aus der Fernsehwetterkarte

Hundertjähriger Kalender, Bauernregeln und Witterungssingularitäten

Nach dem 30-jährigen Krieg entstand der Hundertjährige Kalender. Der fränkische Abt Mauritius Knauer beobachtete über 7 Jahre hinweg (1652–1659) das Wetter und schrieb seine Beobachtungen auf. Eine Abschrift der Aufzeichnungen gelangte im Jahre 1700 an einen geschäftstüchtigen Erfurter Buchhändler, der unter dem Namen „Hundertjähriger Kalender" diese Aufzeichnungen zum viel gelesenen Buch machte. Der Text ist jedoch eine unvollständige und fehlerhafte Wiedergabe der ursprünglichen Aufzeichnungen. Dennoch genießt dieses meteorologisch praktisch nutzlose Werk bis heute eine gewisse Popularität.

Immer schon beobachtete der Mensch das Wettergeschehen, sammelte Erfahrungen und brachte sie in Regeln zum Ausdruck (Bauernregeln). Die meisten dieser Regeln eignen sich nicht als Wetterprognose, geschweige denn als Voraussage für die kommende Jahreszeit oder ein ganzes Jahr. Manche sogenannten „Bauernregeln" sind nichts weiter als willkürliche Verbindungen zufälliger Beobachtungen („Ziehn die Vögel vor Michael [29.9.], blickt von fern der Winter scheel." „Je größer die Ameisenhügel, je straffer des Winters Zügel.") oder beinhalten „Binsenwahrheiten" („Oktobersonne kocht den Wein und füllt auch große Körbe ein."). Oft beruhen sie auf der Beobachtung sogenannter Witterungssingularitäten („Pankratius [12.5.] hält den Nacken steif, sein Harnisch klirrt von Frost und Reif." „Ist Sankt Regine [7.9.] warm und wonnig, bleibt das Wetter lange sonnig.") Andere sind schalkhaft formuliert und amüsant zu lesen, wie: „Ist der April auch noch so gut, er schneit dem Bauern auf den Hut."

Im Zusammenhang mit dem durchschnittlichen Witterungsablauf spielen Singularitäten eine große Rolle. Bei der Auswertung sehr langer Beobachtungsreihen konnte man häufig wiederkehrende Zeiten mit besonderer Erwärmung oder Abkühlung (Wärme- und Kälterückfälle) feststellen. Diese Zeitabschnitte werden als Singularitäten oder Wetter- bzw. Witterungsregelfälle bezeichnet.

Diese mehr oder minder festen Zeitpunkte, an denen bestimmte Veränderungen im Witterungsablauf auftreten, sind nicht so eng und streng an ganz bestimmte Kalendertage zu binden, wie es oft im Volksmund getan wird. So ist beispielsweise die Verknüpfung der Kälterückfälle des Frühjahres mit den Daten der „Eisheiligen" nur soweit richtig, als dass diese Daten stellvertretend für einen längeren Zeitraum stehen, in dem Großwetterlagen mit Kältezufuhr nach Mitteleuropa (NW- bis N-Lagen) statistisch dominieren.

Mit relativ großer Häufigkeit und Sicherheit treten im Jahresgang 12 bis 15 Singularitäten in Erscheinung, die zum mittleren Witterungsablauf in Mitteleuropa gehören. Die in M5 aufgezeigten Singularitäten sind das Ergebnis einer Mittelbildung. Im Einzeljahr können sie völlig ausbleiben. Deshalb sind die Singularitäten für die Wettervorhersage nur mit größter Vorsicht zu verwenden.

Aufgaben

1. Beschreiben Sie die Luftdruckverteilung über Europa (M1).
2. Vergleichen Sie die Fronten in M3 mit M1.
3. Recherchieren Sie die Auswirkungen auf das öffentliche Leben und die Höhe der Schäden des Sturms „Kyrill".
4. Vergleichen Sie das gegenwärtige Wetter im Verlauf des Jahres mit den Witterungssingularitäten (M5).
5. Überprüfen Sie die Witterungszusammenhänge und recherchieren Sie die statistische Eintrittswahrscheinlichkeit der bekannten Bauernregeln am Beispiel des Siebenschläfers.

Bezeichnung	Zeitraum	Wetterlage und Witterungsmerkmale
Hochwinter	15.–26. Januar	Hochdruckwetterlagen (78 %) mit Zufuhr sehr kalter kontinentaler Luft, wenig Schnee
Aprilwetter	April	zyklonale NW- und N-Lagen, z. T. Vb-Lagen, sehr wechselhaftes Wetter mit Schauern und Sonnenschein
Eisheilige Mamertus, Pankratius, Servatius, Bonifatius, Sophie	11. – 15. Mai	NW- und N-Lagen mit Zufuhr sehr kalter Luft, Kälterückfälle, Gefahr für Obstbaumblüte
Spätfrühling	22.5.–2.6.	kontinentale Hochdrucklagen (80 %), Schönwetterperiode mit sommerlichen Tagen und kalten Nächten
Schafskälte	12.–14.6.	zyklonale W- und NW-Lagen verursachen kühles, regnerisches Wetter
Hundstage	um den 10.8.	Hochdruchwetterlagen mit großer Wärme und Trockenheit (letzte Hochsommerphase)
Altweibersommer	23.– 30.9.	Hochdruckwetterlagen (76 %) mit Schönwetter, trocken und warm
Weihnachtstauwetter	23.–30.12.	zyklonale W-Lagen mit Erwärmung (im Westen Deutschlands häufiger als im Osten)

5 Ausgewählte Witterungssingularitäten

Methode

Auswertung von Wettersatellitenbildern

Die für Europa relevanten Satellitenbilder stammen von dem Wettersatelliten METEOSAT-08, der in ca. 37 000 km Höhe über dem Schnittpunkt des Äquators mit dem Nullmeridian steht (M2). Er ist geostationär, das heißt, er hat eine Umlaufbahn von 24 Stunden und sendet alle 30 Minuten Bilder vom gleichen Ausschnitt der Erdoberfläche. Die im Bild eingeblendete Zeit (UTC = Universal Time Coordinated) entspricht der GMT-Zeit (Greenwich Mean Time), das heißt, in Mitteleuropa ist es bereits eine Stunde später.

VIS (visible)-Bilder (im Bereich des sichtbaren Lichts) geben die Intensität der reflektierten Sonnenstrahlung wieder und sind somit während der Nachtstunden nicht verfügbar. Die unterschiedlichen Grautöne des VIS-Bildes sind ein Maß für das Reflexionsvermögen von Oberflächen und Wolken (M1). Wolken reflektieren viel Sonnenstrahlung, sie erscheinen im VIS-Bild je nach Dicke grau bis weiß. Land und Wasser haben ein geringeres Reflexionsvermögen, sie erscheinen daher im Bild dunkel.

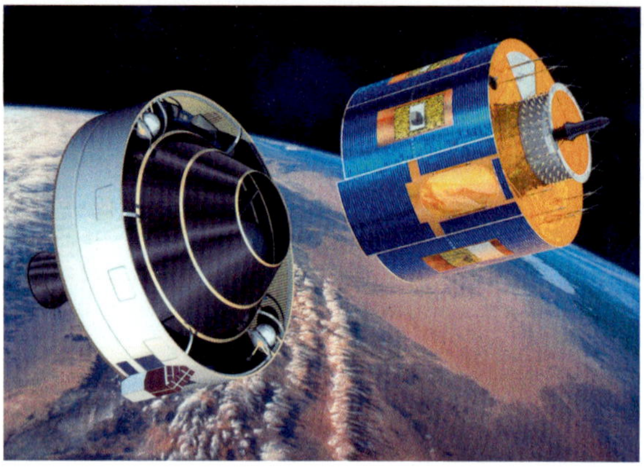

2 METEOSAT-08

IR (Infrarot)-Bilder dagegen sind 24 Stunden abrufbar und geben die Strahlungsintensität im infraroten Spektralbereich wieder. Jeder Körper sendet entsprechend seiner Temperatur Strahlung aus. Die unterschiedlichen Grautöne entsprechen den unterschiedlichen Temperaturen der strahlenden Oberflächen und Wolken. Je kälter die Strahlungsquelle, umso heller die Grautöne. Da die Temperatur mit der

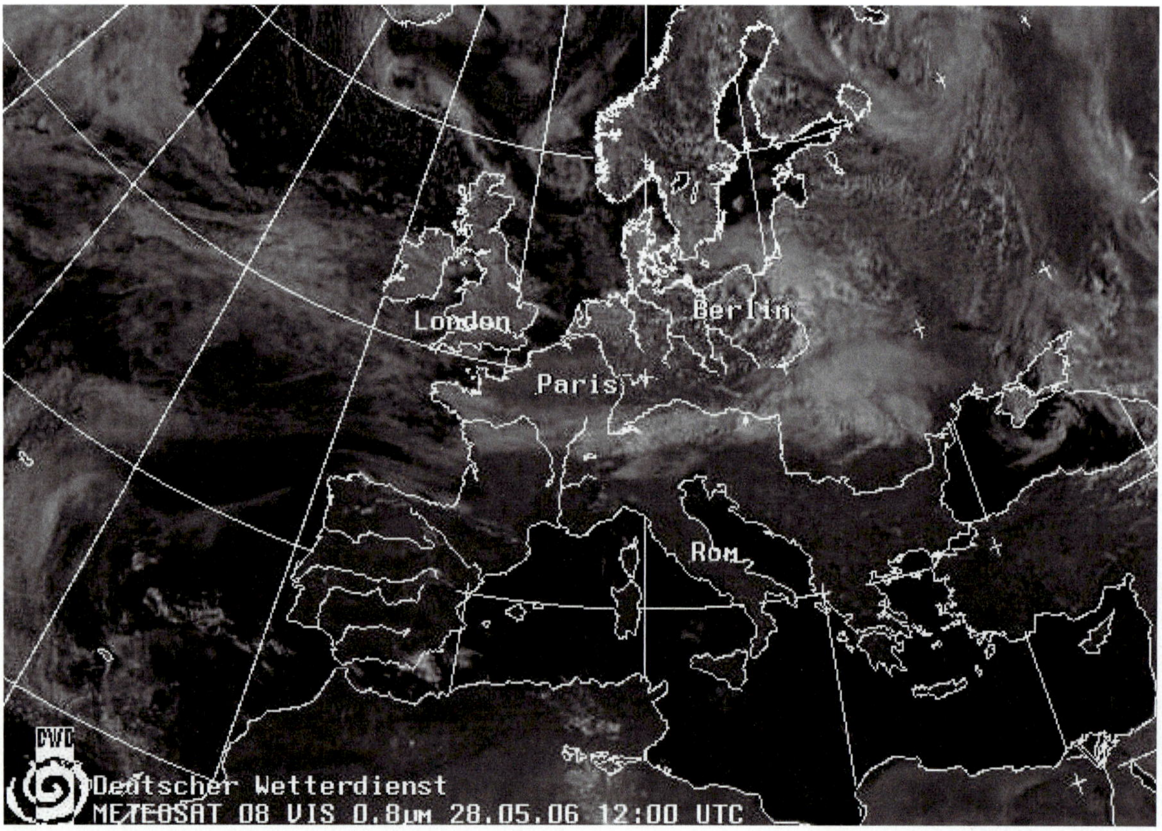

1 METEOSAT-08 – VISUELL – 28.05.2006 – 12:00 UTC

Höhe abnimmt, sind Wolken in großen Höhen kalt und erscheinen im IR-Bild hellgrau bis weiß. Erd- und Meeresoberflächen sind relativ warm und erscheinen dunkelgrau bis schwarz. Um eine bessere Interpretation zu ermöglichen, wurde eine farbige Darstellung der IR-Bilder entwickelt (M3). Bewölkung wird mit weißen, wolkenfreies Land mit grünen und braunen und wolkenfreies Meer mit blauen Farbtönen dargestellt. Tiefliegende Wolken werden auch in Form hellerer Farbstufen des jeweiligen Untergrundes gezeigt.

Die wichtigstenen Merkmale zur Auswertung eines Wettersatellitenbildes sind Musterung und Konfiguration der Bewölkung (Gestaltmerkmale), die Grau- bzw. Farbstufen (Farbmerkmale) sowie die Verteilung von Wolkenfeldern.

Aufgabe

Betrachten Sie die aktuellen Satellitenbilder des METEOSAT (z. B. www.dwd.de) und interpretieren Sie die verfügbaren IR-Bilder. Vergleichen Sie anschließend Ihr Ergebnis mit Bodenwetterkarten und der Wettervorhersage.

Arbeitsschritte zur Auswertung

1. Einschätzung der Gestaltmerkmale

Gestaltmerkmale von Wolken sind die Ausdehnung (Schicht- vs. Einzelbewölkung), das Verhältnis Länge zu Breite (langezogene Wolkenbänder sind typisch für Wetterfronten) und die Eigenart (Spiralen sind typisch für Tiefdruckwirbel).

2. Einschätzung der Farbmerkmale

Die Farbe weiß repräsentiert hochliegende Wolken (z.B. Cirrus oder hochaufragende Gewitterwolken), die Farbe grau relativ tiefliegende Wolkenflächen (z.B. Altostratus, Cumulus).

3. Einschätzung der Wolkenverteilung

Dies ermöglicht eine Einschätzung der Verteilung von Hoch- und Tiefdruckgebieten.

4. Einschätzung der Wettersituation

Mit dem Wissen über die globalen (vgl. S. 21) und regionalen (vgl. S. 30/31) Hintergründe kann eine Einschätzung des Wetters in Mitteleuropa erfolgen. Diese ist mithilfe von Wetterkarten und Wettervorhersagen zu vergleichen.

3 METEOSAT-08 – INFRAROT – 28.05.2006 – 15:00 UTC (Infrarot um 3 Stunden versetzt angeboten)

1.6 Klimazonen und Vegetationszonen im Überblick

Klimazonen

Meteorologische Prozesse in der Atmosphäre werden in erster Linie durch die von der Sonne ausgestrahlte Energie bestimmt. Die Intensität der die Erde erreichenden Strahlung ist abhängig vom Auftreffwinkel auf die Erdoberfläche und somit von der geographischen Breite.

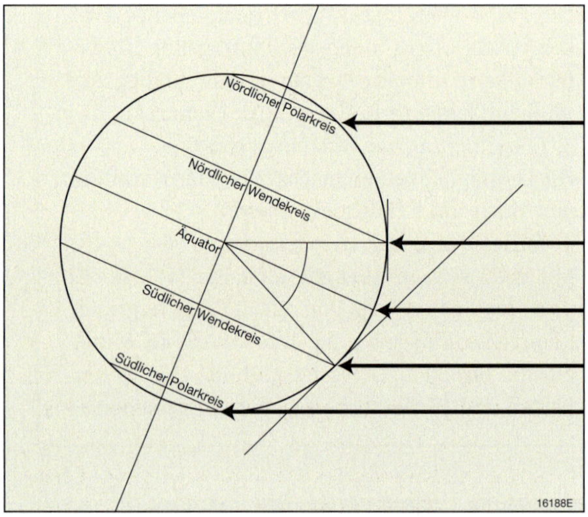

1 Schematische Darstellung der Einstrahlung am 21.Juni (Sonne senkrecht über dem nördlichen Wendekreis)

Auf dieser Basis wird die Erde in mathematisch definierte (solare) Beleuchtungszonen eingeteilt, die exakt durch Wende- und Polarkreise begrenzt sind:

	Besonderheiten
Tropen	Sonne zweimal jährlich im Zenit, ganzjährige hohe Einstrahlung, relativ gleiche Taglängen
Wendekreise	23,5° n./s. Breite
Mittelbreiten	jahreszeitliche Unterschiede der Energieeinstrahlung zwischen Sommer und Winter
Polarkreise	66,5° n./s. Breite
Polarzonen	extreme jahreszeitliche Unterschiede mit extremen Schwankungen der Tageslängen: Polarnacht und Polartag

2 Beleuchtungszonen der Erde

In der modernen Klimatologie werden die „solaren" Mittelbreiten am 45. Breitengrad geteilt. Die niederen Breiten heißen Subtropen, die andere Hälfte wird als Mittelbreiten bezeichnet.

Der Zustand der Atmosphäre zu einem bestimmten Zeitpunkt wird als *Wetter* bezeichnet. Als Wetterdaten werden folgende Größen von meteorologischen Stationen regelmäßig gemessen: Luftdruck, -temperatur und -feuchtigkeit, Bewölkungsgrad, Niederschlag – gelegentlich auch Verdunstung, Windgeschwindigkeit, Windrichtung und Sonnenscheindauer. Dabei werden für fast alle Größen Mittelwerte berechnet, lediglich für Niederschlag und Verdunstung bestimmt man Summenwerte. Daraus lassen sich auf der Erde durch festgelegte Grenzwerte Temperatur-, Niederschlags-, Wind-, Luftdruckzonen etc. ausweisen.

Die Durchschnittswerte aller meteorologischen Erscheinungen über einen längeren Zeitraum (im Allgemeinen 30 Jahre) ergeben das *Klima* einer Wetterstation. Durch Zusammenfassung von Stationen mit ähnlichen Klimawerten ergeben sich **Klimazonen**.

Effektive Klimaklassifikationen

Sie definieren für die Abgrenzung der Zonen Schwellenwerte von Klimaelementen. Allerdings erfordert die globale Festlegung solcher Zonen eine Beschränkung auf nur wenige Elemente, da nicht alle Messwerte weltweit in ausreichender Menge zur Verfügung stehen.

Die wohl weltweit bekannteste Klimaklassifizierung der Erde basiert auf der Arbeit des russischen Klimatologen Wladimir P. Köppen aus dem Jahr 1900 und der späteren Weiterbearbeitungen von R. Geiger. Wegen des Fehlens weltweiter Daten zur damaligen Zeit versuchte Köppen, Zonen über Zusammenhänge zwischen Temperatur, Niederschlag und Vegetation zu definieren. Aus diesen Beobachtungen heraus wurden Grenzwerte für sogenannte Klimazonen, -typen und Untertypen festgelegt. Diese sind der Legende einer entsprechenden Atlaskarte zu entnehmen.

Die erste Einteilung in Klimazonen erfolgte in Abhängigkeit an die polwärts abnehmenden Durchschnittstemperaturen, lediglich im Bereich der Subtropen hatte Köppen – entsprechend der Vegetation – eine Zone „eingebaut", die auf (geringen) Niederschlägen beruht. Bei den weiteren Unterteilungen wurden neben Grenzwerten auch die jahreszeitlichen Verteilungen von Niederschlägen einbezogen. Somit ist jede Klimastation eindeutig in das System einzuordnen, anhand der Kombination von zwei oder drei Buchstaben (= Klimaformel) lassen sich Klimate einfach „beschreiben" (M3).

Recht grob betrachtet lassen sich die Köppenschen Klimazonen auch auf die vertikale Zonierung der Höhenstufen der Gebirge übertragen. Die Mitteltemperaturen nehmen mit der Höhe ab, analog zum meridionalen Verlauf der Werte in Richtung Pol. Aus dieser Betrachtung resultieren die H-Klimate als Sonderfälle.

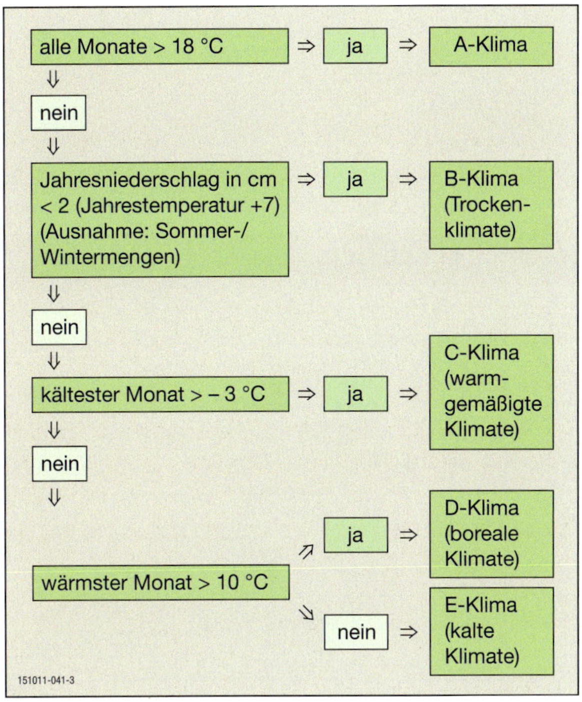

3 **Zuordnungsschema Köppen'scher Klimazonen**

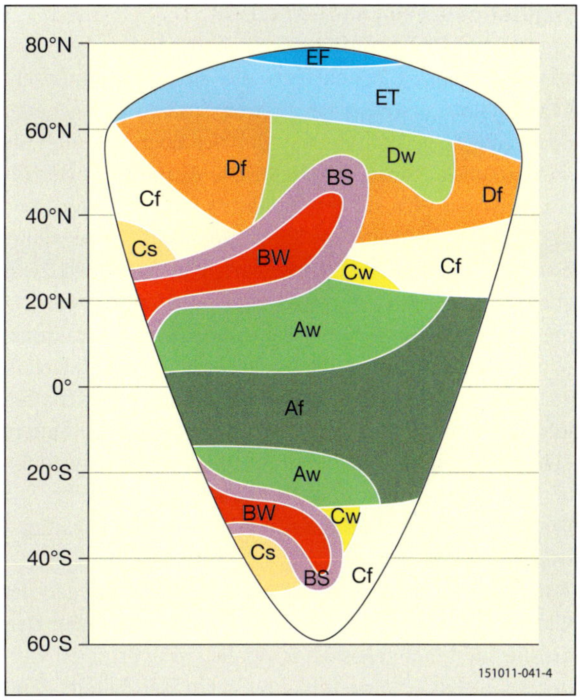

4 **Klimarübe nach Köppen (Untertypen siehe Atlas)**

Die verschiedenen Klimate lassen sich auf der Erde auch hypothetisch verteilen. Die Landmassen der Erde erscheinen dabei nicht wie normal als Kontinente, sondern bilden eine Fläche, die entlang jedes Breitenkreises die Ausdehnung hat, die dem jeweiligen Landanteil entspricht. Der dadurch entstehende „Idealkontinent" ähnelt einer Rübe. Er hat keine Gebirge und ist ganz von Wasser umgeben. Durch entsprechende Berechnungen lassen sich darauf die Köppenschen Klimazonen einzeichnen (M4).

Andere effektive Klassifikationen verwenden zum Teil weitere Klimaelemente, z.B. die Verdunstung bei der neuen Klimakarte von A. Siegmund. Die hierbei benutzte potenzielle Landschaftsverdunstung ist allerdings oft kein gemessener, sondern ein berechneter Wert. Somit sind die Klassifikationen ausführlicher, aber auch komplexer.

Genetische Klimaklassifikationen

Sie basieren auf der Lage eines Gebietes in einem der Luftdruck- bzw. Windgürtel der planetarischen Zirkulation. Eine der bekanntesten ist die Anordnung der Klimazonen von E. Neef. Er unterscheidet vier stetige und drei alternierende Zonen. In ersteren dominieren ganzjährig einheitliche Windgürtel, die Luftmassen mit charakteristischen Eigenschaften heranführen. In den alternierenden Zonen dagegen wechseln die Windrichtungen im Jahresverlauf und es treten unterschiedliche Luftmassen auf. Innerhalb dieser Klimazonen gibt es noch Klimatypen, die auf dem Grad der Maritimität bzw. Kontinentalität und dem Einfluss kalter und warmer Meeresströmungen beruhen. Weiterhin gibt es wie bei Köppen das Hochgebirgsklima, das im Wesentlichen auf der Verringerung der Temperatur mit zunehmender Höhe beruht. Im Gegensatz zu den effektiven Klassifikationen mit festgelegten Grenzwerten ist eine genaue Abgrenzung der Zonen allerdings nur schwer möglich.

Aufgaben

1. Gliedern Sie die Erdoberfläche mithilfe entsprechender Atlaskarten in Temperatur-, Wind- und Luftdruckzonen.
2. Geben Sie jeweils eine ausführliche Beschreibung der Köppenschen Klimaformeln Af, BW, Cs, Cf.
3. Begründen Sie, ob folgende Kombinationen für ein Köppen-Klima möglich sind: Efa, DfS, CWd, Amh.
4. Begründen Sie die Form der Klimarübe und erklären Sie die Verteilung der Klimate mithilfe der Breitenkreise und der Entfernung zum Meer.
5. Charakterisieren Sie andere effektive Klimaklassifikationen in Ihrem Atlas.
6. Gliedern Sie die Erdoberfläche in Klimazonen auf Grundlage der Definition von Neef.
7. Bestimmen Sie bei M1 die Winkel der mittäglichen Sonnenhöhe am südlichen Wendekreis und den Polarkreisen und begründen Sie, dass die Mittagshöhe der Sonne in den Tropen nie unter 43°, in den polaren Zonen dagegen nie über 47° beträgt.

Vegetationszonen und -grenzen

Als (potenzielle) natürliche Vegetation werden die Pflanzengesellschaften bezeichnet, die sich ohne menschlichen Einfluss in einer Region aufgrund naturgegebener Bedingungen verbreiten. Auf globaler Ebene werden Sie in **Vegetationszonen** eingeteilt. Die Ausprägung der für sie typischen Pflanzengesellschaften wird in erster Linie durch die Klimaelemente Temperatur und Niederschlag bestimmt (M1). Bodeneigenschaften beeinflussen zwar ebenfalls die Vegetation, sind aber selbst stark vom Klima abhängig. Die für eine Vegetationszone charakteristischen Pflanzen sind relativ leicht in der Landschaft zu erkennen. Da man aus den Pflanzengesellschaften Rückschlüsse auf Lebensbedingungen und auch andere Lebensformen ziehen kann, werden Vegetationszonen oft mit **Ökosystemen** bzw. **Ökozonen** gleichgesetzt.

Die Verbreitung der Pflanzen wird durch gewisse Klimawerte begrenzt:

Temperaturen unter dem Gefrierpunkt stellen wegen der Eisbildung eine erhebliche Belastung für Pflanzen dar, die nur mit einer gewissen Spezialisierung ertragen werden kann. Für gewisse tropische Arten sind bereits Temperaturen leicht über dem Gefrierpunkt (ca. 5 °C) eine Verbreitungs- bzw. Überlebensgrenze. Das Monatsmittel von 5 °C wird dementsprechend als Grenze zwischen Vegetationszeit und Ruhephase festgesetzt. Die Länge der Vegetationszeit ist für höher entwickelte, nicht winterfeste Pflanzen ein limitierender Faktor und bildet somit eine „Kältegrenze“ der Vegetation.

Niederschläge sind nicht so sehr in ihrer absoluten Höhe, sondern in ihrer Relation zur Temperatur und in ihrer jährlichen Verteilung wichtig. Monate, in denen mehr Niederschlag fällt als Wasser verdunstet, bezeichnet man als humid. In dieser Zeit ist – entsprechende Temperatur vorausgesetzt – Pflanzenwachstum möglich. Kehren sich aber die Verhältnisse um (arid), so muss die Vegetation auf vorhandene Wasserreserven zurückgreifen oder sie stirbt ab. Die sich in vielen Gebieten der Erde saisonal verändernde Trennlinie zwischen semihumiden und semiariden Klimaten bzw. Vegetationszonen bezeichnet man als Trockengrenze. Sie trennt Gebiete, die im Jahresmittel einen Niederschlagsüberschuss aufweisen von denen mit einem Niederschlagsdefizit.

Bezogen auf Jahreswerte liegt die „klimatische Trockengrenze“ dort, wo dem jährlichen Gesamtniederschlag (N) die jährliche Verdunstung (V) entspricht, d.h. N = V. Dabei muss generell unterschieden werden zwischen

- potenzieller Verdunstung, d.h. der maximal möglichen Verdunstung – eine wichtige Größe z.B. für Bewässerungsvorhaben in ariden Gebieten, und
- tatsächlicher Verdunstung, die vom vorhandenen Wasserangebot abhängt.

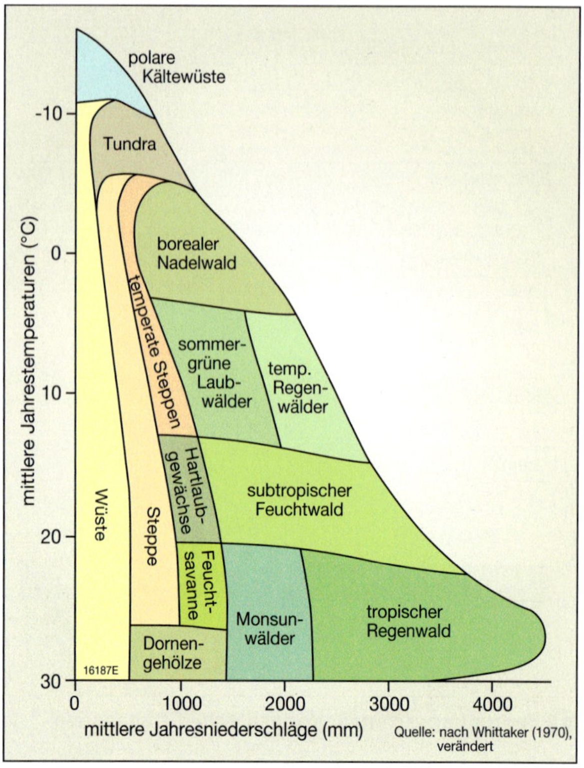

1 Gliederung von Vegetationszonen nach Temperatur und Niederschlag

Geographische Zonen

Auf der Basis der klimatischen Großgliederung der Erde lassen sich Zonen ausgliedern, in denen sich spezifische Vegetationsformationen und Bodentypen herausgebildet haben. In diesen „Ökosystemen“ mit sich gegenseitig beeinflussenden Faktoren haben sich im Verlauf der menschlichen Siedlungs- und Wirtschaftstätigkeit typische Nutzungsformen mit ihren Kulturpflanzen herausgebildet. In diesem erweiterten Zusammenhang spricht man von **Landschaftszonen** oder geographischen Zonen (M2 und M3).

Aufgaben

1. Erstellen Sie mithilfe des Atlas für Europa ein N-S Profil der natürlichen Vegetation.
2. Erklären Sie in Hinsicht auf Vegetationsgrenzen Zusammenhänge zwischen Temperatur, Verdunstung und Niederschlag.
3. Erläutern Sie die verschiedenen einschränkenden Faktoren der Landnutzung in den einzelnen geographischen Zonen. Wo verlaufen die Grenzen landwirtschaftlicher Nutzung?
4. Geographische Zonen lassen sich auf Höhenstufen von Gebirgen übertragen, z.B. in den Alpen oder den Anden. Vergleichen Sie an einem Raumbeispiel Zonen und Stufen.

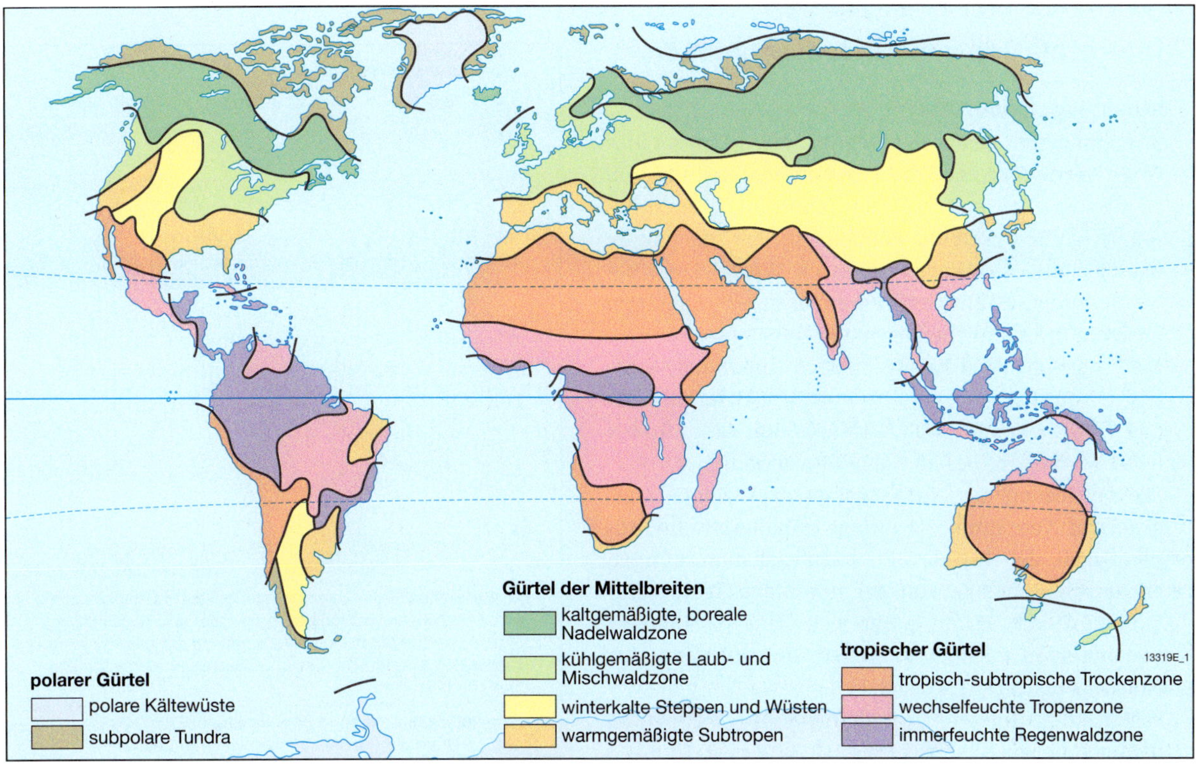

2 **Die geographischen Zonen der Erde nach H. BRAMER**

geogr. Gürtel		geogr. Zone	humide Monate	Boden	natürliche Vegetation	agrare und forstliche Nutzung	Vergleich von Zonenmerkmalen: potenzielle jährliche Verdunstung	Abflusshöhe (Q)	Länge der Vegetationsperiode	Biomasseproduktion
polarer Gürtel		polare Kältewüste	12	Strukturböden weitgehend ohne Bodenbildung	weitgehend pflanzenfrei, Kältewinde	ohne landwirtschaftliche Nutzung	sehr kleiner Wert	kleiner Wert	sehr kleiner Wert	sehr kleiner Wert
polarer Gürtel		subpolare Tundra	12	Tundragleye und braune arktische Böden, Moorböden	Tundra, subpolare Wiesen, flechtenreich	ohne Anbau, nomadische Weidewirtschaft	sehr kleiner Wert	kleiner Wert	kleiner Wert	kleiner Wert
Gürtel der Mittelbreiten	gemäßigte Zone	kaltgemäßigte, boreale Nadelwaldzone	12	Podsole und Moorböden	Taiga, artenarme Nadelwälder, Moore	Waldwirtschaft, kleinflächige Landwirtschaft mit schnellreifenden Kulturpflanzen (Roggen, Kartoffeln)	kleiner Wert	mittlerer Wert	mittlerer Wert	kleiner Wert
Gürtel der Mittelbreiten	gemäßigte Zone	kühlgemäßigte Laub- und Mischwaldzone	12	Braunerden, Parabraunerden	sommergrüne Laub- und Mischwälder mit Heiden	großflächig Ackerbau, Mischviehhaltung, Waldwirtschaft, Sonderkulturen	mittlerer Wert	mittlerer Wert	hoher Wert	mittlerer Wert
Gürtel der Mittelbreiten	gemäßigte Zone	winterkalte Steppen u. Wüsten	2–8	Schwarzerden, Salzböden, Wüstenböden	kalte Steppen (artenreich, Gräser und Kräuter bis Zwergstrauch), Halbwüsten	großflächig Ackerbau, Getreide und Sonderkulturen, extensive Weidewirtschaft	hoher Wert	sehr kleiner Wert	kleiner Wert	kleiner Wert
Gürtel der Mittelbreiten	subtropische Zone	warmgemäßigte Subtropen	6–12	braune und rote mediterrane Böden, Rendzinen	artenreiche Hartlaubflora, Hochgrasfluren	Landwirtschaft mit frostempfindlichen und trockenresistenten Kulturen z.T. Bewässerungswirtsch.	hoher Wert	kleiner Wert	hoher Wert	mittlerer Wert
tropischer Gürtel	subtropische Zone	tropisch-subtropische Trockenzonen	0–4	braune und rotbraune Böden, Vertisole, Wüsten- und Halbwüstenböden	Dornstrauch- und Sukkulentenflora, artenarm, offene Kurzgrasfluren	Anbau mit Bewässerungswirtschaft, nomadische Viehhaltung, Anbau trockenheitsresistenter Pflanzen	sehr hoher Wert	sehr kleiner Wert	sehr kleiner Wert	sehr kleiner Wert
tropischer Gürtel		wechselfeuchte Tropenzonen	4–10	rotbraune Böden Roterden	Trocken- und Feuchtsavanne mit halbimmergrünen Regenwäldern, Hochgrasfl.	Wanderfeldbau-, Mischkulturen mit wärmeliebenden Kulturpflanzen	hoher Wert	hoher Wert	sehr hoher Wert	hoher Wert
tropischer Gürtel		immerfeuchte Regenwaldzone	12	Rotlehme, Laterite	artenreicher immergrüner Regenwald, Mangrove	Wanderfeldbau, Plantagenwirtschaft, feuchte- und wärme-liebende Kulturpflanzen	hoher Wert	sehr hoher Wert	sehr hoher Wert	sehr hoher Wert

Legende: sehr hoher Wert, hoher Wert, mittlerer Wert, kleiner Wert, sehr kleiner Wert

13319Ea_1

3 **Ausgewählte Merkmale der geographischen Zonen**

Interpretation von Klimadiagrammen

Klimadiagramme

Zur einfachen Veranschaulichung des Klimas eines Ortes verwendet man die Diagrammdarstellung von Klimaelementen während eines Jahres (M1). Zur differenzierten Beschreibung können dagegen sogenannte ökologische Klimadiagramme nach WALTER/LIETH benutzt werden (M2). Hierbei werden in ein Diagramm Temperaturen und Niederschläge eingetragen.

Eine optisch vereinfachte, jedoch inhaltlich identische Alternative zum WALTHER/LIETH-Diagramm ist das Klimadiagramm nach KÖPPEN/GEIGER; daher finden beide Formen in diesem Buch Verwendung.

Die Festlegung der Niederschlags- zur Temperaturskala im Verhältnis 2:1 bringt annähernd die Abhängigkeit der für das Pflanzenwachstum nötigen Niederschlagsmenge von der jeweiligen Temperatur zum Ausdruck. Damit lassen sich aride (N unter T) von humiden (N über T) Zeiten unterscheiden. Als Faustregel gilt: Dort wo sich Temperatur- und Niederschlagskurve schneiden, entspricht die Verdunstung dem gefallenen Niederschlag.

Diese Zuordnung entspricht nicht überall auf der Erde den tatsächlichen Verhältnissen, erspart aber eine aufwendige Messung oder gar Berechnung der Verdunstung. Es gibt aber auch Diagramme, in denen die potenzielle Landschaftsverdunstung eingetragen wird, z. B. bei der Klimakarte von A. SIEGMUND. Hierbei werden auf der Basis der Verdunstung über freien Wasserflächen zusätzlich noch Einflüsse von Vegetation und Landnutzung in ihrem jahreszeitlichen Wandel berücksichtigt.

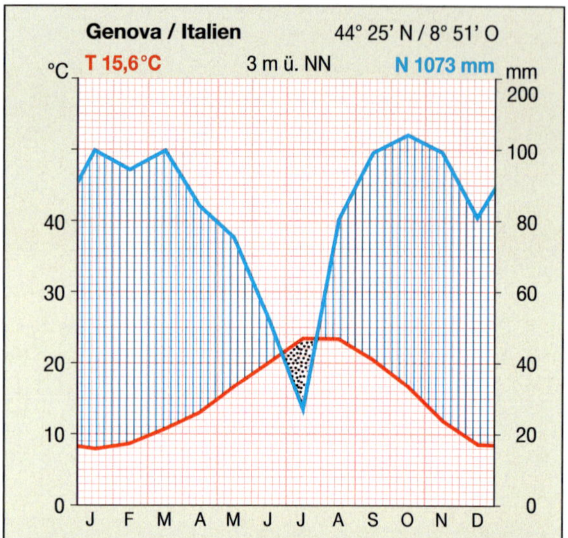

Die wichtigsten Elemente eines Walther/Lieth-Klimadiagramms sind: Drei Achsen für Monate, Temperatur und Niederschlag (Skalen von Temperatur und Niederschlag mit gemeinsamem Nullpunkt, Werte im Verhältnis 1:2, Skala der Niederschläge über 100 mm verkürzt).

Name der Station/Land - Höhe der Station über NN - Lage im Gradnetz - Jahresdurchschnittstemperatur - Jahresniederschlag - Temperaturkurve - Niederschlagskurve aride /humide Zeit (Walther/Lieth)

151011-042-M2

2 WALTHER/LIETH-Klimadiagramm von Genua (Italien)

		J	F	M	A	M	J	J	A	S	O	N	D	Jahr
Mitteltemperatur	°C	8,0	8,8	11,1	13,7	17,3	20,7	23,9	23,9	21,0	17,2	12,2	9,1	15,6
Niederschlag	mm	106	95	106	85	76	53	27	81	99	153	111	81	1073
Sonnenscheindauer	h	118	126	158	192	220	246	295	267	201	174	111	112	2218
relative Feuchtigkeit	%	61	63	61	70	71	71	67	66	66	66	64	64	66
pot. Verdunstung	mm	54	56	70	70	87	106	138	140	121	96	72	56	1066

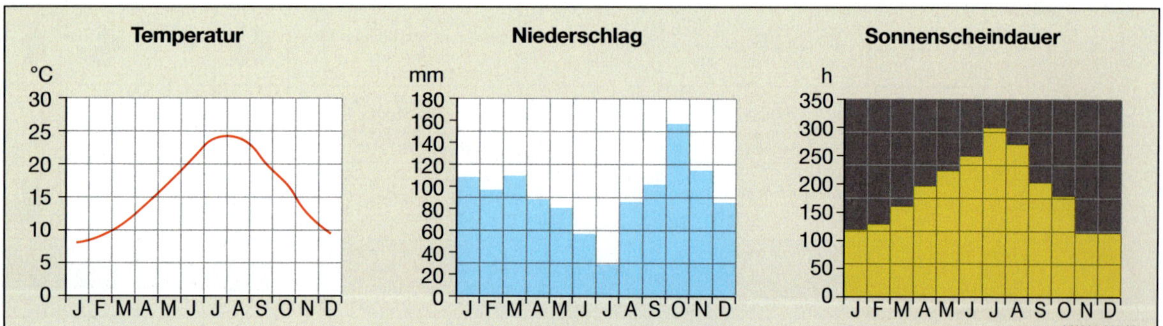

1 Auszug aus einer Klimatabelle und entsprechende Klimaelemente für Genua/Italien (44 °N / 9 °O, 3 m ü. NN)

Interpretation und Zuordnung von Klimadiagrammen

Bei einem vollständig beschrifteten Klimadiagramm erfolgt eine Interpretation am besten mithilfe von Atlaskarten, aus denen die topographische Lage des Ortes, bzw. seine Einordnung in eine bestimmte Klimazone ersichtlich ist.

Eine knappe Beschreibung des Verlaufs von Temperatur und Niederschlag mit Minimal- und Maximalwerten, sowie deren Einfluss auf das Pflanzenwachstum charakterisieren das Klima eines Ortes.

Schwieriger ist dagegen die räumliche Zuordnung eines nicht vollständig beschrifteten Diagramms. Der erste Blick sollte hierbei auf die Temperaturkurve fallen. Bei einem Maximum im Sommer einer der beiden Hemisphären ergibt sich die eindeutige Zuordnung zu Nord- bzw. Südhalbkugel. Ist der Temperaturverlauf jedoch über das Jahr relativ ausgeglichen, so liegt die Station in den Tropen und die genauere Lage muss mithilfe der Niederschläge (Regenzeiten) untersucht werden.

Über die Jahresdurchschnittstemperatur erfolgt danach eine Einordnung in definierte Klimazonen (vgl. S. 41, M3). Allerdings ist zu beachten, dass auch Stationen im Hochgebirge niedrige Werte aufweisen können. Erst dann werden die Jahresgänge von Temperatur und Niederschlag betrachtet. Durch den Vergleich mit typischen Verläufen (M3 und M4) kann man dann die Lage der Klimastation eingrenzen, bzw. bestimmte Stationen ausschließen.

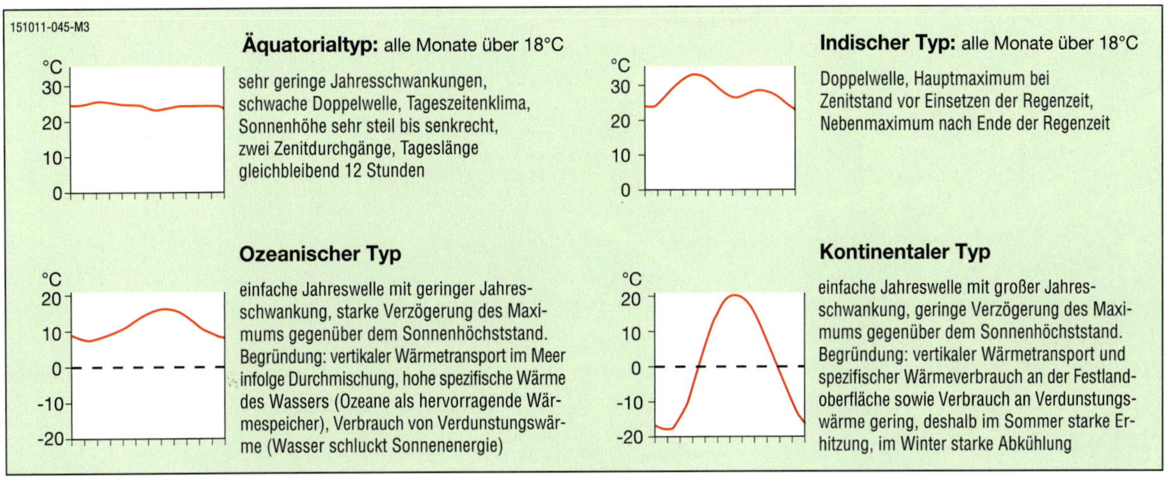

3 Typen des Jahresganges der durchschnittlichen Lufttemperatur

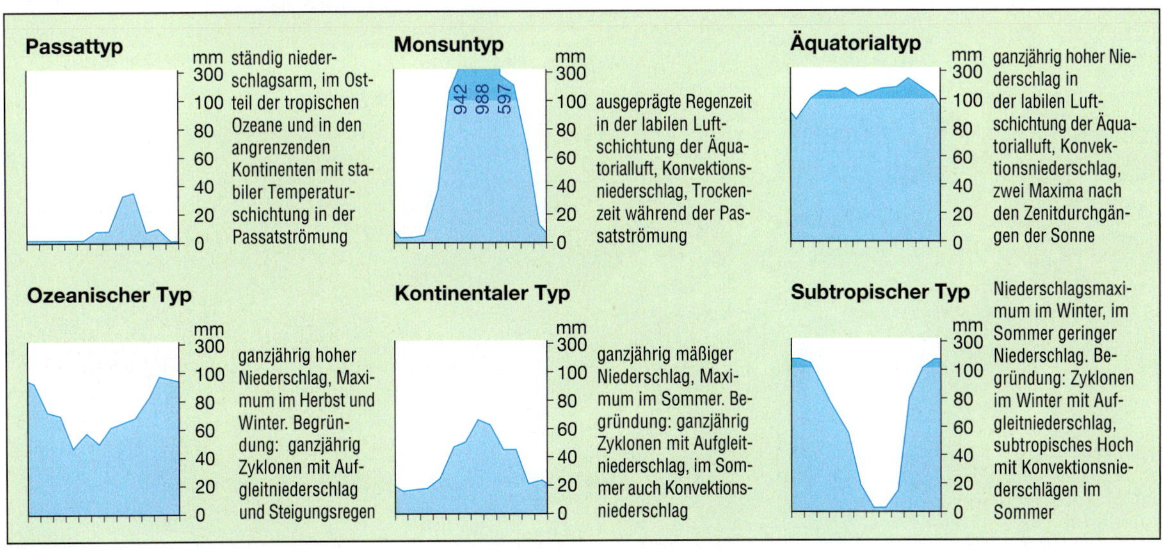

4 Typen des Jahresganges der durchschnittlichen Niederschlagsmenge

2 Ökosysteme und anthropogene Eingriffe

1 Trassenbau in einem bislang unberührten Regenwaldgebiet

1 **Feuchtigkeitsgesättigte Luft über einem immergrünen tropischen Regenwald (Sumatra/Indonesien)**

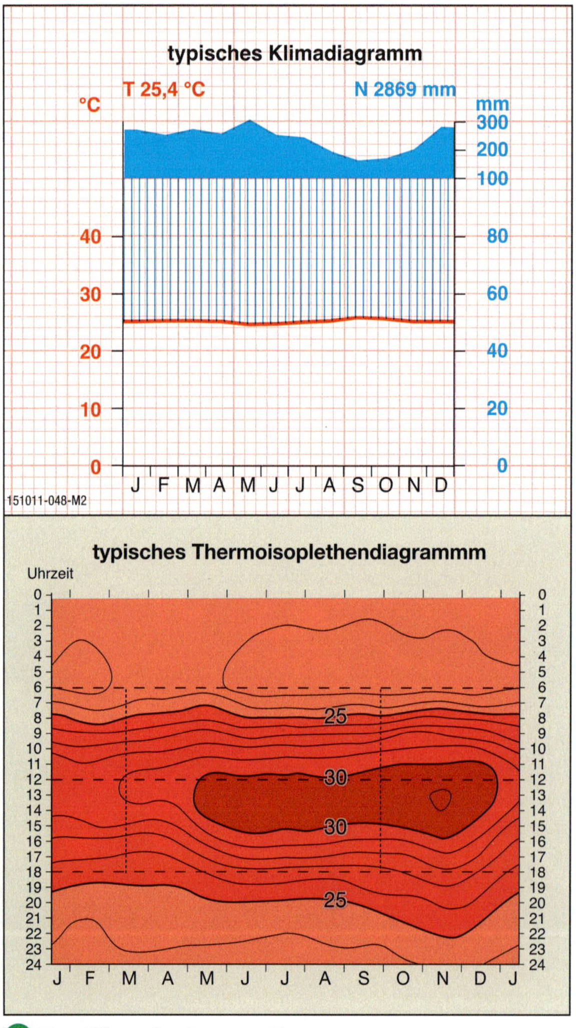

2 **Das Klima der inneren Tropen**

2.1 Die Tropen

Das Ökosystem der inneren Tropen

Etwa zwischen 10° nördlicher und südlicher Breite erstrecken sich entlang des Äquators die Urwälder des immergrünen tropischen Regenwaldes. Sie bilden, nach dem borealen Nadelwald, die größten zusammenhängenden Waldgebiete der Erde.

Das in dieser Zone vorherrschende Klima, gekennzeichnet durch hohe Durchschnittstemperaturen, ein ausgeprägtes Tageszeitenklima und sehr hohe Niederschlagsmengen, lässt ganzjährig ein ununterbrochenes Pflanzenwachstum zu (M2). Der unter diesen Klimabedingungen ausgebildete Regenwald weist in seiner Gestalt und Struktur charakteristische Merkmale auf. Die höchsten Bäume überragen mit bis zu 60 m Höhe das in etwa 30 bis 40 m Höhe ausgebildete geschlossene Kronendach. Zusammen mit der darunter befindlichen Baum- und Strauchschicht bilden sie den Stockwerkbau des Regenwaldes.

Von der oberen Schicht ausgehend nimmt mit jedem „Stockwerk" die Lichtintensität sprunghaft ab. Auf den Erdboden gelangt gerade noch etwa 1 % des Lichts, das auf die oberste Baumschicht trifft. Dichter Unterwuchs oder eine Krautschicht am Boden fehlen, mit Ausnahme von Lichtungen, weitgehend. Gleichzeitig sinkt die Verdunstungskraft mit jeder „Etage" und die relative Luftfeuchtigkeit nimmt zu (M3). Am Waldboden gibt es fast keine Tagestemperaturschwankungen mehr.

Da Wärme und Wasser in genügender Menge vorhanden sind, bestimmt das Licht den Konkurrenzkampf der Baumpflanzen. So keimen z. B. die Samen der Würgefeige auf Bäumen, von wo aus dann lange Wurzeln zum Boden wachsen. Nach oben wachsen die Triebe, winden sich

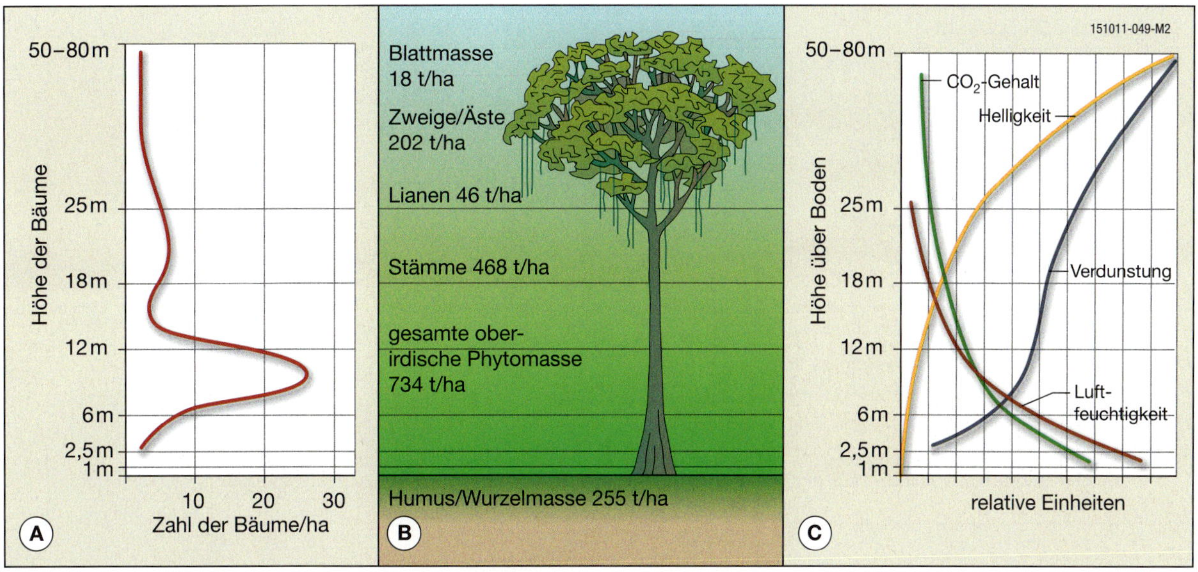

3 **Vertikale Gliederung des tropischen Regenwaldes**

um den Stamm des Wirtsbaumes und erreichen die Krone des Wirts, bis dieser schließlich an Lichtmangel stirbt. Andere Pflanzen der oberen Schichten des Regenwaldes sind Lianen und Epiphyten. Lianen erreichen große Höhen und damit Licht, indem sie vorhandene Bäume als Stütze nutzen und sich an ihnen empor schlingen, um in den Baumkronen zu blühen und zu fruchten. Während die Lianen in der Erde wurzeln, wachsen Epiphyten (griech.: epi = auf) auf den Ästen und in den Astgabeln ihrer Trägerpflanzen. Da sie ihre Nährstoffe aus dem Regenwasser und dem toten organischen Material erhalten, das in den oberen Baumschichten hängen bleibt, sind sie keine Nahrungsparasiten, sondern nutzen nur den „Platz an der Sonne“ (M4).

Regenwaldbäume haben keine Jahresringe, da die klimatischen Bedingungen im Jahr gleichbleibend sind. Ganzjährig fallen riesige Mengen von totem organischen Material an, ohne dass es eine Periodizität von Pflanzenwachstum und Pflanzenruhe gibt. Der Laubabwurf folgt keinem erkennbaren Rhythmus. An einem Baum können sogar verschiedene Zweige gleichzeitig blühen, fruchten, welken oder austreiben. Etwa 80 % der Blattmasse des Regenwaldes wird so pro Jahr erneuert. Der Großteil des organischen „Abfalls“ wird in weniger als einem Jahr von Termiten, Würmern und vor allem Pilzen zersetzt, sodass sich nur eine sehr dünne Streuauflage bildet.

Der schnelle Streuabbau (rund fünf- bis zehnmal so schnell wie in den Mittelbreiten) bedingt die geringe Humusschicht der Böden. Da die klimatischen Bedingungen im Gegensatz zu Mitteleuropa seit dem Tertiär fast unverändert geblieben sind, ist das anstehende Gestein sehr tiefgründig verwittert und der Boden daher sehr mächtig (bis 30 m). Die intensiven chemischen Verwitterungsprozesse haben Kaolinit, ein Tonmineral, entstehen lassen, das nur wenig Mineralstoffe binden kann, sodass die Pflanzennährstoffe ausgeschwemmt worden sind. Im Gegensatz hierzu sind die Böden Mitteleuropas zumeist durch Tonminerale gekennzeichnet, die Mineralstoffe gut binden können und damit eine hohe Bodenfruchtbarkeit gewährleisten. Darüber hinaus bewirkt die Verwitterung die in den **Tropen** typische Anreicherung von Eisen-, Mangan- und Aluminiumoxiden im Unterboden. Erstere verleihen den Böden ihre charakteristische Farbe (orange-gelb bis rostbraun), weshalb sie auch als Laterit (lat.: later = Ziegelstein) bezeichnet werden (vgl. S. 46–47). Die artenreichste Vegetationsform der Erde mit der größten Biomassenproduktion und dem größten Stoffumsatz steht also auf einem der nährstoffärmsten Böden der Erde!

4 **Epiphyten**

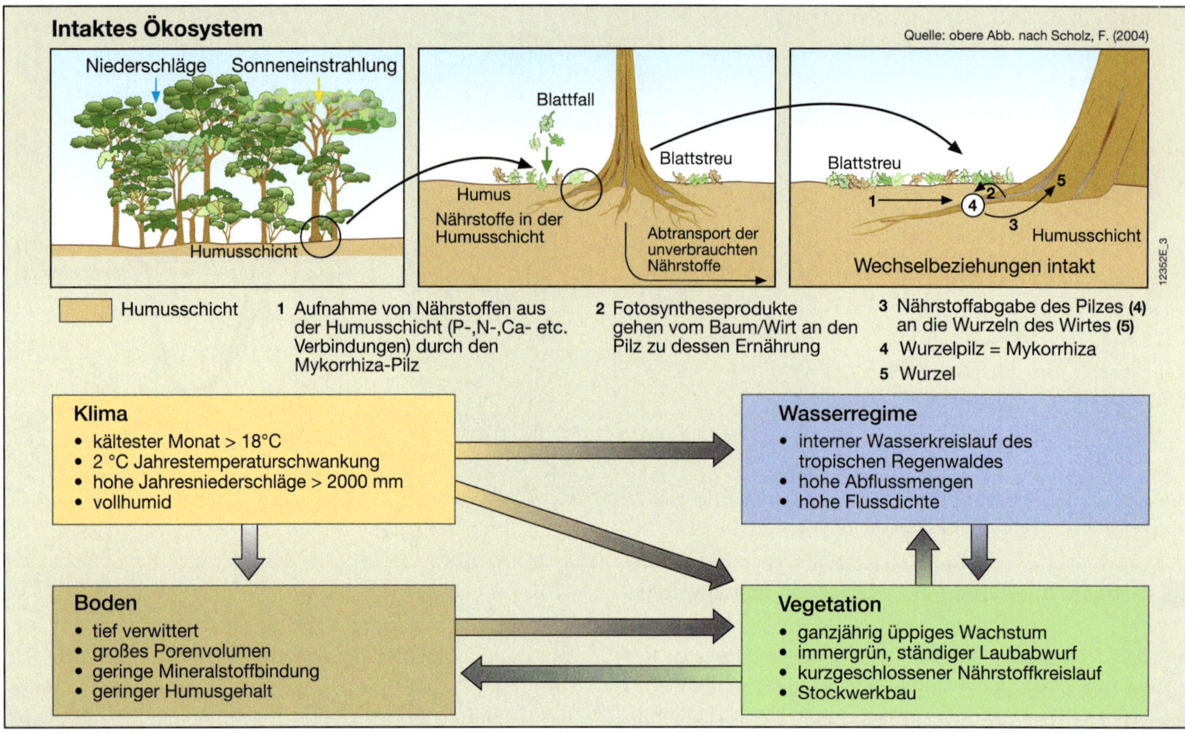

1 Tropischer Regenwald – Intaktes Ökosystem

Der kurzgeschlossene Nährstoffkreislauf

Die Anpassung an die beschriebenen Bodenbedingungen ist besonders deutlich an den Baumriesen zu beobachten. Die gewaltigen Brettwurzeln stützen den Baum, setzen sich aber im Boden nur durch ein wenig tiefgründiges (max. 40 cm), aber sehr dichtes Wurzelsystem fort. Die feinen Wurzelhärchen gehen mit Mykorrhiza-Pilzen eine Symbiose ein. Während die Pilze von den Bäumen Stärke und Zucker für ihren Stoffwechsel erhalten, zersetzen sie die anfallende Streu oder nehmen Nährstoffe aus dem Bodensickerwasser auf und führen sie den Bäumen zu. Fast 99 % der Nährstoffe werden aus dem Sickerwasser und der abgebauten Streu gefiltert und sofort in den Nährstoffkreislauf zurückgeführt.

Dieser sogenannte **kurzgeschlossene Nährstoffkreislauf** schließt eine Vielzahl von biotischen Wechselwirkungen und Anpassungsstrategien ein. Die Vegetation und Artenvielfalt der tropischen Regenwälder ist somit auch Ausdruck der Anpassung an einen im Grunde unwirtlichen Boden. Lediglich durch dieses fein abgestimmte, zugleich aber gegen Störungen recht anfällige „Recyclingsystem" für organische Stoffe konnte diese Vegetationsform seit dem Tertiär überleben und die weltweit größte Artenvielfalt in Flora und Fauna entwickeln.

Allerdings existieren in den feuchten Tropen auch begrenzte Gunsträume mit relativ jungen Böden, die einen hohen Nährstoffanteil aufweisen. Dies sind zum einen Schwemmlandböden (Alluvialböden), häufig im Einzugsbereich größerer Flüsse, wie z. B. die Varzea-Wälder am Amazonas, zum anderen vulkanische Böden in tropischen Bergländern, wie z.B. auf der Insel Java.

Die Niederschläge sind in den inneren Tropen sehr hoch (häufig über 2000 mm/Jahr) und fallen häufig in Form heftiger Güsse. Jedoch gibt der Wald durch Verdunstung weit mehr als die Hälfte des Niederschlags wieder in die Atmosphäre zurück. Nur 30 % erreichen den Boden, der eine hohe Wasseraufnahmefähigkeit besitzt, nur 5 % des Wassers fließt oberflächlich ab. Die Niederschlagsmengen sind dennoch so hoch, dass in den Äquatorialbereichen die wasserreichsten Ströme der Erde fließen. Sie besitzen großflächige Einzugsgebiete und bilden weit verzweigte Flussnetze aus.

Aufgaben

1. Beschreiben und begründen Sie die Verbreitung des immergrünen tropischen Regenwaldes (Atlas).
2. Benennen Sie anhand S.48 (M2) typische Merkmale des tropischen Regenwaldklimas.
3. Erläutern Sie Zusammenhänge der Darstellungen in der Abb. S. 49 (M3 a und c).
4. Erklären Sie den Begriff „kurzgeschlossener Nährstoffkreislauf" und begründen Sie diese Erscheinungsform.
5. Erklären Sie anhand von M1 und des Textes, weshalb der immergrüne tropische Regenwald ein anfälliges Ökosystem ist.

Eingriffe in das Ökosystem der inneren Tropen

Hundert Mio. Jahre benötigte der Regenwald für seine Entwicklung. Obwohl sich 1992 die Regierungen von 178 Ländern auf dem „Erdgipfel" zur Umwelt und Entwicklung in Rio de Janeiro auf das Leitbild der „nachhaltigen Entwicklung" verständigt und Maßnahmen zum Schutz der Wälder eingeleitet haben, sind seitdem rund 200 Mio. ha an Tropenwäldern zerstört worden. Dies entspricht ca. der fünfeinhalbfachen Größe Deutschlands. Nach Schätzungen des World Resources Institute verschwinden in den Tropen jährlich rund 130 000 km^2 an Regenwald, eine Fläche, größer als Österreich und die Schweiz zusammen.

Der kommerzielle Holzeinschlag ist die bisher größte Ursache für die Zerstörung. Um Land für Anbauflächen, Plantagen und Weideland zu bekommen, werden zudem große Regenwaldgebiete komplett abgeholzt (M2). Des Weiteren führen auch Bergbau und Industrieentwicklung zu direktem Waldverlust.

Agrarische Nutzformen im tropischen Regenwald

Der **Wanderfeldbau** ist wenig produktiv, aber vergleichsweise nachhaltig. Von den fast drei Milliarden Menschen, die weltweit ländliche Regionen bevölkern und in der Landwirtschaft ihre Lebensgrundlage haben, betreiben schätzungsweise 500 Mio. Menschen Wanderfeldbau (Shifting Cultivation) in **Subsistenzwirtschaft**.

Bei dieser ursprünglichen Form des Ackerbaus wird in tropischen Waldgebieten ein relativ kleines Stück Land unvollständig von Hand gerodet. Gegen Ende der Trockenzeit wird die noch vorhandene (Baum-)Vegetation verbrannt (Brandrodung). Die mineralreiche Asche dient als Dünger, steht aber nur kurzfristig zur Verfügung. Da der Boden die Mineralien nicht absorbieren kann, werden die Nährstoffe zusammen mit der dünnen Humusauflage von den heftigen Niederschlägen ausgewaschen (vgl. S. 49). Schon nach wenigen Jahren ist der Bauer in der Regel gezwungen, ein neues Terrain für den Anbau vorzubereiten. Das wegen Ertragsrückgang aufgegebene Feld bleibt ungenutzt und unterliegt dem wilden Bewuchs (Sekundärwald). Häufig ist die Biomasse auf dieser Fläche erst nach zehn bis zwölf oder mehr Jahren wieder so angereichert, dass ausreichend Humus erzeugt werden kann, um die Fläche erneut ackerbaulich zu nutzen (vgl. S. 52, M2 und M3).

Die heutige Ackerlandgewinnung zielt jedoch überwiegend auf eine dauerhafte Pflanzenproduktion oder Tierhaltung ab. Selbst die kleinen Betriebe orientieren sich am Markt, d.h., die Produktion dient dem Verkauf und nicht mehr nur der Selbstversorgung. Die Ackerflächen sind wesentlich größer als im traditionellen Landbau. Zudem wird die gesamte ursprüngliche Vegetation, einschließlich der Wurzeln, entfernt.

2 Erschließungsmaßnahmen im tropischen Regenwald

- Bau von Verkehrswegen (z. B. für die Agrarkolonisation oder den kommerziellen Holzeinschlag)
- Brandrodung durch Kleinbauern
- Großflächige Brandrodung durch Großgrundbesitzer mit anschließender Nutzung für die Plantagen- und Viehwirtschaft
- Export von Tropenhölzern
- Holzeinschlag zum Gewinnen von Bau- und Heizmaterial sowie als Energieträger
- Abbau von Rohstoffen (und damit verbunden der Bau von Industrieanlagen und Verkehrswegen)
- Bau von Staudämmen

3 Eingriffe in den tropischen Regenwald

1 Brandrodung

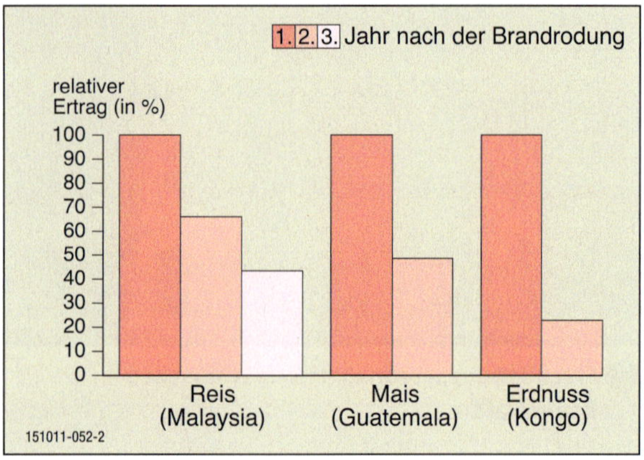

2 Ertragsrückgang bei Brandrodung

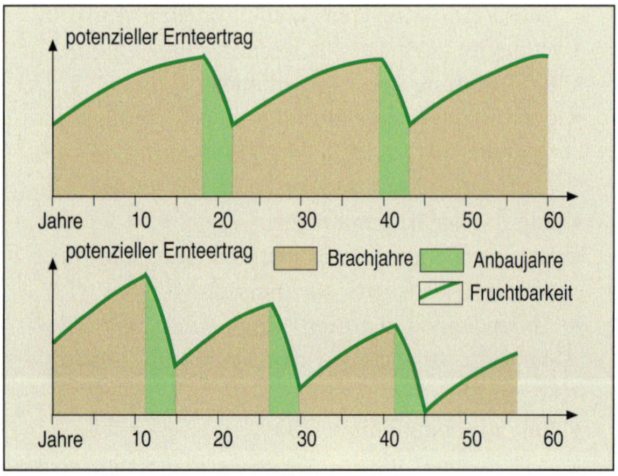

3 Brachedauer und Ernteerträge

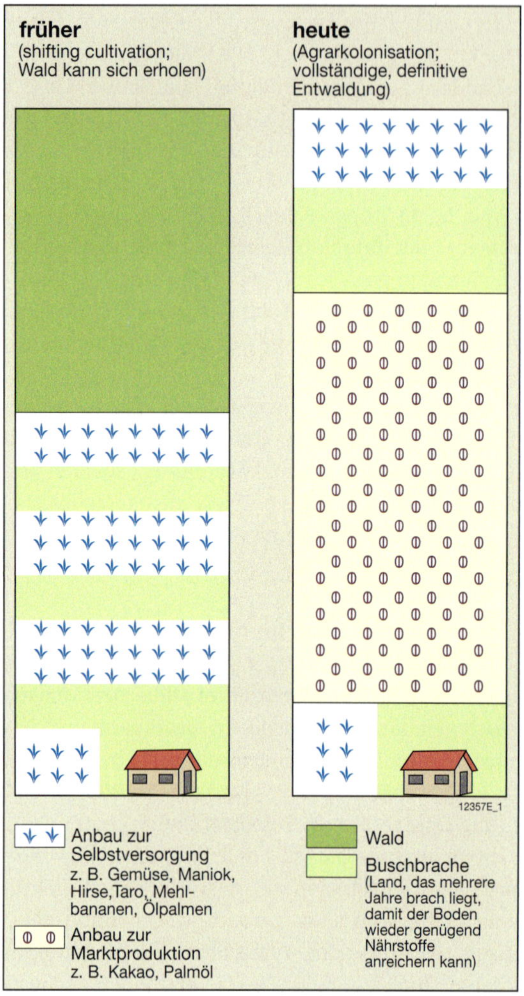

Der heutige tropische Ackerbau ist vielfach gekennzeichnet durch moderne Agrarkolonisation, wie zum Beispiel entlang der Transamazônica in Brasilien oder bei der Kakao- und Kaffeekolonisation in Westafrika.

Damit einher gehen eine zunehmende Marktproduktion und Globalisierungsdruck – die ökologischen und wirtschaftlichen Probleme der Bauern nehmen in der Regel zu. Beispiele hierfür sind die Monokulturen mit einem relativ leichten Krankheitsbefall der jeweiligen Anbaufrucht sowie die Bodenerschöpfung und **Bodendegradation**, was langfristig zur Zerstörung der ackerbaulichen Grundlage führt. Darüber hinaus bedeutet die Marktproduktion häufig Verschuldung bei Missernten und Abhängigkeit vom Markt, zum Beispiel durch wechselnde Preise und sich wandelnde Geschmäcker der Verbraucher.

4 Wechsel von der Shifting Cultivation zur Agrarkolonisation

Bei dem traditionellen Wanderfeldbau dürfte es sich wohl um ein „Auslaufmodell" handeln. Allein schon wegen seines großen Flächenaufwandes kann sich die Menschheit angesichts zunehmenden Bevölkerungsdrucks und schrumpfender Landreserven diesen Luxus nicht mehr lange leisten.
Die traditionelle Shifting Cultivation ist eine sehr flächenaufwendige Produktionsform, die nur in sehr dünn besiedelten Regionen mit großen bewaldeten Landreserven funktionieren kann. Die Tragfähigkeit beträgt kaum mehr als 30 Personen pro km^2 und die Anbauweise ist sehr verschwenderisch: Um eine Tonne Getreide zu erzeugen, werden bis zu 300 Tonnen Biomasse geopfert. Schon jetzt hat die durchschnittliche Bevölkerungsdichte in den Feuchten Tropen mit 55 Personen/km^2 die Tragfähigkeit von Shifting Cultivation überschritten.

Quelle: Brauns, T. & Scholz, U. (1997)

5 Shifting Cultivation ohne Zukunft?

6 Ölpalmenplantage

Plantagen – Anbau für den Weltmarkt

Nicht unproblematisch, jedoch eine in den feuchten Tropen mögliche Landnutzungsform, ist die durch die Europäer eingeführte **Plantagenwirtschaft**. Bei den meist mehrjährigen Kulturpflanzen (z. B. Zucker, Kakao, Kaffee, Tee, Ananas, Bananen, Kautschuk) wird die Bodenerosion im Gegensatz zur Rinderhaltung stark vermindert. Es wird darauf geachtet, dass die Pflanzen ein möglichst dichtes Blätterdach ausbilden. So wird ein Großteil der Niederschläge abgefangen und die Wucht der Starkniederschläge auf den Boden vermindert. Die Bestands- und Ernteabfälle ermöglichen zudem den Erhalt einer Humusschicht. Diese kann die wegen der ständigen Ernte notwendigen mineralischen Düngergaben adsorbieren.
Aus ökologischer Sicht gibt es aber auch Nachteile, denn die Monokulturen sind stark anfällig für Schädlingsbefall, der häufig nur durch einen hohen Einsatz von Schädlingsbekämpfungsmitteln verhindert werden kann. Außerdem kann nur durch hohe Investitionen in Düngemittel die Produktivität aufrecht erhalten werden.
In den oft hoch flächenproduktiven Plantagen werden auf riesigen Flächen und unter Einsatz billiger Arbeitskräfte (früher Sklaven, heute verarmte Bevölkerungsgruppen), hochwertige Produkte für den Weltmarkt erzeugt (**Cash Crops**). Oft im Besitz ausländischer Kapitalgesellschaften sind die Plantagen nur begrenzt auf die Bedürfnisse der einheimischen Bevölkerung ausgerichtet. Darüber hinaus fließen die erwirtschafteten Gewinne überwiegend in das Ausland ab.

Kommerzieller Holzeinschlag

Bei der wirtschaftlichen Nutzung fließen regional bis zu zwei Drittel des Rohstoffs Holz in die Gewinnung von Energie, vorwiegend als Brennholz für die lokale Bevölkerung. In einigen Ländern bildet der Rohstoff aber auch die Grundlage für eine bedeutende Holzwirtschaft.
Die forstwirtschaftliche Nutzung wird meist von kapitalkräftigen ausländischen Unternehmen auf riesigen Konzessionsgebieten durchgeführt. Sie geschieht überwiegend durch selektiven Holzeinschlag. Dabei werden nur wenige wertvolle und somit wirtschaftlich interessante Einzelstämme aus dem Bestand entnommen, in Zentralafrika häufig etwa zwei große Stämme pro Hektar, in Südostasien bis zu zwölf. Ein anderes Verfahren besteht darin, unerwünschte Baumarten in einem Gebiet zu roden, damit andere Bäume, die wirtschaftlich von Bedeutung sind, besser und vermehrt wachsen können. Durch das nötige Anlegen von Straßen und Fällschneisen werden häufig bis zu 40 % der Waldfläche geschädigt. Zusätzlich wird beim Anlegen von Lager- und Umschlagplätzen sowie beim Bau von Sägewerken weiterer Regenwald zerstört. Etwa die Hälfte der Fläche mit selektivem Holzeinschlag wird von nachrückenden Siedlern und Kleinbauern vollständig gerodet.

Aufgabe

Vergleichen Sie tabellarisch die Vor- und Nachteile der verschiedenen Nutzungssysteme aus ökonomischer, ökologischer und sozialer Sicht.

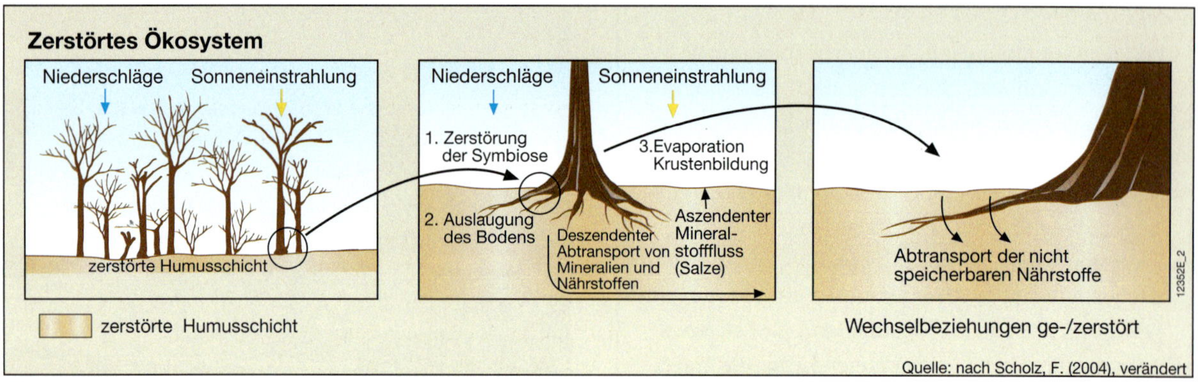

1 **Tropischer Regenwald – Zerstörtes Ökosystem**

Folgen unangepasster Landnutzung

Ökologische und ökonomische Folgen

Die Rodung von tropischen Regenwäldern führt zur irreversiblen Zerstörung. Aufgrund der fehlenden Vegetation verändert sich die Strahlungsbilanz und damit das Wasserregime. Die kräftigen und hohen Niederschläge gelangen ungehindert auf die Erdoberfläche und verursachen Bodenerosion. Die Wiederbewaldung auf den verödeten und versandeten Flächen ist unmöglich. Dieser dauerhafte Verlust von Regenwäldern ist schwerwiegend, insbesondere hinsichtlich ihrer globalen Bedeutung als Sauerstoffproduzent und Kohlenstoffspeicher (vgl. S.17). Aufgrund des Artenreichtums ist des Weiteren der Verlust zahlreicher Organismen zu befürchten, deren Nutzungspotenziale kaum bekannt sind. So gilt der tropische Regenwald mit seinen Naturheilstoffen als größte Apotheke der Welt. Schließlich stellt die Zerstörung dieser Waldgebiete eine Verschwendung natürlicher Rohstoffe dar.

Soziale Folgen

Zahlreiche Völker, die im und vom Regenwald leben, laufen Gefahr mit dessen Verlust zugrunde zu gehen und mit ihnen ihr oft einzigartiges, jahrhundertealtes Wissen um die Vorgänge in der Natur.

Globale Folgen

Bäume nehmen das Treibhausgas Kohlenstoffdioxid aus der Atmosphäre auf. Werden die tropischen Regenwälder großflächig gerodet, so werden Unmengen des in ihnen gespeicherten Kohlenstoffs unmittelbar (Brandrodung) oder zu einem späteren Zeitpunkt freigesetzt. Die Folgen für unser Klima wären verheerend. Auch die Niederschläge würden sich verringern – und damit die Kühlung des Planeten. Das Amazonas-Gebiet gilt als „globale Klimaanlage“, die jährlich sechs Billionen Tonnen Wasser in die Erdatmosphäre entlässt und mit ihren Dunstwolken erhebliche Mengen solarer Strahlungsenergie von der Erde fernhält. Forscher haben errechnet, dass ein Wassertropfen fünf bis sechs Mal über dem Amazonasgebiet verdunstet und wieder herabregnet, bevor er einen der vielen Flüsse erreicht. Wenn man den Regenwald rodet, bricht dieser Wasser- und Kühlkreislauf unter Umständen zusammen. Dies bedeutet eine Veränderung der globalen Strahlungsbilanz und damit einen Beitrag zur globalen Erwärmung.

Aufgaben

1. Erstellen Sie ein Wirkungsgefüge zu Ursachen und Folgen des Tropenwaldverlustes.
2. Erklären Sie an einem Beispiel die Entstehung nicht mehr nutzbarer Standorte (M2).

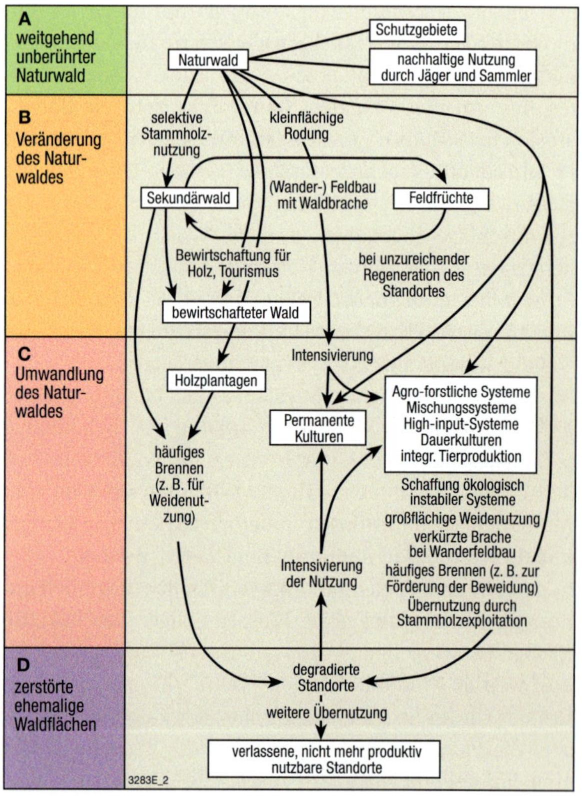

2 **Etappen bei der Zerstörung des tropischen Regenwaldes**

Ursachen der Regenwaldzerstörung

Kolonialismus
Tropische Regenwälder findet man in erster Linie in „Dritte-Welt-Ländern". Der Kolonialismus verwandelte selbst versorgende Ökonomien in Zonen für Agrar-Export-Produktion.

Massenkonsum
Die reichen Länder konsumieren mit einem Viertel der Weltbevölkerung beinahe vier Fünftel der Weltressourcen! Die ganze Problematik wird zusätzlich durch die niedrigen Preise, die Dritte-Welt-Exporte auf dem Weltmarkt erzielen, verschärft.

Schuldenlast
In den 1980er und 1990er-Jahren borgten sich die Regierungen finanziell schwacher Länder große Geldbeträge von den reichen Industrieländern, um ihre eigene Wirtschaft anzukurbeln. Um diese Schulden zu tilgen, fühlen sich diese Länder dazu gezwungen, ihre Ressourcen auszubeuten. Dies kann in Regenwaldgebieten über den Verkauf des Holzes und über die Gewinnung zusätzlicher Nutzflächen, z.B. für den großflächigen Anbau von Cash Crops geschehen.

Bevölkerungswachstum
Mit steigender Bevölkerungszahl steigt auch der Bedarf an neuen landwirtschaftlichen Nutzflächen und Brennmaterialien. Die neuen Flächen sind für viele arme Siedler die Grundlage einer Subsistenzwirtschaft. Teilweise versuchen sie auch, mit zusätzlichen Flächen von der steigenden Weltmarktnachfrage nach Cash Crops (z.B. Kakao oder Kaffee) zu profitieren.

Ungerechte Landverteilung
Die Zerstörung geht zu etwa 23 % auf kleinbäuerliche Siedler zurück, deren Zahl weltweit auf 300 bis 500 Mio. geschätzt wird. Durch eine ungerechte Landverteilung werden in tropischen Ländern (z.B. Brasilien) viele Mio. Menschen in die Regenwälder gedrängt.

Bürgerkriege
Kriegerische Auseinandersetzungen zwischen verfeindeten ethnischen Gruppen, insbesondere in West- und Zentralafrika, zwingen die Menschen immer wieder zur Flucht in die wenig besiedelten Regenwald-Regionen, wo sie als Kleinbauern ihren Lebensunterhalt bestreiten.

3 Historische Ursachen

Brandrodung für Landgewinn
Biokraftstoff
Vor allem in Indonesien und Malaysia werden derzeit Regenwaldflächen vernichtet, um darauf Ölpalmen anzubauen, aus denen Bioenergie produziert wird. Dabei werden auch riesige Torfflächen verbrannt.
Soja für Rinder, Schweine, Geflügel
Soja wird auf riesigen Plantagen in Südamerika angebaut. Es ist heute im Tierfutterbereich der konventionellen Landwirtschaften Europas und Nordamerikas eines der wichtigsten Eiweißfuttermittel.
Rinderhaltung
Der Rinderbestand hat sich allein am Amazonas zwischen 1992 und 2004 auf 57 Mio. Tiere mehr als verdoppelt. Dabei ist die Rinderhaltung auf den nährstoffarmen Böden sehr ineffizient. Lediglich ein Rind kann pro Hektar Weidefläche gehalten werden. Daraus resultiert eine Fleischproduktion von etwa 40 kg pro Jahr und Hektar. Zum Vergleich: In Deutschland sind es bis zu 2 500 kg.

Kommerzieller Holzeinschlag
Nach Angaben der Weltbank ist der kommerzielle Holzeinschlag verantwortlich für die alljährliche Vernichtung von fünf Mio. Hektar Tropenwald weltweit (vgl. S. 51).

Staudämme
In Indien und Südamerika wurden Tausende Hektar Wald für die Errichtung von hydroelektrischen Staudämmen abgeholzt. Die Überschwemmungsgebiete gefährden den Lebensraum indigener Völker, ebenso wie das Habitat von bereits bedrohten Tierarten.

Bergbau
Damit verbunden ist der Bau von Industrieanlagen, riesigen Talsperren zur Energiegewinnung, Schienen- und Wasserwegen und Viehzuchtprojekten, wie z.B. in der Serra Dos Carajas (Para, Brasilien).

4 Unmittelbare Ursachen

Aufgaben

1. Beschreiben Sie mithilfe geeigneter Atlaskarten Raumbeispiele für die verschiedenen Formen der Regenwaldvernichtung.
2. Stellen Sie Lösungsmöglichkeiten für die Eindämmung der Regenwaldvernichtung zusammen.
3. Recherchieren Sie über das Ausmaß und die Folgen des Abbaus von Eisenerz, Gold, Coltan und Erdöl.

Raumbeispiel: Amazonien (Brasilien)

Das Tiefland des Amazonas, Amazonien, ist das größte tropische Tiefland und das größte zusammenhängende Regenwaldgebiet der Erde. Mit rund sechs Mio. km^2 umfasst es über ein Fünftel der Fläche Südamerikas. Seit den 1970er-Jahren hat die brasilianische Regierung begonnen, das aus ihrer Sicht peripher gelegene Amazonien zu erschließen und wirtschaftlich stärker zu nutzen. Dazu wurden Bodenschätze geborgen und landwirtschaftliche Produkte erzeugt, die man auf dem Weltmarkt verkaufen konnte. Außerdem hat man in einer breit angelegten Agrarkolonisation Mio. von landhungrigen Siedlern aus dem überbevölkerten Nordosten und den Elendsvierteln am Rande der Großstädte Land zur Verfügung gestellt. Die in den Regenwald getriebenen Fernverkehrsstraßen, wie z. B. die Transamazônika, dienten nicht nur der Erschließung, vielfach waren sie Ausgangspunkt ökologischer Katastrophen. Auf ihnen drangen Trupps von Kleinbauern, Holzfällern, Viehzüchtern, Goldgräbern oder Prospektoren für Erdöl, Eisenerz oder Zinn immer tiefer in den Wald ein. Sie rodeten ihn, zerstörten das ökologische Gleichgewicht und vernichteten den Lebensraum der Ureinwohner bzw. vertrieben und töteten Tausende von Indianern.

1 Amazonien

Mahagoni – illegale Abholzung in Amazonien

„Nach offiziellen Schätzungen der brasilianischen Umweltbehörde sind knapp 80 % aller Abholzungen im Amazonas-Urwald illegal. Das Holz kommt z. B. aus Indianergebieten, wo jegliche Abholzung strengstens verboten ist. Mahagoni ist das wertvollste Holz in Amazonien. Ein Kubikmeter kann bis zu 1 600 US-$ einbringen, für die Produkte aus einem fünf Kubikmeter-Stamm lässt sich ein Verkaufspreis von bis zu 128 250 US-$ erzielen. Vor allem die Nachfrage des internationalen Marktes ist der Motor der Zerstörung des brasilianischen Regenwaldes: Um sich Zugang zu einem einzelnen Mahagoni-Baum zu verschaffen, wälzen die Holzfäller mit Bulldozern oft illegale Zufahrtsstraßen in den Urwald und zerstören dabei enorme Flächen unberührten Waldes. Auf das Fällen der Mahagoni-Bäume folgt die illegale Abholzung anderer Baumarten. Die Mahagoni-Vorkommen im Süden Paras sind bereits erschöpft, daher dehnt sich der Raubbau jetzt auf die noch vorhandenen Mahagoni-Bestände in den Indianergebieten aus."

Quelle: Greenpeace (2001)

Regenwald-Moratorium

„Die Umweltorganisation Greenpeace erringt im Kampf um die Rettung des brasilianischen Regenwaldes einen Erfolg: Weltweit führende Agrarfirmen willigen ein, für zwei Jahre auf Soja aus dem Amazonas-Urwald zu verzichten." (Quelle: sda-Meldung, 25.07.2006)

Transamazônica

„Erwin Kräutler, Bischof von Xingu, Para, sagt: Die Transamazonica ist gescheitert: Sie lockte Arme an, zwei, dreihunderttausend, aber keiner kümmerte sich um sie. Diese Straße dient letztlich den Mächtigen, die nicht hier wohnen, sondern in Manaus oder Belém. Für wenig Geld kaufen sie die Parzellen der Verzweifelten, kaufen immer mehr, vierzig, achtzig, hundert Parzellen, jede hundert Hektar groß, und roden und roden. Manche fliegen mit Flugzeugen über den Wald, schauen sich aus, was sie haben möchten, kaufen sich einen Notar, der alles besiegelt, dann einen Beamten, der alles bestätigt. Betrogenes Land. Und der Wald stirbt, er stirbt. Diese Straße ist ein Widerspruch."

(Quelle: Koch, E. (2005) – www.zeit.de, 18.08.2005)

Das Polonoroeste-Programm

„Im Südwesten, in den Bundesstaaten Mato Grosso und Rondônia, wird durch das Polonoroeste-Programm die kleinbäuerliche Agrarkolonisation gefördert. Bis 1985 wurden über 44 000 Familien angesiedelt. Einen Anreiz zur Ausdehnung der staatlich ausgewiesenen Siedlungsgebiete bieten die asphaltierten Straßen, die den Weg in den Wald eröffnen. Es kommt zu spontaner Landnahme in Gebieten mit ökologisch bedingter niedriger Tragfähigkeit und dadurch zu umfangreichen Waldrodungen."

(Quelle: www.tiss.zdv.uni-tuebingen.de, 18.11.2008)

Soja-Anbau verdrängt Kleinbauern

„Bis vor wenigen Jahren kannten die Bauern von Para die knapp erbsengroße runde Bohne überhaupt nicht – Soja wuchs nur im Süden des Landes. Doch dann machte die Ölfrucht Karriere als Futtermittel für das Vieh der Industriestaaten.

So landet sie nun in großen europäischen Futtertrögen. Auf der Suche nach neuen Flächen zogen Großfarmer gen Norden, um auch hier großflächig Soja anzubauen. Dort verdrängten die „Gauchos" die traditionellen Kleinbauern von ihrer Scholle und roden Regenwald, um zusätzliche Flächen zu gewinnen.

Viele Kleinbauern verkauften ihr Land zu einem niedrigen Preis – der Erlös reichte gerade, um sich am Stadtrand von Santarém eine Hütte zu bauen. Die landlosen Bauern haben kein Geld, keine Ausbildung, keinen Job. Jedoch wer sein Land nicht verkaufen will, müsse damit rechnen, dass ihm Gewalt angetan werde."

(Quelle: www.abendblatt.de, 24.05.2006)

Energie gegen Lebensraum

„In Brasilien decken Wasserkraftwerke über 80 Prozent des Strombedarfs. Der Amazonas stellt mit seinen Zuflüssen eine noch weitgehend unangezapfte, gigantische und vor allem billige Energiereserve dar. Diese braucht das Land für sein geplantes Wirtschaftswachstum.

Brasilien will 40 neue Staudämme in Amazonien bauen. Dadurch wird der Lebensraum vieler Indianervölker stark eingeengt, ihre Lebensgrundlage zerstört und die Ureinwohner schutzlos dem Einfluss der Fremden ausgesetzt. Mit der Erschließung Brasiliens kamen viele zuvor von der Außenwelt abgeschirmte Stämme mit für sie tödlichen Krankheiten in Kontakt; Alkoholismus breitete sich aus."

Quelle: Radowitz, B. (2006)

Energie durch Erdöl und Erdgas

„Um die Integration Südamerikas voranzutreiben, wollen sich die Länder auch im Energiebereich stärker vernetzen. Von besonderer strategischer Bedeutung ist dabei der Bau einer über 8 000 km langen Gas-Pipeline von Venezuela quer durch den Amazonas bis in den Süden des Kontinents. […]

Die Auswirkungen, die zum Beispiel ein Leck in einer Gas-Pipeline auf die Amazonasregion hätte, wären verheerend. Da zudem ohne Zufahrtstraßen der Bau einer Pipeline kaum möglich ist, muss man davon ausgehen, dass auch dieses Projekt […] die Zerstörung des Amazonasregenwaldes weiter vorantreibt." „Die Umweltzerstörung (durch die Ölförderung im Amazonasgebiet) ist immens, die Folgeschäden sind noch lange nicht behoben. Die Ankunft der Ölgesellschaften bedeutete für viele indigene Völker im Amazonasbecken den Tod."

Quelle: WWF (2007)

Regenwald verheizen

„In Brasilien werden jedes Jahr mehr als 200 000 km² Regenwald in Sojafelder umgewandelt, überwiegend für den hohen Verbrauch in der EU, den USA und in China. Finanziert wird der Sojaboom mit Krediten aus den Industrieländern. Aus Soja- und Palmöl kann Biodiesel hergestellt werden. Steigt die Nachfrage nach diesem Kraftstoff zum Beispiel in der EU, werden mit Sicherheit weitere Regenwaldflächen in Monokulturen umgewandelt.

In Amsterdam wird Palmöl inzwischen zur Stromerzeugung verbrannt. Auch in Deutschland sind solche Kraftwerke in Planung. Dann wälzen wir durch unseren Konsum verursachte Umweltprobleme auf Regenwälder ab. Durch die Anlage der Monokulturen werden Kleinbauern enteignet, indigene Völker vertrieben und artenreiche Wälder vernichtet. Statt in Energiesparmaßnahmen zu investieren und konsequent nachhaltige erneuerbare Energie zu fördern, forcieren wir eine großflächige Waldvernichtung."

Quelle: Behrend, R. [Hrsg.] (2006)

Eisenerz und Gold

„Im Amazonasbecken werden große Vorräte an Kupfer, Zinn, Nickel, Bauxit, Mangan, Eisenerz und Gold vermutet und die großflächige Ausbeutung über steuerliche Vergünstigungen gefördert.

Im Umkreis der Minen wird der Regenwald zerstört, um Holzkohle für die Metallverarbeitung zu gewinnen. So wird beispielsweise in der Serra dos Carajás, der größten Eisenerzlagerstätte der Welt, jährlich eine Fläche von 610 000 Hektar entwaldet. Bei der Goldgewinnung wird Quecksilber verwendet, ein hochgiftiger Stoff, der sich in der Nahrungskette anreichert. Die hohe Quecksilberbelastung der Fische bedroht stromabwärts von Goldabbaugebieten die Gesundheit der Bevölkerung, die vom Fischfang lebt."

Quelle: WWF (2007)

Agrokraftstoffe verdrängen Viehzucht

„Eine weitere Bedrohung des Waldes entsteht durch den weltweit wachsenden Bedarf nach Agrokraftstoffen.Das Zuckerrohr, aus dem Ethanol hergestellt wird, wird zwar nicht immer direkt in Regenwaldgebieten angebaut. Doch sorgt der Zuckerrohr-Anbau dafür, dass die Viehzucht aus dem Süden in den Norden ausweichen muss und damit den Regenwald gefährdet."

(Quelle: www.greenpeace.de, 24.01.2008)

Aufgaben

1. Fassen Sie die Inhalte dieser Doppelseite in einer Strukturskizze (Mindmap) zusammen.
2. Informieren Sie sich im Internet über eine den Wald schädigende Tätigkeit und präsentieren Sie die Ergebnisse.

1 Karikatur

Nachhaltige Nutzung des tropischen Regenwaldes

Der Verlust an tropischen Regenwäldern ist alarmierend und konnte bisher durch unterschiedlichste Programme und Gruppierungen nicht gestoppt werden. So verabschiedete z. B. die FAO 1986 den „Tropical Forest Action Plan". 187 Staaten der Erde unterzeichneten die „Convention on Biological Diversity". Das „Internationale Tropenwaldschutzprogramm" von 1992 ist ein Versuch der Länder des Nordens und Brasiliens, der Abholzung von Tropenwäldern ohne Eingriffe in die politische Souveränität Brasiliens zu begegnen.

Erfolgreich waren Initiativen zum Schutz des Regenwaldes bisher vor allem dann, wenn sie die Interessen der betroffenen Bevölkerungsgruppen, der eigentlichen Eigentümer des Waldes, berücksichtigten. Der Erhalt der noch vorhandenen Wälder scheint einerseits davon abzuhängen, ob, z. B. durch Agrarreformen, die Situation der einheimischen bäuerlichen Bevölkerung verbessert werden kann. Von Bedeutung ist auch die Verbesserung der wirtschaftlichen Situation der betroffenen Staaten, z.B. über finanzielle Hilfen oder Schuldenerlass. Eine ökonomische Nutzung des Regenwaldes bei gleichzeitigem Erhalt des „kompletten" Ökosystems wird aber trotz aller Bemühungen nur in wenigen Fällen möglich sein.

Wichtig für nachhaltige Nutzungsansätze sind in jedem Fall Projekte von Organisationen und Privatpersonen, die es sich zur Aufgabe gemacht haben, den Regenwald zu schützen. Eine Möglichkeit besteht z.B. darin, die Errichtung von Nationalparks durch Spenden zu unterstützen. So wurden im Internet Seiten veröffentlicht, die zu Spenden aufrufen. Jeder Internetbenutzer kann hier einen kleinen Beitrag für den Erhalt des Regenwaldes leisten. In den entstehenden Nationalparks und weiteren ausgewiesenen Arealen kann so in Zukunft vorsichtig betriebener „Regenwaldtourismus" an Bedeutung gewinnen.

Ein weiterer Schritt, der seitens der Regierungen zum Teil bereits gegangen wird, sind stärkere Kontrollen, da ein Großteil der Abholzungen illegal geschieht. Eine selektive Holzwirtschaft, bei der wertvolle Bäume nur entgipfelt und die Stämme per Hubschrauber zum Sammelplatz geflogen werden, ist dagegen nur bei hohem Technik- und Energieeinsatz möglich.

Studien in Amazonien zeigen auch, dass die Gewinnung sekundärer Waldprodukte (Früchte, Samen, Rinde, Fasern, Wachse, Öl, Fette, Farben, Gerbstoffe, Honig) vergleichsweise höchst profitabel sein kann. Über 50 Jahre gerechnet liefert dort ein Hektar Regenwald vermarktungsfähige Sekundärprodukte für umgerechnet 5 522 €; Viehzucht bzw. Forstwirtschaft, die den Wald ganz oder teilweise zerstörten, erbrachten im selben Zeitraum nur 2 582 bzw. 2 829 €. Hier liegt also noch ein großes, inzwischen auch von Unternehmen aus Chemie und Pharmazie immer stärker auf Wirkstoffe und neue Grundsubstanzen untersuchtes Potenzial.

Viele Hoffnungen richten sich auch auf Nutzungsformen, die das Ökosystem Regenwald im Aufbau und seinen Nährstoffkreisläufen nachahmen. Ein solches **Ecofarming** ist ein System, in das Ackerbau, Tierhaltung sowie Holz- und Sekundärstoffgewinnung integriert sind (M3). Ecofarming kann ohne größeren Kapitalaufwand, d.h. im Idealfall ganz ohne Fremdenergie aufgebaut werden. Trotzdem stehen viele Bauern den Neuerungen oft skeptisch gegenüber, denn es entsteht zunächst ein zusätzlicher Arbeitsaufwand, z.B. durch die Anlage von Terrassen, Bäumen und Sträuchern. Teilweise sind Methoden wie die Anlage von Komposthaufen, die Stalltierhaltung, der Fruchtfolgewechsel, der gezielte Anbau von Stickstoff bindenden Pflanzen usw. auch unbekannt. Das nötige Know-how wird durch Projekte staatlicher Initiativen und der Entwicklungshilfe vermittelt.

Fruchtbäume

Rambutan: verwandt mit dem Litschibaum (5 - 10 m hoch). 10 - 20 rundlich-ovale, süß schmeckende, rosa-farbene mit grünlich-gelben Borsten besetzte Früchte in einer Rispe.

Jackfrucht: ca. 10 m hoher Laubbaum. 30 - 50 cm lange, bis zu 10 kg schwere, süß-saftige Früchte wachsen direkt am Stamm und sind von einer gelblich-grünlichen harten Schale mit kleinen Noppen umgeben.

Nutzpflanzen

Maniok: stärkehaltige Wurzelknollen. Maniokmehl wird ähnlich wie Weizenmehl verwendet.

Taro: stärkehaltige Knollen werden wie Kartoffeln gekocht.

2 Glossar

In Java bestehen solche Musterbeispiele umweltverträglicher und höchst produktiver Nutzungssysteme in Form der Hausgärten schon seit langem. Ihre oberste Etage wird meist von Kokospalmen gebildet. Darunter liegt das Kronendach von Fruchtbäumen wie Mango, Rambutan, Jackfrucht und Orangen. Es folgt die Sträucher- und Staudenschicht (Bananen, Papaya, Kaffee); den Boden bedecken einjährige Nutzpflanzen wie Maniok, Taro und Süßkartoffeln, außerdem Mais, Gemüsearten, Erdnüsse und Ananas. Hinzu kommt noch der Fischteich. Bis zu 10 m hohe dichte Bambusdickichte bilden die Grenze zum Nachbargarten.

Die Gärten liefern fast alle Beilagen, die neben dem Grundnahrungsmittel Reis für die Mahlzeiten benötigt werden. Es gibt Futter für die Fische und das Geflügel, Bauholz (vor allem vom Teakbaum), Fasern und Blätter zur Herstellung von Geräten, Matten, Hütten, außerdem Medizinal- und Zierpflanzen und – bis zur Einführung des Kerosinherdes – auch Feuerholz. Außerdem liefern die Gärten mit Gewürznelken, Kokosnüssen, Bambus usw. noch vermarktungsfähige Produkte.

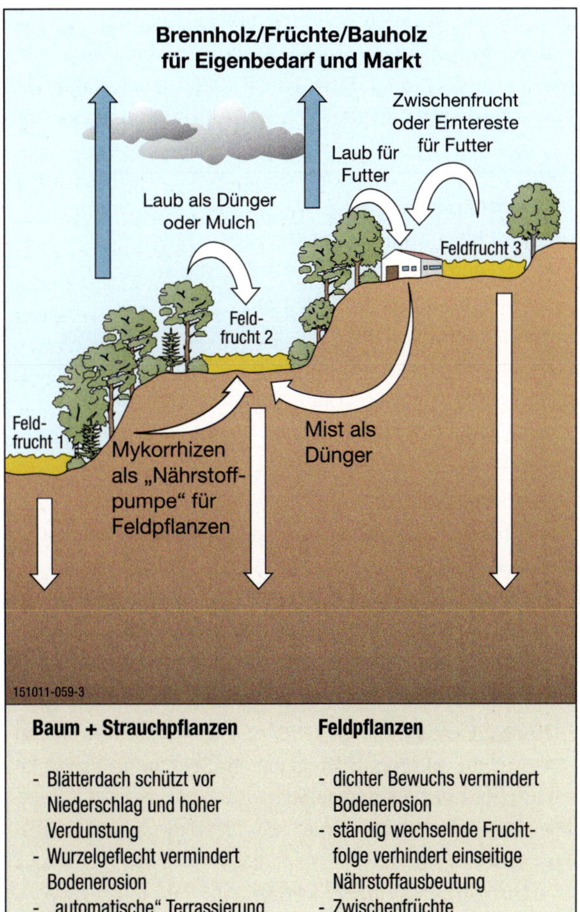

3 Ecofarming

Participants from 82 countries attended the first World Agroforestry Congress in Florida, United States, from 27 June to 2 July 2004. During discussions, they noted significant progress over the past 25 years in building a scientific foundations for agroforestry systems. Recognizing the links to the United Nations Millennium Development Goals, the congress called on countries, international organizations, the private sector and other parts to use the full potential of agroforestry:

- to increase household income;
- to promote gender equity;
- to empower women;
- to improve the health and welfare of people
- to promote environmental sustainability.

Experts further note the need to increase investment in research, technology development and poverty reduction strategies to provide financial support and to develop policies that promote the adoption of associated practices.

Quelle: FAO (2005)

The 1st World Congress of Agroforestry, held in 2004 in Florida, USA, provided a global forum for agroforestry professionals to share knowledge, experiences and ideas and to plan future strategies in agroforestry research, education & training, and development.

The 2nd World Congress of Agroforestry (scheduled for 23 – 28 August 2009 in Nairobi, Kenya) should strengthen the momentum of knowledge-sharing and will further underpin the enormous crescendo of interest in agro-forestry that is building up worldwide.

(Quelle: www.worldagroforestrycentre.org, 24.06.2008)

4 First and Second World Agroforestry Congress

Aufgaben

1. Werten Sie die Karikatur aus und geben Sie ihr einen Titel (M1).
2. „Ich verzichte auf den Kauf von Tropenholz." Diskutieren Sie diese Einstellung als Beitrag zur Eindämmung der Regenwaldvernichtung.
3. Erläutern Sie Möglichkeiten einer nachhaltigen Nutzung der inneren Tropen (Text und Internet).
4. Beschreiben Sie das System des Ecofarmings und listen Sie dessen Vorteile auf (M3).
5. Diskutieren Sie alternative, nachhaltige Nutzungsformen von Regenwaldflächen durch Kleinbauern.

1 Feucht-, Trocken- und Dornsavanne

Das Ökosystem der äußeren Tropen

Die wechselfeuchte (sommerfeuchte) Tropenzone bedeckt etwa 25 % der Landfläche und ist damit die am weitesten verbreitete Landschaftszone der Erde. Während der Kolonisation Lateinamerikas nannten die Spanier diese Landschaft „sabana“ (Grasland). Der Name **Savanne** wurde später auf die Vegetationsform der gesamten Klimazone übertragen.

Das wesentliche Merkmal der Pflanzenwelt dieser Zone sind ausgedehnte, mehr oder weniger geschlossene Grasfluren mit Einzelbäumen oder Baumgruppen. Gräser und Bäume stehen in den Savannen im ökologischen Wettbewerb (M4). Aus der Lage der Savannen zwischen den Wendekreisen folgt, dass es keine thermischen Einschränkungen für das Pflanzenwachstum gibt. Der Lebensrhythmus der Pflanzen wird von den ausgeprägten periodischen Trockenzeiten bestimmt. Die aride Zeit mit hohen Evaporationsraten wird dabei mit zunehmender Entfernung vom Äquator immer länger und führt zu einer Gliederung der Savanne in Feucht-, Trocken- und Dornsavanne (M1).

Die Höhe des Graswuchses nimmt von der Feuchtsavanne bis zum Grenzraum der Halbwüste ab und die Dichte des Baumwuchses ändert sich vom leicht geschlossenen Feuchtsavannenwald bis zu vereinzelt stehenden Bäumen oder kleinwüchsigen Dornsträuchern. Nur entlang von Flussläufen wachsen meist dichte, artenreiche und immergrüne Galeriewälder aufgrund einer ganzjährigen Wasserversorgung (M2).

Während in den Feuchtsavannengebieten der Wasserstand und die Abflussmenge in der Trockenzeit absinken, führen die Flüsse der Dornsavanne nur periodisch Wasser. Ausnahmen sind die Fremdlingsflüsse (z. B. Niger), die auch während der Trockenzeiten genügend Wasser aus den äquatornahen, regenreichen Gebieten bekommen.

Sowohl Artenvielfalt und Menge der Gehölz- und Grasformationen als auch deren räumliche Ausdehnung sind in den Savannengebieten häufig das Ergebnis anthropogener Überformung. Eine große Rolle spielt dabei das Feuer. Es kommt in den Feucht- und Trockensavannen

Feuchtsavanne
- 2 ½ bis 5 Monate Trockenzeit
- regengrüne, tropische Wälder, die in der Trockenzeit ihr Laub abwerfen
- Sträucher und niedrige Bäume, die das ganze Jahr über ihr Laub behalten
- breitblättriges, 2 – 5 m hohes Elefantengras
- entlang der Flüsse Galeriewälder, z. T. immergrün

Trockensavanne
- 5 bis 7 ½ Monate Trockenzeit. Hohe Variabilität der Niederschläge
- Grasland (60 cm bis 1,5 m hoch) mit einzelnen lichten Trockenwäldern. Baumkronen häufig in Form von Schirmen gegen Bodenevaporation ausgebildet.

Dornsavanne
- 7 ½ bis 10 Monate Trockenzeit. Sehr hohe Variabilität der Niederschläge
- Gräser maximal kniehoch, jedoch geschlossener Bestand
- Dornsträucher und Akazien

2 Savannenarten

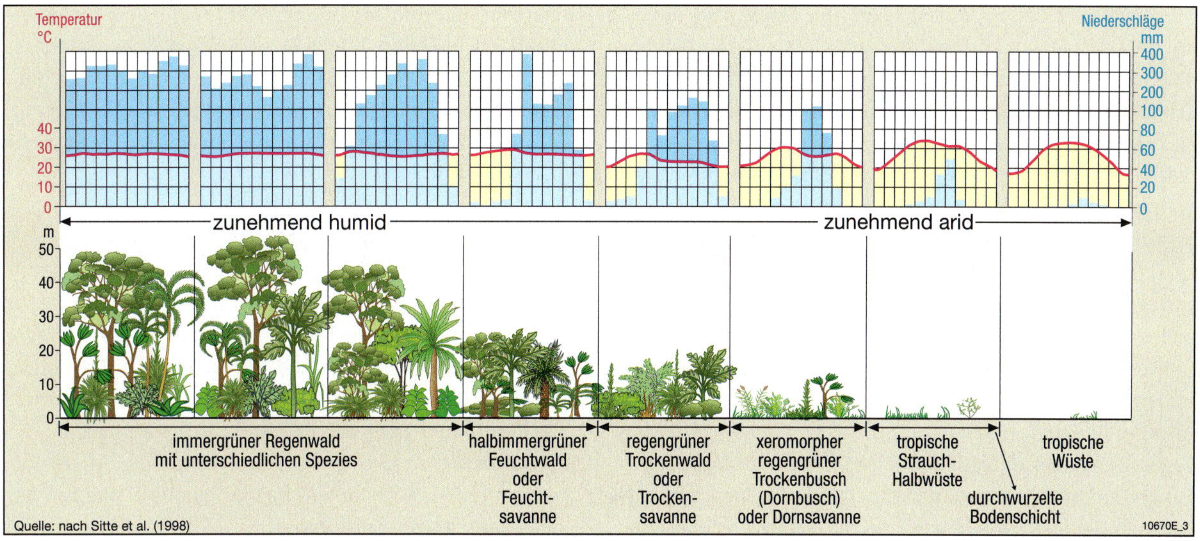

3 Klima und Vegetation in den sommerfeuchten Tropen und Nachbarzonen

relativ häufig vor, in den Dornsavannen und Halbwüsten dagegen selten, denn hier gibt es zu wenig brennbare Biomasse. Die Brände ereignen sich vorwiegend in der Trockenzeit und zu Beginn der Regenzeit (Gewitter). Hauptverursacher ist jedoch der Mensch. Seit Tausenden von Jahren legen die Savannenbewohner Feuer, um z. B. neues Terrain durch Brandrodung für die landwirtschaftliche Nutzung vorzubereiten.

Gräser und Bäume schließen sich in ihren ökologischen Ansprüchen weitgehend aus. Bäume können durch das Schließen der Spaltöffnungen an der Unterseite der Blätter ihre Transpiration steuern, allerdings nicht gänzlich aussetzen, sodass auch während Dürrezeiten Wasser zur Verfügung stehen muss. Die oberirdischen Teile der Gräser dagegen vertrocknen in Dürrephasen rasch. Das Wurzelsystem und die Erneuerungsknospen liegen vor Austrocknung geschützt unter der abgestorbenen Blätterdecke. So schränken die Gräser ihre Transpiration fast gänzlich ein und können auch in Regionen mit weniger als 300 mm Niederschlag pro Jahr wachsen. Gräser haben ein oberflächliches, dichtes Wurzelsystem, das auf feinkörnigen Böden am besten wächst. Auf diesen Böden herrschen dann Gräser vor, wenn die Niederschläge geringer als 500 mm sind. Sie binden das gesamte Niederschlagswasser in den oberen Bodenschichten. Sind die Niederschläge höher, können Bäume dominieren, denn sie halten das Sonnenlicht und das Niederschlagswasser ab und verdrängen somit die Gräser.

4 Ökologische Konkurrenz

Aussehen: Tonnenförmiger Stamm, oft mehr als 10 m im Durchmesser, kleine Krone, waagerecht wachsende Äste, gurkenförmige Früchte, bis zu 1000 Jahre alt.
Anpassung an semiarides Klima: Wasserspeicherung (bis zu 120 000 Liter) im Stamm und den unteren Teilen der Äste. Kleine, gefiederte Blätter, die am Ende der Regenzeit abgeworfen werden, verringern die Verdunstungsfläche.
Nutzung: Fruchtfleisch als Getreideersatz für Brot, bzw. Vitamin-C-haltiges Getränk oder Mittel gegen Ruhr und Fieber; Samen als Kaffeeersatz oder Öl; Blattspitzen als Gemüse; Rinde als Bast.

5 Der Affenbrotbaum (Baobab)

Die Bewohner der Savannen legen die Feuer aber auch, um besser jagen zu können, frisches Gras auf den Weideflächen wachsen zu lassen, „Ungeziefer", wie z. B. Schlangen zu vernichten oder die Tsetsefliege (Afrika) zu bekämpfen. Durch das Feuer wird der Artenreichtum reduziert und viele Waldformationen zu Grasfluren degradiert. Das während der Trockenzeit anfallende tote organische Material wird in allen Savannenarten rasch zersetzt, sodass die Böden nur eine sehr geringe Streuauflage besitzen. Vor allem Termiten, deren Nesthügel mehrere Meter hoch sein können, bauen das Material schnell ab. Außerdem verlagern sie große Mengen von Bodenbestandteilen aus dem Unterboden nach oben.

Andere Bodeneigenschaften spiegeln, ebenso wie die Vegetation, die unterschiedlichen Niederschlagsbedingungen dieser Landschaftszone wider. In den feuchtwarmen Gebieten der Feuchtsavanne dominiert intensive chemische Verwitterung. Die tiefgründigen rotbraunen Savannenböden besitzen aufgrund der in den Unterboden ausgewaschenen Nährstoffe eine geringe Fruchtbarkeit. In den weniger feuchten Räumen der Trocken- und Dornsavannen sind die Böden weniger mächtig, aber nährstoffreicher. Der nach den Regenzeiten aufsteigende Bodenwasserstrom fällt Salze, Karbonate und Eisenverbindungen aus und bildet an der Oberfläche Salzkrusten und im Oberboden Lateritkrusten. Gelangen letztere durch Erosion der darüber liegenden Bodenschichten an die Erdoberfläche, bilden sie eine betonharte, nicht mehr nutzbare Fläche aus.

Aufgaben

1. Beschreiben Sie die globale Verbreitung der Savannenarten (Atlas).
2. Vergleichen Sie den Temperatur- und Niederschlagsverlauf der Klimastationen (S. 61, M3) und erläutern Sie die Ursachen für den Wechsel und die unterschiedliche Dauer von Regen- und Trockenzeiten.
3. Recherchieren Sie gemäß des Beispiels Affenbrotbaum (S. 61, M5) nach Anpassungsmöglichkeiten der Pflanzen an die Trockenheit.
4. Beschreiben Sie die ökologische Konkurrenz zwischen Gräsern und Bäumen in den Savannen.
5. Analysieren Sie anhand M1 die Bodenbildung in den Tropen und ziehen Sie Rückschlüsse auf die Bodenfruchtbarkeit. Wo befinden sich die Böden mit den größten Nutzungspotenzialen?

16175E

Vegetation	Trop. Regenwald	Feuchtsavanne	Trockensavanne	Dornsavanne	Wüste
Dauer der Trockenzeit	< 3 Monate	3 – 5	5 – 8	8 – 10	> 10
Niederschläge in mm	1800	1200	600	200	
Phytomasse (t pro ha)	300 – 650		50 – 350		4 – 10
Verwitterung c = chemische Verw. p = physikalische Verw.	c >> p	c > p	c = p	c < p	c << p
Böden	Tropische Roterden	Rote bis rotbraune Böden		Braune Böden	Graue Wüstenböden

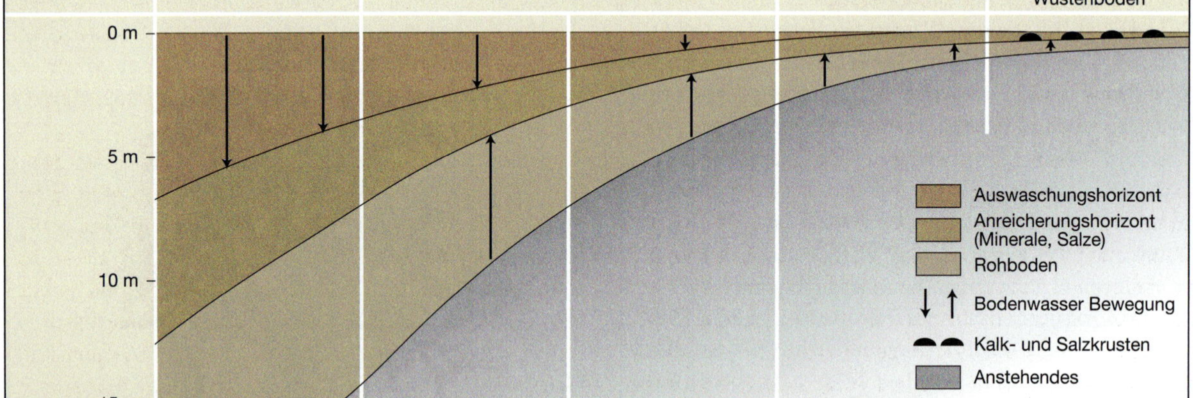

Wirtschaftliche Nutzung	Extensive Nutzung in Form des Wanderfeldbaus mit Brandrodung; z.T. marktorientierte Dauerkulturen; Plantagenwirtschaft; Forstwirtschaft	Extensiver Regenfeldbau als Landwechselwirtschaft überwiegend für die Subsistenz. Stationäre und nomadische Viehhaltung.	Extensive Tierhaltung in Form von mobiler und stationärer Weidewirtschaft sowie Ranching; Regen- und Bewässerungsfeldbau.

Quelle: Barth, H. K. (1977), verändert

1 Bodenbildung in den Tropen

2 **Rainwater Harvesting – Zisterne im Jemen**

Eingriffe in das Ökosystem der äußeren Tropen

Die naturräumlichen Voraussetzungen für eine landwirtschaftliche Nutzung sind in den sommerfeuchten Tropen besser als in den benachbarten Landschaftszonen. Dies ist zum einen auf die mit abnehmendem Niederschlag mineralstoffreicheren Savannenböden zurückzuführen, zum anderen auf die wegen der relativ offenen Landschaften leichter zu handhabende Brandrodung. Weitere Voraussetzungen sind weite Grasfluren für die Viehweide und eine starke Sonneneinstrahlung gegen Ende der Regenzeit. Diese wirkt sich günstig auf den Anbau vieler Nutzpflanzen aus, z. B. bei Mais, Zuckerrohr und Baumwolle. Ertragslimitierend ist der Niederschlag, der zeitlich und mengenmäßig extrem variabel ist.

Wenngleich die meisten Nutzpflanzen in den sommerfeuchten Tropen, wie Mais, Sorghum und Hirse oder Cash Crops wie Baumwolle und Erdnüsse, im Regenfeldbau angebaut werden (auch Trockenfeldbau genannt, da ohne Bewässerung auskommend), haben sich doch der großen Niederschlagsvariabilität wegen schon früh Methoden herausgebildet, um das Regenwasser zu sammeln (**Rainwater Harvesting**). Dazu zählen unter anderem die Anlage von Dämmen, Terrassen, Kanälen und Zisternen (M2). Sie dienen in erster Linie dazu, die geringen Niederschläge in den Trockenzeiten aufzufangen und für die Pflanzen zur Verfügung zu stellen (**Bewässerungsfeldbau**). Mit diesen Einrichtungen konnten in den traditionellen Nutzungssystemen Wasserdefizite ausgeglichen und eine ausreichend lange Vegetationszeit erreicht werden.

Saisonaler Feldbau mit zahlreichen einjährigen (annuellen) Arten wie zum Beispiel Reis, Mais oder Kichererbsen sowie auch die Tierhaltung finden vorwiegend in kleinen Familienbetrieben statt. Dabei gibt es große Unterschiede zwischen den afrikanischen und süd- bzw. südostasiatischen Savannenregionen.

In Afrika wird Landwirtschaft mit überwiegend traditionellen Arbeitsgeräten bei geringer Arbeits- und Flächenproduktivität zumeist in Subsistenzwirtschaft betrieben. Die vorherrschende Landnutzungsform ist die **Landwechselwirtschaft**. Sie ist im Gegensatz zum Brandrodungswanderfeldbau, bei dem eine durch hohe Ertragsrückgänge erzwungene Verlegung der Felder und Siedlungen stattfindet, ein stationäres System, wird also vom Wohnsitz betrieben. Bei dieser an die sommerfeuchten Tropen angepassten Landutzung findet ein regelmäßiger Wechsel der Anbauflächen statt. Die Dauer der Brache spielt dabei eine große Rolle: Bei Zunahme der Bevölkerung und Abnahme der Anbaufläche je Person muss diese so gewählt werden, dass maximale Erträge erzielt werden können.

Eine Verbesserung stellt der Einsatz von Mineraldünger dar. Er macht das flächenintensive Brachesystem überflüssig und führt somit vielerorts zu einem permanenten und, soweit möglich, marktorientierten Regenfeldbau. Die höheren Kosten werden vielfach durch den (welt-) marktorientierten Anbau von Cash Crops ausgeglichen. Zudem könnte die Ausweitung des Bewässerungsfeldbaus die Produktivität der Landwirtschaft verbessern. Bewässerungswasser führt Nährstoffe mit sich, hält die Bodentemperaturen konstant, dient über seine Algen als Stickstoffsammler und erhöht bei mehreren Ernten im Jahr die Flächenproduktivität. Allerdings ist die Bewässerung wegen der Kosten, des notwendigen Know-how und der Belastung von Wasser und Boden nicht unproblematisch.

Nerica – ein Beitrag zur nachhaltigen Nutzung
Im Jahre 1970 wurde von zunächst elf westafrikanischen Staaten das heutige Africa Rice Center mit Unterstützung des Entwicklungsprogramms der Vereinten Nationen und der FAO gegründet. Nach intensiven Forschungen ist es einer Gruppe afrikanischer Wissenschaftler Mitte der 1990er-Jahre gelungen, eine auf die klimatischen und sozialen Bedingungen in Westafrika zugeschnittene neue Reispflanze durch die Kreuzung afrikanischer und asiatischer Reispflanzen zu züchten. Die neue Züchtung hat zahlreiche Vorteile: halbe Reifzeit, ein rund 25 Prozent höherer Proteingehalt, billiges Saatgut, beste Verträglichkeit mit den vorwiegend säurehaltigen westafrikanischen Böden, hohe Ergiebigkeit und somit geringerer Landverbrauch bei gleicher Erntemenge. Mit der neuen Reispflanze sollen die Abhängigkeit von Importen gemindert und kostbare Devisen eingespart werden, schätzungsweise 90 Mio. US-$ im Jahr 2006. Einige Wissenschaftler und Politiker hoffen, dass sich mit NERICA (New Rice for Africa) eine zweite und endlich erfolgreiche Grüne Revolution in Schwarzafrika einstellen könnte, nachdem die erste ziemlich wirkungslos verpufft ist.

1 Bäuerin aus Gambia bei der NERICA-Reis-Ernte

Neben der (intensiven) ackerbaulichen Nutzung der eher feuchten Gebiete tritt die (extensive) viehwirtschaftliche Nutzung der trockeneren Savannengebiete, wobei in den von der Tsetsefliege bewohnten semihumiden Gebieten Afrikas die Viehdichte geringer ist. Die ursprüngliche Form des Nomadismus, einer Jahrtausende alten Lebens- und Wirtschaftsweise, die überwiegend auf mobiler Tierhaltung beruhte und bei der die Nomaden jährlich bis zu 1 000 Kilometern zwischen den saisonalen Weidegebieten zurücklegten, wird heute immer mehr von verschiedenen Formen mobiler und stationärer Tierhaltung verdrängt. Viele Nomaden sind sesshaft geworden. Sie hüten jetzt ihre Herden auf Weiden in der Nähe ihrer Behausung oder suchen nur noch gelegentlich die traditionellen Weideplätze auf. Einige von ihnen produzieren mittlerweile gezielt für den wachsenden heimischen Fleischmarkt, wobei sie mit ihren Herden zu den Märkten wandern oder die Tiere auf Lkws dorthin transportieren.

2 Viehherde der Massai in der afrikanischen Savanne

Aufgaben

1. Stellen Sie Vor- und Nachteile des Regenfeldbaus, der Landwechselwirtschaft und des Bewässerungsfeldbaus gegenüber.
2. **a)** Übertragen Sie die ökologischen Wechselwirkungen, die auf S. 52, M3 dargestellt sind, auf den Wanderfeldbau in den sommerfeuchten Tropen.
   b) Leiten Sie hierauf aufbauend den Begriff **„Tragfähigkeit“** ab. Vergleichen Sie mit dem Glossar.
3. Recherchieren Sie, weshalb die Regierungen afrikanischer Staaten die Nomaden zur Sesshaftigkeit zwangen.
4. Erklären Sie die Idee des Rainwater Harvesting.
5. Informieren Sie sich in Internet und Fachliteratur über die Ziele der Grünen Revolution (M1).

Methode

Kausalprofile zeichnen und auswerten

Kausalprofile stellen den Aufbau einer Landschaft vertikal und horizontal dar. Somit entsprechen sie einem Höhenprofil, das um weitere Informationen ergänzt wird. Diese Informationen werden in Form von Signaturen in das Höhenprofil und/oder stichpunktartig in einer übersichtlichen Tabelle unter dem Höhenprofil eingetragen. Zu diesen Informationen gehören beispielsweise die Vegetation, die Bodentypen, die landwirtschaftliche Nutzung und das Klima einer Landschaft.

Anfertigung des Kausalprofils

1. Höhenprofil zeichnen

- Höhenschichtenkarte im Atlas auswählen
- Geeigneten Längen- und Höhenmaßstab festlegen
- den unterschiedlichen Maßstab der x- und y-Achse beachten (Überhöhung)
- die für den Profilverlauf passenden Höhenpunkte sinnvoll zu einer Profillinie verbinden

2. Landschaftseinheiten zuordnen

- Wichtige Landschaftseinheiten (z. B. Gebirgs-, Becken-, Küstenräume, Gipfel, Gewässer) zuordnen

3. Tabelle anlegen und Merkmale zuordnen

- Signaturen für Vegetation, landwirtschaftliche Nutzung, Klima, usw. in das Profil eintragen
- und/oder unter dem Profil entsprechend der Oberflächengliederung eine Tabelle anlegen
- Geeignete Merkmale eintragen

4. Auswertung des Kausalprofils

- Merkmale z.B. der Vegetation und des Nutzungspotenzials mit dem Relief bzw. dem Klima begründen

Auswertung des Kausalprofils M1

1. Beschreibung

Der Längenmaßstab entspricht der Karte im Diercke-Weltatlas S. 138 (Ausgabe 2008), bzw. S.134 (ältere Ausgaben). Die Profilstrecke reicht von 25° bis 10,5° N. Da der Abstand zwischen zwei Breitengraden ca. 111 km beträgt, ergibt sich eine Strecke von ca. 1 610 km. Die höchsten Erhebungen im Profil sind zwischen 500 und 1 000 m, die tiefsten sind im Sumpfgebiet des Niger mit 299 m ü. NN angegeben. Die potenzielle natürliche Bodenbedeckung ist durch die Signaturen ablesbar. Breitenlage, ackerbauliche Nutzung und Klimawerte sind in der Tabelle angegeben.

2. Erklärung

Die Abhängigkeit der potenziellen natürlichen Vegetation von der Breitenlage und damit vom Klima ist klar ersichtlich: Der Bereich zwischen 25° und 16,3° N unterliegt dem Einfluss des subtropischen Hochdruckgürtels und ist somit geprägt von Sand- bzw. Kieswüste, wobei die Kieswüste in höheren Lagen anzutreffen ist. Eine ackerbauliche Nutzung, insbesondere im Überschwemmungsgebiet des Niger, ist erst südlich von 15° N gegeben. Hier werden in Subsistenzwirtschaft Hirse und in Plantagenwirtschaft Baumwolle und Erdnüsse angebaut.

Die Jahresniederschlagssumme und die Januartemperatur nehmen von Norden nach Süden zu (< 20 – 1500 mm, bzw. 15° – 25° C), die Zahl der ariden Monate und die Julitemperatur nehmen ab (> 10 – 7 Monate, bzw. > 35 – 25° C).

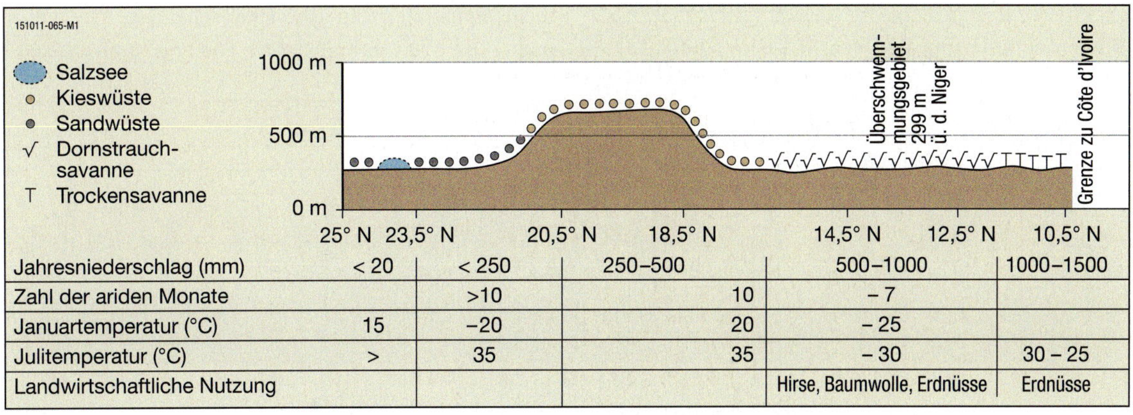

Jahresniederschlag (mm)	< 20	< 250	250–500	500–1000	1000–1500
Zahl der ariden Monate		>10	10	– 7	
Januartemperatur (°C)	15	–20	20	– 25	
Julitemperatur (°C)	>	35	35	– 30	30 – 25
Landwirtschaftliche Nutzung				Hirse, Baumwolle, Erdnüsse	Erdnüsse

1 Kausalprofil entlang der westlichen Grenze von Mali bis zur Grenze von Cote d'Ivoire

1 **Ausbreitung der Wüste in der Sahelzone**

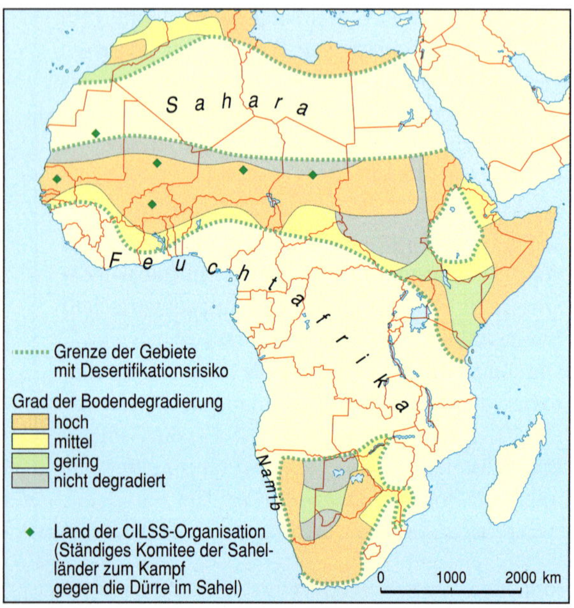

2 **Bodendegradierung als Desertifikationsindikator**

Desertifikation – Ursachen und Folgen

Desertifikation betrifft rund ein Viertel der Landoberfläche der Erde und fast eine Mrd. Menschen. Am Südrand der Sahara, dem heutigen Sahel, kommt es immer wieder zu Dürreperioden, da Richtung Sahara die für die wechselfeuchten Tropen typische Variabilität der Niederschläge hinsichtlich Menge sowie räumlicher und zeitlicher Verteilung zunimmt (M3). An diese klimatisch bedingten Dürren, die immer wieder zu wüstenhaften Erscheinungen führen, waren die Savannenökosysteme und die traditionellen Wirtschaftsweisen der Menschen angepasst. Die Vegetation und die Populationen von Tieren und Menschen erholten sich nach den meist mehrjährigen Dürreperioden bislang immer wieder.

Seit einigen Jahrzehnten treten jedoch zunehmend anthropogen bedingte „Verwüstungen“ auf, welche die Regenerationsfähigkeit der Natur und der Wirtschaftssysteme überfordern. Bei diesem als Desertifikation bezeichneten Prozess entstehen „irreparable Flickenteppiche aus wüstenartigen Inseln“ (M1) inmitten weniger geschädigter Flächen. Die Ursachen der Desertifikation sind vielfältig (M4). Ihre Analyse wird dadurch erschwert, dass – wie bei den Dürrekatastrophen der 1970er- und 1980er-Jahre im Sahel – klimatische Dürren meist Auslöser und zugleich Verstärker des Prozesses sind.

Afrika gilt als der durch die Desertifikation am stärksten betroffene Kontinent (M2). Der erhöhte Nahrungsmittelbedarf für die wachsende Bevölkerung und der Anbau von Exportprodukten führen hier zu einer Übernutzung der Dornsavanne. Während regenreicher Phasen dehnen die sesshaften Bauern ihre Anbauflächen immer wieder aus und drängen die Nomaden in die ökologisch sensiblen Bereiche des Nord-Sahel ab. Selbst unter normalen Bedingungen können Nomaden sich jedoch nicht vollständig selbst ernähren, sondern müssen ihren Lebensunterhalt während der Trockenzeit über Tausch ihrer Produkte gegen Getreide absichern. Große Herden mit verschiedenen Nutztierarten erhöhen daher bei Dürren oder Epidemien die Überlebenschancen. Die Vermehrung von Vieh dokumentiert Vorsorge und erzeugt ge-

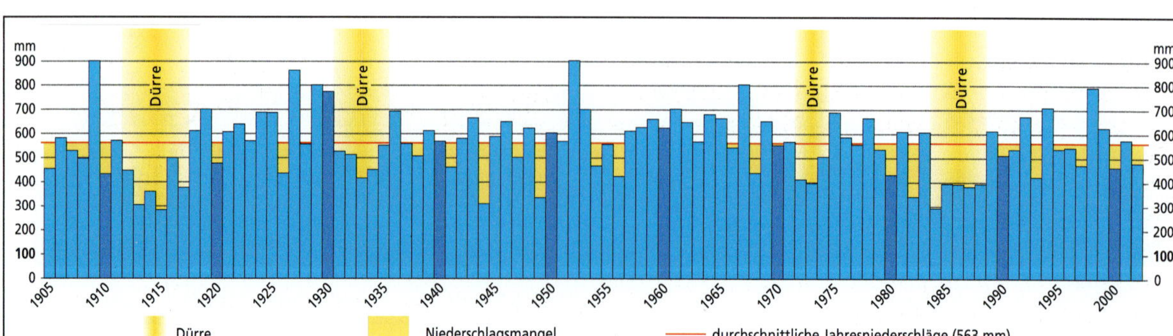

3 **Jahresniederschläge im 20. Jahrhundert in Niamey (Niger)**

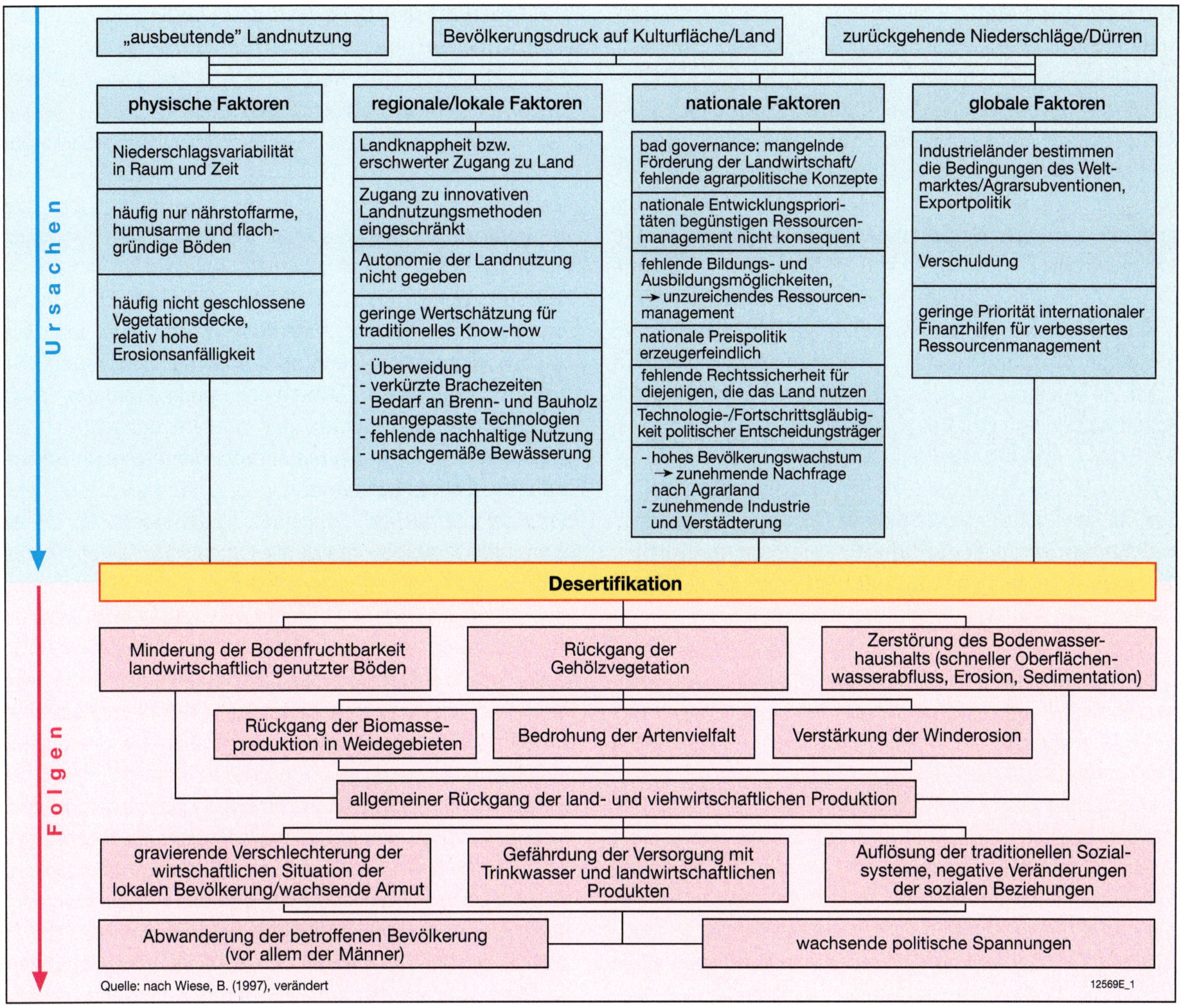

4 Komplex von Ursachen und Folgen der Desertifikation („Sahel-Syndrom")

sellschaftliche Anerkennung. Das Streben nach einer großen Herde ist für Nomaden daher kein irrationaler Selbstzweck, sondern folgt ökonomischen Notwendigkeiten.

Die Folgen sind dennoch verheerend: Kommt es zur Zerstörung der Pflanzendecke durch Rodung für Ackerbau, Bodenauslaugung durch zu geringe Brachezeiten oder Tritt- und Verbissschäden, besonders im Bereich der Tiefbrunnen oder nach Abholzung für Brennholz, ist der Boden ungeschützt. Dort, wo die natürliche Vegetation fehlt, kann der Wind den lockeren Boden wegtragen und zu Dünen aufwehen.

Aufgaben

1. Begründen Sie, weshalb die sommerfeuchten Tropen ein empfindliches Ökosystem sind und weshalb besonders hier das sogenannte „Sahel-Syndrom" anzutreffen ist.
2. Zeigen Sie den Zusammenhang zwischen Desertifikation, Bevölkerungswachstum und Tragfähigkeit auf (M4 und M5).
3. Erläutern Sie die Ursachen und Folgen der Desertifikation in der Sahelzone (M4).
4. Diskutieren Sie Möglichkeiten, den Sahelraum wieder nutzbar zu machen.

	(in t pro ha und a)	Mindestweidefläche (in ha pro GVE)
Feuchtsavanne > 1200 mm/a	6 – 20	3,3
Trockensavanne 500–1200 mm/a	1 – 8	4 – 6
Dornsavanne < 500 mm/a	0,2 – 5	10

GVE = Großvieheinheit = 500 kg Lebendgewicht
Quelle: Schultz, J.: Handbuch der Ökozonen. Stuttgart 2000, S. 474

5 Die Tragfähigkeit tropischer Naturweiden in Abhängigkeit vom Niederschlag (Grasproduktion)

Raumbeispiel: Mali

Mali, größtes Sahelland Westafrikas, überspannt mit seinen 1700 km Nord-Süd Achse mehrere Klimazonen. Es leben über zwölf verschiedene Ethnien in Mali, unter anderem Tuareg, Araber, Fulbe, Sonrai und Bambara. Sie sind Viehhalter, Ackerbauern oder Fischer.

Das überwiegend heiße und trockene Klima mit häufig ungleich verteilten und heftigen Niederschlägen in der Regenzeit, die traditionelle Land- und Viehwirtschaft mit geringer Produktivität, ein starkes Bevölkerungswachstum und eine hohe Analphabetenrate sind die Hauptprobleme des Landes. Hinzu kommen eine erhebliche Land-Stadt-Migration, eine schmale Exportbasis und die Abhängigkeit von der Entwicklung der Weltmarktpreise für Export- und wichtige Importgüter. Frauen sind in ihrer wirtschaftlichen und sozialen Entwicklung gegenüber Männern häufig benachteiligt. Ein gravierendes Entwicklungsproblem ist auch die Verknappung natürlicher Ressourcen, besonders von kultivierbarem Land. Weite Gebiete sind von Wüstenbildung bedroht.

„Zwei große Dürreperioden und der damit einhergehende Kampf um knappe Ressourcen sowie der unerfüllte Wunsch nach Selbstverwaltung führten Anfang der 1990er-Jahre zur Rebellion der Tuareg, der traditionell nomadischen Völker des Wüstenlandes.
Sowohl 1990 als auch 1994 kam es zu bürgerkriegsähnlichen Auseinandersetzungen im Norden Malis. Zwar haben die Rebellen zusammen mit der Regierung bereits 1992 einen Friedenspakt geschlossen, das erneute Aufkommen der Kämpfe führte jedoch dazu, dass über 100 000 Einwohner aus der Region flüchteten. Die Auseinandersetzungen haben die Infrastruktur fast vollständig zerstört und die Gebiete wirtschaftlich enorm beschädigt."

(Quelle: www.gtz.de, 25.06.2008)

„Ländliche Konflikte drehen sich hauptsächlich um den Zugang zu den natürlichen Ressourcen Wasser und Land. Dabei kommt es je nach Akteuren zu verschiedenen Ausprägungen. Es gibt den klassischen Konflikt zwischen Viehhaltern und Ackerbauern, der besonders im Westen und im Nigerdelta ausgeprägt ist. Im Osten und Norden sind hingegen die Konflikte zwischen den verschiedenen Viehhaltern bestimmend. Hier geht es oft um Zugang zu Brunnen und Weiden sowie um Viehraub. Hinzu kommt die permanente Unsicherheit in den Grenzgebieten. In diesen Regionen zirkulieren relativ viele leichte Waffen, die entweder aus der Rebellion stammen oder aus den ehemaligen Kriegsgebieten Liberias und Sierra Leones importiert werden. Weitere Konflikte sind religiösen Ursprungs (Bau von Moscheen, neue religiöse Praktiken wie z. B. Sekten, Ernennung von Imamen), die Reformen zur Dezentralisierung (territoriale Aufteilung, Ressourcennutzung, Interpretation der Gesetzestexte), sozial bedingt (Ehe, Erbschaft, Nachbarschaft) und innerhalb von Chefferien verankert (Nachfolgefragen)."

(Quelle: www.eirene.org, 25.06.2008)

„Eigentlich ist Elkassim Ag Hade durch nichts mehr aus der Ruhe zu bringen. Nur hier, am Rande von Timbuktu wirkt der Mann mit dem blauen Turban noch heute fassungslos. Genau hier, an dieser Stelle, erzählt er, habe er schwimmen gelernt; hier habe er als Junge mit den Fischen geangelt und in den Gärten am Flussrand Obst und Gemüse stibitzt. Und heute, seufzt Elkassim leise: „Schauen Sie sich das an, das ist doch schrecklich!" Er zeigt mit weit ausholenden Handbewegungen im Süden auf zerbröselnde Lehmbauten und im Norden auf Dünen, Sand und Sträucher – soweit das Auge reicht. Vor 1 000 Jahren lag Timbuktu in grünen Landschaften, vor 40 Jahren direkt am Niger und heute mitten in der Wüste."

(Quelle: Pape, K. (2006) – www.dw-world.de, 15.04.2006)

„Um die Lebensbedingungen der Menschen hier am Rande der Sahara zu verbessern, unterstützt die Welthungerhilfe 50 000 Kinder, Frauen und Männer durch die Wiederherstellung und den Bau von Weide- und Dorfbrunnen. Es wurden bereits zahlreiche Brunnen wiederaufgebaut und neue gebohrt, mindestens 20 weitere sollen noch dazukommen. Dadurch wird der Zugang zu sauberem Trinkwasser für Mensch und Tier verbessert und die Bewässerung der Felder erleichtert. Zudem können bisher ungenutzte Weideflächen erschlossen werden. So nimmt das Seuchenrisiko ab, die Böden werden entlastet, regenerieren und werden dementsprechend ergiebiger. Brunnen – das ist der Schlüssel für dauerhaft bessere Lebensbedingungen in Mali."

(Quelle: www.welthungerhilfe.de, 25.06.2008)

„Februar und März sind im Norden Malis die beiden Monate, in denen es auf den Bewässerungsfeldern nichts zu tun gibt: selbst das Reisstroh für das Vieh lagert bereits auf den Dächern im Dorf. Fährt man um diese Zeit an den abgeernteten Reisfeldern vorbei, begegnet man jedoch immer wieder einzelnen Frauen bei der allerletzten Nachlese der Reisernte. Aus dem längst ausgedroschenen und am Feldrand zurückgelassenen Reisstroh lässt sich durch erneutes Worfeln immer noch Reis für eine Mahlzeit finden.
Auf den abgeernteten Reisfeldern weiden jetzt überall Rinderherden. Im Idealfall sollen pro Hektar zehn Tonnen organischer Dünger auf die Felder gebracht werden. Noch hat der organische Dünger keinen Preis, denn im Gegenzug dürfen die Rinder der Fulbe auf den abgeernteten Feldern und in dem liegengelassenen Reisstroh weiden."

(Quelle: www.mali-nord.de, 25.06.2008)

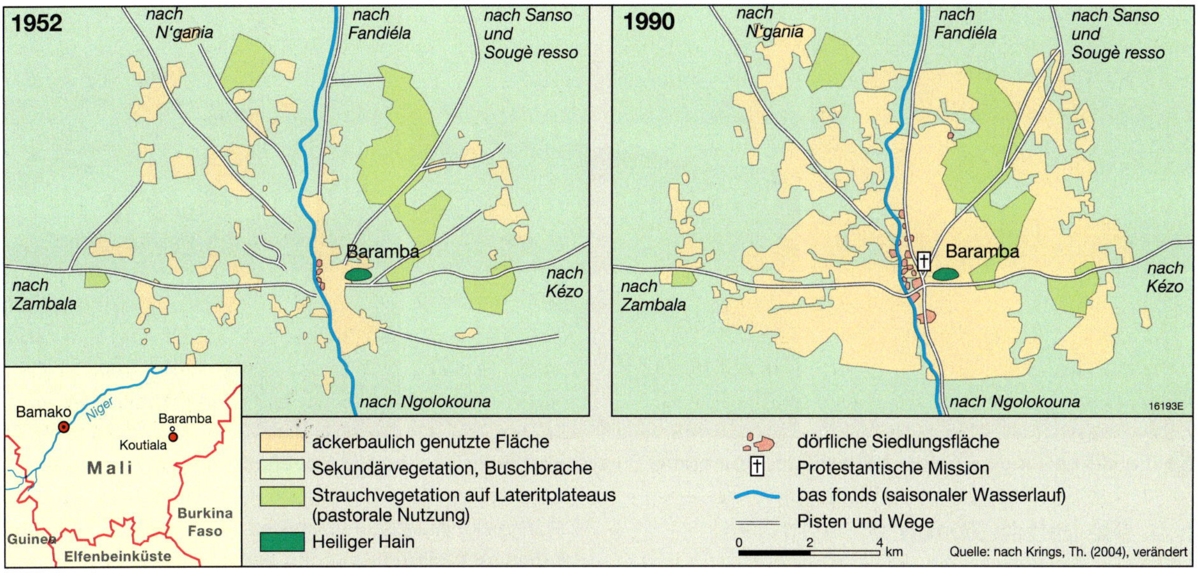

1 Vergleich der Bodennutzung in der Region Baramba (Mali)

„Bambara Maounde, ein Dorf mitten in der Kornkammer Malis hat seine gesamte diesjährige Ernte an die Heuschrecken verloren. Nun ziehen immer neue Heuschreckenschwärme über das Land. Trotzdem gehen die Dorfbewohner mit einer eigenen Bürgerwehr gegen die Fressmaschinen vor, mit Stöcken und Spaten treiben sie die Wanderheuschrecken in Gräben. Ein Kampf David gegen Goliath. […]
Wenn wir gerade mit einem Feld fertig sind, dann ist es gleich wieder verseucht, weil die neuen Jungen geschlüpft sind. Vielleicht haben wir ein, zwei Tage Ruhe, dann geht das ganze wieder los. […]
Gleich zu Beginn der Erntezeit sind die Heuschrecken hier eingetroffen und haben sich ganze 20 Tage lang über meine Felder hergemacht. Wie sollen wir uns jetzt ernähren? Es wird in dieser Gegend einen wahren Exodus geben. Am Ende werden wir uns in den Nachbarländern Arbeit suchen müssen. Doch da herrscht immer noch Krieg."

(Quelle: Virnich, B. (2004) – www.daserste.de, 03.10.2004)

„Das Dogonland ist ein östlich des wichtigen Marktortes und Verkehrsknotenpunkts Mopti gelegenes Sandsteinplateau. Hauptnahrungsmittel der Dogon ist Hirse, deren Erntemenge jedoch selbst in guten Jahren mit Niederschlägen von 500–600 mm Niederschlag für maximal 6–10 Monate ausreicht. Die reinen Subsistenz-Hirsebauern erwirtschaften die notwendigen Zusatzeinkünfte durch Erntemigration und Kleintierhaltung, während Bauern mit kleineren Hirseanbauflächen Gartenprodukte wie z. B. Zwiebeln, Tomaten, Auberginen vermarkten. Wegen seiner begrenzten landwirtschaftlich nutzbaren Fläche und der für Mali hohen Bevölkerungsdichte (25 Ew./km²) ist das Dogonland seit langem am Rande seiner Tragfähigkeit und leidet unter wiederkehrenden Hungerperioden.
Im Dogonland sind seit den 1970er-Jahren in Zusammenarbeit mit der deutschen GTZ (Gesellschaft für Technische Zusammenarbeit) mehr als 100 Kleinstaudämme zur Speicherung von ungenutzt abfließendem Oberflächenwasser errichtet worden. Das Vorbild lieferte die Natur selbst. Quer zu den Wasserläufen angeordnete Felsschwellen ließen kleine Rückhaltebecken entstehen, in denen sich das Wasser noch Monate nach der Regenzeit hält. Um diese Becken herum hatte sich traditionell eine intensive Bewässerungswirtschaft entwickelt. So lag der Gedanke nahe, durch zusätzliche Aufstauung eine Vergrößerung des Speicherinhalts und der Kulturflächen zu ermöglichen. Der mit lokal verfügbaren Materialien und Arbeitskräften erfolgte Bau der Sperrwerke brachte jedoch die teilweise Überflutung des bisherigen Kulturlands mit sich. Durch den Anbauwechsel von Hirse und Nassreis, der während der Überflutung mitwachsen kann, wurde dieses Problem gelöst."

(Quelle: Seydlitz Geographie, Kursstufe, Baden-Württemberg, 2005, S. 230)

Aufgaben

1. Charakterisieren Sie die Vegetation in der Republik Mali in ihrer zonalen Abfolge (Atlas).
2. Gliedern Sie die Informationen dieser Doppelseite hinsichtlich ökonomischer, ökologischer und sozialer Probleme. Zeigen Sie die dargestellten Lösungsmöglichkeiten auf.
3. Erläutern Sie die in M1 dargestellten Veränderungen der Landnutzung in der Region Baramba. Stellen Sie die ökologischen Risiken bei einem anhaltenden Wandel der Landnutzung dar.

1 **Die kalten Zonen – polare Kältewüste, Grenzraum Frostschuttzone/Flechtentundra, Waldtundra**

2.2 Die kalten Zonen

Naturräumliche Grundlagen

Zu den **kalten Zonen** zählen die polaren und subpolaren Gebiete der Erde. Sie umfassen solarklimatisch das Gebiet der Polkappen, das durch die Polarkreise (66,5° nördlicher und südlicher Breite) begrenzt wird. Da es unterschiedliche Abgrenzungsmöglichkeiten für die Klimazonen gibt, zählen einige Wissenschaftler auch die boreale Zone zu den kalten Zonen. Hierbei handelt es sich um eine erweiterte Definition. Die boreale Zone wird hier schemenhaft dargestellt, allerdings nicht genauer betrachtet.

Die kalten Zonen weisen extrem schwierige Lebensbedingungen auf, besonders charakteristisch sind die niedrigen Temperaturen und die wechselnden Lichtverhältnisse – hier treten Polartag und Polarnacht auf. Es herrscht ein thermisches und solares Jahreszeitenklima. Obwohl solarklimatisch genau abgrenzbar, weist die nördliche Polarzone gegenüber den kühlgemäßigten Breiten einen mehr oder weniger breiten Grenzraum auf.

Die polwärtigen Regionen (Kältewüste) sind ständig mit Eis bedeckt. Sie gehören zu den polaren Eiswüsten (Inlandeis) ohne Vegetation und Bodenbildung. In Richtung des Äquators schließt sich die polare Frostschuttzone an, ein Gebiet mit intensiven Frostverwitterungsprozessen ohne höhere Vegetation und mit weit verbreitetem Gesteinsschutt. Beide Zonen sind nicht auf Dauer bewohnbar, sie gehören zu der **Anökumene**.

An die polare Frostschuttzone folgt südlich die subpolare Tundrenzone, die in diesem Band näher betrachtet werden soll. Sie zählt, wenn auch eingeschränkt, zu den Wohn- und Wirtschaftsräumen der Erde (Ökumene). Die Tundra („baumloses Hügelland“) ist eine relativ junge Zone, die erst nach der letzten Eiszeit vor rund 10 000 Jahren entstanden ist. Das Erscheinungsbild der Tundra ändert sich von der sogenannten Flechtentundra in den nördlichen Regionen, in der teilweise nur etwa 10 % des Bodens bewachsen sind (dann auch als Fleckentundra bezeichnet), über die Zwergstrauchtundra zur Waldtundra, nahe den nördlichen Bereichen der borealen Zone. Während die Tundra auf der Nordhalbkugel sehr große Flächen einnimmt, ist auf der Südhalbkugel Tundravegetation nur auf einigen antarktischen Inseln zu finden.

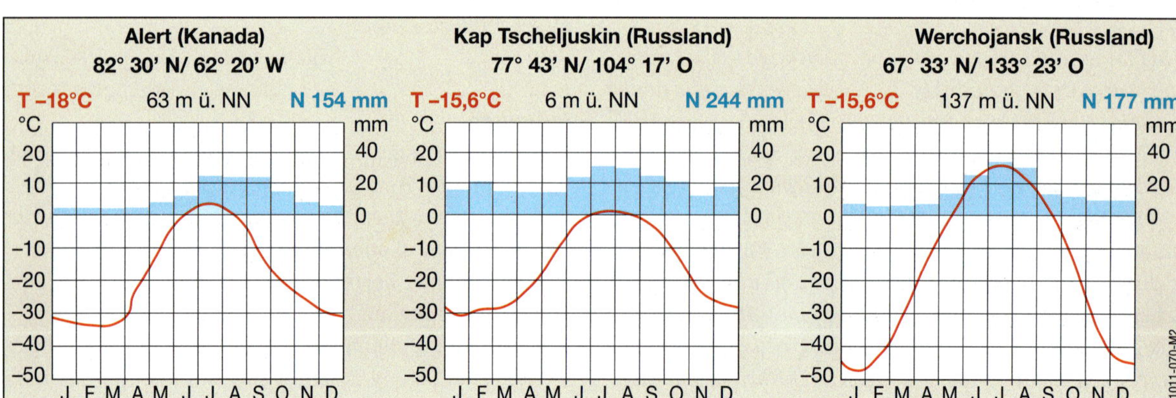

2 **Klimadiagramme der kalten Zone**

Baumlosigkeit und Artenarmut (200 bis 300 Blütenpflanzen im Süden, nur noch etwa 50 im Norden) sind Ausdruck der für das Pflanzenwachstum ungünstigen ökologischen Bedingungen:

- extreme Schwankungen der Strahlungsbedingungen zwischen Polartag und Polarnacht (zwei Jahreszeiten);
- lange und strenge Winter;
- kühle Sommer mit Monatsmitteltemperaturen von maximal + 15 °C und einer Vegetationsperiode von nur 1 bis 3,5 Monaten, in der aber auch jederzeit noch Frost auftreten kann;
- geringe Niederschläge; die winterliche Schneedecke, die die Vegetation vor Kälte und Wind schützt, ist meist nur 10 bis 50 cm mächtig

3 Ökologische Grenzen in der kalten Zone

Vorherrschender Bodentyp in der subpolaren Zone ist der Gley, ein vom Grundwasser beeinflusster, dauerhaft vernässter Boden. Er ist in der Regel wenig mächtig ausgebildet, nährstoffarm, dafür aber humusreich, da die abgestorbene Pflanzenmasse nur extrem langsam mineralisiert wird. Es dauert etwa 100 Jahre, um die Streu zu 95 % zu zersetzen. Das hat u.a. zur Folge, dass der Nährstoffkreislauf in sehr großen Zeitspannen funktioniert und die Pflanzennährstoffe erst nach vielen Jahrzehnten erneut zur Verfügung stehen. Trotz dieser nachteiligen Lebensbedingungen weist die Tundra aber mehrere Hundert Pflanzenarten und über Tausend Tierarten auf.
Charakteristisch für die kalten Zonen insgesamt ist der **Permafrostboden**. Er weist eine Bodengefrornis auf, die nur während der kurzen Sommerzeit wenige Dezimeter bis Meter tief auftaut. Das oberflächliche Auftauen des Bodens nach der Schneeschmelze führt zur Bildung ausgedehnter Sumpfgebiete. Das Relief der periglazialen, also am Rande des Eises gelegenen, aber eisfreien Gebiete, wird durch den häufigen Frostwechsel gestaltet. Zu den wichtigen frostdynamischen Prozessen gehören die Frostsprengung und die Solifluktion, das heißt ein Bodenfließen während der kurzen Zeit des Auftauens, das schon bei sehr geringer Hangneigung von etwa 0,5° auftritt.

Auf die subpolare Tundrenzone folgt die boreale Zone, ein 700 bis 2 000 km breiter Waldgürtel, den es nur auf der Nordhemisphäre gibt. In Sibirien bezeichnet man die boreale Zone als Taiga. Sie ist das größte zusammenhängende Waldgebiet der Erde, ihre vorherrschende Vegetation ist der Nadelwald, der optimal an die kurze sommerliche Vegetationszeit angepasst ist. Neben Nadel- sind aber auch Laubhölzer vertreten, darunter Birken, Pappeln, Weiden, Erlen und Eschen. Charakteristisch für die boreale Zone sind eine relative Artenarmut der Bodenvegetation, eine geringe biologische Produktivität, eine Häufung von Mooren und als Bodentyp der Podsol. In ihm verlagert das aufgrund der geringen Verdunstung reichliche Sickerwasser Huminstoffe und Oxide bodenabwärts. Hierdurch entstehen charakteristische Auswaschungs- und Einwaschungshorizonte. Die Mineralisierungsrate ist gering und die Streuauflage und der Rohhumus werden mächtiger, bis sie von Feuern aufgezehrt werden und die Nährstoffe wieder in den Kreislauf gelangen.

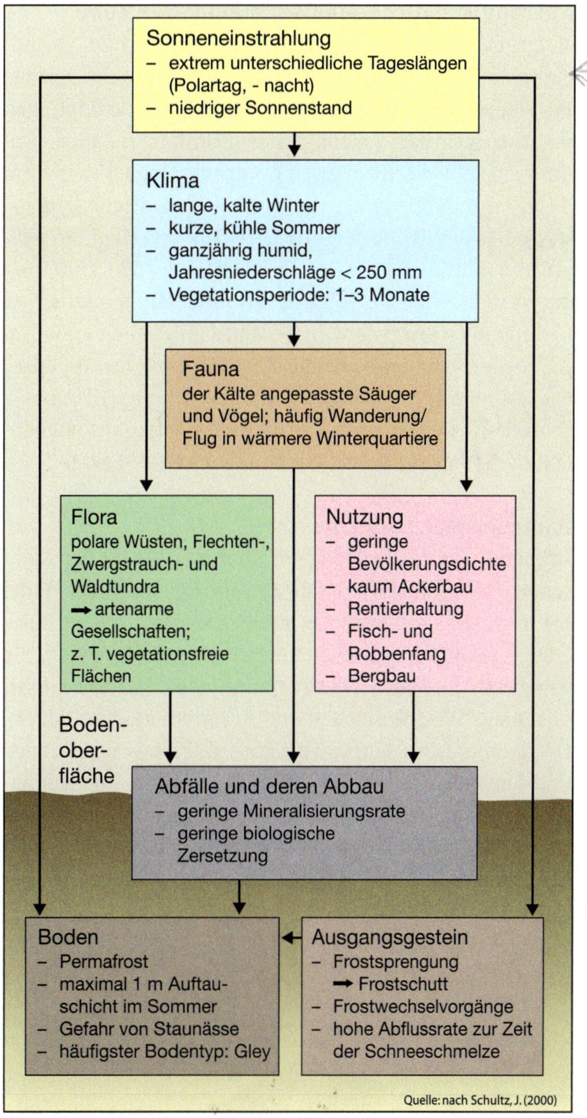

4 Das Ökosystem Tundra

Aufgaben

1. Diskutieren Sie anhand der Materialien die Tragfähigkeit der kalten Zonen.
2. Erläutern Sie, warum es sich bei den kalten Zonen um ein anfälliges Ökosystem handelt.

Nutzungsmöglichkeiten der subpolaren Zone

Aufgrund der beschriebenen naturräumlichen Grundlagen weist die subpolare Zone nur eine sehr geringe Bevölkerungsdichte auf. Die ökologischen Bedingungen machen Ackerbau nur im geringen Umfang möglich. Traditionell lebt die Bevölkerung von der Jagd sowie vom Fisch- und Robbenfang. Die (halb-) nomadische Lebensweise mit der Rentierhaltung herrschte vor allem im subpolaren Eurasien vor. Der Bergbau bzw. die Förderung der vorhandenen Ressourcen ist durch die klimatischen Bedingungen erschwert. Insgesamt befinden sich die traditionellen Nutzungsweisen aber dennoch im Rückzug. Die Raumbeispiele Grönland, Halbinsel Kola und Antarktis stellen exemplarisch die heutigen Nutzungsmöglichkeiten der kalten, speziell der subpolaren Zone dar.

Raumbeispiel: Grönland

Grönland („Kalaallit Nunaat"; übersetzt „Land der Menschen") ist mit 2 Mio. km² die größte Insel der Erde. Sie ist etwa sechsmal so groß wie Deutschland. Die ersten europäischen Einwanderer waren Wikinger. Sie gaben der Insel den Namen „Grönland" (grünes Land), da damals Weidewirtschaft und Ackerbau möglich waren. Der größte Teil der Insel ist heute allerdings von Schnee und Eis bedeckt – nur an der Küste gibt es einen schmalen eisfreien Streifen, in dem auch die Siedlungen mit der Hauptstadt Nuuk liegen. Auf der Insel leben etwa 56 000 Menschen; davon sind ungefähr 47 000 Inuit. Politisch gehört die Insel zu Dänemark. Die fruchtbaren Gebiete Grönlands eignen sich für Schaffarmen. Da es keinen privaten Landbesitz in Grönland gibt, sind die Bauern gemeinschaftlich für die Felder, Weiden sowie für den Futterbau verantwortlich. Ackerbau ist nur im geringen Maß möglich, in jüngster Zeit ändert sich dies aber (M5).

Obwohl Grönland beachtliche Vorkommen von Bodenschätzen (vgl. Atlas), z. B. Kohle, Öl, Gold und Uran besitzt, hat sich bislang die Wirtschaft auf das Meer konzentriert. Die planktonreichen Gewässer sind Grundvoraussetzung für mehr als 200 verschiedene Spezies von Fischen, Krustentieren und Muscheln. Garnelen sind das wichtigste Fischereiprodukt. Sie machen mehr als 60 % des grönländischen Exports aus; Heilbutt, Krabben und Dorsch spielen aber auch eine wichtige Rolle.

1 Neue und traditionelle Nutzformen

Der Robbenfang stand schon immer im Mittelpunkt des Inuit-Lebens. Bis in das frühe 20. Jhd. haben Inuit-Familien gemeinsam ihre Boote aus Häuten beladen [...] und Kurs auf bevorzugte Fangplätze genommen. Im Sommer konnten sie im offenen Meer jagen, während sie in der dunklen Jahreszeit geduldig warten mussten, manchmal für Stunden, um eine Robbe an ihrem Atemloch im Eis zu harpunieren. Die Jagd hat sich heute nur wenig geändert. Obwohl die Harpunen nun durch moderne Technik in Form von Gewehren und Funkgeräten ergänzt wurde, sind Erfahrung, Geduld und detailliertes Wissen weiterhin lebensnotwendig für den Erfolg. Robbenfleisch ist ein Grundnahrungsmittel. Das Fleisch wird roh, gekocht, getrocknet oder gefroren gegessen, und auch der Speck, der Tran und die inneren Organe werden weitgehend verzehrt.

Die Robbenfelle werden für die Winterkleidung genutzt oder verkauft. Der Verkauf von Robbenfellen ist ein bedeutender Wirtschaftsfaktor in den heutigen grönländischen Ortschaften, der den Jägern Geld für Treibstoff, Jagdgerät und eine Vielzahl importierter Lebensmittel und anderer Dinge bringt. Selbst in Orten, deren Wirtschaft durch die Fischerei bestimmt wird, ist der Verkauf von Robbenfellen eine wichtige Ergänzung zum Familieneinkommen.

Die grönländische Selbstverwaltung ist derzeit darum bemüht, Exportmärkte für Robbenfleisch in China und Japan aufzubauen, und im Zuge des wachsenden Tourismus in der Arktis können handgemachte Robbenprodukte eine beachtliche Einnahmequelle darstellen und zugleich einheimische Kunst und Handwerk am Leben erhalten.

(Quelle: www.highnorth.no, 02.07.2008, verändert)

2 Nutzung durch die Inuit – Beispiele

„Holiday on Ice“
Auf der Suche nach neuen Einnahmequellen werden große Hoffnungen auf den Tourismus gesetzt. Die Touristen wollen in Grönland intakte Natur erleben. Im Sommer kommen sie zum Wandern, Angeln und Kajak fahren. Im Winter nehmen sie an Hundeschlitten-Expeditionen und an der Eisfjord-Fischerei teil. Eine Attraktion Grönlands ist ein Eishotel (M1). „Übernachten wie im Eisschrank“ verspricht der Hotelprospekt. Die Betten sind mit Fellen bezogen. Schlafsäcke halten auch bei Temperaturen von bis zu –40 °C die Gäste warm.

3 Spezielle Tourismusangebote

Grönland: Die Ölscheichs im Pelz
KOPENHAGEN (bloomberg/go)
Vor den Küsten der arktischen Insel liegt mehr Öl als in der Nordsee. Das nährt Hoffnungen – und politische Querelen. Im November stimmen die Grönländer über mehr Unabhängigkeit von Dänemark ab.
Seit eh und je jagen die Grönländer Rentiere und bedienen sich Hundeschlitten, um die eisigen Weiten zu überqueren. Doch schon bald könnten zahlreiche der 56 000 Bewohner des autonomen dänischen Territoriums auf Ölplattformen arbeiten. Denn mehrere Erdölfirmen haben mit der Suche nach Ölquellen vor Grönlands Westküste begonnen. Die dortigen Vorkommen könnten nämlich größer sein, als es die gesamte bisherige Produktion aus der Nordsee gewesen ist, sagte der stellvertretende Leiter der grönländischen Rohstoffbehörde. Das wären also mehr als 50 Mrd. Fass Rohöl (à 159 Liter). Angesichts des derzeitigen Ölpreises von rund 100 Dollar je Fass sitzen die Grönländer heute auf einem Reichtum von 5 000 Mrd. Dollar (3 164 Mrd. Euro). Allerdings wird es lange dauern, bis das erste grönländische Öl verfügbar sein wird. [...]
Schon in den 1990er-Jahren stellten Geologen fest, dass Öl aus dem felsigen Boden an der Westküste quillt. Doch bisher war es wegen der kompakten Eisdecke [...] unwirtschaftlich, nach diesem Öl zu bohren. [...] Doch nun wird die Ölförderung in Grönland zukünftig interessanter werden, denn erstens ist der Ölpreis in den letzten beiden Jahren stark gestiegen und zweitens schmilzt wegen der Klimaerwärmung die Eisdecke, sodass die Förderkosten sinken. [...]
(Quelle: „Die Presse“ Verlag-Gesellschaft m.b.H. „Art Copyright VBK Wien“.; www.diepresse.com, 28.03.2008, verändert)

4 Zeitungsmeldung

Grönland, die größte Insel der Welt mit der nach der Antarktis zweitgrößten Eisdecke der Welt, kommt mächtig ins Schwitzen. Dabei schmilzt der bis zu 3 400 m dicke und rund zweieinhalb Mio. km³ Eis enthaltende Panzer jährlich um rund 250 km³. Grund für den Rückgang des Eisschildes sind die steigenden Temperaturen. Der weltweit prognostizierte Anstieg der Durchschnittstemperaturen wird aller Voraussicht nach besonders Grönland heimsuchen. In den letzten 30 Jahren stieg die Durchschnittstemperatur im Süden der Insel bereits um 0,36 °C auf 1,93 °C. Während fast überall auf der Welt der Anstieg der Temperatur bange Ungewissheit auslöst, wird er in Grönland geradezu freudig begrüßt. Der Temperaturanstieg bedeutet eine längere Wachstumsperiode – allein die 0,36 °C machen einen Zeitraum von rund zwei Wochen aus – und damit ein neues wirtschaftliches Standbein, die Landwirtschaft. Innerhalb dreier Generationen vollzieht sich so ein Wandel in der gesellschaftlichen Entwicklung wie im Zeitraffer: vom Jäger über den Viehzüchter und kommerziellen Fischer zum Ackerbauern.

5 Kartoffelanbau auf Grönland

Aufgaben

1. Beurteilen Sie die dargestellten Nutzungsmöglichkeiten hinsichtlich ihrer Chancen und Risiken.
2. Begründen Sie, weshalb der Temperaturanstieg in Grönland die Lebensgrundlage der Menschen völlig verändert.

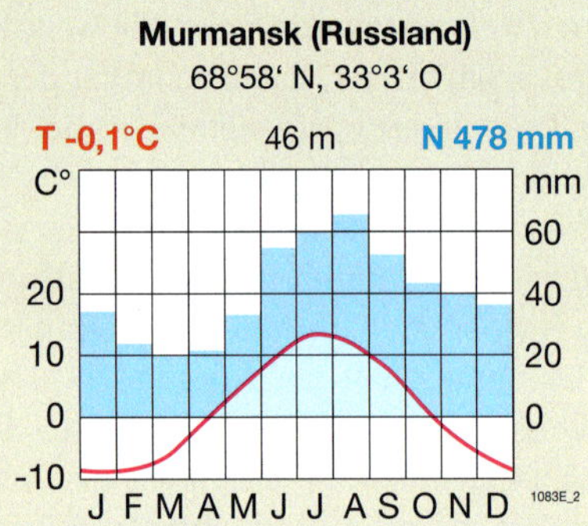

1 Klimadiagramm Murmansk

Apatit [griechisch]: hexagonales Mineral, Calciumphosphat mit Chlor (Chlorapatit) oder Fluor (Fluorapatit) [...]. Durch Ersatz der Kationen und Anionen entstehen zahlreiche Varietäten (z. B. Hydroxylapatit, Carbonatapatit). Apatit ist farblos, grün (Spargelstein) oder andersfarbig, klar bis durchscheinend; technisch wichtig als Düngemittel und zur Phosphorgewinnung. Apatit ist Knochen- und Zahnbestandteil (Phosphorit).

Quelle: http://lexikon.meyers.de/meyers/Apatit

2 Beispiel für den Rohstoffreichtum Kolas – Apatit

Stadt	2002	2006
Murmansk	336 000	320 000
Apatity	k. A.	63 000
Montschegorsk	52 000	53 000
Kirowsk	k. A.	34 000
Olenegorsk	25 000	23 000

3 Entwicklung der Bevölkerungszahlen in Städten der Region um Murmansk (gerundet)

Raumerschließung und ihre Folgen – das Beispiel Halbinsel Kola

Murmansk, Gebietshauptstadt im Norden der Halbinsel Kola, liegt am südlichen Rand der Tundra und ist die größte Stadt der Arktis und die nördlichste Großstadt Europas. Im Jahr 1915 wurde zur Sicherung der Grenzen Russlands eine Eisenbahn in den hohen Norden auf die Halbinsel Kola gebaut und an ihrem Endpunkt Murmansk gegründet. Eine Meeresbucht bot Schutz für die Anlage eines eisfreien Hafens. Ausläufer des Golfstroms, die an Norwegen vorbei nach Nordosten reichen, bewirken diese Eisfreiheit. In Murmansk, dem Ausgangspunkt des nördlichen Seewegs, befinden sich der Hafen der russischen Nordmeerflotte, sowie die russische Eisbrecherflotte mit nuklear sowie konventionell betriebenen Schiffen. Die Lagerung ausgebrannter Brennstäbe und Kernreaktoren ehemaliger, nach dem Zusammenbruch der Sowjetunion stillgelegter Atom-U-Boote machen die Region Murmansk zum größten Atommülllager der Welt.

Das Hinterland des Murmansker Hafens liegt weit vom Zentrum Russlands entfernt. Weil Ackerbau nicht möglich ist, müssen es Ressourcen sein, die dazu führen, dass die polare Siedlungsgrenze an dieser Stelle so weit nach Norden verschoben ist. Tatsächlich ist die Halbinsel Kola außerordentlich reich an Bodenschätzen (M2 und M4). Dieser Tatbestand war die wichtigste Voraussetzung für die Besiedlung der Halbinsel. Die 1451 km lange Eisenbahnlinie von Sankt Petersburg nach Murmansk muss mit ihren Nebenstrecken den Transport der auf der Halbinsel Kola gewonnenen Rohstoffe sichern. Neben Schiffbau, Holzverarbeitung und Fischindustrie hat sich auf Grundlage von Eisen- und Buntmetallerzen sowie der Nutzung der Wasserkraft eine Hüttenindustrie entwickelt. Von allen Regionen Russlands gilt das Verwaltungsgebiet Murmansk als eine der reichsten.

Der Preis der Erschließung ist jedoch hoch. Bauarbeiten sind wegen des Permafrostbodens und der klimatischen Einschränkungen teurer als anderswo. Für die zur Verhüttung der Erze benötigte Energie war der Bau eines großen Kernkraftwerks erforderlich. Die hohen Kosten zur Rohstoffgewinnung gehen zu Lasten der Umwelt: In vielen Betrieben fehlen Filteranlagen, die die Rußpartikel und giftigen Abgase zurückhalten. So gelangen die Verursacher von saurem Regen in die Luft und schädigen die kargen Wälder der Umgebung, die wegen der niedrigen Temperaturen nur sehr langsam nachwachsen können. Kaum eine andere Region in Russland weist so massive Umweltschäden auf wie die Halbinsel Kola. Auf großen Flächen sind die Bäume abgestorben, der Boden wurde fortgeschwemmt, zurück bleibt eine weitgehend vegetationsfreie Felslandschaft.

4 Region Murmansk

Die Region Murmansk mit ihren ökologischen Problemen zeigt exemplarisch die Sensibilität des Ökosystems der subpolaren Zone. Durch die widrigen natürlichen Bedingungen sind die **Naturraumkomponenten** nicht in der Lage, die Beeinträchtigungen der Umwelt abzupuffern. Um einen Teilbereich der Region zu schützen, existiert in der Umgebung von Montschegorsk ein knapp 28 000 ha großes Biosphärenreservat.

Aufgaben

1. Erläutern Sie, weshalb sich die Halbinsel Kola zur Industrieregion entwickelt hat.
2. Beurteilen Sie die Industrieregion anhand von Gunst- und Ungunstfaktoren.
3. Stellen Sie die ökologischen Risiken der Raumerschließung dar.
4. Bewerten Sie die ökologischen Probleme der Halbinsel Kola anhand des Schemas S. 71, M4.

5 Industrie in Murmansk

Methode

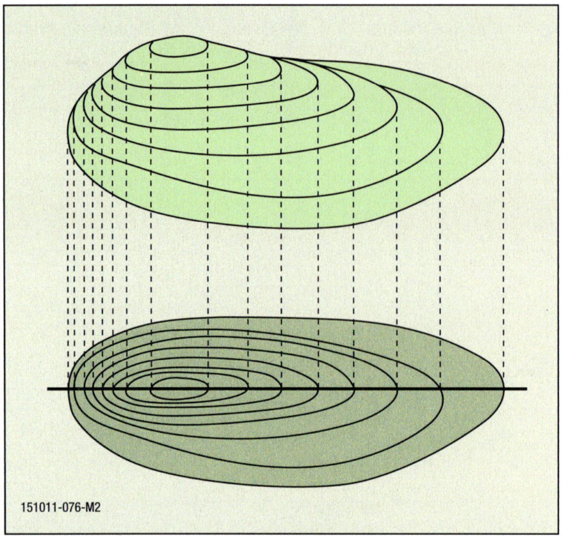

1 Entstehung einer Isohypsenkarte

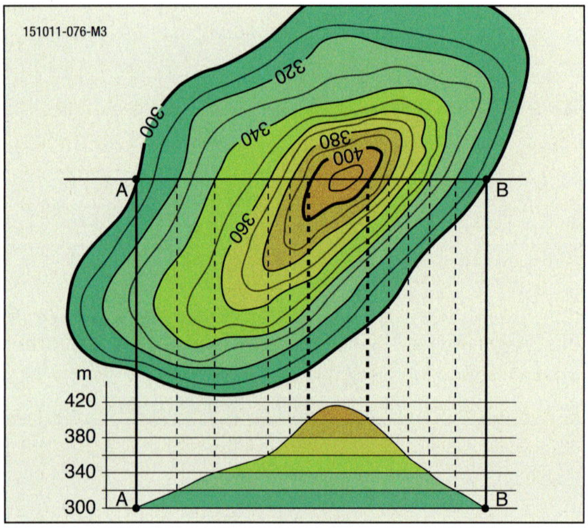

2 Höhenlinien und Höhenstufen

Isolinien

Verbindungslinien von benachbarten Punkten, die bezüglich einer bestimmten Einheit gleiche Werte aufweisen, werden nach der griechischen Vorsilbe „isos" (gleich) als Isolinien bezeichnet. Zumeist mit weiteren griechischen Wortstämmen verknüpft finden sich in den Naturwissenschaften Dutzende solcher Bezeichnungen.

Schon seit der Unterstufe sind die Isohypsen bekannt. Man benutzt diese Höhenlinien, um die Formen eines Geländes darzustellen.

Zur Zeichnung einer Isohypsen-Karte muss man sich das Gelände dreidimensional vorstellen. Jedem Punkt der Ebene auf Meeresspiegelniveau ist seine Höhe über NN zugewiesen. Durch äquidistante Schnitte zerlegt man das Gelände in Schichten. Die dabei entstehenden Schnittlinien werden in die ebene Karte projiziert und ergeben die Höhenlinien (M1). Damit sie identifizierbar sind, müssen sie in der Karte mit Zahlen beschriftet werden.

Geschlossene Linien begrenzen bestimmte Höhenintervalle. Dadurch entstehende Flächen können durch unterschiedliche Farben als Höhenschichten sichtbar gemacht werden (M2). Diese Darstellung findet man auch bei physischen Karten im Atlas.

Aus einer Isohypsenkarte kann man aber nur gewisse Eigenschaften des Geländes herauslesen: Der kleinere oder größere Abstand der Höhenlinien zeigt an, ob das Gebiet steil oder flach ist. Genaue Höhenangaben im Bereich zwischen zwei Höhenlinien sind jedoch nicht möglich (M3). Beim Zeichnen eines Profils werden deshalb nur die „bekannten" Punkte verbunden. Um ein realitätsgetreues Bild zu bekommen, sollte der Abstand zwischen den Schnittebenen daher möglichst klein gewählt werden.

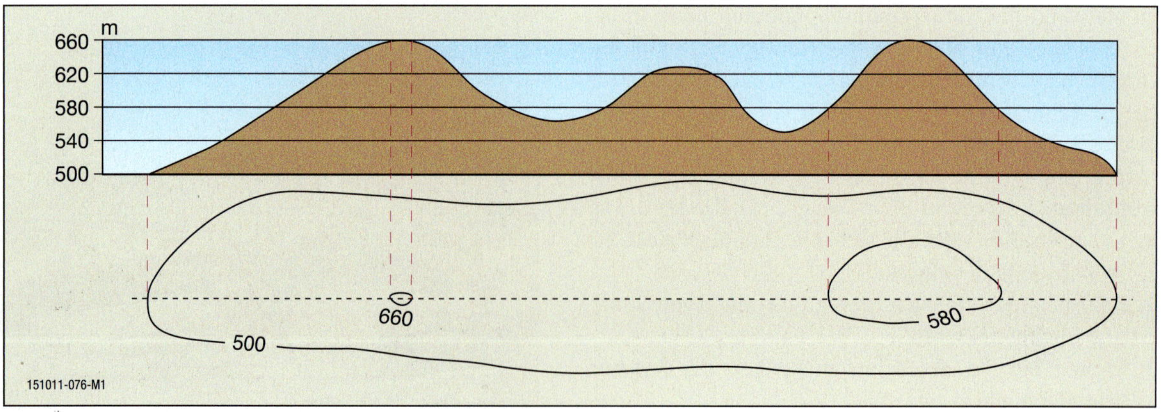

3 Isohypsen in Abhängigkeit der gewählten Höhendistanzen

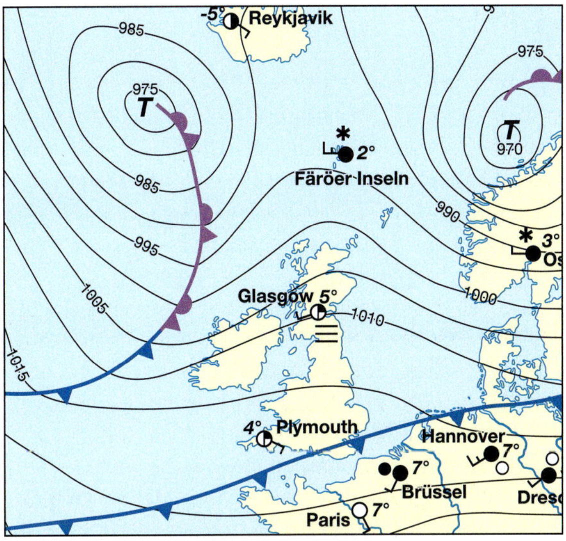

4 **Isobaren in einer Bodenwetterkarte**

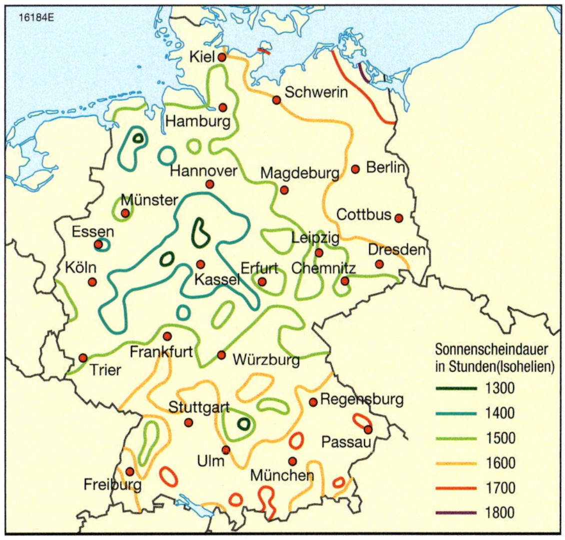

6 **Isohelien**

Das Prinzip der Darstellung von Höhenlinien lässt sich auch auf andere Isolinien anwenden, z. B.

- Isobaren: Linien gleichen Luftdrucks (M4),
- Isobathen: Linien gleicher Meeres-, bzw. Seetiefe,
- Isohelien: Linien gleicher Sonnenscheindauer (M6),
- Isohyeten: Linien gleicher Niederschlagsmengen,
- Isotherme: Linien gleicher Temperatur

Thermoisoplethen

Die kombinierte Darstellung des tages- und jahreszeitlichen Temperaturverlaufs an einem bestimmten Ort kann ähnlich den Höhenlinien erfolgen. Auf der waagerechten Achse werden die 12 Monate des Jahres aufgetragen, senkrecht dazu die Stunden eines Tages. Jedem Punkt dieser „Zeitebene" wird die entsprechende Durchschnittstemperatur zugeordnet.
Es entsteht dadurch ein „Temperaturrelief", in dem die Linien gleicher Temperatur, die sogenannten Thermoisoplethen, verbunden werden. Ihre jeweilige Anordnung ermöglicht eine Aussage darüber, ob die dargestellte Klimastation ein Jahreszeiten- oder Tageszeitenklima aufweist. Bei Ersteren verlaufen die Thermoisoplethen etwa in vertikaler Richtung und deuten darauf hin, dass die Temperaturschwankungen innerhalb eines Tages weit weniger ausgeprägt sind als die jahreszeitlichen Unterschiede (M5). Abgeschwächte bzw. verstärkte Temperaturschwankungen im Jahresverlauf – dargestellt durch weitständige bzw. engständige Thermoisoplethen – lassen zusätzlich Aussagen über Ozeanität und Kontinentalität zu. Zusätzlich können die Zeitpunkte von Sonnenauf- bzw. -untergang mit einer Kurve veranschaulicht werden; bei tropischen Stationen werden die Zenitstände der Sonne durch eine senkrechte Linie markiert (M7).

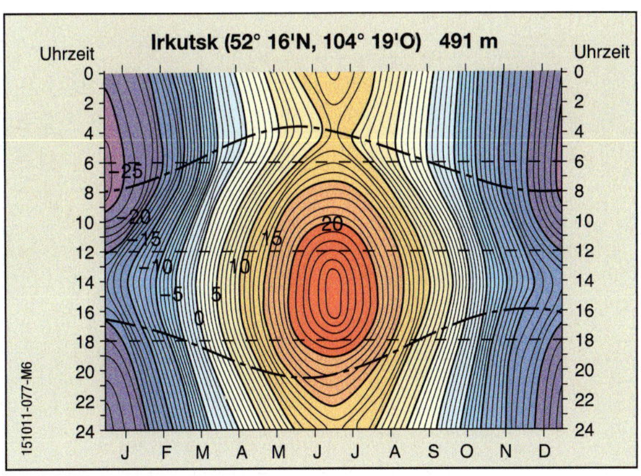

5 **Jahreszeitenklima**

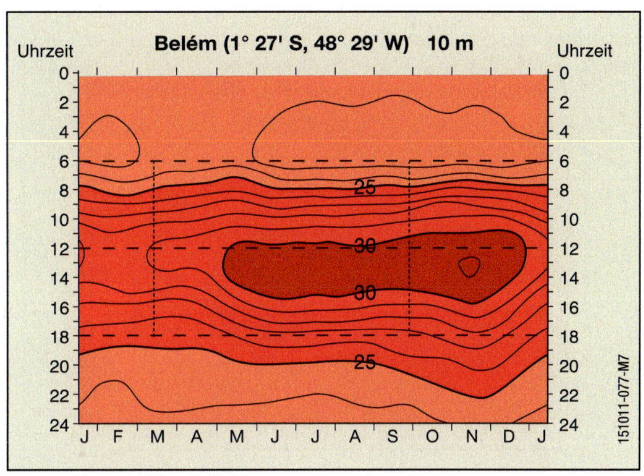

7 **Tageszeitenklima**

1 **Blick in die Antarktis**

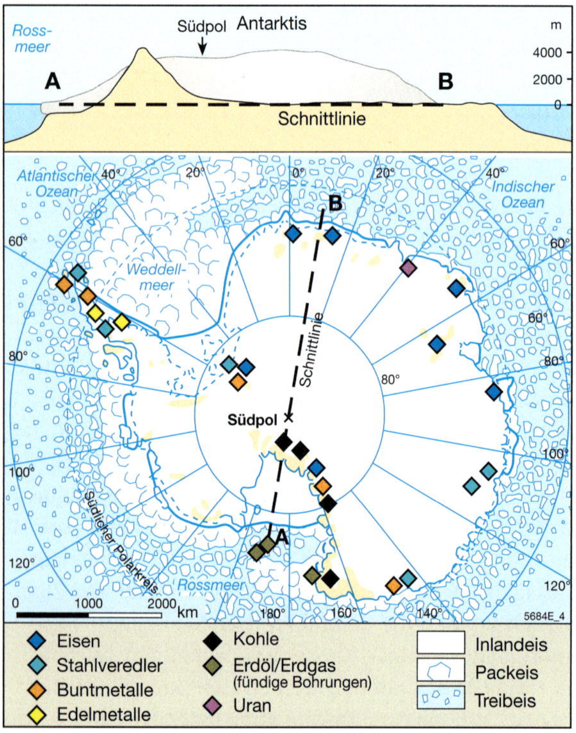

2 **Antarktis – Schnitt und Rohstoffvorkommen**

Naturraum Antarktis

Naturräumliche Grundlagen

Der kälteste Kontinent ist fast vierzig Mal so groß wie Deutschland. 99 Prozent der Antarktis sind mit einer bis zu 5 000 m dicken Eisschicht bedeckt, welche die Klimageschichte „archiviert". Der geographische Südpol ist das Zentrum, von dem die Küsten etwa 1 500 bis 2 500 km entfernt sind. Mit Ausnahme der Antarktischen Halbinsel liegt die Antarktis innerhalb des südlichen Polarkreises.

Der Kälterekord von minus 89,2 °C stammt aus der Antarktis (Wostok, 21.07.1983). Das Polarplateau der Ostantarktis ist das kälteste Gebiet der Erde. Die absolute Höhe des Inlandeises (über 3 000 m ü. NN), die Meeresferne (über 1 000 km), extrem geringer Wasserdampfgehalt der Luft, kein Abfluss der Kaltluft, wolkenloser Himmel sowie die lange winterliche Ausstrahlungszeit (Polarnacht) bilden hier den Kältepol. An den Küsten erreichen die Temperaturen im Sommer manchmal die Nullgradgrenze; auf der Antarktischen Halbinsel gibt es im Sommer auch Plusgrade. Die Jahresniederschläge, die immer in Form von Schnee fallen, reichen im Landesinneren von max. 200 mm bis 600 mm. Auf den Inseln erreichen sie bis 1 000 mm.

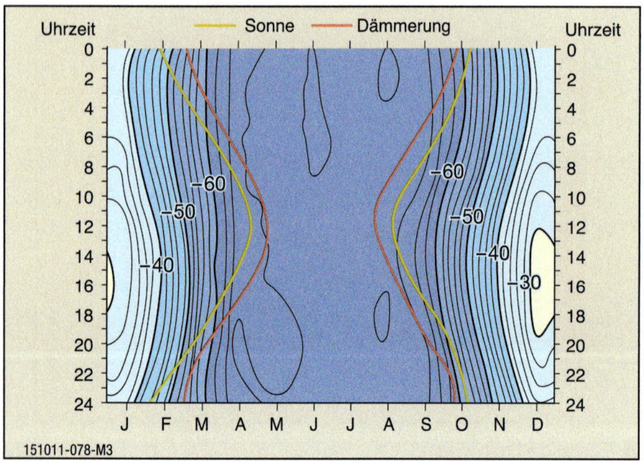

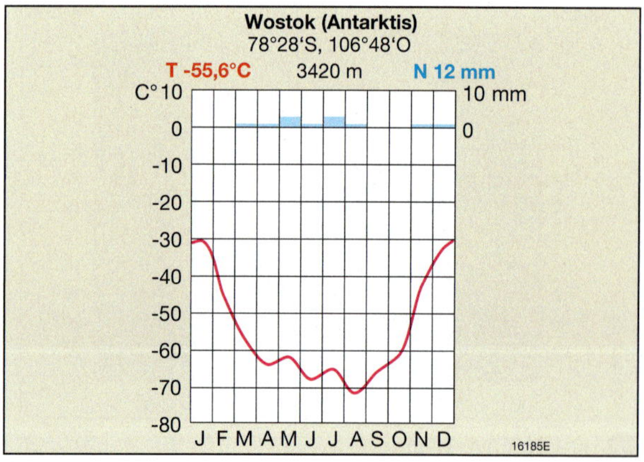

3 **Klima der Antarktis – typisches Isoplethendiagramm und Werte der russischen Station Wostok**

4 **Krill im antarktischen Meer**

6 **Buckelwale beim Krillfang**

In der Antarktis existiert eine artenarme Tierwelt, die jedoch von sehr großen Beständen vertreten wird. Sie beschränkt sich vorwiegend auf den Küstenbereich und das antarktische Meeresgebiet. An der Küste leben hauptsächlich Vögel, Pinguine und Robben. Im kalten, sauerstoffreichen südpolaren Gewässer spielt der Krill (M4) eine Hauptrolle in der Nahrungskette. Der Krebs ernährt sich von Plankton, das sich in der monatelangen Helligkeit des Südpolarsommers explosionsartig vermehrt. Er ist die Hauptnahrung für viele Wal-, Robben-, Fisch-, Tintenfisch- und Vogelarten. Diese Arten sind vom Krill als Nahrungsquelle abhängig. Die Biomasse des Krills ist insgesamt größer als die der Menschheit. Die Bedeutung des Krills für eines der ältesten und größten in sich geschlossenen Ökosysteme der Erde, das Südpolarmeer, kann nicht hoch genug eingeschätzt werden – ihm kommt die Schlüsselrolle im Ökosystem Antarktis zu (M5).

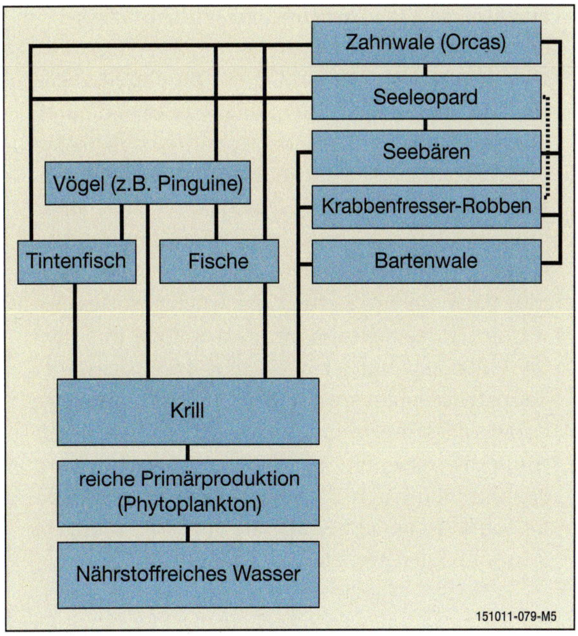

5 **Nahrungskette im Südpolarmeer**

Nutzungspotenziale

Früher war der Fischfang und die Jagd auf Robben und Wale der einzige Wirtschaftsfaktor; er führte jedoch zum Raubbau an der Natur. Heute sind die Fangquoten stark reduziert.

Die Antarktis verfügt über beträchtliche Rohstoffvorkommen (M2). Geschätzt werden 45 Mrd. Barrel Erdöl, 115 Bill. m^3 Erdgas, außerdem Titan, Chrom, Eisen, Kupfer, Kohle, Uran sowie Platin und Gold. Wegen der ungünstigen natürlichen Voraussetzungen ist der Abbau der Bodenschätze bisher nicht wirtschaftlich gewesen. Das Umweltschutzprotokoll von 1991 verbietet darüber hinaus den Bergbau für die nächsten 50 Jahre. Das internationale Interesse an der Nutzung der Rohstoffe ist allerdings sehr groß.

Da kein vollständig ausgebildetes Wirtschaftssystem existiert, ist die Forschung die wichtigste Nutzungsform in der Antarktis. Sie bietet in vielen Bereichen einzigartige Forschungsmöglichkeiten, wie z. B. in der Geologie. Die eher lebensfeindliche Umgebung der Antarktis wird indes auch für touristische Reisen immer beliebter. Allerdings bleiben kommerzielle Angebote für Kreuzfahrten, organisierte Landausflüge sowie extreme individuelle Outdoor-Erlebnisse zahlungskräftigen Touristen vorbehalten.

Aufgaben

1. Werten Sie das Klima- und Thermoisopletendiagramm in M3 aus.
2. Recherchieren Sie, aus welchen Gründen Krill gefischt wird und welche Auswirkungen der Rückgang der Krillbestände auf das Ökosystem Antarktis hat.
3. Laut Umweltschutzprotokoll ist die Nutzung von Bodenschätzen verboten. Begründen Sie dieses Verbot und prognostizieren Sie, ob es nach Ablauf des Verbots zu internationalen Interessenskonflikten kommen wird.
4. Vergleichen Sie die Ökosysteme der Tundra und der Antarktis hinsichtlich ihrer Sensibilität.

1 Sea Kayaking zwischen Eisbergen

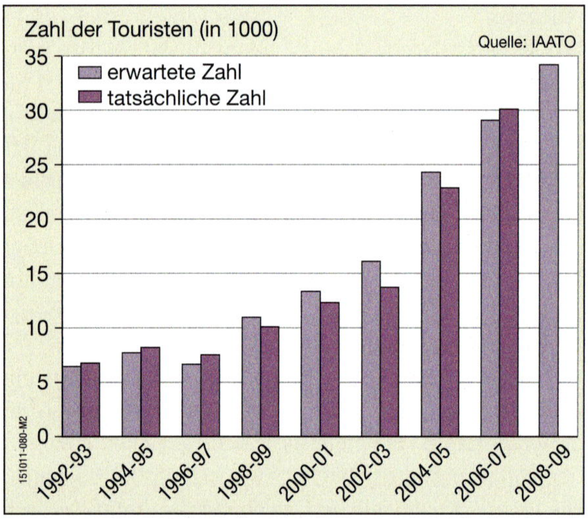

2 Antarktis-Tourismus 1992 – 2009

- Halten Sie gegenüber Pinguinen, nistenden Vögeln und Robben einen Sicherheitsabstand von mindestens 5 – 6 m ein.
- Schneiden Sie einem Tier nie den Weg zum Wasser ab und treten Sie nicht zwischen Jungtiere und Eltern. Tiere haben immer „Vorfahrt".
- Treten Sie nicht auf die sehr empfindlichen Moose und Flechten.
- Nehmen Sie keine Lebensmittel mit an Land.
- Bringen Sie bitte alle Abfälle zur sachgemäßen Entsorgung wieder an Bord. Das gilt auch für Zigarettenstummel und Papiertaschentücher.
- Halten sie sich an Land immer bei der Gruppe bzw. beim Exkursionsleiter auf.

3 Tourismus und „antarktisgerechtes Verhalten"

Tourismus – Risiken und Schutzmaßnahmen

Derzeit besuchen jährlich mehr als 20 000 Kreuzfahrttouristen die Antarktis im Rahmen von Landausflügen. Das Umweltschutzprotokoll verlangt von den Reiseveranstaltern eine Genehmigung der national zuständigen Behörde. Ferner halten sich Antarktis-Reiseveranstalter an die Selbstverpflichtung der Tourismusunternehmen. Zudem wurde auf der Konsultativtagung 1994 in Kyoto ein strenger Leitfaden für Antarktistouristen beschlossen, um die empfindlichen Ökosysteme der Antarktis zu schützen und um zunehmenden Beeinträchtigungen wissenschaftlicher Forschungstätigkeit zu begegnen (M3).

Havarie im Eis – Argentinien will Antarktis-Tourismus beschränken

Die argentinische Regierung hat Beschränkungen für den Tourismus in der Antarktis angekündigt, nachdem dort am Freitag ein Kreuzfahrtschiff Leck geschlagen hatte und 185 000 Liter Treibstoff ausgelaufen waren. Die Explorer habe einen großen Ölteppich auf dem Meer hinterlassen, sagte Argentiniens Umwelt-Staatssekretärin Picolotti nach einem Überflug des Unglücksortes. Sie werde sich gemeinsam mit dem Außen- und dem Verteidigungsminister dafür einsetzen, dass „der Touristenstrom begrenzt wird". Picolotti erinnerte daran, dass die internationalen Abkommen zur Antarktis eine internationale Präsenz nur zu wissenschaftlichen Zwecken vorsähen „und keine touristische Aktivität". Sie forderte strengere Kontrollen der Kreuzfahrtschiffe.

(Quelle: www.sueddeutsche.de, 26.11.2007)

4 Zeitungsmeldung

Auszug aus dem deutschen Programm zum Internationalen Polarjahr 2007/08
Das aufwendige und ehrgeizige deutsche Forschungsprogramm sieht mithilfe der Polarstern (polares Forschungs- und Versorgungsschiff) einen Vorstoß in Bereiche des Südozeans vor.
Hier sollen in bislang unbekannten Regionen der inneren Antarktis Eigenschaften und Schichtungen des Eisschildes erfasst werden. Subglaziale Eisseen sollen angebohrt werden, um vermutete bislang unbekannte Mikroben zu beproben. Außerdem gibt es bisher noch keine Beprobung des festen Untergrundes unter dem antarktischen Eisschild.

5 Zur deutschen Antarktisforschung

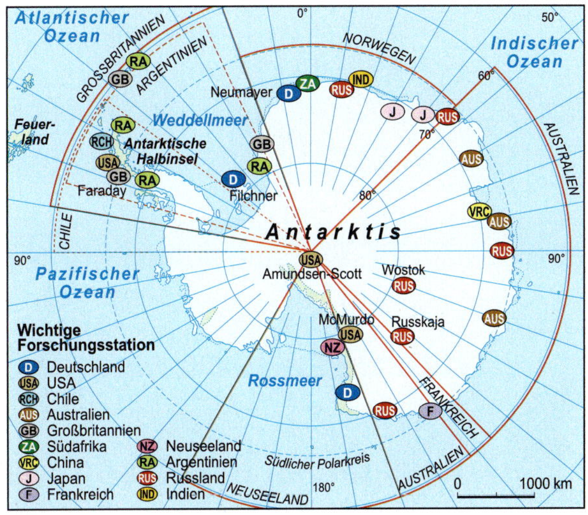

6 Territorale Ansprüche in der Antarktis

Quo vadis Antarktis? Ein Kontinent zwischen Territorialansprüchen und Schutzstatus
Die Antarktis ist ein staatsfreies Gebiet, obwohl Argentinien, Australien, Chile, Frankreich, Großbritannien, Neuseeland und Norwegen zum Teil überlappende Ansprüche auf Teile des Kontinents erheben. In den Forschungsstationen leben im Sommer teilweise mehr als 4000 und ganzjährig ungefähr 1000 Menschen. Südlich des 60. Breitengrades gibt es etwa 80 Forschungsstationen, von denen mehr als die Hälfte nur in den Sommermonaten genutzt werden. Da bisher nicht absehbar ist, wie die Antarktis in der Zukunft genutzt wird, bekräftigen viele Nationen durch ihre Präsenz mit wissenschaftlichen Stationen ihre Ansprüche auf die Ressourcen des Kontinents. Es besteht erheblicher Forschungsbedarf.
Die internationalen Beziehungen und die Nutzung der Antarktis werden durch ein völkerrechtliches Vertragssystem geregelt. Am 1.12.1959 unterzeichneten 12 Staaten den Antarktisvertrag, inzwischen gehören ihm 45 Staaten an, darunter auch Deutschland. Das Antarktis-Vertragssystem (M7) beinhaltet u.a. das Umweltschutzprotokoll, sowie das Verbot aller militärischen Maßnahmen. Territoriale Ansprüche werden für die Vertragsdauer „eingefroren". Der kommerzielle Abbau mineralischer Ressourcen ist laut Satzung untersagt.

Aufgaben

1. Beschreiben Sie die Entwicklung des Tourismus in der Antarktis. Erläutern Sie die sich dadurch ergebenden Probleme und wie darauf reagiert wird.
2. Begründen Sie, warum Deutschland dem Antarktisvertrag beigetreten ist.
3. Recherchieren Sie nach aktuellen Forschungsergebnissen der deutschen Neumayer-Forschungsstation.

Artikel 1 Die Antarktis darf nur zu friedlichen Zwecken genutzt werden.
Artikel 2 Die wissenschaftliche Untersuchung und Kooperation soll uneingeschränkt entwickelt werden.
Artikel 3 Der freie Austausch von Informationen und Personal in Kooperation mit den UN und anderen internationalen Organisationen ist zu gewährleisten.
Artikel 4 Territoriale Ansprüche in der Antarktis werden zurückgestellt. Für die Dauer des Vertrags dürfen keine neuen Ansprüche angemeldet werden.
Artikel 5 Jegliche Kernwaffentests sind verboten.
Artikel 6 Der Vertrag betrifft alle Land- und Eisflächen südlich des 60. Breitengrades.
Artikel 7 Beobachter aus allen Vertragsstaaten haben freien Zugang, einschließlich Luftbeobachtung, zu allen Gebieten und Einrichtungen.
Artikel 8 Die Beobachter und Wissenschaftler unterliegen der Rechtsprechung ihrer jeweiligen Staaten.
Artikel 9 Regelmäßige Konsultationstreffen zwischen den Vertragsstaaten sollen stattfinden.
Artikel 10 Alle dem Vertrag widersprechenden Aktivitäten in der Antarktis sind zu unterbinden.
Artikel 11 Ein möglicher Streit ist von allen betroffenen Parteien friedlich auszutragen und notfalls vom Internationalen Gerichtshof zu entscheiden.
Artikel 12–14 Weitere Regelungen zu Interpretation und Ergänzung hinsichtlich des Vertrags
Zusatzübereinkommen: Übereinkommen zur Erhaltung der antarktischen Robben (CCAS), Ressourcenübereinkommen (CRAMA), Walfangabkommen (IWC), Internationale Walfangkommission, Übereinkommen über die Erhaltung der lebenden Meeresschätze (CCAMLR), Umweltschutzprotokoll (USP)

7 Der Antarktisvertrag

3 Ressourcen – Nutzung, Gefährdung und Schutz

1 Neft Dachlari im Kaspischen Meer, die größte künstliche Ölstadt vor der Küste Aserbaidschans

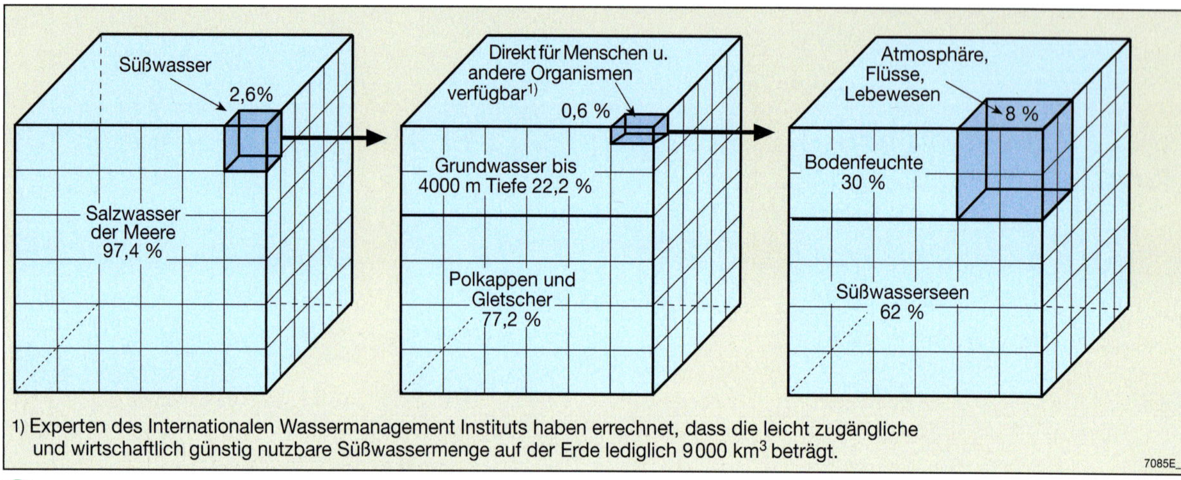

1 Wasservorkommen auf der Erde (schematische Darstellung)

3.1 Lebensgrundlage Wasser

Vorkommen und Verfügbarkeit

Wasser ist mit seinen Eigenschaften eine wesentliche Grundlage des Lebens von Menschen, Tieren und Pflanzen auf der Erde. Rund zwei Drittel der Erdoberfläche sind mit der flüssigen Variante der Wassermoleküle bedeckt. Aber von den rund 1,4 Milliarden km³ vorhandenen Wassers steht nur ein Bruchteil als Süßwasser für den menschlichen Gebrauch zur Verfügung und der größte Teil davon lagert tiefgefroren in den Polarzonen (M1). Das nutzbare Wasser ist zusätzlich auf der Erde extrem ungleich verteilt. Rund 50 % des Süßwassers sind auf etwas mehr als eine Handvoll Länder konzentriert. Und schließlich wird Wasser knapper, weil ein wachsender und auch zunehmend die Armut hinter sich lassender Teil der Weltbevölkerung immer mehr verbraucht. Die Nachfrage übersteigt in manchen Regionen das Angebot.

Als Maß der Wasserverfügbarkeit für ein Land oder eine Region wird die jährliche erneuerbare Wassermenge pro Person verwendet. In erster Linie stammt das Wasser aus den Niederschlägen über dem Festland – abzüglich Verdunstung und Abfluss. Global gesehen stehen für die Trinkwassergewinnung, für die Landwirtschaft oder als Brauchwasser für die Industrie jährlich 1 500 bis 2 000 m³ Wasser pro Kopf zur Verfügung. Jedoch herrscht in einigen Regionen Wasserknappheit und Wassermangel (Grenzwerte siehe M2). Zusätzliche Bedeutung beim Wasserverbrauch hat der Zeitraum, in welchem sich das entnommene Wasser auf natürliche Weise erneuert. Das kann in manchen regenreichen Regionen eine Frage von Wochen oder Monaten sein, in Wüstengebieten dauert es aber Jahrtausende oder noch länger, bis sich unterirdische Wasservorkommen erneuern.

Der Großteil der genutzten Wasserressourcen entfällt weltweit auf die Landwirtschaft. In manchen Regionen wird

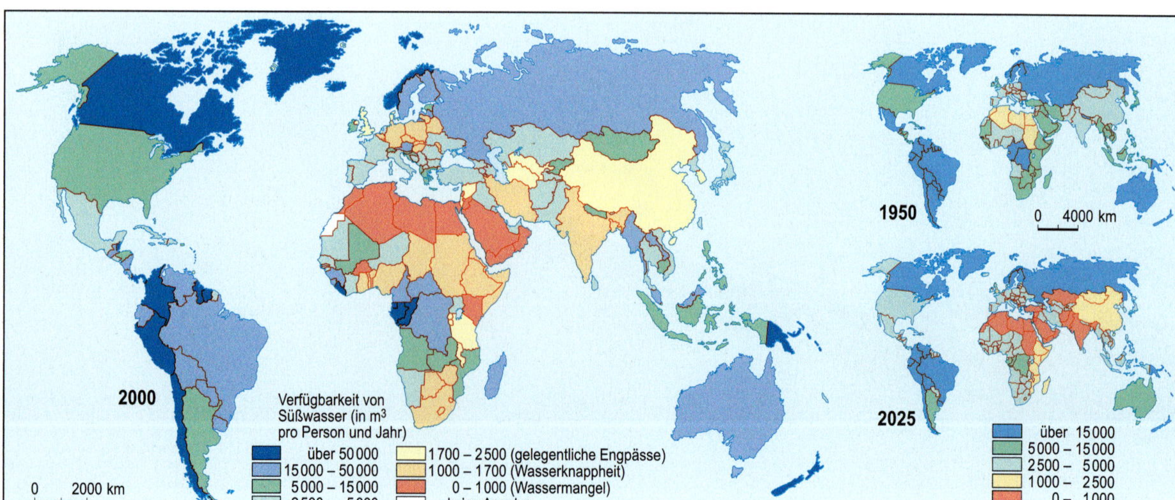

2 Verfügbarkeit von Süßwasser (Einteilung nach UNESCO)

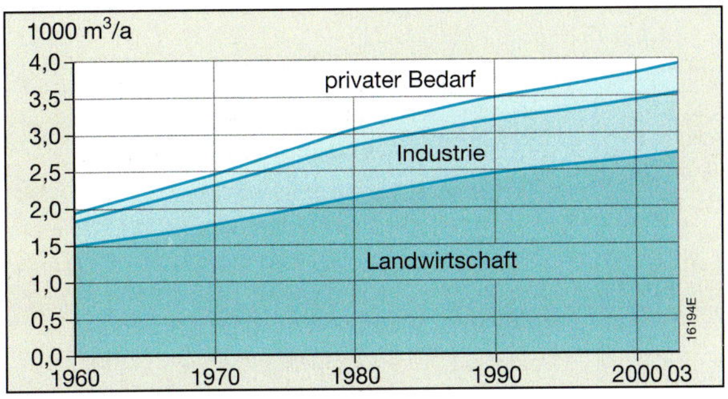

3 Globaler Wasserverbrauch nach Sektoren

Produkt	Für die Produktion benötigte Wassermenge (Liter)
Tasse Kaffee (125 ml)	140
1 Liter Milch	1 000
1 kg Reis	3 000
Fast Food Menü	6 000
1 kg Rindfleisch	16 000
1 kg Baumwolle (ca. ein T-Shirt)	2 000

5 Virtuelle Wassermengen

sogar mehr Wasser verbraucht, als durch Niederschläge ersetzt werden kann. Folgen davon sind Flüsse, die nicht mehr zum Meer gelangen, schrumpfende Seen und absinkende Grundwasserspiegel. Die Nutzung von Wasser für den häuslichen Gebrauch wird häufig eingeschränkt durch fehlenden Zugang zu sauberem Trinkwasser. Weit über eine Milliarde Menschen sind dazu gezwungen, Gewässer aller Art zu nutzen, darunter auch verschmutzte. Zusätzliche Probleme gibt es in Regionen, in denen zwar genügend Wasser für die Bevölkerung vorhanden wäre, es aber an einer funktionierenden Ver- und Entsorgung fehlt. Um weltweit vergleichen zu können, wurde – analog zum HDI – ein „**Water Poverty Index**" definiert. Die Basis dafür sind vorhandene Ressourcen, der Zugang dazu, ihr Verbrauch und Umwelteinflüsse. Statistisch verfälscht werden die regionalen Angaben zur Wassernutzung z. B. durch die Produktion von Cash-Crops. Das in den Erzeugerländern benötigte Regen- oder Bewässerungswasser ist in den Importländern nicht mehr (oder nur zum kleinen Teil) physisch enthalten und wird hier nicht als Wasserverbrauch ausgewiesen. Deshalb wurde der Begriff „**virtuelles Wasser**" eingeführt, ein wichtiges Hilfsmittel für die Berechnung des realen Wasserverbrauchs eines Landes. Er ergibt sich als Summe aus inländischem Verbrauch und Import von virtuellem Wasser (Import von Produkten), minus dem Export des virtuellen Wassers (Export von Produkten). Wasserknappheit kann zu Konflikten zwischen Ländern führen (M4). Weltweit sind 20 Länder auf Nachbarländer angewiesen, um ihr Land mit Wasser zu versorgen. Aber entgegen der Meinung, Kriege zwischen den Staaten würden in Zukunft um Wasser ausgetragen, liegt das Konfliktpotenzial meist in der Konkurrenz zwischen den verschiedenen Nutzern innerhalb eines Staates: Haushalte, Bauern, Viehzüchter, Industrie und Touristen.

Aufgaben

1. Bestimmen Sie den Anteil des in Atmosphäre, Flüssen und Lebewesen vorhandenen Wassers an der Gesamtmenge der Erde (M1).
2. Recherchieren Sie im Internet Grundlagen und regionale Bedeutung des „Water Poverty Index".
3. Berechnen Sie Ihren virtuellen Wasserverbrauch (z. B. www.waterfootprint.org oder www.wwf.de).
4. Projektvorschlag „Krieg um Wasser": Recherchieren Sie Hintergründe und Situation in einer der Konfliktregionen (M4).

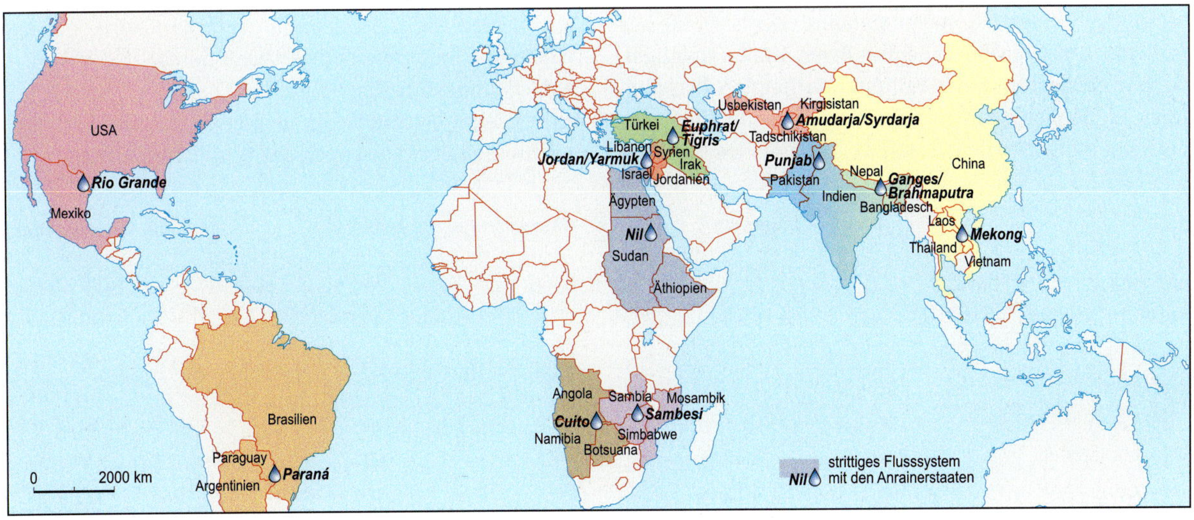

4 Wasser-Konfliktregionen

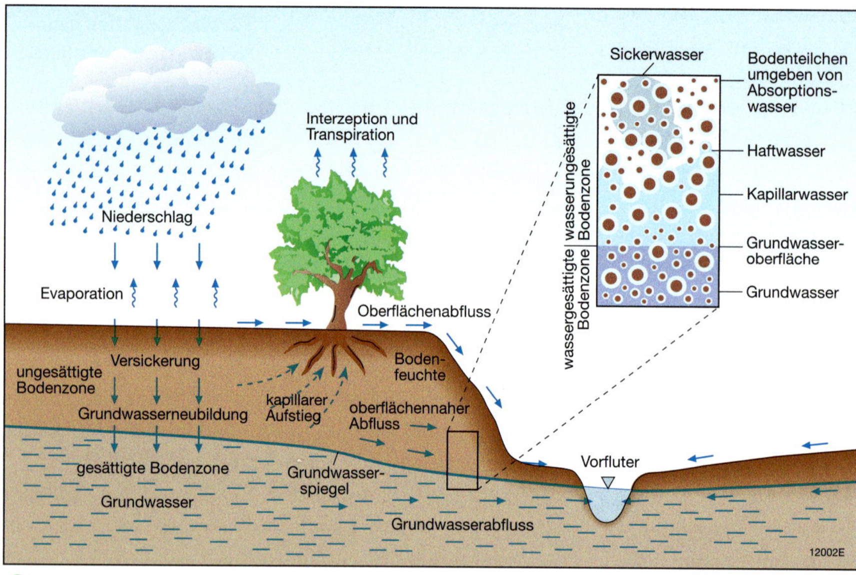

In der ungesättigten Bodenzone bewegt sich das Sickerwasser abwärts zum Grundwasserspiegel hin (Perkolation), das Haftwasser haftet in dünnen Häutchen an den Bodenpartikeln und das Kapillarwasser steigt entgegen der Schwerkraft in Kapillaren bis an die Bodenoberfläche. Die gesättigte Bodenzone ist zusammenhängend mit Grundwasser ausgefüllt. Sie ist von zahlreichen Organismen besiedelt. In der Regel mikroskopisch klein, wurmförmig und augenlos haben sie sich an ihre Umweltbedingungen angepasst. Sie bewirken die Selbstreinigungskraft des Grundwassers.

1 Der Weg vom Niederschlagswasser zum Grundwasser

Süßwasser – Verteilung und Gewinnung

Grundwasser

Das in den Boden versickerte Niederschlagswasser ist in den meisten Regionen der Erde die wichtigste Ressource für die Gewinnung von Trinkwasser. Die Förderung erfolgt entweder über Brunnen oder das Anschneiden von Grundwasser führenden Schichten an Hängen. Ballungsräume versorgen sich teilweise aus entfernt liegenden Grundwasser-Reservoiren. Zumeist kann es chemisch unbehandelt als Trinkwasser verbraucht werden. Im Gegensatz zu anderen Bodenschätzen ist das Grundwasser eine sich ständig erneuernde Ressource (M1). Ist lockeres oder festes Gestein mit Grundwasser angefüllt oder von wasserundurchlässigen Schichten begrenzt, so spricht man von einem Grundwasserleiter (engl. aquifer).

Im Unterschied zum erneuerbaren (juvenilen) Grundwasser gibt es Wasservorkommen tief unter der Erde, die aus früheren Erdzeiten mit einem anderen Klima stammen. So war es beispielsweise während der letzten Eiszeiten in vielen der heutigen Trockenräume wesentlich feuchter als heute (Pluvialzeiten). Diese Vorkommen sind nicht in den derzeitigen Wasserkreislauf eingebunden und werden somit nicht erneuert. Man bezeichnet sie als fossiles Grundwasser. In Trockenräumen im Orient und im Westen der USA (Ogallala Aquifer) werden sie als Quelle für Bewässerungslandwirtschaft genutzt.

Fließgewässer

Das Grundwasser speist Quellen von Bächen, die sich mit dem oberflächlich abfließenden Wasser zu Flüssen entwickeln. Die Abflussmenge eines Gewässers wird angegeben als Wasservolumen, das den Flussquerschnitt in einer bestimmten Zeiteinheit durchfließt, z. B. m^3/s. Die Wechsel im Jahresgang werden dabei von den Niederschlägen im **Einzugsgebiet**, der Freisetzung von Speichern (Eis, Schnee) und der Verdunstung beeinflusst. Modellhaft lassen sich verschiedene **Abflussregime** unterscheiden (M3). Sogenannte einfache Regime mit nur einem Maximum werden gesteuert durch:

- die Schneeschmelze im Frühjahr (nivales System),
- die Gletscherschmelze im Sommer (glaziales System)
- jahreszeitliche Niederschläge (pluviales System).

	Wassermenge (km^3)	Anteil an Wassermenge der Erde (%)	Mittlere Verweildauer
Tiefliegendes Grundwasser	4 200 000	0,30	5 000 Jahre
Grundwasser bis 800 m Tiefe	4 200 000	0,30	330 Jahre
Bodenwasser / oberflächennahes Grundwasser	67 000	0,01	1 Jahr
Wasser im Gletschereis	29 200 000	2,1	9 500 Jahre
Wasser in Seen	229 000	0,017	8 Jahre
Wasser in Flüssen	1200	0,0001	12 Tage

2 Verteilung und mittlere Verweildauer des Süßwassers auf der Erde in den einzelnen Speichern

Komplexe Regime unterliegen mehreren Klimaeinflüssen und zeigen z. B. ein Maximum im Frühjahr (Schneeschmelze) und ein Maximum im Herbst (Regen).
Flusswasser wird auf der ganzen Welt als Brauchwasser für Industrie und Kraftwerke verwendet. Besonders in Trockenräumen wird es auch zur Bewässerung von Feldern abgeleitet – die Fremdlingsflüsse sind dort das Rückgrat der landwirtschaftlichen Entwicklung. Da viele Flüsse mehr oder minder stark verschmutzt sind, ist die direkte Gewinnung von Trinkwasser durchaus problematisch. Trotzdem ist in vielen Teilen der sogenannten Dritten Welt der Fluss die einzige Wasserquelle.

Stehende Gewässer

Seen bilden sich in geschlossenen Senken. Außer in Gebieten mit sehr hoher Verdunstung besitzen sie einen Ablauf. Durch die Massenträgheit des im See befindlichen Wassers wird der Abfluss verzögert, wenn der Zufluss ansteigt. Die Abflusskurve eines Fließgewässers wird beim Durchfluss durch einen See also transformiert. Seen können (wie auch intakte Auenlandschaften) Hochwasserspitzen verringern und Niedrigwasserphasen überbrücken. Dieses Prinzip wird Seeretention genannt. Seen dienen als Süßwasserspeicher, z. T. auch für entfernt gelegene und durch Wasserleitungen verbundene Regionen. Künstliche Hohlformen (Tanks, Stauseen) dienen zusätzlich als Speicher für Kraftwerke.
An der Mündung der Flüsse ins Meer vermischen sich Süß- und Salzwasser. Das entstehende Brackwasser ist für die menschliche Nutzung nur sehr bedingt geeignet. Allerdings gibt es die Möglichkeit, aus salzigem Wasser Süßwasser zu gewinnen. Anlagen zur Meerwasserentsalzung sind vor allem für wasserarme Länder am Meer bedeutsam. In Saudi Arabien und den Vereinigten Arabischen Emiraten wird die öffentliche Wasserversorgung fast zu 100 % „aus Meerwasser" gedeckt. Allerdings verändert sich der Salzgehalt des Meeres in den Küstenbereichen durch die zurückgeleitete Sole; zudem ist der Energieverbrauch sehr hoch. Ein Lösungsweg besteht darin, dass zu den Entsalzungsfabriken gleich Kraftwerke gebaut werden, die genügend Energie liefern. In den Medien findet man auch gelegentlich Berichte über Großprojekte, die wasserarmen Regionen helfen sollen, so z. B. das Abschleppen von Eisbergen aus der Antarktis, die Wasserversorgung durch Pipelines oder Kanäle kontinentalen Ausmaßes oder der Wassertransport per Riesentanker. Zurzeit sind die meisten dieser Projekte wohl noch unrentabel; eine zukünftige Veränderung des Klimas könnte das Bild verändern.

Aufgaben

1. Begründen Sie, warum die Verwendung fossilen Grundwassers problematisch ist.
2. Berechnen Sie den Anstieg des Meeresspiegels, wenn das Gletschereis flüssig würde (M2, Hinweis: Die Oberfläche der Erde beträgt ca. 510 Mio. km^2).
3. Vergleichen sie die Abflussregime von M3 und ordnen Sie die Abflüsse der Donau an verschiedenen Pegelstationen in das Modell ein (Atlas, Internet).
4. Beschreiben Sie das Prinzip der Meerwasserentsalzung.
5. Recherchieren Sie über „utopische" Wasserprojekte und diskutieren Sie deren Durchführbarkeit.

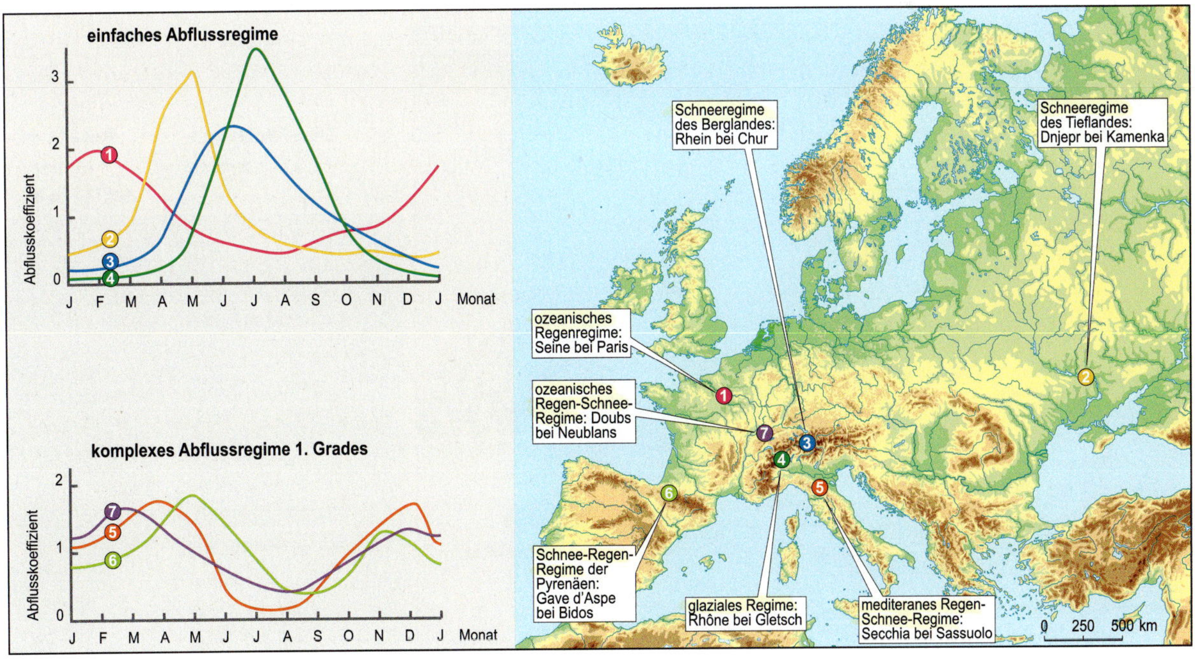

3 **Abflussregime verschiedener europäischer Flüsse**

Wassermanagement

Da die Ressource Wasser begrenzt ist, müssen für eine wachsende Weltbevölkerung neue Wege der Verteilung und Qualitätserhaltung entwickelt werden.

Der Bedarf eines Menschen für Trinkwasser und Hygiene beträgt ca. 40 Liter Wasser am Tag, verbraucht wird z. T. erheblich mehr. Dieser persönliche Wasserverbrauch kann oft durch überlegtes Handeln gesenkt werden, allerdings macht er nur einen ganz kleinen Anteil der weltweiten Nutzung aus. Mit Abstand am meisten Wasser wird bei globaler Betrachtung in der Landwirtschaft verwendet, nämlich 3 400 Liter pro Mensch am Tag.

Ein großes Problem besteht darin, dass die Effizienz der Wassernutzung in verschiedenen Regionen der Erde deutlich divergiert, sei es aus technologischen, sei es aus klimatischen Gründen. So werden z. B. in Frankreich zur Produktion von einem kg Mais im Bewässerungsfeldbau 530 Liter Wasser benötigt, während in Ägypten dazu 1 100 Liter erforderlich sind.

Wenn Frankreich den Mais anbaut und Ägypten diesen importiert ergibt sich eine Ersparnis von 570 Liter Wasser pro Kilogramm Mais. Daraus resultiert die Idee des Geographen Anthony Allan, wasserintensive landwirtschaftliche Produktionen im Sinne einer intelligenten Ressourcennutzung zu verlagern und so den Handel mit virtuellem Wasser zu verringern. Allerdings ergeben sich daraus gravierende Veränderungen in den globalen Wirtschaftsbeziehungen.

Bei der Nutzung des über Land gefallenen Niederschlags lassen sich zwei unterschiedliche Wasserflüsse auf der Erde unterscheiden (M1).

Sogenanntes „Blaues“ Wasser umfasst den sichtbaren, flüssigen Wasserstrom, der sich als Abfluss durch Flüsse, Seen und Grundwasserleiter bewegt. Er kann von den Menschen direkt als Trink- oder Brauchwasser genutzt, danach geklärt oder ungeklärt in den Abfluss zurückgeleitet und von einem Unterlieger eventuell sogar weiter genutzt werden.

„Grünes“ Wasser dagegen ist in Pflanzen enthalten und wird von ihnen verdunstet (produktive Transpiration). Das Wasser, das über Land- und Wasserflächen verdunstet, wird als unproduktives „Weißes“ Wasser bezeichnet (Evaporation).

Seit Jahrtausenden hat der Mensch in die Wasserströme eingegriffen, je nach Klimazone mehr oder weniger intensiv. Von entscheidender Bedeutung waren und sind dabei Änderungen der Landnutzung. Jede Verringerung der Vegetationsbedeckung des Bodens führt zu einer Erhöhung des Abflusses, verstärkt also den blauen Strom. Damit verbunden sind zunehmende Bodenerosion und eine erhöhte Hochwassergefahr. Andererseits entscheidet die Art der gewählten Kulturpflanzen ganz wesentlich darüber, wie stark sich der produktive grüne Wasserstrom verändert. Im Vergleich zu Bäumen, die das eingesetzte Wasser sehr effektiv zum Aufbau von Biomasse nutzen – die aber als Nahrungsmittel kaum taugen –, sind die meisten Nutzpflanzen relativ „unproduktive grüne Wasserschleudern“.

Ex-UN-Generalsekretär Kofi Annan hat mit dem Slogan „more crop per drop“ eine Richtung vorgegeben: Dichte, gut gepflegte Pflanzenbestände verringern die Verluste durch Verdunstung drastisch und erhöhen den Ertrag.

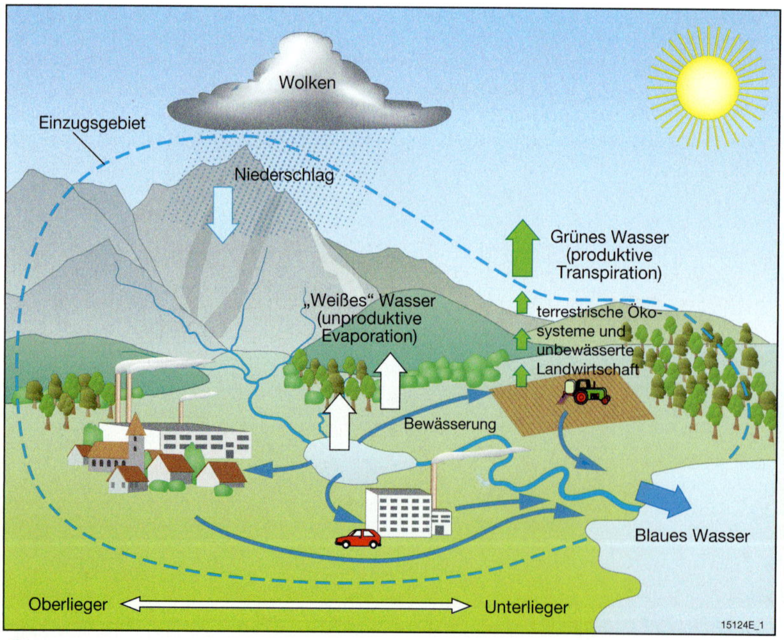

Öko-/Nutzungs-System	Anteil am Niederschlag in %
Blauer Wasserstrom Mensch (Haushalt, Industrie, Bewässerung)	3
Blauer Wasserstrom Natur (Abfluss)	35
Grüner Wasserstrom Mensch (vor allem Landwirtschaft)	33
Grüner Wasserstrom Natur (v. a. Evapotranspiration)	29

1 Blaues und Grünes Wasser – Wasserströme und globale Anteile

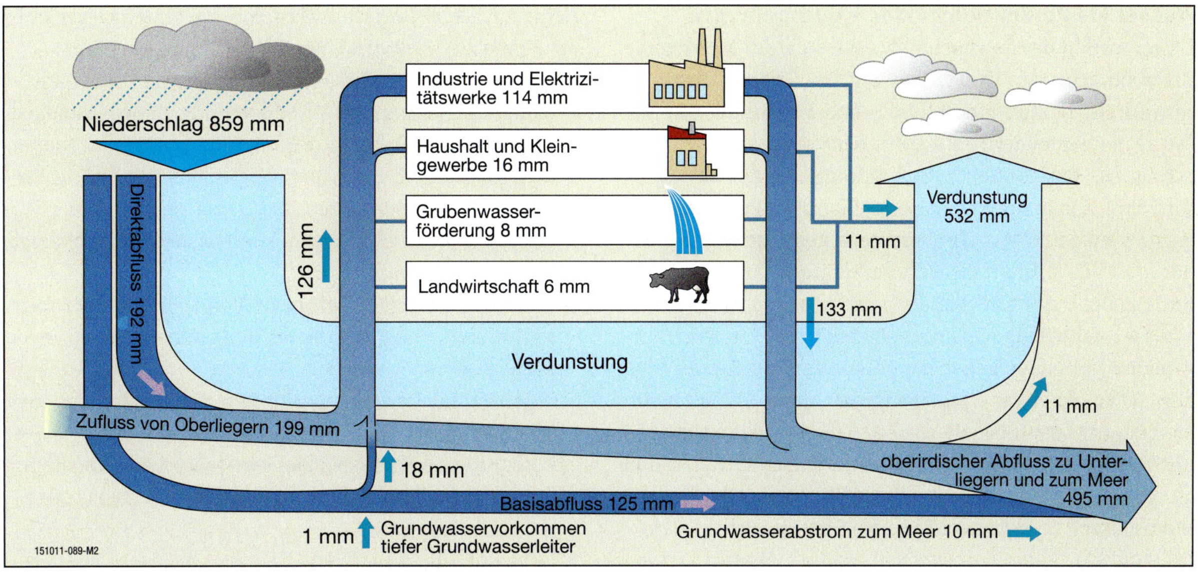

2 Langjährige Wasserbilanz der Bundesrepubilk Deutschland

Wasserhaushalt

Wasserkreisläufe werden auch für Teilregionen der Erdoberfläche erstellt. Bei natürlich abgegrenzten Gebieten, z. B. dem Einzugsbereich eines Flusses, fließt der nicht verdunstete Niederschlag als Oberflächen- und Grundwasser an einem Punkt zusammen und mündet in einen sogenannten Vorfluter oder in das Meer.

Begrenzt wird der Einzugsbereich durch eine oder mehrere Wasserscheiden. Hierbei kann zwischen dem oberirdischen, durch das Relief abgegrenzten und dem unterirdischen Einzugsgebiet unterschieden werden. Letzteres wird durch die Besonderheiten geologischer Schichten im Untergrund bestimmt.
Bei einem administrativ abgegrenzten Gebiet muss zusätzlich berücksichtigt werden, dass als Input-Größe nicht nur der Niederschlag, sondern auch der ober- und unterirdische Zufluss aus benachbarten Gebieten in die Bilanz einbezogen wird. Im Falle eines natürlichen Gebietes ist dies in der Regel nicht nötig, sofern das unterirdische Einzugsgebiet mit dem oberirdischen identisch ist. Ist dies wie z. B. in Karstlandschaften nicht der Fall, so müssen auch hier unterirdischer Zu- und Abstrom einberechnet werden.

Je nach Gebiet lassen sich unterschiedliche Input- und Output-Größen gegenüberstellen (M3). Vergleicht man kurze Zeiträume miteinander, so spielt die Veränderung von Speichern eine große Rolle. So wird beispielsweise im Winter der Niederschlag oft in einer Schneedecke zwischengespeichert. Ein Skigebiet hätte daher im Winter eine negative, im Sommer dagegen eine positive Wasserbilanz.

$$N + Z = V + A + \Delta S$$

(N: Niederschlag, Z: Zufluss von den Oberliegern, V: Verdunstung, A: Abfluss, ΔS: Veränderungen beim gespeicherten Wasser – z.B. Seen, Grundwasser, Schneedecke, Gletscher)

3 Wasserhaushaltsgleichung

N	Z	V	A
1456 mm	318 mm	484 mm	1296 mm

4 Daten zum Wasserhaushalt der Schweiz 1901–1980

Aufgaben

1. „Deutschland ist trotz ausreichender Niederschläge ein Wasserimportland". Erläutern Sie den Hintergrund dieser Aussage.
2. Begründen Sie, warum in Ägypten der Wasserverbrauch zur Maiserzeugung mehr als doppelt so groß ist wie in Frankreich.
3. Ordnen Sie die Bewässerung in das System der „blauen" und „grünen" Wasserströme ein (M1).
4. Recherchieren Sie die Wasserbilanz Bayerns oder einer Teilregion (Wasserwirtschaftsamt) und vergleichen Sie diese mit M2.
5. Fassen Sie den Inhalt von M1 in Worten zusammen und bestimmen Sie die Anteile der für die Nahrungsmittelproduktion genutzten Wasserströme.
6. Untersuchen Sie, ob der Wasserhaushalt der Schweiz in den Jahren 1901 – 1980 (M4) ausgeglichen war und versuchen Sie, Gründe für eine Abweichung anzugeben.

Wasser als Produktionsfaktor – Hydroenergie

Schon früh in der Geschichte machte sich der Mensch die Auswirkungen der Gravitation auf das Wasser zunutze. Am Anfang betrieb man Mühlen und Schöpfräder, später diente die Hydroenergie als Antrieb für Sägewerke, Schmiedehämmer, Blasebalge etc. und wurde sogar zur Entwässerung von Kohleminen eingesetzt. Bis ins hohe Mittelalter entstanden in Europa die bedeutendsten Gewerbezentren dort, wo Wasserkraft reichlich vorhanden war. Erst die Erfindung der Dampfmaschine machte neue, vom fließenden Wasser unabhängige Standorte möglich.

Erneuten Aufschwung gab der Wasserkraft die Entdeckung des „Dynamo-elektrischen Prinzips“ durch Werner von Siemens im Jahr 1866. Hierbei wird die Bewegungsenergie des fließenden Wassers auf eine Turbine übertragen und an einen Generator weitergeleitet. Dieser wandelt dann die mechanische Energie in elektrischen Strom um.

Die Inwertsetzung der „weißen Kohle“ begann in den Alpen Ende des 19. Jahrhunderts. Anfangs wurde die elektrische Energie industriell unmittelbar vor Ort genutzt. Elektrochemie und Aluminiumindustrie siedelten sich in der Nähe der Kraftwerke an. Mit Verbesserung der Übertragungsmöglichkeiten für Strom wuchs die Entfernung zwischen Erzeugern und Abnehmern.

Da die Stromerzeugung von der Menge und der Fließgeschwindigkeit des zur Verfügung stehenden Wassers abhängig ist, baute man im Laufe der Zeit immer größere Dämme und Stauseen.

Die Ausbaumöglichkeiten der Hydroenergie sind weltweit sehr unterschiedlich (M1). Einer der Gründe ist die vorhandene Lageenergie der Wassermassen: Europa liegt durchschnittlich nur 300 Meter über dem Meeresspiegel, in Asien dagegen sind es über 900 Meter.

Heute werden in Deutschland ca. 6 %, weltweit dagegen etwa ein Fünftel der Elektrizität aus Wasserkraft gewonnen.

Grob unterteilt gibt es Wasserkraftwerke in drei Bauarten:

- Laufwasserkraftwerke an Flüssen dienen als Grundlastkraftwerke, sie können rund um die Uhr betrieben werden. Genutzt werden hier vergleichsweise kleine Fallhöhen und große Zuflüsse (M2). Da sie das immer verfügbare Wasser verarbeiten, können sie extreme Wasserführung nicht nutzen.
- Speicherkraftwerke speichern Energie in Form von Wasservorräten, die in natürlichen oder künstlich angelegten Seen gesammelt werden. Dadurch können Unregelmäßigkeiten im Wasserzufluss sowie die Differenzen zwischen Sommer und Winter ausgeglichen werden. Der vorhandene Wasserspeicher ermöglicht die Anpassung der Stromproduktion an den jeweiligen Bedarf (Spitzenlastkraftwerke).
- Pumpspeicherkraftwerke besitzen dagegen ein berg- und ein talseitiges Speicherbecken. Die Wasserreserven des oberen dienen bei hohem Strombedarf zur Abdeckung der Spitzenlast. Da sie zum Starten nur etwa 1–2 Minuten benötigen, werden sie auch beim Ausfall anderer Kraftwerke eingesetzt. In Schwachlastzeiten, in denen der Strom normalerweise billiger ist, wird Wasser hochgepumpt und steht somit für die Spitzenlastdeckung des nächsten Tages wieder zur Verfügung.

Am Meer gibt es bei entsprechend hohem Tidenhub die Möglichkeit, die Gezeiten zu nutzen. Flut- und Ebbestrom treiben jeweils die in einer Staumauer eingebauten Turbinen eines Gezeitenkraftwerks an. Die Möglichkeiten, Energie aus der kontinuierlichen Bewegung von Meereswellen oder sogar Meeresströmungen zu gewinnen, sind technisch sehr kompliziert und deshalb derzeit noch zu teuer.

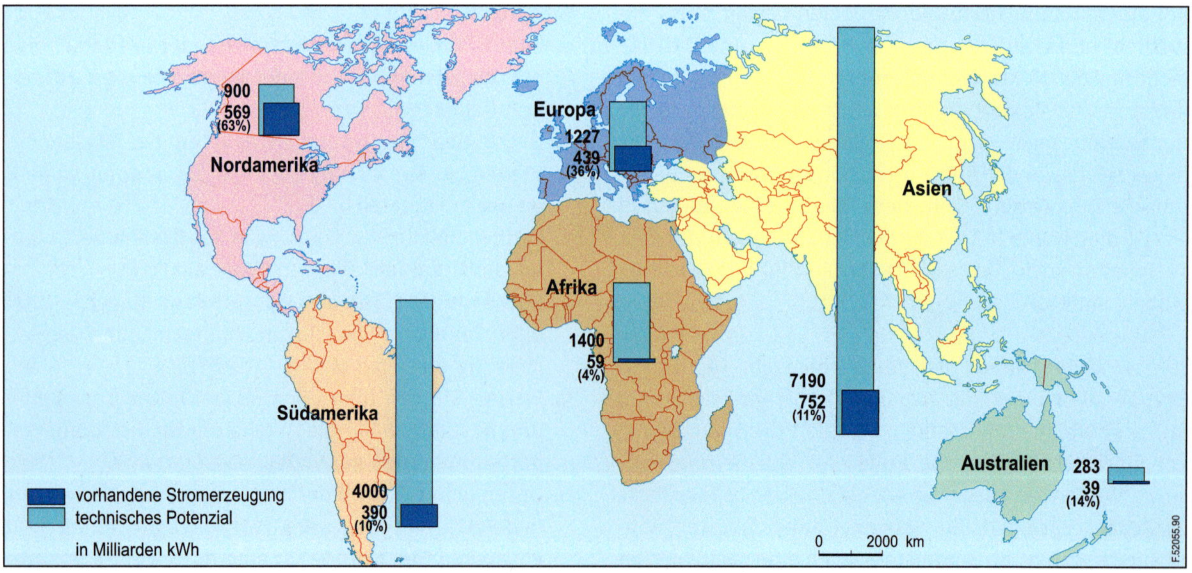

1 **Weltweites Potenzial für Wasserkraft und die tatsächliche Nutzung**

2 Laufwasserkraftwerk Finsing (Mittlerer Isar Kanal/Niederbayern)

Der Bau von Wasserkraftwerken greift tief in den Naturhaushalt ein und beeinträchtigt Flora und Fauna. Zusätzlich führt die durch den Wasserstau veränderte Abflussdynamik zur Störung des Geschiebehaushaltes und verursacht Sedimentations- bzw. Erosionsprobleme vor und nach der Staumauer. Oft erweist sich diese auch als Hindernis für die Nutzer des Verkehrsweges, wie z. B. wandernde Flussfische, Bootstouristen oder Transportschiffe.
Allerdings ist Wasserkraft derzeit die weltweit wichtigste erneuerbare Energiequelle. Sie leistet einen beträchtlichen Beitrag zur klimaschonenden Stromerzeugung, weil sie keine Schadstoffe und kaum Wärme emittiert.
Die immensen Investitionskosten bei Wasserkraftwerken werden z. T. wettgemacht durch fehlende Brennstoff- und niedrige Betriebskosten, sehr lange Lebensdauer, hohe Betriebssicherheit und großen Wirkungsgrad von weit über 50 Prozent (zum Vergleich: Wirkungsgrad Pkw 20 %). Der Bau von Stauanlagen dient oft auch als Möglichkeit der Hochwasserregulierung bzw. der Hebung des Grundwasserspiegels. In Deutschland sind die Ausbaupotenziale für Hydroenergie eher gering einzuschätzen, da kaum noch intakte Fließgewässer vorhanden sind und auch jeder Eingriff in die Ökosysteme problematisch erscheint.

4 Negative Auswirkungen der Hydroenergie

Island: Billige Energie für neue Industrie

Energieintensive Aluminiumproduktion ist auf Island sesshaft geworden, obwohl der zur Herstellung nötige Baustoff Bauxit aus Australien und Brasilien importiert werden muss. Die Industrieanlagen erwirtschaften zwar zwölf Prozent der Exporterlöse, benötigen aber rund 64 Prozent des gesamten Stromverbrauchs der Insel. Eine geplante Aluminiumfabrik erfordert den Bau eines großen Staudamms, ist jedoch nicht unumstritten.

(Quelle: www.eldey.de, 03.11.2008, verändert)

3 Standortfaktor Hydroenergie

Aufgaben

1. Suchen Sie Gründe für die unterschiedlichen Wasserkraftpotenziale auf der Erde (M1).
2. Erstellen Sie mithilfe des Atlas einen Überblick der Verteilung von Wasserkraftwerkstypen in Mitteleuropa.
3. Erläutern Sie anhand von M2, welchen weiteren Ansprüchen ein Laufwasserkraftwerk außer Energieerzeugung gerecht werden muss.
4. Suchen Sie weltweit Industriestandorte, die auf der Hydroenergie basieren (Atlas).
5. Sammeln Sie Contra-Argumente von Gegnern von Wasserkraftwerken (Beispiel M4) und stellen Sie diesen Pro-Argumente gegenüber.

1 Staudamm am Jangtse, rechts: Schiffshebewerk

Die in dem gewaltigen, 2005 fertiggestellten Prestigeprojekt verbauten 27 Millionen Kubikmeter Beton und 280 000 Tonnen Metall sollen die berüchtigten Überschwemmungen des größten Flusses in China bändigen. Mit einer Leistung von rund 85 Milliarden Kilowattstunden jährlich soll die weltgrößte Wasserkraft-Anlage zudem den Energiehunger der heftig boomenden chinesischen Wirtschaft stillen helfen.
Umweltschützer warnen, dass sich die Wasserqualität des Flusses bereits verschlechtere, die Artenvielfalt abnehme und der Damm selbst in der entfernten Küstenstadt Shanghai zu Erosion führen werde. Der bis Oktober auf bis zu 156 Meter Tiefe und 600 Kilometer Länge aufgestaute Stausee könnte sich einigen Prognosen zufolge in eine Kloake aus Abwässern und Industrieabfällen aus der Millionen-Metropole Chongqing flussaufwärts verwandeln.
Nach offiziellen Angaben kostet der Drei-Schluchten-Damm umgerechnet knapp 20 Milliarden Euro. Der Bau hatte 1993 begonnen. Die rund eine Million bisherigen Bewohner der Dörfer und Städte, die bald komplett unter Wasser liegen werden, haben die Konsequenzen des Projektes bereits zu spüren bekommen: Sie wurden zwangsumgesiedelt. Einige beklagen, dass Beamte für die Umsiedlung bestimmtes Geld teilweise in die eigenen Taschen umgeleitet hätten. Zudem fühlten sich viele von ihnen in der neuen Umgebung nicht wohl.

(Quelle: www.tagesschau.de, 20.05.2006)

2 Meldung der „Tagesschau"

Das Drei-Schluchten-Projekt – der größte Dammbau in der Weltgeschichte, ein jahrhundertüberschreitendes Unternehmen, ein beispielloses Projekt, das eine Schlüsselrolle für die Nutzbarmachung und Ausbeutung des Jangtse, des längsten Flusses Chinas, spielen wird – ist eine monumentale Aufgabe. Das Projekt soll zuverlässige und kostengünstige Elektrizität an die wirtschaftlich entwickelten, aber energiearmen zentralen und östlichen Gebiete Chinas liefern, und die Nutzung von 40 – 50 Mio. Tonnen Rohkohle zur Verbrennung pro Jahr mit sauberer, erneuerbarer Energie ersetzen. Nach Fertigstellung des Projekts wird der Jingjiang-Abschnitt am Mittellauf des Jangtse, der jedes Jahrzehnt durch verheerendes Hochwasser bedroht ist, in der Lage sein, auch den schlimmsten Überschwemmungen standzuhalten. Die Transportkapazitäten auf dem 660 km langen Abschnitt von Yichang nach Chongqing werden nach der Fertigstellung des Projekts bemerkenswert verbessert sein, wodurch es für 10 000 Tonnen schwere Schiffe möglich sein wird […] nach Chongqing zu fahren. Die jährliche Flusstransportkapazität soll von 10 Mio. auf 50 Mio. Tonnen steigen, wobei eine Abnahme der Transportkosten um 35 – 37 % einhergehen soll. Das Projekt soll die Entwicklung der Fischereiindustrie im Reservoir-Gebiet, den lokalen Tourismus und die Realisierung des Projekts zur Wasserableitung von Süd nach Nord ankurbeln.

(Quelle: www.fmprc.gov, 30.04.2004)

3 Mitteilung der Botschaft der Volksrepublik China in der Bundesrepublik Deutschland

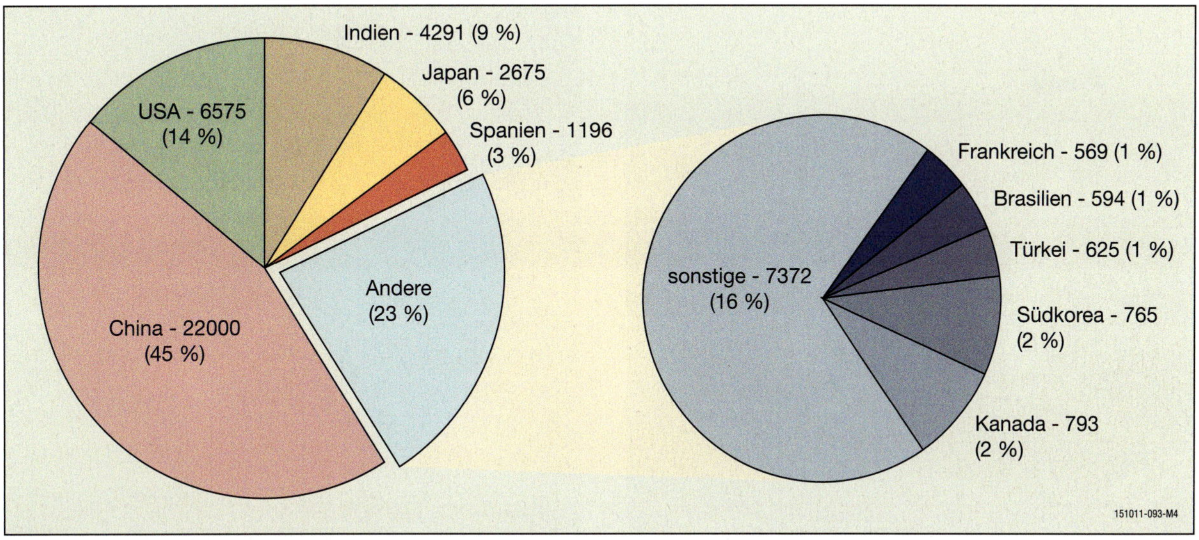

4 Globale Verteilung der Großstaudämme (Staumauer > 15 m oder Wassermenge > 3 Mio. m³)

Großstaudämme in der Diskussion

Die enormen Investitionen und die weitreichenden Auswirkungen von großen Staudämmen lösen schon seit langem weltweit Diskussionen aus. Die Befürworter verweisen auf den sozialen und wirtschaftlichen Entwicklungsbedarf, den Staudämme decken sollen, wie Bewässerung, Stromerzeugung oder Hochwasserschutz. Ihre Gegner betonen dagegen nachteilige Wirkungen wie große Schuldenlasten, die Vertreibung und Verarmung von Menschen, die Zerstörung von Ökosystemen und Fischereiressourcen sowie die ungerechte Verteilung von Kosten und Nutzen.

Von der „World Commission on Dams" (WCD) wurde im Jahr 2000 von Befürwortern wie Gegnern gemeinsam ein Bericht über bereits vorhandene Staudämme erstellt und Empfehlungen zum Bau neuer Anlagen erarbeitet (www.dams.org). Dabei wurde festgestellt, dass nicht alle Dämme die gesetzten Ziele der Stromerzeugung und Bewässerung erreicht hatten. Vor allem Großstaudämme für Bewässerungszwecke arbeiten nicht kostendeckend. Ursache dafür sind aber nicht nur technische Schwierigkeiten, sondern auch Verzögerungen beim Bau durch massive Proteste.

Studien über Aspekte der physischen Nachhaltigkeit und ihres Nutzens kamen zu folgenden Ergebnissen:

- mit zunehmender Alterung des Bestands erfordert die Sicherung der Staudämme immer mehr Neuinvestitionen und Wartungskosten,
- hydrologische Parameter, auf deren Grundlage z. B. Hochwasserentlastungsanlagen entworfen wurden, können sich infolge des Klimawandels verändern,
- Sedimentablagerungen und der daraus folgende Verlust an Speicherkapazität sind weltweit ein ernstes Problem, besonders betroffen sind Flussläufe mit hoher geologischer oder von Menschen verursachter Erosion und Staudämme an Fluss-Unterläufen.

Die Auswirkungen eines Staudammbaus auf die Ökosysteme sind allgemein eher negativ zu bewerten und haben in vielen Fällen zu einem erheblichen und nicht umkehrbaren Verlust an Tier- und Pflanzenarten geführt. Allerdings konnten in einigen Fällen Verbesserungen an Stauseen erzielt werden. Die Schaffung von neuen Feuchtgebiet-Habitaten und von Erholungsgebieten mit Gelegenheiten zum Angeln wird allgemein positiv bewertet. Negativ bewertet werden hingegen Auswirkungen auf das Leben, das Einkommen und die Gesundheit der betroffenen Gemeinschaften in den Flussgebieten:

- weltweit wurden ca. 40–80 Mio. Menschen nach dem Bau eines Staudamms vertrieben, bzw. umgesiedelt,
- Millionen Menschen, die unterhalb von Staudämmen leben – vor allem diejenigen, die von der Nutzung der natürlichen Überschwemmungsgebiete und von der Fischerei leben – mussten schwere Beeinträchtigungen ihrer Existenzgrundlagen hinnehmen; die künftige Produktivität ihrer Ressourcen wurde gefährdet,
- umgesiedelte Menschen erhielten selten ihre Existenzgrundlage zurück, weil die Umsiedlungsprogramme sich überwiegend auf die Bereitstellung neuer Unterkünfte konzentrierten, die wirtschaftliche und soziale Entwicklung der Betroffenen aber außer Acht ließen.

Aufgaben

1. Vergleichen Sie die Aussagen und deren Hintergründe in M2 und M3.
2. Bewerten Sie den Drei-Schluchten-Damm anhand der Kriterien der WCD.
3. Stellen Sie vorhandene und mögliche Staudammpotenziale gegenüber (M4, S. 90 M1).
4. Recherchieren Sie den Stand der Planung und des Baus beim Ilisu-Staudamm in der Türkei.

1 **Oberflächenbewässerung (Furchen) in den USA**

3 **Beregnung in den USA**

Wasser als Produktionsfaktor – Bewässerungslandwirtschaft

Die künstliche Zufuhr von Wasser dient einerseits der Produktionssteigerung auf Anbauflächen durch:

- Ergänzung des natürlichen Niederschlags (M1),
- Zufuhr von im Wasser gelöstem Dünger,
- Entfernen von pflanzenschädlichen Substanzen aus dem Boden, z. B. bei Versalzung,
- Veränderung der bodennahen Temperatur, z. B. bei der Frostberegnung.

Andererseits ermöglicht die Bewässerung die Bewirtschaftung von Gebieten jenseits der Grenze des Regenfeldbaus (M2). Günstig ist hierbei, dass Trockenklimate aufgrund reduzierter Verwitterung und niedriger Luftfeuchte meist fruchtbarere Böden und geringeren Krankheits- und Schädlingsdruck besitzen. Nur mit Bewässerung können solche Vorteile voll genutzt werden.
Die Vielzahl von Arten der Bewässerung ist Ergebnis jahrhundertelanger Praxis und technischer Entwicklungen.

	Oberflächenbewässerung	Unterflurbewässerung	Beregnung	Tropfbewässerung
Verdunstungsverluste	hoch	gering	hoch	gering
Versickerungsverluste	mittel	hoch	gering	gering
Wassernutzungseffizienz	40 – 50 %	k.A.	60 – 70 %	80 – 90 %
Verschlämmungsgefahr	mittel	gering	hoch	mittel
Installationskosten	gering	gering bis mittel	hoch	hoch
Ansprüche an Boden bzw. Untergrund	schwere Böden, kein Gefälle, evtl. Planierung nötig	leitfähiger Oberboden auf undurchlässigem Untergrund, kein Gefälle	alle Böden, kein bis leichtes Gefälle	alle Böden, jedes Gefälle
Weitere Vorteile			gleichzeitig Düngung und Pflanzenschutz möglich	Schutz vor Pilzkrankheiten, da Blätter nicht benetzt werden
Mögliche Kulturarten	stauwassertolerante Arten, z. B. Reis	für flachwurzelnde Pflanzen wenig geeignet	alle	hauptsächlich Dauerkulturen, z. B. Wein, Obst, aber auch Gemüse

2 **Vergleich der Bewässerungsverfahren**

Das für die Bewässerung erforderliche Wasser wird aus natürlichen Oberflächengewässern oder künstlich angelegten Wasserspeichern entnommen. Besondere Systeme der Wasserbereitstellung, die sogenannte Quanate oder Foggaras, gibt es im Orient. Wasser, das sich in den Schutthalden von Berghängen angesammelt hat, wird dort durch Schächte angeschnitten und mit geringem Gefälle über Strecken von bis zu 40 km geleitet.
Weltweit werden ca. 16 % der Ackerflächen bewässert. Hierauf entfallen 40 % der Welt-Agrarproduktion und bis zu 85 % des Wasserverbrauchs eines Landes. Mit Ausnahme von Nassreis wird Bewässerungslandwirtschaft allerdings nicht primär zur Ernährungssicherung betrieben, sondern zielt auf Exportkulturen wie z. B. Baumwolle oder auf Sonderkulturen wie Gemüse und Obst ab. Subsistenzlandwirtschaft mit Bewässerung wird nur dann betrieben, wenn sie keine Kosten verursacht.
Probleme bei der Bewässerungslandwirtschaft sind die z. T. hohen Investitionskosten, der Arbeitsaufwand und die oft damit verbundenen Zwänge zur Kooperation. Des Weiteren sind auch noch Gefahren der Bodenschädigung bei unsachgemäßem Betrieb von Bedeutung.
Zum einen kann es zur Vernässung, d. h. einem Anstieg des Grundwassers kommen. Ursachen dafür sind Wasserverluste auf den Transportwegen oder beeinträchtigte Abflussmöglichkeiten bei starken saisonalen Niederschlägen, beispielsweise durch Kulturbauten. Zum anderen ist die Versalzung ein ständiger Begleiter der Bewässerungslandwirtschaft in Trockengebieten, z. B. den ariden Tropen und Subtropen.

Keine Bewässerung ohne Entwässerung

Bewässerungswasser dringt in den Boden ein und löst dort vorhandene Salze auf. Durch die hohe Temperatur trocknet der Oberboden rasch aus und erzeugt einen kapillaren Wasseraufstieg, der die oberflächennahe Kristallisation der gelösten Salze zur Folge hat. Über Jahre hinweg können sich so große Mengen Salz im Wurzelbereich der darauf sehr empfindlich reagierenden Nutzpflanzen ansammeln und die Erträge erheblich beeinträchtigen.
Als Abhilfe sind große Wassermengen zur Salzauswaschung nötig. Zudem muss über die Entwässerungsgräben ein Abtransport der Salzlösung möglich sein. Diese Maßnahmen sind aufwendig und teuer, weshalb sie oft nicht in ausreichender Intensität angewendet werden. Auswege können Nutzungen sein, die im englischen Sprachgebrauch „water harvesting techniques" genannt werden. Das Prinzip ist immer dasselbe: die Konzentration der wenigen Niederschläge auf räumlich sehr begrenzte Pflanzenstandorte, die sich meist an der tiefsten Stelle von Mulden befinden. Eine andere Methode ist das Aufstauen von sporadisch Wasser führenden Flussläufen, sodass über einen längeren Zeitraum Gießwasser vorhanden ist.

4 Tropfbewässerung (A) und Tropfvorrichtung (B) in Spanien

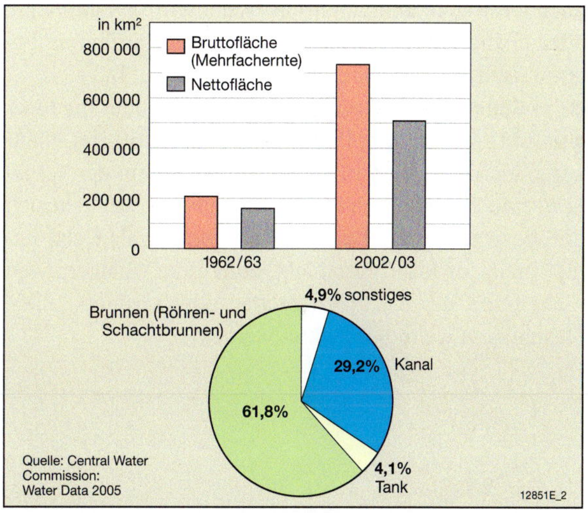

5 Bewässerung weltweit: Flächen und Herkunft des Wassers

Aufgaben

1. Recherchieren Sie im Internet über die verschiedenen Bewässerungsarten und erstellen Sie eine Bildergalerie davon.
2. Diskutieren Sie die Problematik der Bewässerungslandwirtschaft in ariden Regionen.
3. Interpretieren Sie die Abbildung über die weltweiten Bewässerungsflächen (M5) und beurteilen Sie Zukunftsaussichten für die Bewässerungslandwirtschaft.
4. Erläutern Sie die physikalischen Hintergründe der Frostberegnung.

Flusslandschaften im Wandel

Dem Gesetz der Schwerkraft folgend, fließt Wasser bergab und folgt dabei vorgegebenen linienhaften Eintiefungen des Reliefs. Gleichzeitig trägt es durch fluviatile Erosion, Materialtransport und Sedimentation entscheidend zur Formung einer Landschaft bei.

In Abhängigkeit von der Menge und der Geschwindigkeit des fließenden Wassers bildet sich im Laufe der natürlichen Flussentwicklung ein charakteristisches Längsprofil heraus (M1).

Der Oberlauf ist gekennzeichnet durch große Reliefunterschiede. Trotz der noch geringen Wasserführung besitzen Bäche wegen ihrer hohen Fließgeschwindigkeit und der zahlreichen mitgeführten „Erosionswaffen" eine sehr starke Erosionskraft. Die Tiefenerosion wird begleitet durch die Abtragung der Hänge (Seitenerosion).

Im Mittellauf wird das Gefälle geringer. Je nach Wasserführung des Flusses kommt es zu Erosion und Akkumulation (Sedimentation). Da die Seitenerosion im Verhältnis zur Eintiefung der Talsohle zunimmt, werden die Talquerschnitte breiter.

Im flachen Unterlauf lässt die Fließgeschwindigkeit stark nach, ein Teil der mitgeführten Fracht wird auf der Sohle oder in Ufernähe abgelagert. Bei geringer Strömung beginnt der Fluss zu mäandrieren.

Beim Einmünden des Flusses in einen See oder ins Meer kommt es wegen der plötzlichen Verringerung der Fließgeschwindigkeit zu einer abrupten Abnahme der Transportkraft. Es bildet sich ein Schwemmkegel, auf dem sich der Fluss zunehmend verästelt und den er als Delta immer mehr ins Meer vorschiebt, sofern die Ablagerungen nicht sofort durch starke Gezeiten oder küstenparallele Strömungen weiterverfrachtet werden.

Flüsse als Entwicklungsachsen

Flüsse und ihre Täler waren im Laufe der Menschheitsgeschichte bevorzugte Verkehrswege. Entlang dieser wurden Siedlungen angelegt – ursprünglich in sicherer Entfernung von den hochwassergefährdeten Talniederungen. In Mitteleuropa erfassten die Rodungsphasen seit dem frühen Mittelalter auch die Talbereiche. Dies führte zu einer verstärkten Bodenerosion vor allem im Einzugsbereich der Oberläufe der Flüsse. Folge davon waren eine verstärkte Sedimentation im Unterlauf mit Bildung von Auenlehm, mit Flussverwilderungen und erhöhter Hochwassergefahr. Deshalb blieben die bedrohten Talauen lange Zeit unbesiedelt. Erst mit den verbesserten technischen Möglichkeiten der Neuzeit wurde begonnen, auch diese Naturlandschaft umzuformen (M4).

Siedlungs- und Wirtschaftsflächen rückten in die Nähe der Flüsse und mussten nun vor Hochwasser geschützt werden. Der Ausbau großer Flüsse für die Binnenschifffahrt und die Anlage von Kraftwerken zur Stromerzeugung erforderten ebenfalls viele bauliche Veränderungen. Die Flüsse wurden ausgebaggert und kanalisiert, Flussschlingen durchstochen, die Ufer befestigt und Dämme gebaut. Oft brachte dies zunächst auch die gewünschten Erfolge. Des Öfteren wurden jedoch auch negative Auswirkungen dieser Eingriffe erkennbar. Mit der Zerstörung der Flussauen zerstörte man den Lebensraum vieler Tier- und Pflanzenarten, das Areal ging zudem noch als Hochwasserpuffer verloren. Die Veränderungen des Abflusses durch Begradigung oder Stauwehre hatten verstärkte Erosion bzw. Sedimentation zur Folge und zeigten Auswirkungen auf den Grundwasserspiegel in den Talbereichen. Wegen der vielen Wehre konnten Fische nicht mehr zu ihren Laichplätzen gelangen.

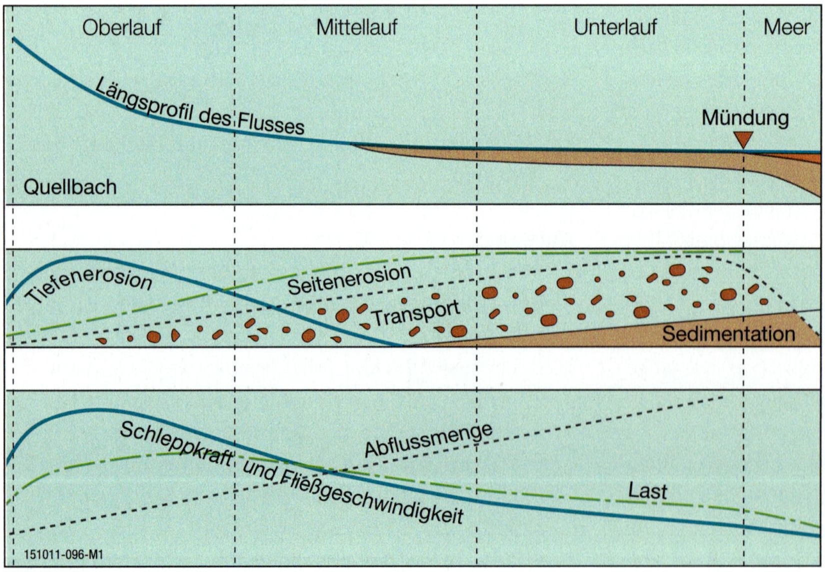

1 Längsprofil eines Flusses

Längsprofil eines Flusses

Pro Jahr werden vom Festland etwa 10,5 km³ Material ins Meer transportiert:

- 8,5 km³ als mechanische Fracht (davon: 10 % Sand und Kies, 90 % Schluff und Ton)
- 2,0 km³ als Lösungsfracht (60 % Ca-Mg-Karbonate, 28 % Sulfate und Chloride von Na, K, Mg, 10 % SiO_2, 2 % Fe_2O)

2 Feststoffeintrag ins Meer

3 Anthropogen überformte Flusslandschaft am Rhein

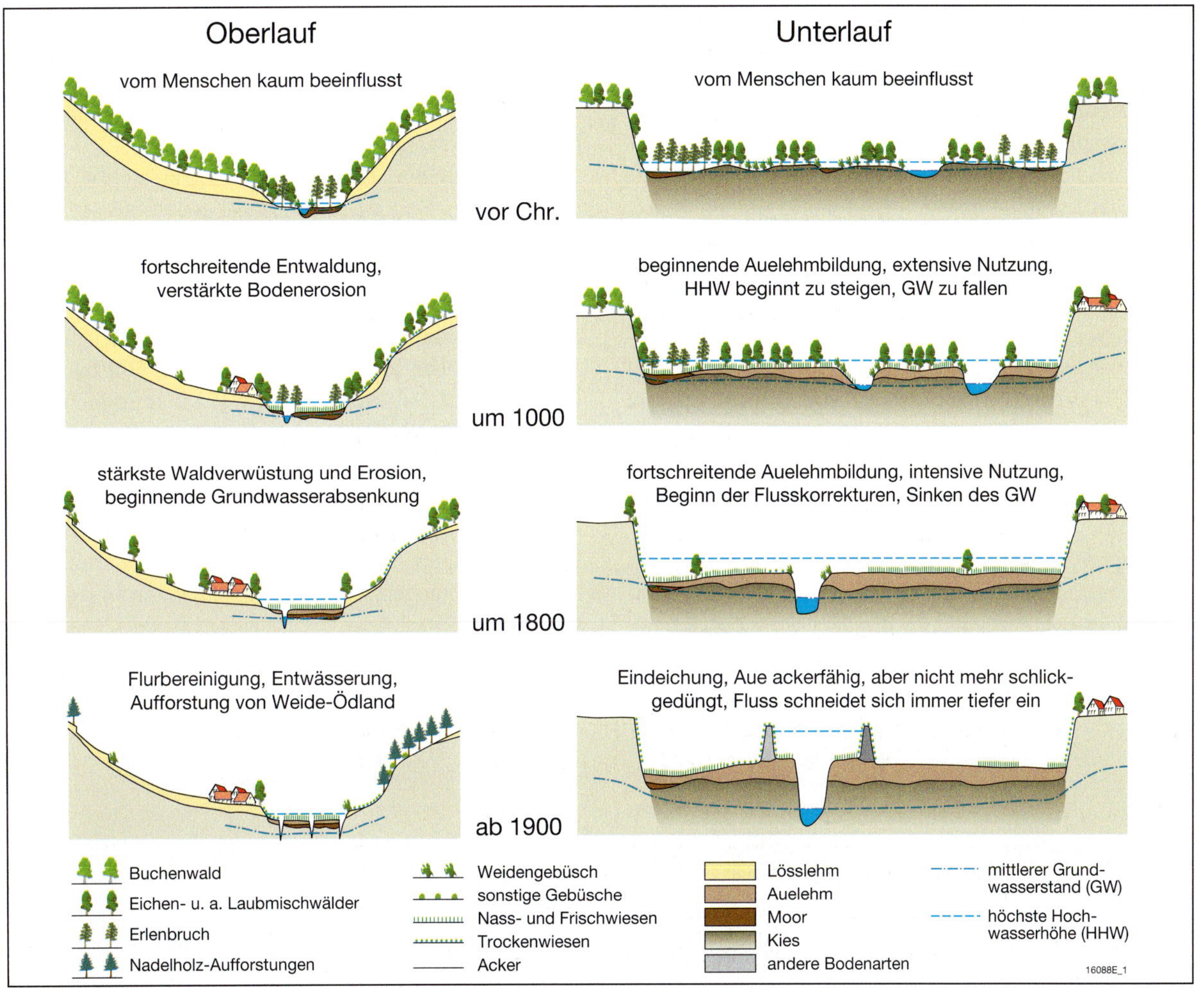

4 Entwicklungsstadien der Flusslandschaft in Mitteleuropa

Aufgaben

1. Beschreiben Sie u.a. mithilfe von M1 und M2 die Auswirkungen der fluviatilen Prozesse auf das Relief der Erde und diskutieren Sie die sich daraus ergebenden Konsequenzen.
2. Erläutern Sie die menschlichen Eingriffe in Flusslandschaften und deren Folgen anhand von M4.
3. Werten Sie M3 hinsichtlich erkennbarer anthropogener Eingriffe aus.

1 **Emschermündung in den Rhein (Ruhrgebiet, 1985)**

Gewässergüte und Gewässerstrukturgüte

Gewässergüte

Die Charakterisierung der Qualität eines Gewässers basiert in Deutschland auf biologisch-ökologischen Untersuchungen. Die Einteilung und Darstellung der **Gewässergüte** beruht beim sogenannten Saprobiensystem (M2) auf der Erfassung bestimmter Organismen bzw. Organismenkombinationen, die als Gradmesser für Gewässerbelastungen dienen. Da die im Wasser lebenden Organismen bestimmte Ansprüche an ihre Umwelt stellen, spiegelt die Besiedlung eines Gewässers dessen Zustand wider und liefert bei wiederholten Messungen Informationen über die Lebensbedingungen in einem längeren Zeitraum.

Im Längsverlauf eines Fließgewässers ändern sich mit zunehmender Entfernung zur Quelle die Umweltbedingungen. In der Regel nimmt die Wassertemperatur zu, ebenso der Nährstoffgehalt des Wassers, dagegen nimmt die Fließgeschwindigkeit ab. Als Folge hiervon ändert sich die Artenzusammensetzung.

Veränderungen der Gewässergüte ergeben sich durch Einleitungen von Schadstoffen. Diese können entweder direkt oder über das Grundwasser erfolgen. Bei Einträgen von biologisch abbaubaren Stoffen wird der Sauerstoffhaushalt der Gewässer belastet: Zusätzliche Einträge können zu einer Überanreicherung mit Nährstoffen (**Eutrophierung**) und schließlich zu Algenblüten oder massenhafter Vermehrung anderer Wasserpflanzen führen. Nach deren Absterben verbraucht deren Zersetzung viel Sauerstoff, der den Wasserbewohnern fehlt – das Gewässer kann biologisch „kippen". Schadstoffe, wie z. B. Pflanzenschutzmittel und Schwermetalle, können auf Organismen giftig wirken.

Es versteht sich, dass Nutzungen wie Baden, Trinkwassergewinnung u. ä. in den betroffenen Gewässern durch die genannten Einflüsse sehr beeinträchtigt, ja unmöglich gemacht werden.

Die Hauptquellen der Nähr- und Schadstoffbelastung der Gewässer sind die Land- und Forstwirtschaft, kommunale Kläranlagen, Kraftwerke, Verkehr, Bergbau und Industriebetriebe. In Deutschland ist die Gewässerbelastung, verursacht durch die Einleitung von Abwasser aus den Kommunen und der Industrie, in den letzten Jahren erheblich zurückgegangen. Dieser Rückgang ist u. a. auch auf die Einstellung der Produktion einiger in den neuen Bundesländern angesiedelter Betriebe der chemischen Industrie zurückzuführen.

Neben der Verschmutzung der Gewässer durch Stoffeinleitungen haben auch technischer Gewässerausbau und Flurbereinigungsmaßnahmen zu einer Minderung der Lebensbedingungen für Tiere und Pflanzen in den Gewässern geführt.

Güteklasse	Kurz-Beschreibung der jeweiligen Gewässerabschnitte
I	unbelastet: reines, stets annähernd sauerstoffgesättigtes und nährstoffarmes Wasser; geringer Bakteriengehalt, vorwiegend von Algen, Moosen, Strudelwürmern und Insektenlarven besiedelt
I-II	gering belastet durch organische und anorganische Nährstoffzufuhr ohne nennenswerte Sauerstoffzehrung, dicht und meist in großer Artenvielfalt besiedelt
II	Mäßig belastet durch Verunreinigungen, gute Sauerstoffversorgung, sehr große Artenvielfalt und Individuendichte, größere Flächen mit Wasserpflanzen bestanden, ertragreiche Fischgewässer
II-III	kritisch belastet mit organischen sauerstoffzehrenden Stoffen, kann zu Fischsterben und großem Algenbestand führen, meist noch ertragreiches Fischgewässer
III	starke organische, sauerstoffzehrende Verschmutzung, meist niedriger Sauerstoffgehalt, örtlich Faulschlammbildungen, geringe Fischerträge, mit periodischem Fischsterben muss gerechnet werden
III-IV	sehr starke Verschmutzungen führen zu weitgehend eingeschränkten Lebensbedingungen, z.T. durch toxische Einflüsse verstärkt, ausgedehnte Faulschlammablagerungen
IV	Übermäßige Verschmutzung durch organische sauerstoffzehrende Abwässer, Fäulnisprozesse herrschen vor, Fische fehlen

16197E

2 **Gewässergüteklassen (Saprobiensystem, nach Länderarbeitsgemeinschaft Wasser, LAWA)**

3 **Naturnaher Abschnitt der Vils/Oberpfalz**

5 **Stark überformter Abschnitt der Vils**

Gewässerstrukturgüte

Im Gegensatz zur biologischen Qualität beschreibt die sogenannte **Gewässerstrukturgüte** die Veränderungen in der Formenvielfalt eines fließenden Gewässers, seiner Auen und Altwässer. Die Ermittlung der Gewässerstruktur ist in Deutschland ein Vergleich des Ist-Zustandes mit einem potenziell natürlichen. Letzterer ist geprägt durch die Eigendynamik des Flusses ohne menschliche Eingriffe und wird als Güteklasse 1 festgelegt. Durch die Ausmaße von baulichen Veränderungen ergeben sich dann weitere Abstufungen (M4).

Nur 21 % der deutschen Flüsse und Bäche – überwiegend in weniger besiedelten Regionen – sind noch in einem naturnahen Zustand, der Rest ist das Ergebnis wasserbaulicher Maßnahmen (vgl. S. 96/97).

In erster Linie weisen die großen Flüsse Deutschlands beträchtliche Strukturdefizite auf. So führt z. B. die intensive Nutzung des Rheins und seines Umlandes dazu, dass 80 % seiner Lauflänge vom Bodensee bis zu den Niederlanden in die Strukturklassen 6 und 7 gestellt werden müssen.

Die meisten der kleineren Flüsse und Bäche sind in der Vergangenheit ebenfalls ausgebaut worden. Hier spielten noch zusätzlich der Schutz von Siedlungsgebieten und Verkehrswegen oder Meliorationen für die Landwirtschaft eine Rolle. Da die Bauten regelmäßig gewartet werden, wird auch hier die Eigenentwicklung morphodynamischer Prozesse unterbunden.

Aus Sicht des Gewässer- und Naturschutzes erscheint ein weiterer Gewässerausbau daher nicht sinnvoll. Es sollten vielmehr Anstrengungen unternommen werden, negative Auswirkungen von bereits durchgeführten Ausbaumaßnahmen zu minimieren oder kleinere Fließgewässer, bzw. Teile davon, wieder zu „renaturieren“.

Klasse	Grad der Veränderung	Kurz-Beschreibung 16196E
1	unverändert	Die Gewässerstruktur entspricht dem potentiell natürlichen Zustand.
2	gering verändert	Die Gewässerstruktur ist durch einzelne, kleinräumige Eingriffe nur gering beeinflusst.
3	mäßig verändert	Die Gewässerstruktur ist durch mehrere kleinräumige Eingriffe nur mäßig beeinflusst.
4	deutlich verändert	Die Gewässerstruktur ist durch verschiedene Eingriffe, z.B. in Sohle, Ufer, durch Rückstau und/oder Nutzungen in der Aue deutlich beeinflusst.
5	stark verändert	Die Gewässerstruktur ist durch verschiedene Eingriffe, z.B. in die Linienführung, durch Uferverbau, Querbauwerke, Stauregulierung, Anlagen zum Hochwasserschutz und/oder durch die Nutzung in der Aue beeinträchtigt.
6	sehr stark verändert	Die Gewässerstruktur ist durch verschiedene Eingriffe, z.B. in die Linienführung, durch Uferverbau, Querbauwerke, Stauregulierung, Anlagen zum Hochwasserschutz und/oder durch die Nutzung in der Aue stark beeinträchtigt.
7	vollständig verändert	Die Gewässerstruktur ist durch verschiedene Eingriffe, z.B. in die Linienführung, durch Uferverbau, Querbauwerke, Stauregulierung, Anlagen zum Hochwasserschutz und/oder durch die Nutzung in der Aue vollständig verändert.

4 **Strukturgüteklassen (nach Länderarbeitsgemeinschaft Wasser, LAWA)**

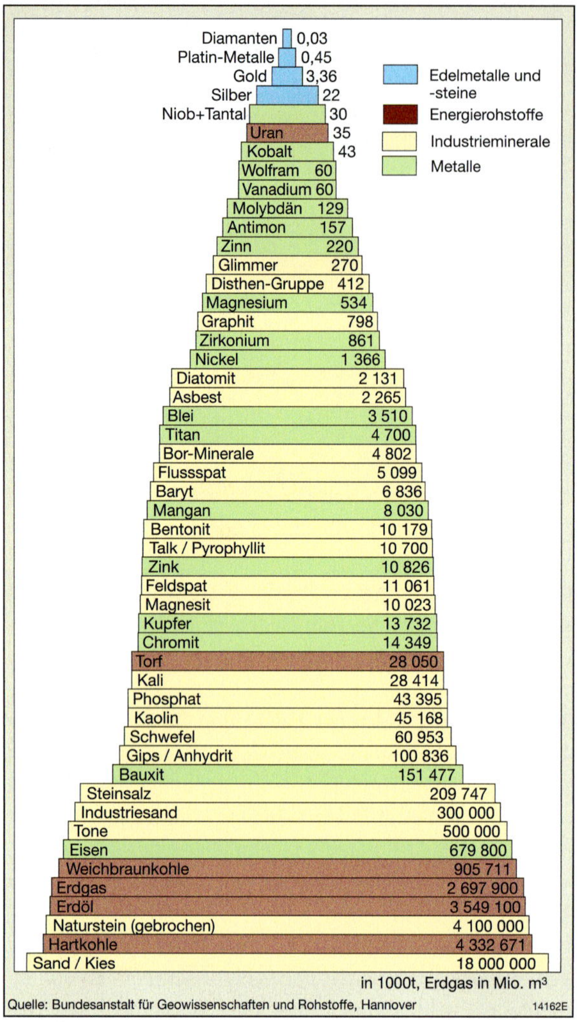

1 **Weltproduktion min. Rohstoffe nach Menge (2003)**

3.2 Rohstofflagerstätten und ihre Nutzung

Rohstoffe – Ressourcen – Reserven

„**Rohstoffe** sind einfach da" – vielfach wird immer noch so gedacht. Wenige machen sich darüber Gedanken, woher sie kommen, wozu sie gebraucht werden und ob es genug von ihnen gibt. Als (Primär-)Rohstoffe werden von Menschen genutzte Stoffe bezeichnet, die bis zum Zeitpunkt ihrer Loslösung von ihrer natürlichen Umgebung unverarbeitet sind (M2).

Bekannte Vorkommen, die durch den heutigen Stand der Technik rentabel abbaubar sind, werden **Reserven** genannt; ist eine gewinnbringende Förderung nicht möglich, spricht man von **Ressourcen**. Die Summe aller Reserven und Ressourcen wird als Gesamtressourcen bezeichnet. Der Begriff Ressource stammt inhaltlich aus dem englischen Sprachraum und leitet sich von „natural resources" ab.

Weitere Vorkommen sind Stoffe, die geologisch vermutet werden, bei ihnen sind aber weder die technologischen noch ökologischen Bedingungen ihrer Förderbarkeit sicher. Aus Ressourcen werden Reserven, wenn beispielsweise der Preis für Brennstoffe steigt, die Förderkosten durch technischen Fortschritt fallen oder die Suche nach wichtigen Industrierohstoffen ausgeweitet wird. Bei anhaltendem technischen Fortschritt können langfristig auch die vermuteten Vorkommen teilweise zu den Ressourcen gerechnet werden. Durch die zunehmende Nachfrage nach **fossilen** Brennstoffen, z. B. dem Erdöl und damit steigenden Energiepreisen, gewinnen **erneuerbare (regenerative) Energien** (z. B. Wind, Wasserkraft, Solarenergie) und Rohstoffe (z. B. Raps) an Bedeutung.

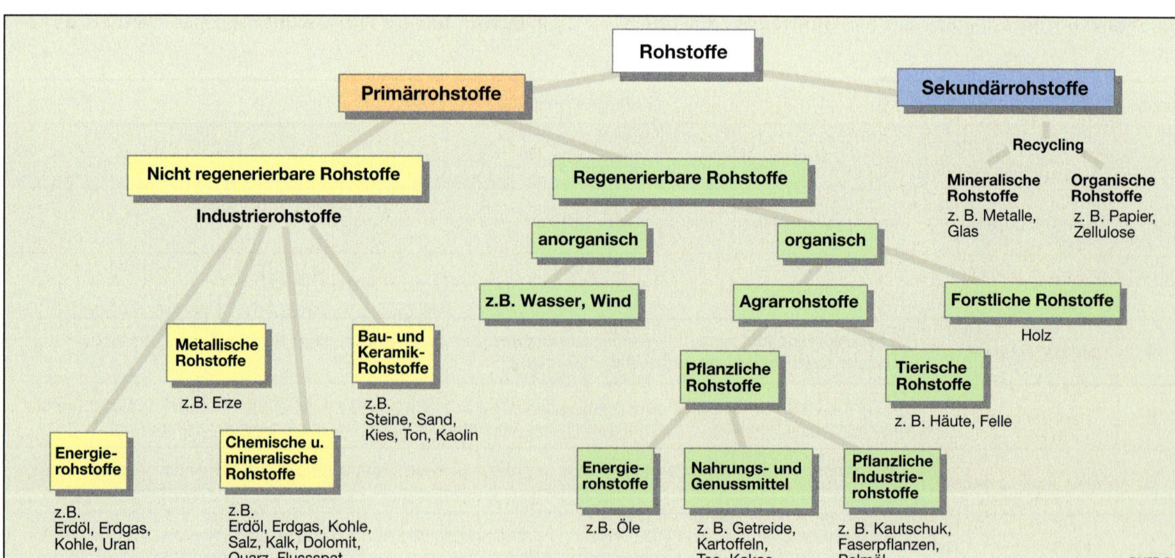

2 **Das System der Rohstoffe**

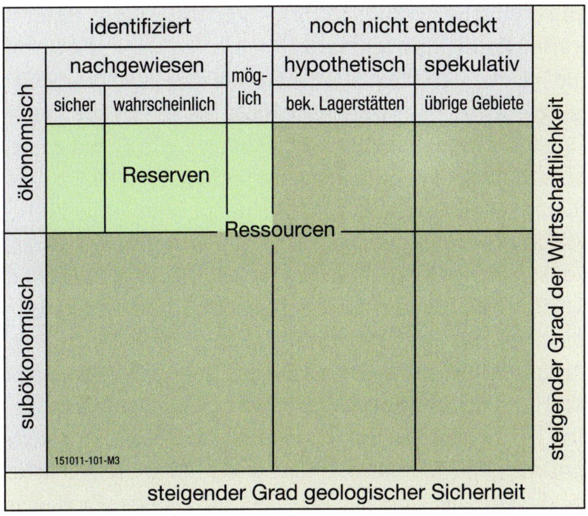

3 Rohstoffreserven und -ressourcen der Erde

Energieträger	Reserven (Gt SKE)		Ressourcen (Gt SKE)	
	1997	2005	1997	2005
Erdöl	216	231	109	117
Erdgas	166	194	245	224
Ölsand/Schwerstöl	47	93	110	94
Ölschiefer	1	1	678	184
Hartkohle	487	626	5021	3569
Weichbraunkohle	71	70	1089	348
fossile Energieträger gesamt	558	1217	6110	6275
Uran	34	27	83	74
Thorium	31	31	34	34
nicht erneuerbare Energierohstoffe	1199	1275	11 077	6489

Quelle: Bundesanstalt für Geowissenschaften und Rohstoffe (BGR), Hannover

4 Reserven / Ressourcen der Energieträger 1997 / 2005

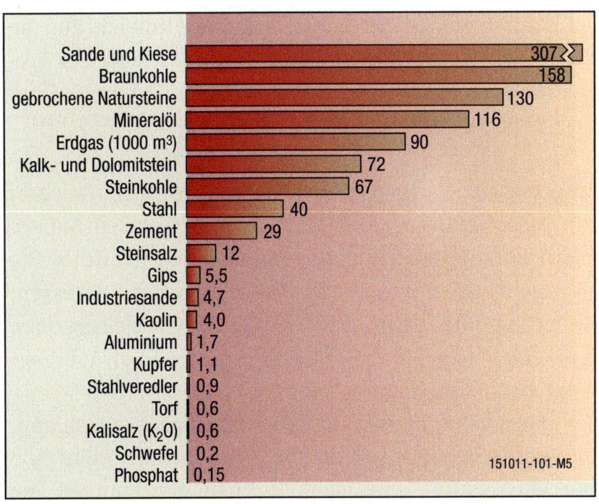

5 Rohstoffverbrauch einer Person in Deutschland im zeitlichen Ablauf von 78 Jahren (in Tonnen)

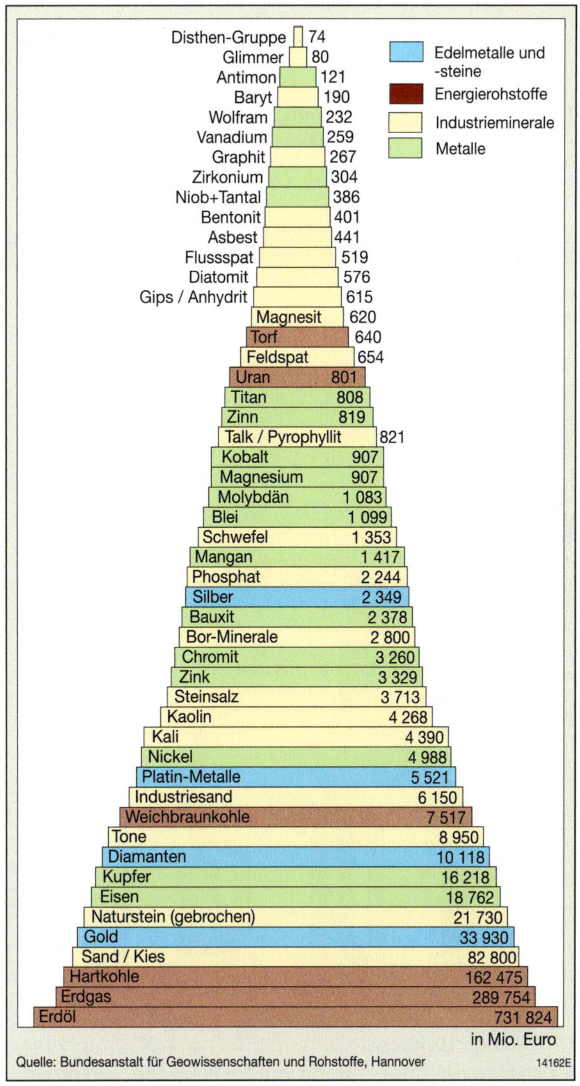

6 Weltproduktion min. Rohstoffe nach Wert (2003)

Aufgaben

1. Nehmen Sie zu folgender These Stellung: „Ressourcen bilden die Grundlage unseres Lebens“ (M5).
2. Erklären Sie die Positionen von je einem Edelmetall, eines Energierohstoffes und eines Baurohstoffes in der Mengen- und Wertpyramide (M1 und M6).
3. Begründen Sie die unterschiedlichen Werte der Reserven und Ressourcen zwischen 1997 und 2005 (M4).
4. Definieren Sie folgende Begriffe und grenzen Sie sie klar voneinander ab: Bodenschatz, Rohstoff, Lagerstätte, Ressource, Reserve, Vorkommen.
5. Recherchieren Sie nach dem Kernbrennstoff Uran (www.bgr.bund.de) hinsichtlich Reserven, Ressourcen, Nutzung, Förderung, Verbrauch, Preisentwicklung.

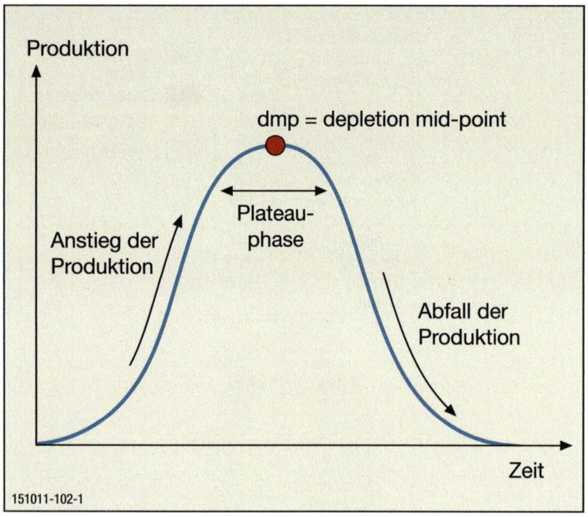

1 Hubbert-Kurve

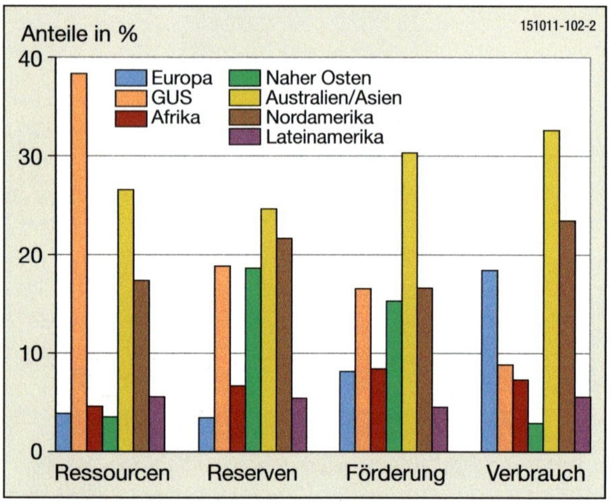

2 Regionale Unterschiede von Ressourcen, Reserven, Förderung und Verbrauch nicht erneuerbarer Energierohstoffe (2004)

Rohstoff	Anwendungsbereich	Preis 2001*	Preis 2005*	Preisanstieg (%)
Indium	LCD Flachbildschirme, Halbleiter	120	810	575
Molybdän	Stahlerzeugung	5	72	1340
Platin	Katalysatoren	533	890	66
Selen	Glas, Chemie	3,8	52	1268
Tellur	Stahlerzeugung	7	96	1271
Tungsten	Elektronik	64	140	118
Vanadium	Petrochemie, Metallwirtschaft	1,4	17,5	1177
Zirkon	Keramik, Chemie	340	662	95

* Angaben in US-$ bezogen auf spezifische relevante Mengen
Quelle: Berechnungen bpb auf Basis von USDI/USGS 2006

3 Anwendungsbereiche und Preisanstieg ausgewählter Metalle

Mineralische Bodenschätze – Verfügbarkeit, Reichweite, Konfliktpotenziale

Die Weltbevölkerung hat seit Ende des Zweiten Weltkrieges mehr Rohstoffe verbraucht als in der gesamten Menschheitsgeschichte zuvor. Daraus ergibt sich die Frage, wie lange Rohstoffe noch verfügbar sind.

Häufig wird das Reserven-/Verbrauchsverhältnis (R/V-Verhältnis) aufgestellt. Damit wird die Reichweite einer Rohstoffreserve in Jahren dargestellt. Die so ermittelten Reichweiten können aber nur bedingt verwendet werden, um die zukünftige Verfügbarkeit von Rohstoffen zu beurteilen. Da sich sowohl der Verbrauch als auch die Höhe der bekannten Reserven ständig verändern, ist das R/V-Verhältnis nur ein statistischer Wert in einem dynamischen System. Es wird daher auch als statische Reichweite bezeichnet. Beispielsweise hatte Zink seit Ende des Zweiten Weltkrieges immer Reichweiten von etwa 25 Jahren, obwohl sich der Verbrauch von 1955 bis heute um das Zweieinhalbfache gesteigert hat.

Die Größe der Reserven wird stets auf einen bestimmten Stichtag bezogen. Sie ist davon abhängig, ob es seit der vorangegangenen Reservenermittlung große Neufunde gab, ob sich das Preisniveau oder die Kostenstruktur der für den Rohstoff wichtigsten Gewinnungsstellen verändert hat. Ein weiterer wichtiger Aspekt ist auch die technologische Innovation. Was heute wegen fehlender Technik nicht gewonnen werden kann, ist morgen vielleicht abbaubar.

Eine Möglichkeit, die zukünftige Verfügbarkeit abzuschätzen, bietet dagegen die „Hubbert-Kurve". Hierbei wird das betriebswirtschaftliche Modell der Produktion auf den Abbau mineralischer Rohstoffe übertragen. Jede Produktion durchläuft von Beginn bis zum Ende eine glockenförmige Lebenskurve (M1). Diese gilt sowohl für eine einzelne Lagerstätte als auch für alle Lagerstätten eines Landes, eines Kontinents oder der ganzen Erde. Bei einer globalen Betrachtung ist im Hinblick auf die zukünftige Versorgungssituation nicht das Ende der Produktion entscheidend sondern das Fördermaximum, der sogenannte **„Depletion Mid-Point"**.

Aufgrund der Verringerung der Kosten für den Transport von Massengütern gibt es heute keine lokalen Märkte mehr. Rohstoffmärkte sind immer globale Märkte. Die unproportionale Verteilung von Ressourcen, Reserven, Förderung und Verbrauch zwischen den Weltregionen lässt einen regen Rohstofftransport entstehen, der perspektivisch zunehmen wird.

Die meisten Industrienationen, wie auch Deutschland, sind von Rohstoffimporten abhängig. Daraus ergibt sich aus wirtschafts- und geopolitischen Erwägungen ein erhebliches Konfliktpotenzial. Es ist zu erwarten, dass mit abnehmenden Reserven – wie in der Vergangen-

4 **Bohrinsel vor der norwegischen Küste**

heit schon geschehen – Verteilungskonflikte über die Rohstoffvorräte entstehen. Die Golfkriege, die heftigen Diskussionen um die Ostseepipeline und der vorübergehende Lieferstopp russischen Erdgases für Weißrussland im Jahr 2006 sind nur einige Beispiele dafür. Der Weltmarkt für viele Rohstoffe, insbesondere für seltene Metalle und Energierohstoffe, ist in den letzten Jahren sehr angespannt und verzeichnet einen steilen Preisanstieg. Die rasante wirtschaftliche Entwicklung einiger Schwellenländer, wie z. B. China, lässt vermuten, dass dieser Trend weiter anhalten wird.
Um Konfliktpotenziale zu entschärfen, muss ein nachhaltiges internationales Ressourcenmanagement die jetzige Rohstoffpolitik ersetzen. Darüber hinaus lassen sich Veränderungen im R/V-Verhältnis durch Neufunde von Lagerstätten (M5), die verbesserte Ausbeutung bekannter Lagerstätten und vor allem durch **Substitution** erreichen. Des Weiteren durch (ein verbessertes) Recycling und natürlich den effektiven, sparsameren Einsatz von Rohstoffen. Die Entwicklung neuer technologischer Lösungen kann ebenfalls ein Beitrag sein, denn technologische Entwicklungen können eine Verbrauchsstruktur total verändern. So arbeitet der Satellitenfunk anstelle stationärer Verbindungen gänzlich ohne Kupferleitungen und spart damit wertvolle Ressourcen ein.

Aufgaben

1. Erläutern Sie die Bedeutung des „Depletion Mid-Point" (M1).
2. Vergleichen Sie die Stellung Europas und des Nahen Ostens anhand von M2.
3. Erklären Sie, unter welchen Umständen die Suche und Förderung von konventionellen (M4) auf nichtkonventionelle Erdölvorkommen (M5) ausgeweitet wird.

„Im Jahr 1899 brach in Klondike im Nordwesten von Kanada der „Goldrausch" aus. Rund 100 km weiter im Süden findet gegenwärtig erneut eine intensive Suche statt, diesmal jedoch nach dem schwarzen Gold.
In Alberta […] lagern die zweitgrößten und erst seit kurzem wirtschaftlich erschließbaren Ölreservoirs der Welt. Das Land verfügt damit nachweislich über größere Ölreserven als Russland und der Irak zusammen."

(Quelle: Tarhan, F. (2007), www.rohstoffwelt.de, 27.03.2007)

„Ölsande […] sind mineralische Sedimente mit Anteilen organischer Herkunft. […] Das Öl der Ölsande ist bei normaler Temperatur zähflüssig-klebrig bis asphaltartig und schwerer als Wasser. Es wird als Bitumen bezeichnet. […] Das technische Problem besteht darin, das Bitumen von Sand und Wasser zu trennen, ehe es zu leichterem, sogenanntem synthetischen Öl aufgearbeitet werden kann. […] Lagerstätten von Ölsanden […] finden sich schon in geringer Teufe. Vielfach sind sie relativ leicht zugänglich. […]
Wenn Ölsande im Tagebau gefördert werden erfolgt die Abtrennung des Bitumens in oberirdischen Anlagen. Bei tiefer liegenden Vorkommen werden thermische Verfahren angewandt (vgl. S. 104, M2).
„Um 1 Barrel [= 159 l] Bitumen abzupumpen, werden zur Dampfbereitung mehr als 20 m³ Erdgas und bis zu 3 m³ Wasser benötigt. Die Wirtschaftlichkeit wird daher vom Erdgaspreis mitbestimmt.
Technische Fortschritte haben die Betriebskosten spürbar sinken lassen. […]
Inzwischen übertrifft die Ölsandindustrie die konventionelle Erdölförderung Kanadas. […] Das Auslandsinteresse ist nicht nur deshalb groß, um mittel- bis langfristig neue Ölreserven zu erschließen. Es geht auch darum, Ölsand-Technologien kennenzulernen, an ihrer Entwicklung mitzuarbeiten und sie selbst in anderen Regionen anzuwenden. […]
Zwar lassen sich aus Ölsanden aufgrund der Vorratssituation große Mengen Öl gewinnen, aber der Energieaufwand ist hoch und die Emission von Treibhausgasen steigt. Viel, ja alles wird daher von neuen Technologien abhängen. […]
Ölsande […] sind wohl Reserven für die Zukunft, aber langfristig gesehen sicher kein absoluter Ausgleich für die schwindenden Reserven an konventionellem Öl."

Quelle: Gerloff, J. U. (2008)

5 **Ölsand – Reserven des globalen Ölmarktes?**

❶ Ölsandabbau in Alberta (Kanada)

Ökologische Risiken bei Abbau und Nutzung von fossilen Energieträgern und Uran

Die Gewinnung und Nutzung von fossilen Energieträgern und von Uran hat spezifische Umweltauswirkungen. Exemplarisch sollen diese anhand von Braunkohle- und Ölsandabbau sowie der Nutzung der Kernenergie dargestellt werden.

Braunkohleabbau, Beispiel Deutschland

Durch die steigenden Preise auf dem globalen Ölmarkt steigt die Bedeutung der Kohle als Energierohstoff. Mit einer Fördermenge von 180 Mio. t (2007) ist die Braunkohle der wichtigste einheimische Energierohstoff. Sie wird im Rheinischen, Lausitzer, Mitteldeutschen und Helmstedter Revier in zehn Tagebauen gefördert.

Der Braunkohlebergbau hat seit Beginn der Abbautätigkeit in Deutschland 168 000 ha Fläche (entspricht ca. dem 5,5-fachen der Fläche Münchens) zerstört, darunter riesige Waldbestände, landwirtschaftliche Nutzflächen und Siedlungen. Das bedeutete einen enormen **Rekultivierungs**bedarf und erhebliche Kosten. Mittlerweile gelten ca. zwei Drittel der beanspruchten Flächen als rekultiviert.

Die Gewinnung der Braunkohle setzt eine Grundwasserabsenkung bis unter die Tagebausohle voraus. Daher müssen die oberhalb der Braunkohle gelegenen Grundwasserleiter entleert und die unterhalb der Flöze liegenden Schichten vom Wasserüberdruck entspannt werden. Dies erfolgt mit Galerien von Brunnen im Bereich des Tagebaufeldes. Auch in Entfernung von einigen Kilometern sind die Auswirkungen der damit verbundenen Grundwasserabsenkung noch spürbar, z. B. durch Störung von Feuchtgebieten, Engpässen in der städtischen Wasserversorgung oder zeitweise Austrocknung der Quellregionen von Fließgewässern. Im Bereich der größten Grundwasserabsenkung können Bodenabsenkungen entstehen, die bis zu 2,5 m betragen.

Die Nutzung des Energieinhalts der Kohle erfolgt durch Verbrennung. Dadurch können Feinstaub und verschiedene Schadstoffe freigesetzt werden, die wiederum gesundheitliche und ökologische Auswirkungen haben. In Deutschland werden daher umfangreiche Filtersysteme eingesetzt, um die Schadstoffbelastung zu minimieren.

Ein vieldiskutiertes Problem bei der Nutzung von Braunkohle sind die hohen CO_2-Emissionen, die als wichtigste Ursache bei der Verstärkung des Treibhauseffekts gelten. Die Braunkohle setzt, selbst im Vergleich zu anderen fossilen Energieträgern, besonders viel CO_2 frei. Im Vergleich zu Erdgas-Kraftwerken stößt selbst ein modernes Braunkohle-Kraftwerk doppelt so viel CO_2 aus.

Ölsandabbau, Beispiel Alberta (Kanada)

Der Ölsandabbau nimmt große Flächen Albertas in Anspruch und zerstört diese völlig (M1). Für die Wildtiere (wie z. B. die jährlich wandernden Karibuherden) bedeutet dies einen enormen Eingriff (vgl. auch Diercke-Weltatlas, Ausgabe 2008, S. 198.1). Außerdem ist der Ölsandabbau mit extrem hohem Wasserverbrauch verbunden (M2). Der Frischwasserbedarf entspricht bereits heute dem Wasserbedarf eines Viertels der gesamten Bevölkerung Albertas (3,3 Mio. in 2006). 20 % des eingesetzten Wassers müssen aufgrund der Ölverunreinigung dauerhaft in sogenannten Absetzbecken verbleiben (M1).

Der zudem sehr energieaufwendige Ölsandabbau gilt auch als größter CO_2-Emittent Kanadas. Zur Förderung und Aufbereitung werden Erdgasmengen verbraucht, die dem Bedarf von 3,2 Mio. kanadischen Haushalten entsprechen. Bei der zu erwartenden Steigerung des Ölsandabbaus wird Kanada die Ziele des Kyoto-Protokolls nicht erreichen können.

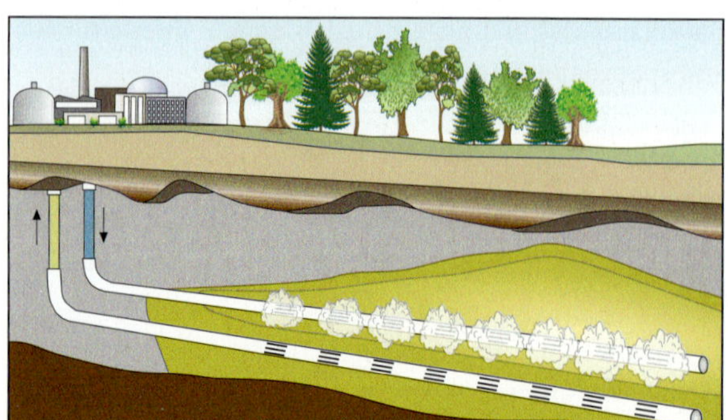

❷ Das Prinzip des Ölsandabbaus (schematisch)

Nutzung von Kernenergie

Mit einer Nettoleistung von 20 303 MW sind in Deutschland 17 Kernkraftwerke (KKW) am Netz. Die deutschen KKW zählen zu den weltweit sichersten Anlagen und werden ständig auf höchstem Sicherheitsniveau nachgerüstet. Dennoch ist die Nutzung von Kernenergie, u.a. aufgrund diverser ökologischer Risiken, ein sehr kontrovers diskutiertes Thema. Anhand ausgewählter Beispiele sollen einige Diskussionspunkte angerissen werden:

Aufgaben

1. Beschreiben Sie Eingriffe in die Natur im Bereich eines deutschen Braunkohlereviers mithilfe des Atlas.
2. Erläutern Sie die ökologischen Risiken, die sich durch den Ölsandabbau in Alberta ergeben (M1, M2).
3. Stellen Sie folgende Thesen gegenüber: „Atomkraft – alles gar nicht so schlimm!“ und „Atomkraft – nein danke!“. Verwenden Sie dabei neben den ökologischen auch andere Aspekte.

Saubere Energie?

„Kernkraftwerke stoßen beim Betrieb im Unterschied zu fossil befeuerten Kraftwerken kein CO_2 oder andere klimarelevante Gase aus. [...] Allein in Deutschland werden durch die Nutzung der Kernenergie jährlich rund 150 Millionen Tonnen vermieden, vergleichbar der Menge, die in einem Jahr durch den gesamten Straßenverkehr freigesetzt wird.“

(Quelle: www.kernenergie.de, 26.10.2008)

„Atomenergie ist keine saubere Energieform. Man muss den gesamten Pfad vom Uranabbau bis zur Atommülllagerung betrachten. Dabei werden nicht nur das klimaschädliche CO_2, sondern auch gesundheitsgefährdende radioaktive und andere chemisch aggressive Stoffe freigesetzt.“

(Karin Wurzbacher, Physikerin, Teilnehmerin an der UN-Klimakonferenz auf www. umweltinstitut.org, 08.12.2007)

Krebs durch Atomkraftwerke?

Hoch schlugen die Wellen, als im Dezember 2007 die Kernaussagen der neuesten Kinderkrebsstudie (KIKK) öffentlich wurden: Für Kinder unter fünf Jahren [...] nimmt das Risiko einer Leukämieerkrankung deutlich zu, „je näher ihr Wohnort an einem Kernkraftwerk liegt.“

(Quelle: greenpeace magazin 2.08)

„Die Leukämien können nicht durch die Strahlenbelastung durch KKW ausgelöst worden sein. [...] Die Strahlung aus kerntechnischen Anlagen ist um das 1 000- bis 10 000-fache geringer als die natürliche Strahlung...“

(Maria Blettner, Leiterin des Instituts für Biometrie, Uni. Mainz, zitiert von Miersch, M. (2008) – www.welt.de, 24.06.2008)

Gefahren des Uranabbaus

„Beim Uranerz-Abbau werden große Mengen radioaktiv und chemisch verseuchter Gruben-Abwässer in die nächstliegenden Flüsse und Seen geleitet. Bei Stilllegung von Uran-Bergwerken werden diese oft geflutet. Radioaktive und mit Schwermetallen verseuchte Grubenabwässer gelangen ins Grundwasser. Bei der Weiterverarbeitung [...] bleibt als Abfall feiner Schlamm zurück, der in Absetzbecken geleitet wird. Diese sogenannten Tailings enthalten bis zu 85 Prozent Radioaktivität, bestehen aus langlebigen Isotopen und stellen eine langjährige Gefahr dar, da das Feinmaterial nach Austrocknung ausgeblasen und über weite Strecken transportiert werden kann. Die Radon-Konzentrationen in Deutschland liegen im Mittel bei 50 Becquerel pro Kubikmeter in Wohnräumen. An Orten mit Uranerzabbau treten allerdings Spitzenwerte von 2000 bis 3000 Becquerel pro Kubikmeter, vereinzelt alarmierende Werte von 100 000 Becquerel pro Kubikmeter auf.“

(Quelle: www.scharflinks.de, 26.10.2008, verändert)

Endlagerung

„Ein KKW der in Deutschland üblichen Größe erzeugt in einem Jahr ca. 1,1 t Spaltprodukte. Zur Endlagerung sollen diese Stoffe in Glas eingeschmolzen werden, mit Edelstahl umhüllt und in 1 000 m Tiefe in Steinsalz eingelagert werden. Das strahlende Material wäre damit so sicher wie möglich von Leben auf der Erde abgeschottet.“

(Quelle: Miersch, M. (2008) – www.welt.de, 24.06.2008)

Im Inneren des Höhenzuges Asse liegen in einem ehemaligen Salzbergwerk seit den Siebzigerjahren 126 000 Blechfässer mit (*Anmerkung: leicht- bis mittelradioaktivem*) Atommüll. Was vor einigen Jahrzehnten noch als absolut sicher galt, wächst sich derzeit zu einem Problem aus. „Etwa zwölf Kubikmeter Salzlauge fließen täglich in den Schacht“, sagt Bergwerksleiter Günther Kappei. Kritiker und Anwohner befürchten eine Verunreinigung des Grundwassers. „Die Asse ist der Gau der Endlager-Debatte“, sagt Bundesumweltminister Sigmar Gabriel (SPD).

(Quelle: www.welt.de, 24.04.07, Anmerkung: Redaktion)

1 Energieversorgung in den USA und in Äthiopien

Weltenergieverbrauch und Energiedistribution

Die Lagerstätten der wichtigsten Energierohstoffe sind auf der Erde räumlich ungleichmäßig verteilt. Sie unterscheiden sich zudem erheblich in Umfang und Qualität sowie hinsichtlich des Aufwands, der für ihre Ausbeutung erforderlich ist. Die naturbedingte ungleiche Verteilung der Schätze der Erde ist zu einem bedeutenden Anstoßfaktor für die regionale bzw. globale Arbeitsteilung und damit zu einer der wichtigsten Ursachen für Armut und Reichtum geworden. Zudem ist sie aber auch oftmals die Quelle für politische oder militärische Konflikte um die Sicherung des Zugangs oder der Transportwege.

Fast zwei Drittel des globalen Energieverbrauchs konzentrieren sich derzeit auf ein Fünftel der Weltbevölkerung. Die bevölkerungsreichsten Länder bzw. die Länder mit den größten Bevölkerungszuwachsraten – aber einem derzeit noch geringen Energiebedarf – werden jedoch in Zukunft für einen Großteil des Bedarfszuwachses an Energie verantwortlich sein. In vielen Industrieländern wird dagegen wegen der Entkopplung von Wirtschaftswachstum und Energieverbrauch letzterer nur noch geringfügig ansteigen.

Global gesehen liegt derzeit die jährliche Zuwachsrate des Primärenergieverbrauchs bei ca. 2,5 %, die Zuwachsrate der Weltbevölkerung bei 1,4 % und das weltweite Wirtschaftswachstum bei nahezu 5 %. Regional ergeben sich jedoch erhebliche Unterschiede: China, mit 1,3 Mrd. Einwohnern der bevölkerungsreichste Staat der Erde, erlebt z. B. seit einigen Jahren einen anhaltenden Wirtschaftsboom und Zuwachsraten von über 10 % pro Jahr, was einen entsprechend starken Zuwachs des Energieverbrauchs bedeutet. China wird – wie das ähnlich bevölkerungs- und kohlenreiche Indien – in Zukunft noch mehr Kohle einsetzen, allerdings häufig in Kraftwerken mit Wirkungsgraden von nur 25 % und ohne Entschwefelungs- und Entstickungsanlagen. Momentan beträgt die Relation Auto/Einwohner in China erst ca. 1 : 1 000, in Deutschland dagegen 1 : 2. Die Wertigkeit der einzelnen Primärenergieträger wird sich vor diesem Hintergrund weltweit nur langsam ändern. Vor allem die Dominanz der fossilen Energieträger in der Verstromung und bei der Erzeugung von Prozess- und Heizwärme wird die nächsten Jahrzehnte wohl bestehen bleiben.

Global gesehen ist Erdöl mit großem Abstand immer noch der wichtigste Energieträger (ca. 35 % des Verbrauchs). Sein Verbrauch nahm besonders in den 1960er- und 1970er-Jahren stark zu und deckte einen Großteil des damaligen Energiemehrbedarfs, v. a. auch für die zunehmende Motorisierung. Seit dem Höchststand von 1979 (49,9 %) ist der Erdölanteil rückläufig, besonders wegen des Einsatzes anderer Energieträger für Raumheizung und Stromgewinnung. Ein weiterer Rückgang wird vorerst jedoch durch die weltweit zunehmende Motorisierung verhindert werden.

Der Energieverbrauch pro Kopf sank Anfang der 1990er-Jahren zunächst auf 164,3 GJ (Gigajoule, 1 GJ = 277 KWh). Seitdem stieg er kontinuierlich an und erreichte 2007 einen Wert von 192,4 GJ. Wichtige Einflussfaktoren waren dabei die weiterhin starken Verbrauchssteigerungen in den USA und den asiatischen Industrie- und Schwellenländern. Andererseits wurde der Energieverbrauch gedrosselt durch den sparsamen Umgang mit Energie in Westeuropa, durch den Zusammenbruch der Industrie des ehemaligen Ostblockes und durch die wirtschaftlichen Schwierigkeiten der rohstoffarmen Entwicklungsländer. Hier wurden größere Energieimporte durch Devisenmangel und hohe Verschuldung verhindert.

Allgemein gesehen hängt der Pro-Kopf-Verbrauch vom technologischen Entwicklungsstand eines Landes ab, aber auch von seiner Wirtschaftsstruktur, dem Grad der Motorisierung, dem Klima (Dauer der Heizperiode) und der Effizienz der eingesetzten Energie. Der sehr hohe Energiekonsum der USA und Kanadas geht z. B. großteils auf den verschwenderischen Einsatz der bislang noch billigen Energie zurück. Allerdings formen sich neue Entwicklungstrends, da auch dort bereits ein Umdenken einsetzt. Das zeigt sich z. B. darin, dass viele US-Amerikaner auf sparsamere Pkw umsteigen. In Europa ließen sich die stärksten Einsparungen in den letzten Jahren durch technische Entwicklungen erzielen (Automatisierung, Energie sparende Geräte und Maschinen, verbesserte Heizungs- und Verkehrstechnik, Wärmedämmung der Gebäude), aber auch durch die Reduzierung der energieintensiven Montan- und Chemieindustrie.

Aufgabe

Erläutern Sie Abb. M2 und formulieren Sie drei Kernaussagen.

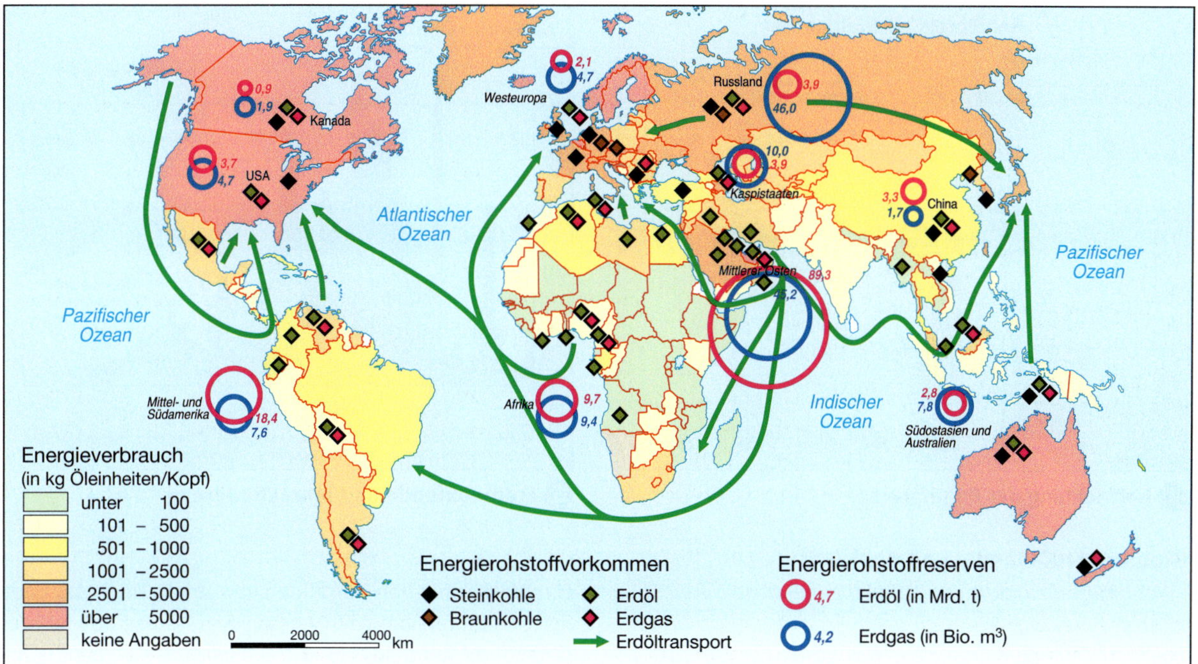

(A) Energierohstoffe und Energieverbrauch

(B) Weltenergieverbrauch nach Kontinenten und Regionen
Primärenergieverbrauch in Mio. t Öleinheiten

	2006	Veränderung gegenüber 2005 in %	Welt-anteil in %	Anteil Welt-bevölkerung 2005 in %
Nordamerika	2803,0	-0,5	25,8	5,1
USA	2326,4	-1,0	21,4	4,6
Mittel-und Südamerika	528,6	+4,1	4,9	8,6
Europa (inkl. Russland und GUS)	3027,1	+1,5	27,8	11,2
EU 25	1722,8	+0,2	15,8	7,5
Russland	704,9	+4,8	6,5	2,2
Naher Osten	554,2	+4,0	5,0	5,1
Afrika	324,1	+2,6	3,0	12,2
Asien und Ozeanien	3641,5	+4,9	33,5	57,8
VR China	1697,8	+8,4	15,6	20,2
Japan	520,3	-0,4	4,8	1,9
Welt	10878,5	+2,8	100	100

(C) Energieverbrauch weltweit in Exajoule

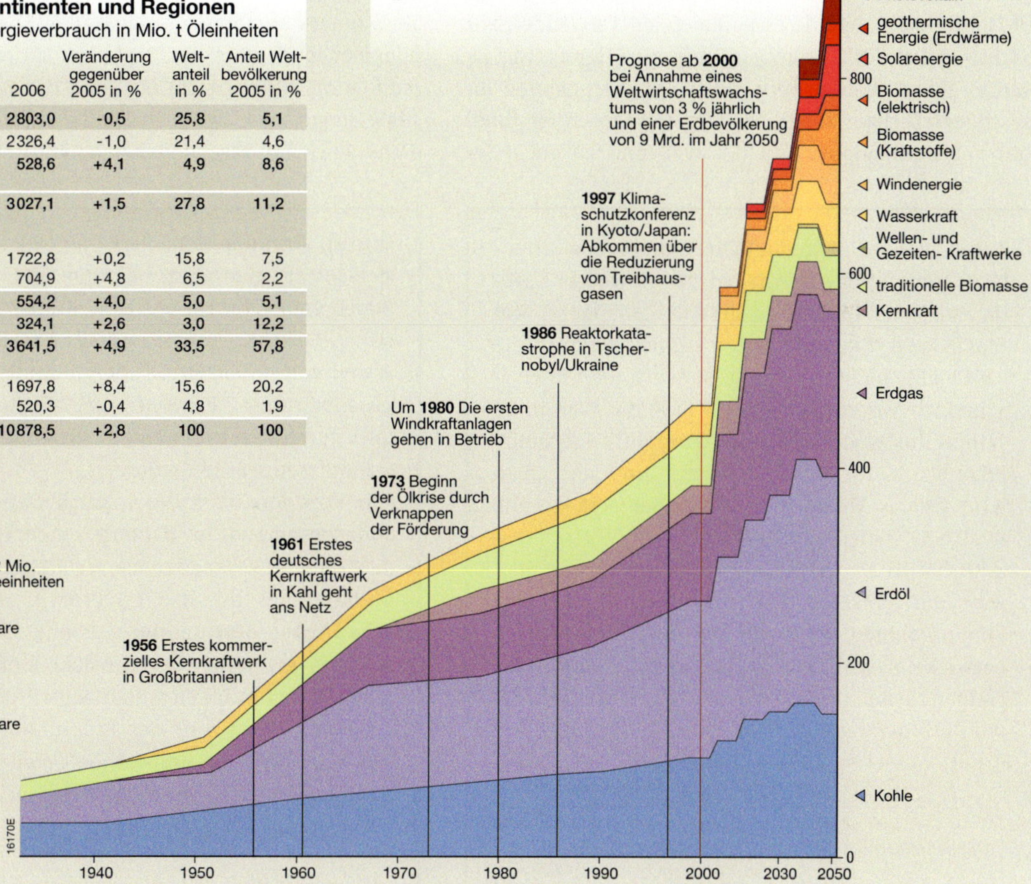

2 **Weltenergieverbrauch und Energiedistribution – globale Strukturen und Prozesse**

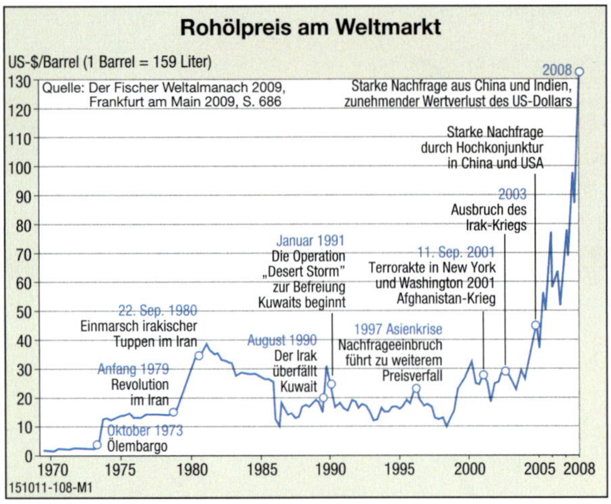

1 Entwicklung der Rohölpreise

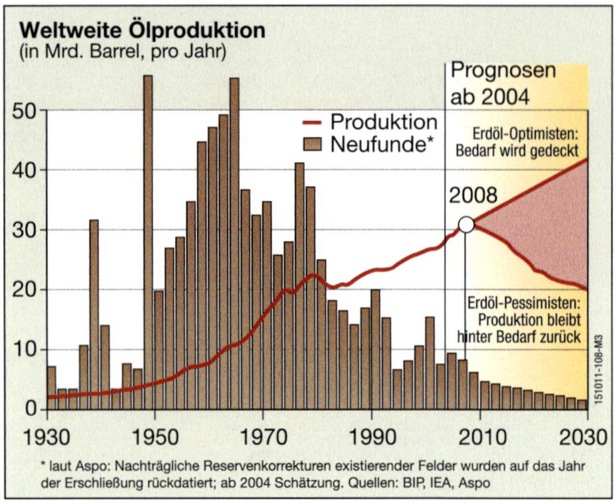

3 Erdölneufunde und Jahresförderung

Globaler Erdölhandel und Konflikte

„Wer bestimmen kann, wie die Pipeline-Karte aussieht, wird die Zukunft eines riesigen Teils der Welt bestimmen." (Frederick Starr, Leiter des Kaukasus-Instituts an der Johns-Hopkins-Universität in Baltimore, USA)

Bekannt ist Erdöl seit der Antike, aber erst seit Mitte des 19. Jahrhunderts wurde es kommerziell verwendet, zunächst als Leuchtöl, später als Treibstoff. Heute prägt es durch seine vielfältige Verwendbarkeit die moderne Industriegesellschaft. Innerhalb von 150 Jahren ist Erdöl zum meistgehandelten Gut der Welt und zu einer der Hauptursachen von Konflikten geworden. Doch das Ende des Ölzeitalters hat nach Aussagen von Mike Bowlin, des Generaldirektors des US-Erdölkonzern ARCO, bereits begonnen. Vollständig erschöpft sein werden die Ölvorräte in den nächsten Jahrzehnten noch nicht. Allerdings stellen sich die Fragen, wann das billige Öl ausgeht und ab wann es Versorgungsengpässe gibt. Während angenommen wird, dass der Depletion Midpoint der Erdölproduktion 2010 erreicht ist, wird der Bedarf hingegen stetig steigen, vor allem in Ländern wie China und Indien, die sich in rasendem Tempo entwickeln. Dies wird

Mark Leonard sieht die Welt auf eine multipolare Ordnung zusteuern, bei der Amerika, Europa, Russland/China und die "Religiosphäre" um Macht und Einfluss ringen. Zwar verläuft die Geschichte nicht geradlinig, sondern folgt überraschenden Wegen. Doch wie würde die Welt in 20 Jahren aussehen, wenn die Geopolitik die heute erkennbare Richtung fortsetzt? Im Jahr 2026 wird Chinas Volkswirtschaft größer sein als die der USA. Indien wird eine größere Wirtschaftskraft haben als jeder einzelne europäische Staat. Russland, Brasilien und Indonesien werden nur knapp dahinter liegen. Indem sich diese Staaten entwickeln, wird ihr Appetit auf Rohstoffe und Humankapital immer unersättlicher werden. Es wird erbitterte globale Auseinandersetzungen um Erdöl, Wasser und Fachkräfte geben.

Quelle: The Economist Newspaper Limited, London "The World in 2006". In: Welt am Sonntag 08.01.2006 (Mark Leonard ist Direktor für Auswärtige Politik am Centre for European Reform in London)

2 Geopolitik im Jahre 2026

Die EU produziert nicht genügend Energie, um sich selbst versorgen zu können. In einem „Grünbuch" sucht die Union nach Wegen aus der Krise. (...) Die Kommission stellt heraus, dass der Anteil von importierter Energie in der Union von gegenwärtig 50 Prozent auf 70 Prozent steigt, falls in den nächsten 20 bis 30 Jahren nichts unternommen werden würde.
Die Konsequenzen einer solchen Abhängigkeit sind besonders in ökonomischer Hinsicht bedeutsam: 1999 standen sie für Ausgaben von 240 Milliarden Euro, also 1,2 Prozent des gemeinschaftlichen Bruttonationalprodukts.
Auch in geopolitischer Hinsicht kommt der energiewirtschaftlichen Abhängigkeit große Bedeutung zu: 45 Prozent der Erdölimporte kommen aus dem Mittleren und Nahen Osten und 40 Prozent der Erdgasimporte aus Russland.

Quelle: Palpant, C. (2005) - www.cafebabal.com, 14.03.2005

4 Die EU hängt von Energieimporten ab

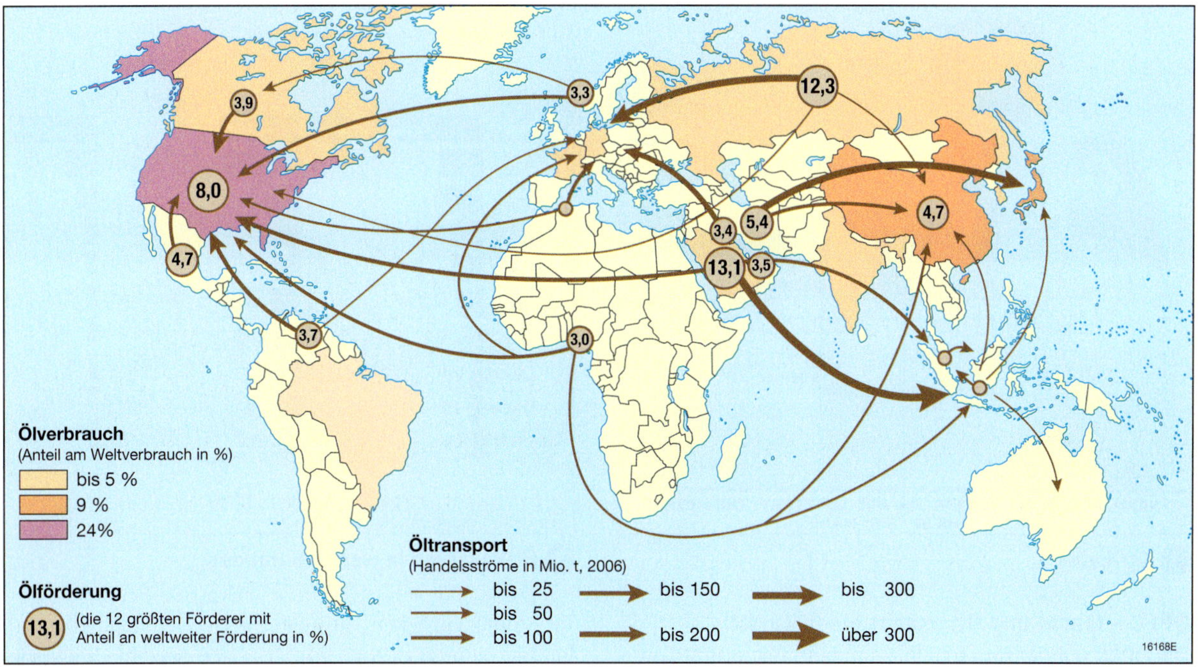

5 Erdöl – globale Strukturen und Prozesse

dazu führen, dass die Nachfrage das Angebot bei Weitem übersteigt und dadurch die Preise auf bislang ungeahnte Höhen klettern werden. Öl wird es noch weitere 75 – 100 Jahre auf dem Weltmarkt geben, aber in stetig sinkenden Qualitäten.

Schon in den frühen 1970er-Jahren war klar geworden, dass hohe Preise zwar die Zahl der Ölbohrungen zu steigern vermögen, dass dies aber nicht zu neuen, größeren Entdeckungen führt. Seit 1981 übersteigt der Konsum die Zunahme der neu gefundenen Reserven. Mit der Verschiebung der Rohölnachfrage aus den westlichen Industriestaaten nach Asien wird sich auch der globale Anteil der Raffinerien aus den USA und Europa nach Asien und anderen Weltregionen verlagern. Dies bedeutet, dass nicht nur die steigende Nachfrage nach Rohöl aus politisch instabilen Regionen gedeckt werden muss, sondern dass sich auch 60 % des weltweiten Raffineriesystems in zumeist politisch instabileren Ländern und Regionen befinden wird. Die Folge können häufigere Produktionsausfälle mit weltweiten Auswirkungen für die Versorgungssicherheit von Rohöl sein, die zu größeren Schwankungen der weltweiten Rohöl- und Benzinpreise führen.

Die Staaten am Persischen Golf gehören zu den wichtigsten Erdölexporteuren auf dem internationalen Weltmarkt. Iran und Irak besitzen zusammen fast 20 Prozent der weltweit nachgewiesenen Rohölreserven. In jüngster Zeit haben z. B. vor allem die Gefahren durch Anschläge terroristischer Gruppierungen und Piraten auf Tanker, Pipelines, Raffinerien oder sonstige Infrastruktureinrichtungen des Energiesektors erheblich zugenommen. Heute sind die zusätzlichen Förder- und Produktionskapazitäten in Krisen- und Konfliktzeiten begrenzter denn je, da der verschärfte globale Wettbewerb zum Abbau der freien Förderkapazitäten durch die Rohölkonzerne geführt hat. Zurzeit verfügt die Region des Mittleren Ostens über 90 % der weltweit freien Förderkapazitäten – ein Potenzial, welches von US-Experten als „das Energieäquivalent von Nuklearwaffen" bezeichnet wird.

Die asymmetrische Verteilung von Förder- und Verbraucherregionen verursacht enorme Öltransporte. Der Ausbau des Pipelinenetzes, z. B. der 2006 fertiggestellte Neubau der Transportstrecke von Baku zum Mittelmeer, soll die Hauptverbrauchsregionen unabhängiger von den traditionellen Fördergebieten, wie Russland oder den OPEC-Ländern, machen.

Aufgaben

1. Erläutern Sie das Zitat zu Beginn des Textes.
2. Stellen Sie Zusammenhänge zwischen dem Rohölpreis und den Erdölneufunden (M1, M3) her.
3. Entwickeln Sie aus Ihren Kenntnissen von der Verteilung und den Reserven der Rohstoffe Szenarien, wie die geopolitische Ordnung in 20 Jahren aussehen könnte. Diskutieren Sie verschiedene Möglichkeiten.
4. Beschreiben und begründen Sie die Wege des Erdöls (M5) und erläutern Sie daraus resultierende Gefahren für die Umwelt.
5. Recherchieren Sie bei den bekannten Mineralölfirmen Veränderungen der Transportströme.

1 Karikatur

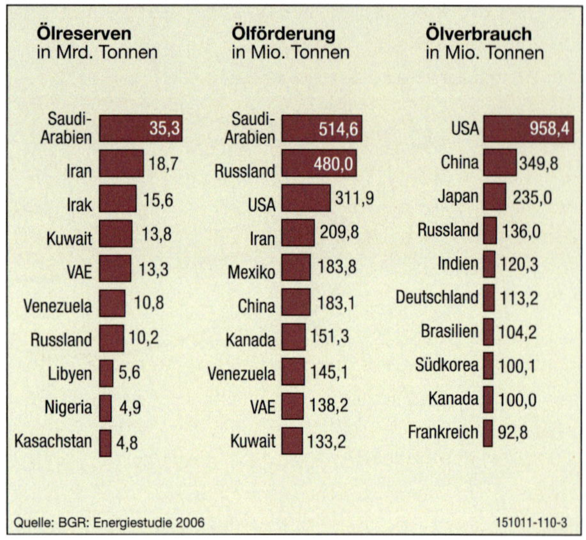

3 Öl-Reserven in wenigen Händen

OPEC – Macht und Ohnmacht eines Kartells

Die **OPEC** (Organization of the Petroleum Exporting Countries) wurde im Jahr 1960 gegründet und hat ihren Geschäftssitz in Wien. Ihre besondere Bedeutung für den Weltölmarkt ergibt sich daraus, dass zum einen in den Mitgliedsländern dieser Organisation knapp 80 % der nachgewiesenen Weltölreserven lagern und sie zum anderen mit einer Ölförderung weit über den eigenen Bedarf hinaus einen wesentlichen Teil des Ölbedarfs anderer Länder decken. Die OPEC hatte sich bei ihrer Gründung zum Ziel gesetzt, die Mitgliedsländer gegen einen Preisverfall und eine Verringerung ihrer Einnahmen aus der Ölförderung abzusichern und im gegenseitigen Interesse eine gemeinsame Ölpolitik zu betreiben. Durch die Festlegung von Förderquoten für die einzelnen OPEC-Mitglieder sollte die Erdölproduktion geregelt werden, um so über Verknappung oder Steigerung der Ölförderung den Preis für Erdöl zu drücken, zu stabilisieren oder anzuheben. Allerdings kommt es auch vor, dass sich einzelne Mitglieder nicht an die festgesetzten Förderquoten halten, sondern ihre eigenen wirtschaftlichen und politischen Ziele verfolgen.

Der Ausgangspunkt für die Entwicklung der OPEC war eine Krise: Während der 1950er-Jahre sank der Ölpreis wegen der Erschließung immer neuer Quellen und des damit verbundenen Überangebots auf dem Weltmarkt kontinuierlich ab, was zu schweren Verlusten in den Staatskassen der Ölförderländer führte. Um 1960 befanden sich mehrere von ihnen deshalb in ernsten Haushaltskrisen. In dieser Situation regte Saudi-Arabien die Gründung eines Förderkartells an. Es sollte nicht nur die Fördermenge kontrollieren, sondern auch ein Gegengewicht zu den großen Ölkonzernen bilden, die auf der Basis von Verträ-

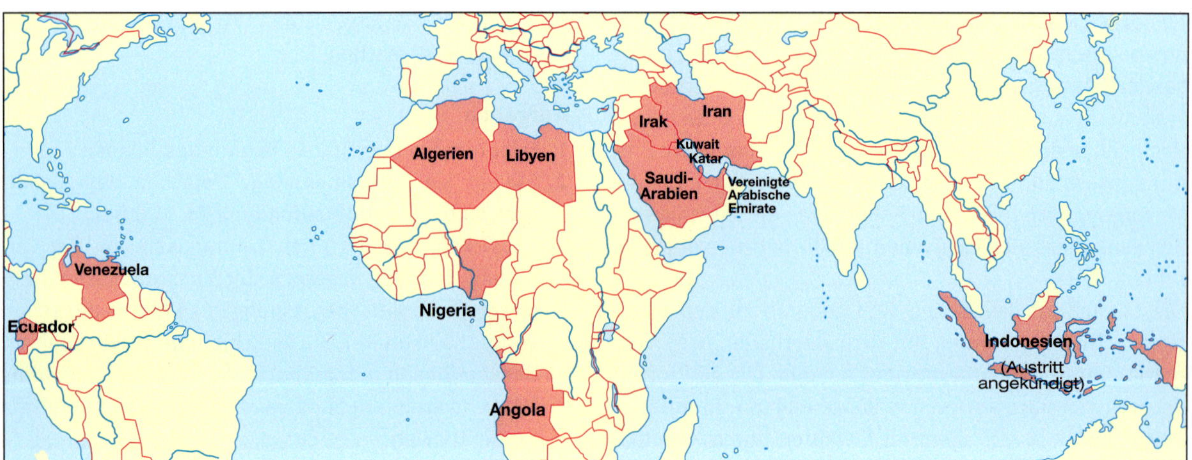

2 Mitgliedstaaten der OPEC

gen aus der Kolonialzeit ihre Gewinne weitgehend ohne Beteiligung der Staaten erwirtschafteten, auf deren Gebiet die Ölquellen lagen. Als die OPEC in den 1970er-Jahren die ausländischen Fördergesellschaften schließlich nationalisierte, bestimmte sie zunehmend den Weltölmarkt und gewann an politischer Bedeutung, wie sich z. B. bei der ersten Ölkrise 1973/1974 zeigte.

Bei dieser ersten Ölkrise im Zusammenhang mit dem Jom-Kippur-Krieg (israelisch-arabischer Krieg, 1973) kam es zu einem Ölboykott der arabischen Mitglieder der OPEC gegenüber westlichen Industriestaaten. Der nominale Ölpreis vervierfachte sich daraufhin von 2,89 auf 11,65 US-Dollar pro Barrel (US-$/b). Zur zweiten Ölkrise kam es nach der islamischen Revolution im Iran (1979) Anfang der 1980er-Jahre. Der Ölpreis verdreifachte sich innerhalb von zwei Jahren von 13,30 auf einen Spitzenwert von 42,10 US-$/b. Die OPEC-Länder konnten in diesen Fällen allerdings nur kurzfristig höhere Preise durchsetzen, da es viele Öl produzierende Konkurrenten gab und die westlichen Ölkonzerne neue Felder in Alaska, Kanada und in der Nordsee erschließen konnten. Wegen der folgenden Wirtschaftsrezession in den Industriestaaten und vor allem aufgrund der seit der ersten Ölkrise in Angriff genommenen Entwicklung alternativer Energiequellen in den Importstaaten sowie einem Ausweichen auf nicht der OPEC angehörende Erdölproduzenten kam es 1981 zu einem Absatzrückgang von OPEC-Öl. Erbrachten OPEC-Staaten zuvor noch 55 Prozent der Welterdölproduktion, sank dieser Anteil bis 1985 auf 30 Prozent, der Ölpreis rutschte 1986 auf weniger als 10 US-$/b ab. Nach zwei Ölkrisen gab es jetzt die erste OPEC-Krise.

Die OPEC-Staaten versuchten in der Folge, über Produktionskürzungen wieder höhere Ölpreise zu erzielen. Spitzenwerte wie heute wurden aber zunächst nur nach dem Einmarsch des Irak in Kuwait 1990 erreicht. Seit 2002 war die OPEC bestrebt, mit Veränderungen ihrer Fördermengen die Rohölpreise innerhalb einer Spanne zwischen 22 und 28 US-$/b zu halten. 2004 beschloss sie trotz hoher Rohölpreise eine Senkung der Ölförderung um eine Mio. Barrel auf 23,5 Mio. Barrel pro Tag. Diese Marke wurde jedoch wegen mangelnder Disziplin der Kartellmitglieder täglich um fast zwei Mio. Barrel überschritten. Dennoch ist der Rohölpreis seit Ende 2003 nie unter die 28-US-$-Obergrenze gefallen. Im Gegenteil, die US-Rohölrichtmarke West Texas Intermediate überschritt im November 2007 die Marke von 99 US-$ pro Barrel und stieg 2008 weiter auf die höchsten Notierungen seit Beginn des Rohölhandels an der New Yorker Warenterminbörse. Bis zum Oktober 2008 fiel der Preis auf ca. 70 US-$ pro Barrel.

Zwar ist der Anteil der OPEC an der weltweiten Rohölproduktion seit 1973 von 55 auf gegenwärtig 37 bis 43 % zurückgegangen, doch dürfte er in den nächsten beiden Jahrzehnten wieder auf mehr als 50 % ansteigen. Eine größere politische Rolle ist insbesondere dann zu erwarten, wenn es der OPEC gelingen sollte, einen politischen Konsens über die Energiepolitik hinaus herzustellen. Denn hier besteht ein entscheidender Gegensatz zur Situation der Ölkrise 1973/74: Nachdem alle Nicht-OPEC-Staaten ihr Fördermaximum überschritten haben, ist zu erwarten, dass der Einfluss der OPEC steigt.

Aufgaben

1. Nennen Sie Gründe für den Rückgang des Anteils von Rohöl aus OPEC-Staaten am deutschen Import. Erklären Sie diese (M5).
2. Erläutern Sie, inwiefern sich die energie- und weltpolitische Stellung der OPEC-Staaten verändern könnte.
3. Beschreiben Sie die Bedeutung der OPEC beim weltweiten Erdölhandel anhand von M3 und M4. Recherchieren Sie die gegenwärtige Entwicklung.
4. Interpretieren Sie M1 und suchen Sie einen Titel.

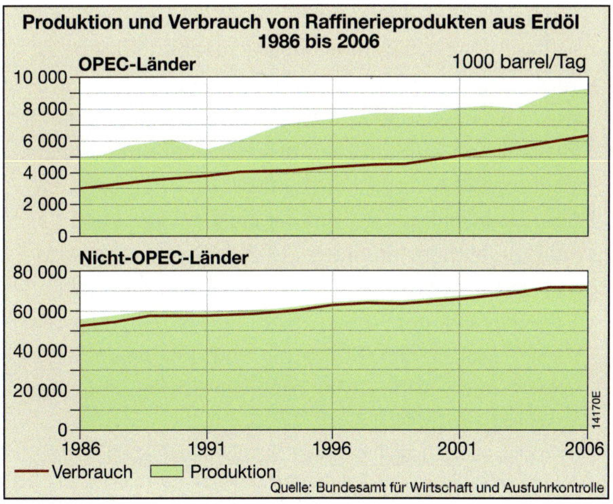

4 Produktion und Verbrauch von Raffinerieprodukten

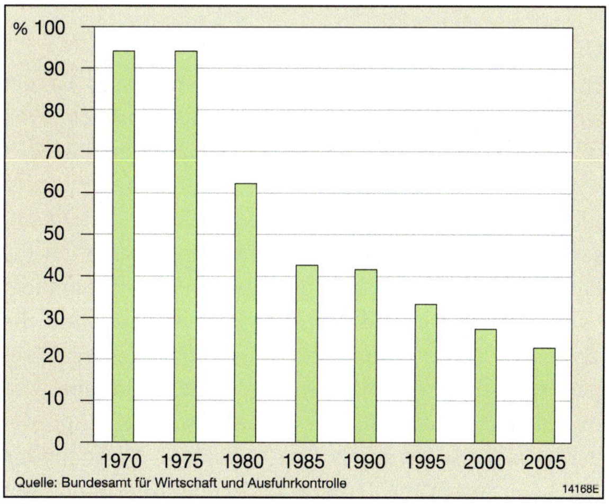

5 Dt. Rohölversorgung: Anteile der OPEC-Lieferungen

Geopolitik – das Raumbeispiel Naher Osten/ kaukasisch-kaspischer Raum

Im Nahen Osten und im kaukasisch-kaspischen Raum befinden sich die bedeutendsten Erdöl- und Gasvorkommen der Erde. Dort lagern etwa 70 Prozent der Welterdölreserven und 40 Prozent der Welterdgasreserven. Davon verfügt die Arabische Halbinsel über die größten Anteile. Der gesamte Raum ist wichtiger Kreuzungspunkt der Transportrouten von Erdöl- und Erdgas. Aufgrund seiner geographischen Lage besitzt er eine strategische Bedeutung und ist im Fokus machtpolitischer Interessen vieler Staaten. So bildet er eine empfindliche Schnittstelle zwischen amerikanischer, russischer und chinesischer Sicherheits- und Energiepolitik und beinhaltet ein erhebliches Potenzial für zwischenstaatliche Konflikte.

Die Interessen der USA

„Unsere Lebensweise setzt täglich zehn Millionen Barrel Erdöl voraus, davon muss die Hälfte importiert werden. Wir gleichen einem Erdöldialyse-Patienten. Es geht um Leben und Tod“ (The Guardian, 23.1.2003). Mit dieser Beurteilung beschreibt ein amerikanischer Energieexperte die prekäre Erdöl-Exportabhängigkeit der USA. In ihrem Energieprogramm erwartet die US-Regierung bis zum Jahr 2020 einen Anstieg der nationalen Erdölnachfrage auf etwa 16,7 Millionen Barrel pro Tag. Die USA sind auch künftig abhängig von einem stabilen Energiemarkt und der Notwendigkeit einer Außenpolitik, die ihre Erdölversorgung sicherstellt. Schon zu Zeiten des Kalten Krieges hatten die USA das Anliegen einer sicheren Erdölversorgung. Die „Carter-Doktrin“ dokumentiert diese Geopolitik: „Der Versuch einer auswärtigen Macht, die Kontrolle des Persischen Golfes zu übernehmen, würde als Angriff auf die vitalen Interessen der USA betrachtet und mit allen Mitteln einschließlich militärischer Gewalt zurückgewiesen werden“

Quelle: „State of the Union“-Rede am 23.01.1980

Die Interessen der OPEC

Die nationalen Interessen Erdöl exportierender Länder stehen den amerikanischen entgegen. Zwischen 1960 und 1971 schlossen sich elf Erdöl exportierende Schwellenländer aus dem Nahen Osten, Nordafrika, Venezuela und Indonesien zu einer mächtigen Allianz, der Organisation Erdöl exportierender Länder (Organization of the Petroleum Exporting Countries, kurz OPEC), zusammen. Offizielles Ziel war und ist eine gemeinsame Ölpolitik, die der Sicherung des Ölmarktes und Stabilisierung der Weltmarktpreise dienen soll. Die OPEC-Erdölproduktion wird durch Förderquoten für die einzelnen OPEC-Mitglieder geregelt. So kann durch eine künstliche Verknappung oder eine Steigerung der Erdölförderungen der Erdölpreis angehoben, stabilisiert oder gedrückt werden. Damit ist die OPEC praktisch ein Preiskartell. In den Jahren 1973 und 1979 löste die OPEC globale Ölkrisen aus, als sie die Fördermengen drastisch drosselte. Diese Erfahrung veranlassten die USA, ihre Abhängigkeit von Ölimporten aus dem instabilen Nahen Osten und den OPEC-Mitgliedern zu reduzieren. Inzwischen verfolgt die US-Energiepolitik das Ziel der räumlich diversifizierten Rohstoffquellen und Transportrouten. Beispielsweise importieren die US-Amerikaner seit den 1990er-Jahren Erdöl aus Afrika. Mittel- und langfristig könnte neben Afrika der kaukasisch-kaspische Raum eine Ergänzung der US-amerikanischen Ölimporte aus dem Persischen Golf darstellen.

Nach Ende des Kalten Krieges

Mit dem Ende des Kalten Krieges, dem Zusammenbruch der Sowjetunion und der Unabhängigkeit der kaukasischen und zentralasiatischen Republiken änderten sich die weltpolitischen Konstellationen. Aus sicherheitspolitischen Gründen versuchten die neuen GUS-Staaten, den Einfluss der regionalen Vormacht Russlands zu verringern. Die USA unterstützen seitdem Länder des kaukasisch-kaspischen Raums mit Wirtschafts- und Militärhilfen. Nach dem 11. September 2001 bauten sie dort – im Rahmen der „Allianz gegen den Terror“ – eigene Militärstützpunkte auf. Beispielsweise investierten ausländische Ölkonzerne in Aserbaidschan in nur drei Jahren über sechs Milliarden US-Dollar in technische Infrastruktur, die der Erdölgewinnung dient.

Der Kampf ums kaspische Öl

Für westliche Ölfirmen, denen die verstaatlichten Produktionsstätten der Golfregion und das unsichere Russland wenig Chancen für Beteiligungen bieten, ist der kaspische Boom ein Segen. Dort hat der voraussichtlich letzte große Öl-Rausch in der Geschichte der Menschheit einen geopolitischen Kampf um den Kaukasus und Zentralasien ausgelöst, wo seit dem Kollaps der Sowjetunion ein Machtvakuum herrscht. Er gleicht dem „Great Game“, der imperialen Rivalität zwischen dem Britischen Weltreich und dem zaristischen Russland um das Herz der eurasischen Landmasse im 19. Jahrhundert, das der britische Schriftsteller Rudyard Kipling einst so spannend beschrieb. Nun ist ein neues „Großes Spiel“ entbrannt. Mit dem Unterschied, dass nun die Amerikaner Gegenspieler der Russen sind. Außerdem mischen dieses Mal reiche Konzerne und Regionalmächte kräftig mit – China, der Iran, die Türkei, Pakistan sowie Shell und BP.

(Quelle: Kleveman, L. (2002) – www.spiegel.de, 26.08.2002)

1 Ein neues Spiel beginnt

2 Baku-Tiflis-Ceyhan-Pipeline (BTC)

Great Game in Aserbaidschan

Unter dem Grund des Kaspischen Meeres werden rund 100 Milliarden Barrel Öl vermutet. Dieses bringt gewaltige Einnahmen für ein Land, in dem noch immer 40 Prozent der knapp acht Millionen Einwohner von weniger als 40 Dollar im Monat leben. In Baku, der Hauptstadt des Landes, mischen sich jedoch unter die alten Ladas und Wolgas immer mehr Nobelkarossen und in der Altstadt werden die protzigen Paläste aus der Zeit des ersten Ölbooms um 1900 aufwendig renoviert. An der Hauptverkehrsachse reihen sich die Läden der Haute Couture aneinander und dort residieren Finanzunternehmen aus aller Welt. Eines davon wirbt mit dem Satz: „Sailing from West to East to bridge opportunities and capital."

Immer mehr Menschen lockt der Ölboom an. Schon vier Millionen, die Hälfte der Bevölkerung Aserbaidschans, wohnen in der Stadt. Die Hoffnung auf ein besseres Leben ist rund 1760 Kilometer lang und wurde im Mai 2005 nach zwölf Jahren Bauzeit eröffnet: die Pipeline von Baku über Georgien zum türkischen Mittelmeerhafen Ceyhan.

Schätzungsweise 2,5 Milliarden Euro ließ sich ein internationales Konsortium den Bau der BTC-Pipeline kosten. Die Röhre erfüllt aus amerikanischer Sicht die wichtigsten geostrategischen Bedingungen. Die Pipeline läuft weder über das Territorium Irans noch Russlands. Auch das mit Aserbaidschan verfeindete Nachbarland Armenien wurde umgangen.

2008 wurde ein Teilstück der Gaspipeline Baku-Tiflis-Erzurum in Betrieb genommen. Sie soll später mit der geplanten Nabucco-Pipeline verbunden werden, die von der Türkei aus bis nach Österreich führen soll. Das Projekt soll die Abhängigkeit der EU vom russischen Gaslieferanten Gazprom verringern. „Aserbaidschan könnte der Brückenkopf sein, wenn es Turkmenistan und Usbekistan für Lieferungen gewinnt", sagt ein Energieexperte in Baku.

Aufgaben

1. Das Kaspische Meer ist ein Binnenmeer. Beschreiben Sie die fünf existierenden, geplanten bzw. möglichen Transportrouten, die es mit anderen Meeren verbindet bzw. verbinden könnte.
2. Charakterisieren Sie die US-amerikanische Energiepolitik.
3. Stellen Sie die jeweiligen Interessen der Teilnehmer am „Great Game" um Zentralasien gegenüber.

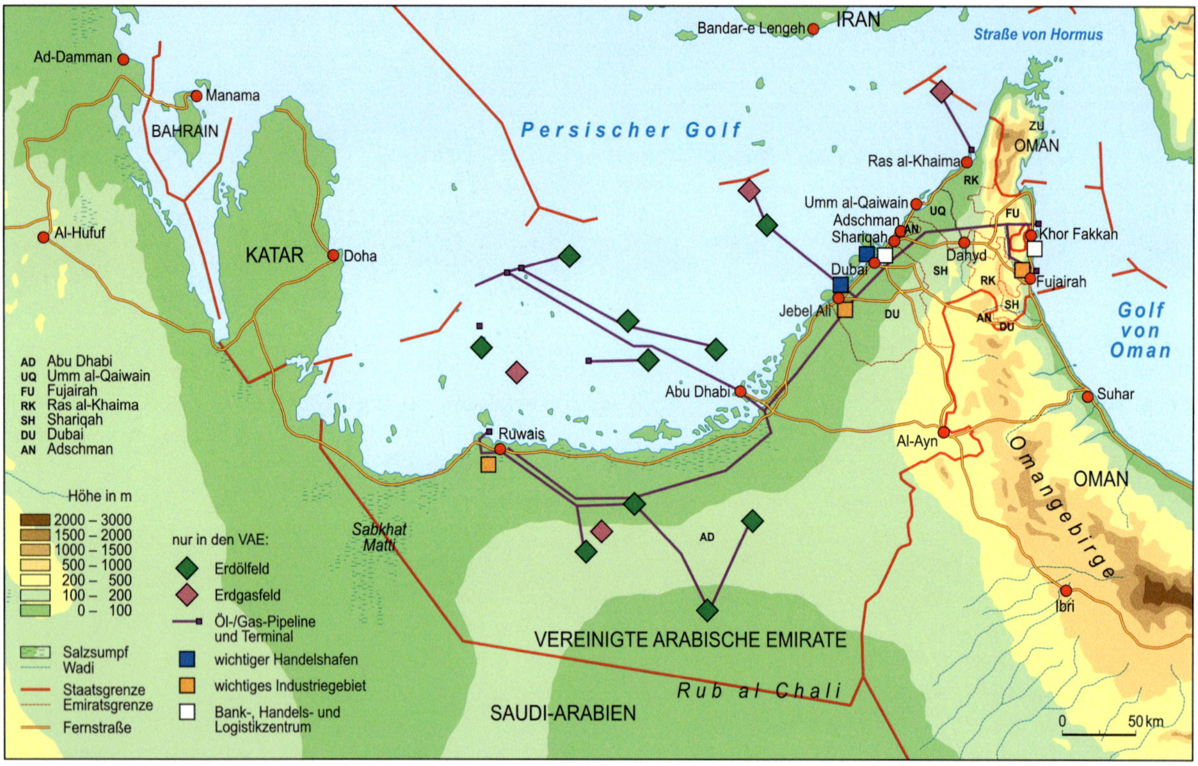

1 Überblick zu den Vereinigten Arabischen Emiraten (VAE)

VAE – vom Mittelalter ins dritte Jahrtausend

Die Vereinigten Arabischen Emirate (VAE) fördern derzeit über 2,5 Mio. Barrel Öl pro Tag. Mit 8 % der globalen Förderung sind sie damit einer der größten Erdölproduzenten der Welt.

Allerdings verfügen von den sieben Emiraten lediglich zwei über Ölvorräte. Die anderen sind demzufolge wirtschaftlich nicht so weit entwickelt und werden von den wohlhabenden unterstützt. Im Einzelnen handelt es sich um:

- Abu Dhabi: Sitz der Bundesregierung, Zentrum der Ölindustrie, reichstes Emirat, 85 % der VAE-Fläche
- Dubai: Handelszentrum und Ölstaat
- ferner: Sharjah, Ajman, Ras al-Khaimah, Fujairah, Umm al-Quwain

Vor 50 Jahren bestanden die Emirate vor allem aus Sand. Das Leben der Beduinen, die als Nomaden mit ihren Kamelherden bis ins heiße Innere der großen Wüsten zogen, war hart und entbehrungsreich. Schaf- und Ziegenhirten führten ein ähnlich bescheidenes Dasein an den kargen, schroffen Berghängen. Die Bauern mussten jeden Tropfen Wasser nutzen, um die lebenswichtigen Dattelpalmen zu pflegen und zu erhalten. An der Küste lebten die Menschen vom Fischfang, dem Bau von Segelschiffen, den Dhaus und vom Perlentauchen. Wegen seiner schnell wachsenden Handelsbeziehungen wurde Dubai schon um 1870 der führende Hafen der Golfküste. Handelsbeziehungen gab es zum Iran und nach Indien. Um die Jahrhundertwende hatte Dubai die größten Souks (durch Handel geprägte Stadtteile) in der Region. Perlen waren eine der Grundlagen für den Wohlstand der Stadt, bis um 1940 die Entwicklung von japanischen Zuchtperlen zum Zusammenbruch der Nachfrage nach Naturperlen führte. Da sich aber der Handel mit Gold stetig entwickelt hatte, konnte dieser Rückschlag dank der Etablierung als „Stadt der Kaufleute" rasch überwunden werden.

Die Seeräuberei durch Einheimische und Europäer war schon 1820 durch einen Vertrag zwischen den sieben arabischen Scheichtümern an der „Piratenküste" und Großbritannien beendet worden. Die Schutzmacht stellte nun die Vertretung nach „außen" dar, mischte sich aber kaum in die inneren Angelegenheiten ein. Im Jahre 1968 kündigte die Labour-Regierung in London den Rückzug vom Golf an, da ihr die Kolonialpolitik des British Empire nicht länger tragbar erschien. Für die Scheichs war der Abzug der Engländer zunächst ein Schock. Die einzelnen kleinen Emirate, in denen zwischenzeitlich Erdöl entdeckt worden war, konnten unmöglich in der internationalen Gemeinschaft bestehen, noch dazu mit zwei so übermächtigen Nachbarn wie Saudi-Arabien und dem Irak. Der Herrscher von Abu Dhabi überzeugte deshalb die umliegenden Emirate von den Vorteilen einer Föderation. Diese wurde im Jahre 1971 ins Leben gerufen.

2 Ölfeld in der Wüste

4 Verladung von Exportöl

Erdöl als Entwicklungsfaktor

Die Suche nach Erdöl im Mittleren Osten wurde nach dem Zweiten Weltkrieg immer intensiver vorangetrieben. 1958 wurden in Abu Dhabi die ersten Vorkommen entdeckt, die Förderung läuft seit 1962. Hier lagern mit ca. 94 % die größten Reserven der VAE. Die restlichen Anteile entfallen auf Dubai (4 %), Sharja (1,5 %) und auf Ras al-Khaima (0,5 %).

Die anfänglichen Probleme der Abhängigkeit vom Export nur eines einzigen Rohstoffs konnten bald gelöst werden. Mit dem Beitritt zur OPEC und deren Preispolitik, sowie raschen Fortschritten bei der Erdöl-Exploration wurden immer höhere Exporterlöse erzielt. Erdöl zählt zu den Ressourcen, die infolge der weltweit zunehmenden Nachfrage in den letzten Jahren immer teurer geworden sind. Als Folge davon stiegen die Emirate in die Klasse der reichsten Staaten der Erde auf.

Da der Koran die Fürsorge unter Gläubigen fordert, unterstützen zum einen die ölreichen Emirate ihre ärmeren Föderationspartner. Andererseits werden auch die Bürger der Emirate am Wohlstand der Ölscheichs beteiligt. Einheimische zahlen keine Steuern, für sie sind Schule, Studium, medizinische Betreuung, sowie Strom und Trinkwasser im Haushalt kostenfrei.

Mit dem zur Verfügung stehenden Geld konnten auch große Bauprojekte finanziert werden. Der Sprung in die Neuzeit erforderte zuerst den Auf- bzw. Ausbau der Infrastruktur. Durch den Aufbau eines hochwertigen Dienstleistungssektors und industrieller Großanlagen wurde die Wirtschaft diversifiziert. Schwerpunkte sind dabei u. a. Banken, Hotels, Raffinerien, Gasverflüssigungsanlagen, eine Aluminiumhütte und eine Fabrik für Düngemittel. Zusätzlich wurde eine **Freihandelszone** mit Produktionsstätten eingerichtet. Diese zieht zunehmend multinationale (v. a. südasiatische) Investoren und Unternehmen an.

Allerdings mussten für diese Entwicklung Tausende von Fachkräften aus Europa und Amerika sowie Hunderttausende von Arbeitern aus islamischen Nachbarstaaten oder aus Ländern Süd- und Südostasiens „importiert" werden.

Der wirtschaftliche Boom und die daraus resultierende Bevölkerungszunahme, verbunden mit dem „Traum von einem grünen Paradies", führten in den Emiraten zu einem außergewöhnlich hohen Wasserbedarf. Nur durch den Bau extrem teurer Meerwasserentsalzungsanlagen kann die Versorgung gesichert werden.

Aufgaben

1. Diskutieren Sie wirtschaftliche und soziale Probleme in den Emiraten, die sich beim Sprung in die Neuzeit ergeben haben.
2. Erörtern Sie Ziele, Chancen und Risiken einer wirtschaftlichen Diversifizierungspolitik.
3. Recherchieren Sie die Funktionsweise einer Meerwasserentsalzungsanlage.

3 Dubai in den 1950er-Jahren

5 Dubai heute

1 **Titelbild des „Spiegel" vom 02.02.2008**

Die VAE sind ein besonders dynamischer Wirtschaftsstandort. Ausgehend von einer soliden Basis, befördert durch die Rekord-Ölpreise und auf Kurs gehalten durch schrittweise Liberalisierung, befinden sich fast alle Indikatoren auf Rekordniveau. [...] Hauptmotor sind die um 23 % gestiegenen Exporte, die sich zu ca. 37 % aus Öl und Gas, zu 30 % aus Re-Exporten und zu 23 % aus anderen Gütern zusammensetzen. Da die Importe gleichzeitig um nur 18 % stiegen, erwirtschafteten die VAE 2006 einen Handelsüberschuss von 42 Mrd. US-Dollar. Die VAE treiben die wirtschaftliche Entwicklung – vor allem die Modernisierung und Diversifizierung – ihres Landes konsequent voran. Richtungsweisende Bedeutung kommt dabei den neuen Eigentumsregelungen zu: Trotz verbleibender Unschärfen kann Eigentum durch Ausländer [...] erworben werden.

(Quelle: www.auswaertiges-amt.de, 28.10.2008)

2 **Länderinformation**

VAE – Zukunft ohne Öl

Die Emirate sind dank ihrer immensen Ölreserven derzeit zwar noch nicht dem großen Druck zur Diversifizierung ihrer Wirtschaft ausgesetzt. Dennoch verfolgen sie mit Nachdruck eine Reduzierung der Anfälligkeit gegenüber Ölpreisschwankungen und investieren in eine zukünftige Wirtschaft ohne Erdöl. Dubai, das zum Finanz-, Handels-, Verkehrs- (Schiff- und Luftfahrt) und Tourismuszentrum des Mittleren Ostens aufgestiegen ist, spielt bei dieser Entwicklung die Vorreiterrolle.

Anders als in den Anfangsjahren des Ölzeitalters fließen die Einnahmen nicht mehr auf westliche Bankkonten, sondern werden zunehmend direkt in Projekte in den jeweiligen Heimatländern investiert. So vollzieht sich in den Emiraten seit Anfang des 21. Jahrhunderts ein beispielloser Investitions- und Bauboom. An führender Stelle steht dabei der Logistiksektor mit dem Ausbau der Verkehrsinfrastruktur. Das Gesamt-Konzept umfasst, basierend auf der strategischen Lage zwischen Zentral- und Südasien sowie Europa und Afrika, Luftfahrtgesellschaften sowie Flug- und Seehäfen. Neu- und Ausbauten von Flughäfen in fast allen Emiraten sind sichtbare Zeichen des Konzepts. Allein in Dubai wird der International Airport auf sechs Landebahnen erweitert, um so bis zu 70 Mio. Passagiere jährlich abfertigen zu können. Neben diesem größten geplanten Flughafen der Welt entsteht als Umschlagplatz eine „Logistikstadt" auf 140 km^2 Fläche. Zusätzlich wird auch in die Hafeninfrastruktur investiert. Jebel Ali – einer der zehn größten Containerhäfen der Welt – wird weiter ausgebaut, während Abu Dhabi einen völlig neuen Hafen plant.

Unmittelbar mit dem Luftfahrtdrehkreuz verbunden ist das Hotelgewerbe, das ebenfalls einen beispiellosen Boom erlebte. Auslastungen von knapp 100 % im Fünfsternebereich zeugen von der extremen Profitabilität dieses Sektors. Denn wegen der insgesamt niedrigen Lohnkosten fangen Hotels bereits bei 50 % Auslastung an, Geld zu verdienen. Diese Tatsache führte zu einer „Goldgräberstimmung" im Baugewerbe mit dem Ziel, bis zum Jahr 2015 in Dubai Hotels mit insgesamt 117 000 Betten zu errichten.

Um diese zu füllen, investiert man verstärkt in den Ausbau von Tourismusangeboten, vor allem im gehobenen Sektor. Beispiele sind Golf & Yacht Clubs mit riesigen künstlichen Rasenflächen, „Ski Dubai", eine riesige Skihalle mitten in der Wüste, exklusive Ferienhäuser und Appartements auf künstlichen Inseln (The Palm Islands, M3) und Luxus-Hotels wie das Burj al-Arab mit sieben Sternen. Bis zum Jahr 2010 werden in Dubai pro Jahr rund 15 Millionen Touristen erwartet. Zusätzlich wird um Geschäftsleute geworben. Ein Anreiz ist der Ausbau Dubais zum bedeutendsten Messeplatz in der Region.

Magnete für ausländische Unternehmen tragen Namen wie „Dubai Media City" und „ Dubai Health Care City". Sie liegen in Freihandelszonen, in denen eingeführte Waren zollfrei wieder als Re-Exporte in andere Häfen verschifft werden können. Geplante Projekte wie „Silicon Oasis" oder „Biotech Freezone" weisen auf ihre wirtschaftlichen Zielsetzungen hin. Abu Dhabi fördert außerdem eine industrielle Entwicklung. Neben verbesserten Rahmenbedingungen sollen bestehende und neue Wirtschaftszweige modernisiert und ausgebaut bzw. angesiedelt werden.

3 Mittlerweile fertiggestellt – The Palm Jumeirah, Dubai

Grenzenlose Zukunft?

Dubai – die Stadt der höchsten Türme, der größten Einkaufscenter, der ausgelebten Phantasien weltbester Architekten und ihrer Mega-Projekte, gilt als „Baustelle der Zukunft". Motor des Baubooms sind die hohen Gewinne, die bislang mit den Immobilien erzielt werden konnten. Um aber die Erfolgsgeschichte fortsetzen zu können, müssen auch in Zukunft für die neuen Appartements und Häuser Käufer beziehungsweise Mieter gefunden werden. Die Frage ist, wie lange dies möglich ist.

Das starke Bevölkerungswachstum und die viele Ressourcen verschwendenden Angebote für Touristen erfordern entsprechende Investitionen in die Infrastruktur der Emirate. So sind enorme Energiemengen nötig, um Meerwasser zu entsalzen, mit dem mitten in der Wüste künstlich angelegte Parks und Grünanlagen kultiviert werden. Die rund um die Uhr laufenden Klimaanlagen benötigen ebenfalls sehr viel Strom. Deshalb ist der Ausbau von Kraftwerks- und Wasserentsalzungskapazitäten ein dringendes Muss. Teilweise sind aber bereits anderweitig Kapazitätsengpässe zu beobachten, so zum Beispiel beim Verkehr in Dubai.

Von den 2,5 Millionen Einwohnern Dubais sind drei Viertel Ausländer. Die meisten arbeiten für ein paar hundert Euro im Monat und haben kaum Rechte. Die Arbeitsbedingungen sind z. T. katastrophal, die Hitze fordert viele Todesopfer. Noch sehen sie die Stadt des „Turbokapitalismus" als ihre Chance. Wenn aber die Inflationsraten immer mehr ansteigen, könnte aus ihnen ein „Heer von Unzufriedenen" werden.

Ökostadt am Golf

Das arabische Emirat Abu Dhabi im Jahr 2016: Mitten in der Wüste ist in wenigen Jahren aus dem Nichts eine neue Stadt entstanden. Masdar City ist international bekannt als Ökostadt [...]. Ihren Energiebedarf decken die Bewohner durch regenerative Quellen wie Windkraft und vor allem Sonnenlicht. Die autofreie Stadt produziert kein Kohlendioxid und wenig Müll, weil fast alle Abfälle wiederverwertet werden. Das Rückgrat des Verkehrs ist eine emissionsfreie Kabinenbahn, die von Solarzellen angetrieben wird. Vor den Toren der Stadt [...] gibt es Anlagen, die Abwasser aufbereiten und Meerwasser entsalzen.

Die Pläne für den Bau der Stadt wurden in Abu Dhabi erstmals vor einem größeren Publikum präsentiert. In einem Vortrag wurde angekündigt, dass die neue Stadt in nur acht Jahren fertig sein wird.

(Quelle: www.berlinonline.de, 09.04.2008)

4 Zukunftspläne in den VAE

Aufgaben

1. Bewerten Sie die wirtschaftlichen Entwicklungsziele der Emirate in Hinsicht auf Ökonomie und Ökologie.
2. Erläutern Sie den Titel von M1 hinsichtlich seiner Wortwahl.
3. Recherchieren Sie den Stand der Entwicklung von Masdar City (M4).

3.3 Substitution von Rohstoffen

„Weltweit werden Energie und Rohstoffe knapper, gleichzeitig nimmt ihr Verbrauch zu – und die Treibhausgase beschleunigen den Klimawandel. Wir brauchen deshalb einen Quantensprung beim effizienten Umgang mit Ressourcen und Energie."

Dieses Zitat von Sigmar Gabriel, Bundesminister für Umwelt, Naturschutz und Reaktorsicherheit, ermahnt nicht nur zum sparsamen Umgang mit Rohstoffen, sondern auch zu einem Umdenken, welche Rohstoffe wir als Energieträger oder industrielle Produktionsgrundlage verwenden. Um Rohstoffe zu sparen, ist das **Recycling** eine Möglichkeit. **Nachwachsende Rohstoffe** können fossile ersetzen. Regenerative, d. h. erneuerbare Energien können langfristig erschöpfte Energieträger ablösen. Derartige innovative Verfahren und Technologien ermöglichen es, endliche und wertvolle Rohstoffe zu ersetzen, zu substituieren. Aber auch politische Vorgaben können dabei unterstützend wirken. So trat z. B. am 01.01.2009 das Erneuerbare-Energien-Wärmegesetz in Kraft. Ebenso wird versucht, durch EU-weite Abfallvermeidungsprogramme und die finanzielle Förderung des Anbaus von Nachwachsenden Rohstoffen, einen Ausgleich für die knapper werdenden Rohstoffe zu schaffen. Nicht zuletzt spielt dabei der Gedanke der Wirtschaftlichkeit eine entscheidende Rolle.

Recycling

Recycling bedeutet Gewinnung von Rohstoffen aus Abfällen, ihre Rückführung in den Wirtschaftskreislauf und die Verarbeitung zu neuen Produkten. Voraussetzung hierfür ist eine möglichst sortenreine Sammlung der Wertstoffe und ihre leichte Abtrennung aus der Abfallfraktion. Die Vorteile bestehen in der Verminderung der Abfallmenge, der Schonung knapper werdender Rohstoffe und der Energieeinsparung (M2).

In Deutschland gibt es eine Vielzahl verschiedener Sammelsysteme für Verpackungsabfälle. Mit dem Hol- und dem Bringsystem lassen sich dabei zwei Grundtypen der Entsorgung unterscheiden:
Beim Holsystem werden in der Regel die Gelben Tonnen oder Gelben Säcke mit Leichtverpackungen (z. B. Joghurtbecher) von den Versorgungsunternehmen direkt bei den einzelnen Haushalten geleert bzw. abgeholt.
Beim Bringsystem geben die Verbraucher die gebrauchten Verpackungen in Wertstoffcontainer oder sie bringen sie zu Wertstoffhöfen. Die eingesammelten Verpackungsabfälle werden anschließend zu Sortieranlagen gebracht, wo sie nach den einzelnen Materialarten voneinander getrennt werden. Die sorgfältige Sortierung ist für das Recycling wesentlich, denn um die Wertstoffe als Sekundärrohstoffe für die industrielle Produktion wiederverwerten zu können, ist eine größtmögliche Sortenreinheit erforderlich.
Die bei der stofflichen Verwertung entstehenden Sekundärrohstoffe, wie z. B. Granulate im Falle von Kunststoffen, können anschließend zur Herstellung von Fertigprodukten, wie z. B. Möbel, Spielzeug oder Baumaterial, genutzt werden. Im Idealfall schließt sich mit dem Wertstoff- zugleich der Produktionskreislauf: Aus Altglas entstehen neue Flaschen und Gläser, aus Altpapier neue Papierprodukte, aus alten PET-Flaschen neue PET-Flaschen.
Metalle wie Aluminium und Weißblech sowie Glas werden eingeschmolzen und z. B. zu neuen Glasflaschen, Aluminium- oder Weißblechdosen verarbeitet; Sekundärrohstoffe aus Metall finden sich aber auch in Karosserien wieder. Brötchentüten, Keksschachteln und Kartons im Altpapier dienen als Rohstoffquelle bei der Herstellung von Zeitungspapier und Transportkartons.
Die größten Fortschritte hat das Kunststoffrecycling in den letzten 15 Jahren erlebt. Eine immer bessere Sortiertechnik bringt sortenreinere Sortierfraktionen hervor, die sich für hochwertiges werkstoffliches Recycling eignen. Kunststoffgranulat findet sich beispielsweise in Fensterrahmen, Abflussrohren, Pflanzpaletten, Kunststoffspielzeug und Autoarmaturen wieder. Und die steigenden Rohölpreise machen den Einsatz von recyceltem Kunststoff immer interessanter. Beim Kunststoff PET, der vor allem für die Herstellung von Getränkeflaschen verwendet wird, sind die Recyclingtechnologien so weit fortgeschritten, dass sortenreines PET tatsächlich zur Herstellung neuer Getränkeflaschen verwendet wird.

Neben den in M1 aufgeführten Möglichkeiten des Recyclings sind Hersteller und Importeure zur Rücknahme von Altfahrzeugen verpflichtet. Sie müssen sicherstellen, dass mindestens 80 % eines Altfahrzeugs stofflich verwertet oder wieder verwendet wird.
Seit 2006 ist auch die getrennte Sammlung und Verwertung von Batterien in allen EU-Mitgliedsstaaten Pflicht.
Klärschlämme werden zur Düngung eingesetzt, 70 % der Altöle werden stofflich, 30 % energetisch verwertet.
Weltweit fallen jährlich um die 400 Mio. Mobiltelefone als Abfall an. Seit dem 24. März 2006 haben Verbraucher in Deutschland die Möglichkeit, alte Elektro- und Elektronikgeräte kostenlos bei kommunalen Sammelstellen abzugeben. Defekte Handys werden auseinandergebaut. Sofern Bauteile noch intakt sind, werden diese weiter verwendet, ansonsten rohstofflich recycelt.

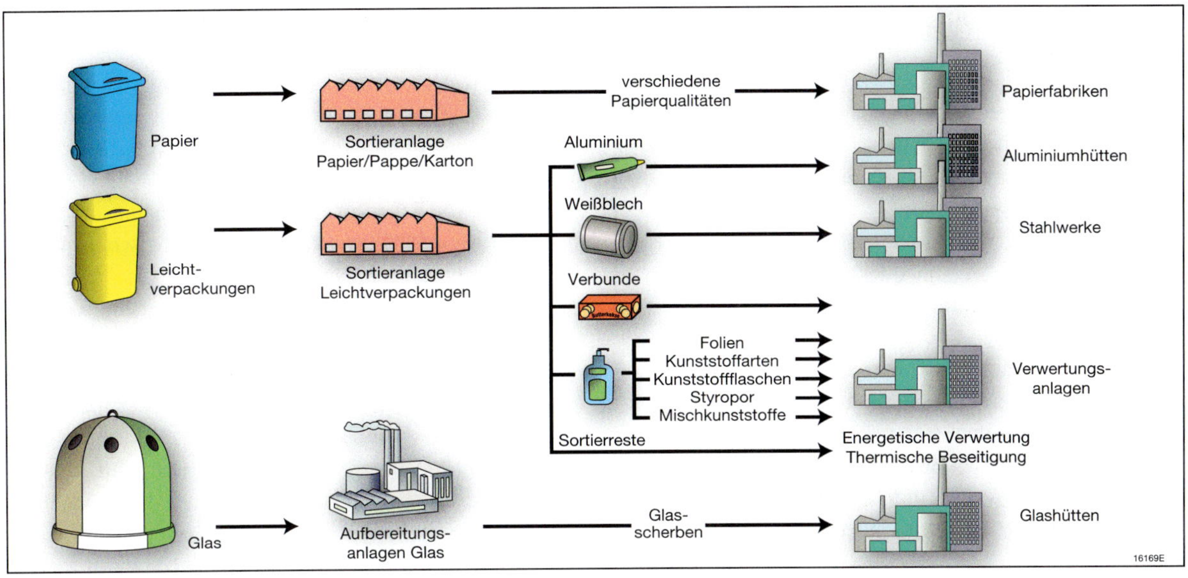

1 Der Weg ins Recycling

Beispiel – Wertstoffkreislauf Papier

In Deutschland ist Altpapier, dessen Fasern sich bis zu fünfmal recyceln lassen, mit über 60 % der am häufigsten eingesetzte Rohstoff für die Papierherstellung.

Vom Sammelcontainer gelangen die bunt gemischten Altpapiere in die Papiersortieranlage, wo sie sortiert und zu Ballen gepresst werden. Ein Luftstrom trennt leichtere Papiere von schweren Sorten und papierfremden Artikeln. Es folgt der Transport in die Papierfabrik, wo die sogenannten Pulper (überdimensionale Mixer) die in Wasser eingeweichten Altpapiere und Kartonagen zerfasern und verrühren, während gleichzeitig Fremdstoffe abgeschieden werden. Die besonders hochwertigen Papiere von Zeitungen und Illustrierten werden in einem sogenannten Deinking-Prozess von Druckfarben befreit. Aus diesem Faserbrei entstehen in der Papiermaschine neue Produkte wie Kartons, Briefumschläge, Rohpapiertüten oder neue Zeitungspapiere.

Aufgaben

1. Informieren Sie sich über Programme und Gesetze, die sich mit der Substitution von Rohstoffen befassen.
2. Informieren Sie sich bei einem der großen Entsorgungsunternehmen, wie z.B. unter www.gruener-punkt.de über Finanzierungskonzepte und den Wertstoffkreislauf von Produkten, die in Ihrem Haushalt für das Recycling bereitgestellt werden.
3. Weltweit fallen jährlich um die 400 Mio. Mobiltelefone als Abfall an. Ähnlich sind die Zahlen bei größeren Geräten wie PCs. Informieren Sie sich über die Verwertung von Elektro- und Elektronikschrott.
4. Nicht alle Abfallstoffe sind für das Recycling geeignet. Informieren Sie sich über die Grenzen des Recyclings.

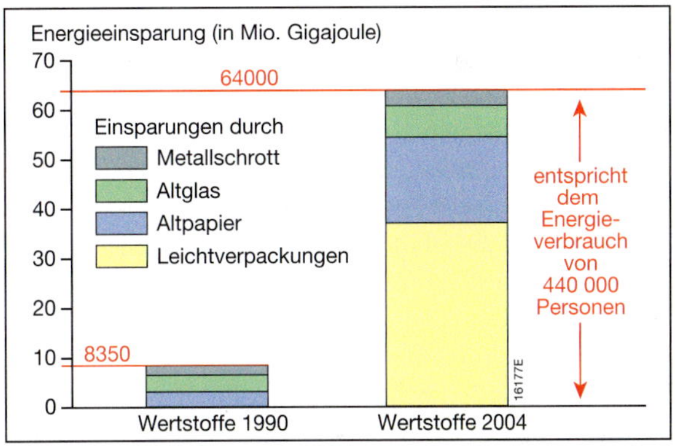

2 Energieeffizienz durch stoffliche Verwertung

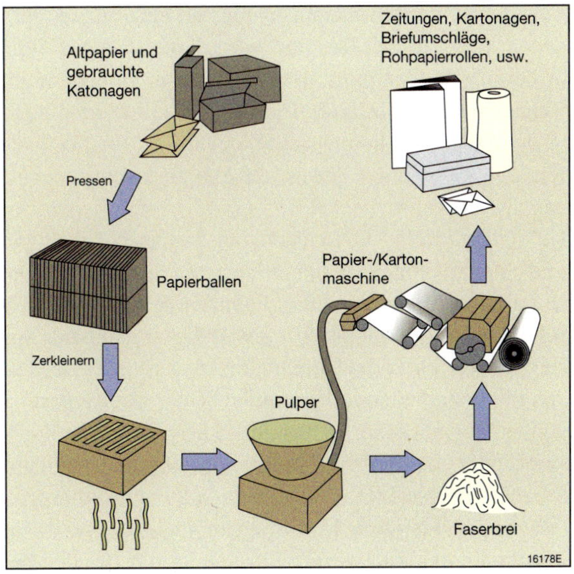

3 Wertstoffkreislauf Papier

Nachwachsende Rohstoffe

Nachwachsende Rohstoffe (Biomasse) sind organische Stoffe pflanzlichen oder tierischen Ursprungs, die ganz oder in Teilen als Rohstoffe für die Industrie oder als Energieträger genutzt werden können. Im Gegensatz zu fossilen Rohstoffen erneuern sie sich jährlich oder in überschaubaren Zeiträumen.

Rohstoffe aus Land- und Forstwirtschaft sind aus Industrie und Energieerzeugung nicht mehr wegzudenken. Das ist nicht nur dem steigenden Umweltbewusstsein zu verdanken, sondern auch der staatlichen Förderung. So dürfen u. a. auf Flächen, die für die Nahrungsmittelproduktion stillgelegt wurden, Nachwachsende Rohstoffe angebaut werden, ohne dass die Stillegungsprämie verloren geht.

Nachwachsende Rohstoffe bieten in vielen Bereichen effektive und interessante Alternativen zu fossilen Rohstoffen, deren Vorräte begrenzt, und deren Nutzung oft mit ökologischen Nachteilen verbunden sind. Unter den erneuerbaren Energien hat sich die „Bioenergie" als festes Standbein der deutschen Energieversorgung etabliert. Sie trägt erheblich dazu bei, den CO_2–Ausstoß Deutschlands zu verringern. 2006 konnten durch die Nutzung erneuerbarer Energien 101,5 Mio. t CO_2 eingespart werden.

Nachwachsende Rohstoffe lassen sich energetisch zur Erzeugung von Wärme, Dampf, Strom und Treibstoff, bzw. stofflich oder technisch in der Industrie (Industriepflanzen) nutzen (M1).

Energie aus Biomasse

Festbrennstoffe sind die am häufigsten eingesetzten biogenen Brennstoffe. Genutzt wird hauptsächlich Holz in Form von Scheitholz, Hackschnitzeln, Hobelspänen, Sägemehl und Holzstaub. Darüber hinaus werden auch Stroh und speziell angebaute einjährige Pflanzen als Häcksel, Ballen oder Pellets zur Energiegewinnung verwendet.

Flüssigbrennstoffe, in Deutschland hauptsächlich Raps- und Sonnenblumenöl, eignen sich für die energetische Nutzung in Dieselmotoren. Pflanzenöle sind frei von Schwefel und biologisch vollständig abbaubar. Aus stärke- und zuckerhaltigen Pflanzen lässt sich der Alkoholkraftstoff Ethanol gewinnen. Über die Vergasung können aus trockener Biomasse auch synthetische Kraftstoffe oder der Treibstoff Methanol hergestellt werden. Ethanol, hergestellt aus Getreide oder zuckerhaltigen Pflanzen, eignet sich hervorragend für den Einsatz in Benzinmotoren und wird in Brasilien und Schweden bereits in großem Maßstab verwendet.

Gasförmige Brennstoffe/Biogas entstehen dort, wo organisches Material unter Ausschluss von Sauerstoff mikrobiell abgebaut wird. Biogas ist ein mit Wasserdampf gesättigtes Gasgemisch. In einer landwirtschaftlichen Biogasanlage werden die Fäkalien der Nutztiere eingesetzt. Besonders geeignet ist organisches Material mit hohem Wassergehalt. Das in einem Faulbehälter mikrobiell erzeugte Biogas lässt sich nach einer Zwischenspeicherung energetisch nutzen. Besonders wirksam ist die Gasverwendung in dezentralen Motor-Blockheizkraftwerken.

Stoffliche Verwertung

Holz ist traditionell der mengen- und wertmäßig bedeutendste Nachwachsende Rohstoff. Es ist vielseitig einsetzbar – in der Bau- und Möbelwirtschaft, im Verpackungs- und Dämmstoffbereich oder als Zellstoff in der Papier- und Pappeindustrie.

Das geerntete *Flachsstroh* wird in einer Schwinge mechanisch bearbeitet und gebrochen, um so die Langfasern zu gewinnen, aus denen Garn hergestellt wird.

Hanf, der seit 1996 unter bestimmten Bedingungen wieder angebaut werden darf, eignet sich zur Herstellung von Textilfasern, Papier, Baustoffen, Speiseöl, Farben und Kosmetik.

Pflanzenöle entwickeln sich zu begehrten Rohstoffen für die verschiedensten technischen und chemischen Anwendungen. Unsere wichtigsten „Öllieferanten" sind Raps, Sonnenblume und Öllein (= Flachs, M4).

Nach Cellulose ist *Stärke* der bedeutendste organisch-chemische Rohstoff. Stärke liefernde Pflanzen sind in Deutschland Mais, Weizen und Kartoffel. Neben den traditionellen Einsatzbereichen in der Papier- und Pappeindustrie drängen stärkebasierte Produkte neuerdings auf die Märkte der Zukunft als Waschmittelrohstoffe, Rohstoffe für die Kosmetik- und Pharmaindustrie, Fermentationsrohstoffe und biologisch abbaubare Werkstoffe, die petrochemisch erzeugte Kunststoffe ersetzen können.

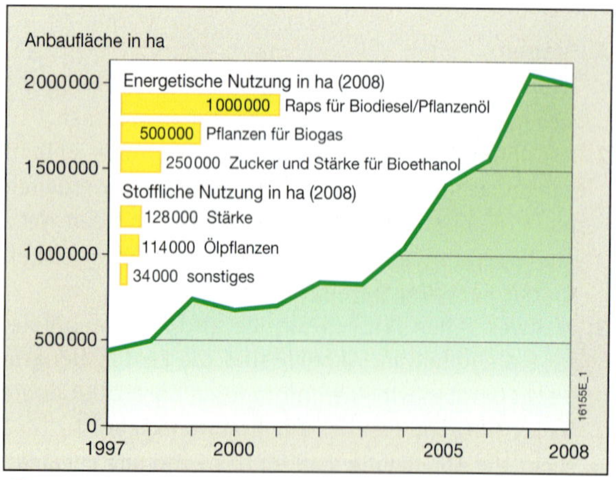

1 Entwicklung des Anbaus von Rohstoffpflanzen

Benzin vom Acker macht arm

Die gestiegene Nachfrage nach Biokraftstoffen hat in den vergangenen Jahren 30 Mio. Menschen in die Armut getrieben, schätzt die britische Umweltgruppe Oxfam in einem neuen Bericht. Bei weiteren 100 Mio. Menschen sei die Lebensgrundlage durch die Nachfrage nach Benzinersatz aus Pflanzenprodukten bedroht.

[...] Die Organisation fordert daher Europas Regierungen auf, das Ziel einer 10%igen Beimischung von Biokraftstoff zu Benzin und Diesel aufzugeben. Weil die Produktion von Treibstoffen mehr einbringe als die Produktion von Lebensmitteln, würden zunehmend Felder umgestellt und neue Ackerflächen in Wäldern und Schutzgebieten gerodet. Dadurch könnten bis 2020 fast 70-mal so viele Treibhausgase freigesetzt werden, wie die EU durch die Biokraftstoffe einsparen wolle. [...]“

(Quelle: www.sueddeutsche.de, 26.06.2008)

2 Zeitungsmeldung

	Raps	Sonnenblume	Öllein
Schmierstoffe	X	X	
Waschmittel	X	X	
Farben, Lacke, Rapsbitumenasphalt	X	X	X
Kosmetika, Pharmazeutika		X	
Textil und Lederhilfsmittel	X	X	X
Hilfsmittel zur Kunststoff-Herstellung	X	X	X
Hilfsmittel zur Papierherstellung	X	X	X
Hilfsmittel zur Gummiherstellung	X		
Lebensmittel	X	X	X
Kunststoffe, Polymere		X	X

16171E

4 Produkte aus Pflanzenöl

Bio-Erdgas für 5000 Haushalte

„18-Mio.-Euro-Projekt in der Oberpfalz – Betreiber: Größte derartige Anlage in Europa

[...] In der Anlage würden pro Jahr aus 85 000 Tonnen in der Region angebauten Agrarrohstoffen etwa 16 Mio. Kubikmeter Biogas produziert und ins normale Gasnetz eingespeist, teilte E.ON Bayern in Regensburg mit. [...] E.ON plant für die Zukunft den Bau weiterer Biogasanlagen. [...] Der Konzern geht davon aus, dass im Jahr 2030 etwa ein Zehntel des heutigen Erdgasverbrauchs in Deutschland mit Biogasanlagen gedeckt werden kann.“

Quelle: Nach einer ddp-Meldung vom 15.07.2008

3 Nachrichtenmeldung

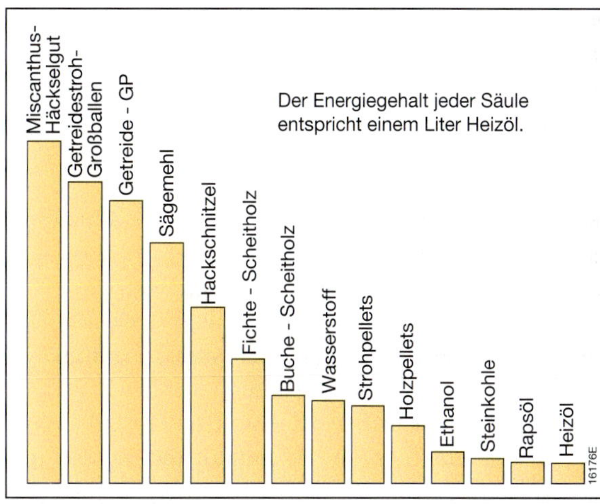

5 Der Heizwert biogener Energieträger im Vergleich zu Heizöl und Steinkohle

Aufgaben

1. Erstellen Sie eine graphische Übersicht zu den Nachwachsenden Rohstoffen und ihren Produkten.
2. Der Einsatz von Nachwachsenden Rohstoffen führt in Entwicklungsländern zu Armut und Hunger (M2). Führen Sie eine Pro-Contra Diskussion.
3. Miscanthus (M6) ist ein Energierohstoff. Informieren Sie sich über die besonderen biologischen Eigenschaften dieser Pflanze.
4. Diskutieren Sie zukünftige Perspektiven, die den Rohstoffpflanzen als Energierohstoff zukommen (M3, M4 und M5).

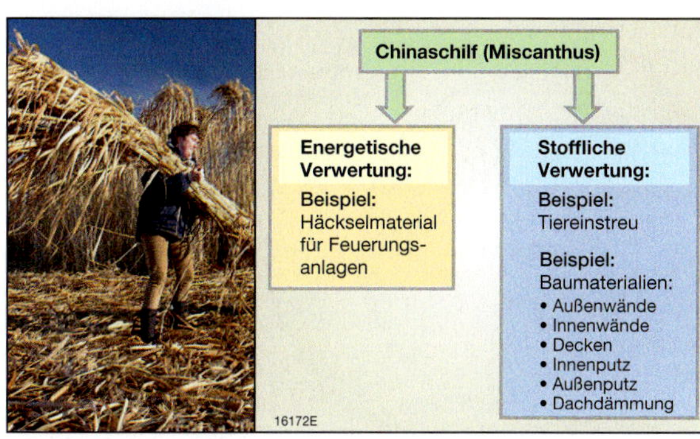

6 Miscanthusernte und Verwertungsmöglichkeiten

Erneuerbare Energien

Als regenerative oder erneuerbare Energien bezeichnet man die Energiequellen oder Energieträger, die sich auf natürliche Weise in menschlichen Zeitmaßstäben erneuern. Sie stehen im begrifflichen Gegensatz zu fossilen (Kohle, Erdöl, Erdgas) und atomaren (Uran) Energieträgern, die sich im Laufe von Jahrmillionen in geologischen Prozessen gebildet haben.

Die Erschöpfung der Vorräte an billigen fossilen Brennstoffen, allen voran des Öls, steht für das Ende des heutigen „Kohlenstoffzeitalters“ des industriellen Menschen. Gleichzeitig werden alternative Energieformen rentabel und an Bedeutung zunehmen. Eine Alternative sind erneuerbare (regenerative) Energien.

Regenerative Energien – das sind Sonne, Wind, Wasser, Biomasse und Erdwärme. Die Energie der Sonnenstrahlung wird direkt durch Kollektoren gewonnen, Wind wird durch Rotoren, Wasserkraft durch Strömungs- und Gezeitenkraftwerke nutzbar gemacht. Durch Verbrennung (Holz) oder Vergärung bzw. Vergasung (Silage, Gülle) wird Energie aus Biomasse gewonnen. Schließlich ist die Erdwärme ein Energielieferant, der durch geothermische Kraftwerke genutzt werden kann.

Regenerative Energien stehen überall zur Verfügung und können in einem, den jeweiligen Verhältnissen angepassten, Energie-Mix (M1) genutzt werden. Die Bundesregierung hat sich international verpflichtet, bis 2020 den Ausstoß von Treibhausgasen um 40 % zu reduzieren. Um das zu erreichen, sollen erneuerbare Energien einen Anteil von 30 % im Strombereich, 14 % im Wärmesektor und 12 bis 15 % an Kraftstoffen ausmachen.

Die Bedeutung erneuerbarer Energien für die zukünftige Energieversorgung und ihre **Nachhaltigkeit** werden unterschiedlich bewertet. Für die globale Energieversorgung werden die derzeit bekannten regenerativen Alternativen zunächst nur eine geringe Rolle spielen, denn die Energieausbeute fossiler Brennstoffe liegt bisher deutlich höher. Noch ungelöst sind viele Probleme des Transports und der Speicherung von Energie. Allerdings existieren bereits erste Lösungskonzepte (M3).

Die Abbildung M4 zeigt eine Auswahl regenerativer Alternativen zur Energiegewinnung, über die derzeit diskutiert wird und die auch bereits im unterschiedlichen Maße im Einsatz sind.

Das regenerative Kombikraftwerk verknüpft und steuert 36 über ganz Deutschland verstreute Wind-, Solar-, Biomasse- und Wasserkraftanlagen. Es ist zuverlässig und leistungsstark wie ein herkömmliches Großkraftwerk. Das regenerative Kombikraftwerk zeigt, wie durch gemeinsame Regelung kleiner und dezentraler Anlagen bedarfsgerecht und zuverlässig Strom bereitgestellt werden kann.
„Kombikraftwerk“ bedeutet, die Vorteile der verschiedenen erneuerbaren Energien optimal zu kombinieren. Windenergieanlagen und Solarmodule leisten je nach Verfügbarkeit von Wind und Sonne ihren Beitrag zur Stromerzeugung. Ausgleichend werden Biogas und Wasserkraft eingesetzt. Je nach Bedarf werden sie vorübergehend gespeichert oder in Strom umgewandelt, um kurzfristige Schwankungen auszugleichen. Einer Vollversorgung mit erneuerbaren Energien steht rein technisch nichts im Wege.

3 Das regenerative Kombikraftwerk

Aufgaben

1. Diskutieren Sie die Bedeutung der erneuerbaren Energien insgesamt und im Einzelnen (M1 und M2).
2. Lokalisieren Sie Regionen mit hohen Windgeschwindigkeiten (Atlas) und langer Sonnenscheindauer.
3. Diskutieren Sie für einzelne Standorte Vor- und Nachteile der in M4 aufgeführten möglichen Bausteine.

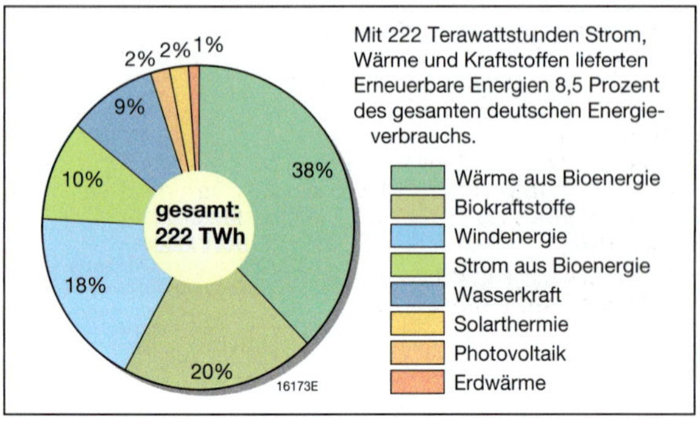

1 Der Erneuerbare-Energien-Mix 2007

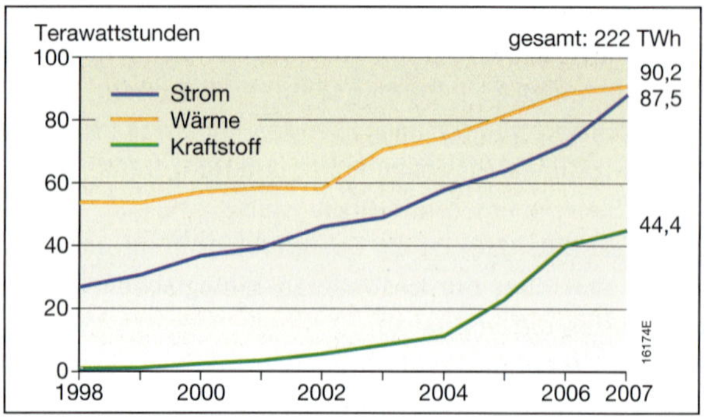

2 Einsatz erneuerbarer Energien (1998 – 2007)

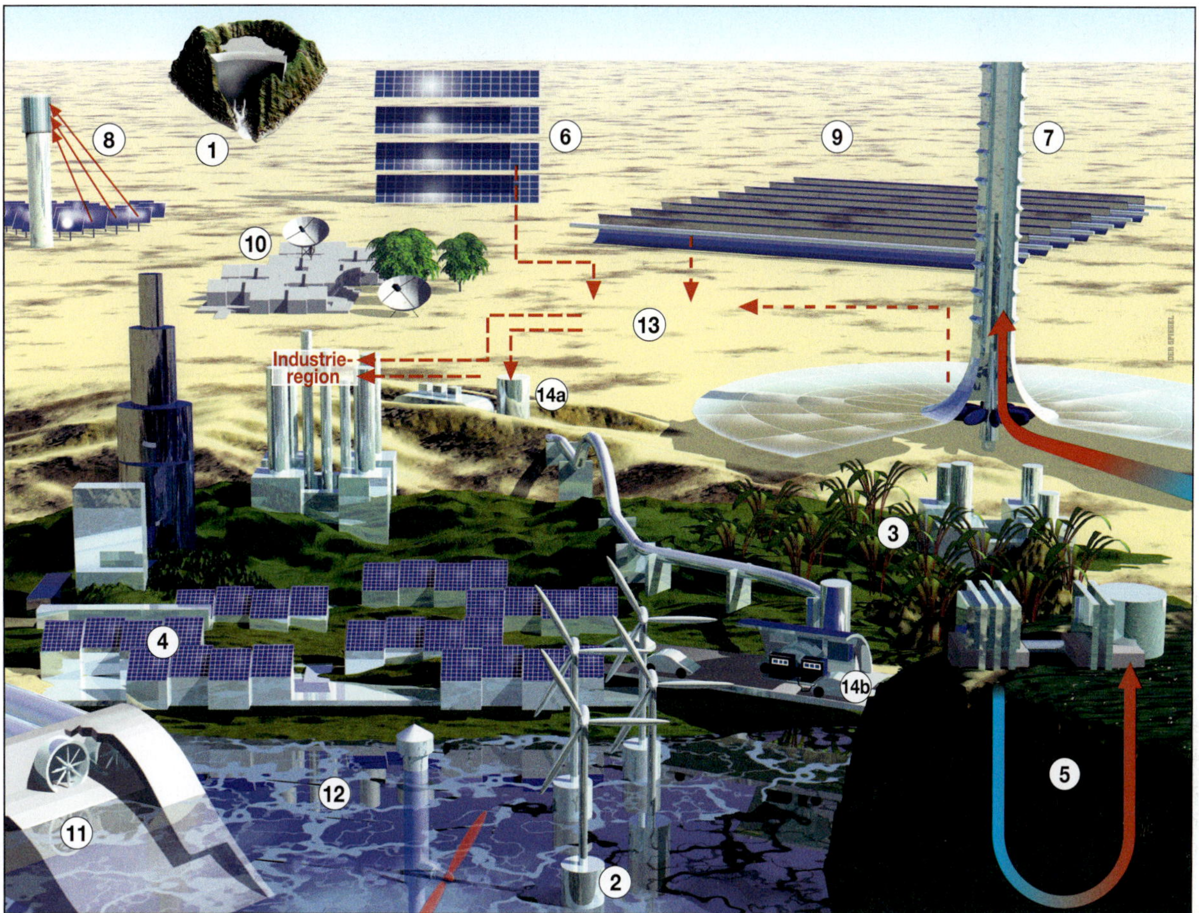

12684E_2

(1) **Wasser-Kraftwerk:**
Die traditionelle, erneuerbare Energiequelle der Stromerzeugung.

(2) **Wind-Kraftwerk:**
Windräder an Land und Offshore-Windparks vor den Küsten erzeugen derzeit Windstrom.
Die Erzeugung des Windstroms ist steigend.

(3) **Energie-Landwirtschaft:**
Schilf, Raps oder andere Energiepflanzen liefern Treib- und Brennstoffe.

(4) **Solar-Architektur:**
Gebäude der Zukunft nutzen die natürliche Sonneneinstrahlung zur Stromerzeugung und Wärmegewinnung. Sommer-Überschüsse werden in Speichern für den Winter angespart.

(5) **Geothermie-Kraftwerk:**
Die Wärme aus dem Inneren der Erde kann dort angezapft werden, wo warme Grundwasserschichten existieren oder in großer Tiefe heiße Gesteinsschichten angebohrt werden können. Dort wirken innere Rissflächen wie Wärmetauscher. Eingepresstes kaltes Wasser erhitzt sich und wird an anderer Stelle wieder nach oben geleitet („Hot Dry Rock").

(6) **Photovoltaik-Kraftwerk:**
Direktumwandlung der Sonnenstrahlung in Strom. Großkraftwerke produzieren Elektrizität für Industriezentren und für den Export über weite Strecken. Kleinanlagen decken dezentral den privaten Bedarf.

(7) **Aufwind-Kraftwerk:**
Die in einem riesigen Treibhaus erwärmte Luft wird über einen Kilometer hohen Kamin nach oben geleitet. Dabei entsteht ein kräftiger Sog, der Strom erzeugende Windturbinen antreibt.

(8) **Solarturm-Kraftwerk:**
Spiegel fokussieren die Sonnenstrahlung auf einem Turm, wo hohe Temperaturen zur Erzeugung von Strom oder Prozesswärme entstehen.

(9) **Parabolrinnen-Kraftwerk:**
Die Sonneneinstrahlung wird auf ein Rohrsystem konzentriert, in dem eine Flüssigkeit zirkuliert. Die Hitze erzeugt Wasserdampf zum Antrieb der Turbinen.

(10) **Solar-Dish-Anlage:**
Schüsselförmiger Sonnenspiegel zur Elektrizitätsversorgung entlegener Gebiete ohne Verbindung mit einem zentralen Stromnetz.

(11) **Wellen-Kraftwerk:**
Wellen drücken Luft oder Wasser durch Rohre, in denen sich Turbinen zur Stromerzeugung drehen– großes Potenzial für Inselstaaten und Länder mit ausgedehnter Küstenlinie.

(12) **Meeresströmungs-Kraftwerk:**
Rotoren drehen sich in einer kontinuierlichen oder von Gezeiten hervorgerufenen Meeresströmung („Unterwasser-Windmühlen")

(13) **Transport:**
Sonnenstrom aus Großkraftwerken oder daraus erzeugter Wasserstoff (H_2) werden über Stromtrassen oder H_2-Pipelines in die Industrieregionen geleitet.

(14) **Speicher:**
a) **Wasserstoff-Elektrolyse;**
b) **Wasserstoff-Tankstelle**

4 Mögliche Bausteine einer nachhaltigen Energiewirtschaft

4 Umweltrisiken und menschliches Verhalten

1 Beständiges Risiko – Leben in Nachbarschaft zu Vulkanen (Beispiel Hawaii, USA)

Naturkatastrophen im 21. Jahrhundert

Naturkatastrophen verursachen weltweit immer größere Schäden. In den letzten vier Jahrzehnten sind die Häufigkeit großer Naturkatastrophen auf das Dreifache, die volkswirtschaftlichen Schäden – schon inflationsbereinigt – auf das 8-fache und die versicherten Schäden sogar auf das 15-fache gestiegen.

Als Hauptursachen sind die zunehmende Verstädterung, die Besiedlung und Industrialisierung hoch exponierter Regionen, die Verwundbarkeit moderner Technologien und auch die anthropogenen Umweltveränderungen anzusehen. Besonderen Grund zur Sorge geben die Abschätzungen künftiger Schadenspotenziale, die bei einer Reihe realistischer Katastrophenszenarien bisher ungekannte Ausmaße erreichen.

Quelle: Berz, G. (2002)

1 Auszug aus einem Fachartikel

- *Naturereignis (event):* Ereignis in der Umwelt (z. B. Erdbeben, Vulkanausbruch, Sturm); messbar in Einheiten: m, cm, Richterwerte, Beaufort-Skala.
- *Naturgefahr:* Naturereignis, das zu einer Bedrohung von Menschen, Umwelt, Sachwerten und Einkünften führen kann.
- *Vulnerabilität* (vulnerability): d. h. Verwundbarkeit; möglicher Schaden bei Eintritt eines Ereignisses bzw. Anfälligkeit eines Systems (Bauwerk, Anlage, Staat, Unternehmen) gegen äußere schädliche Einwirkungen.
- *Naturrisiko (risk):* Das Risiko ist im Gegensatz zur Gefahr menschlich verursacht. Ohne die Besiedlung bzw. Nutzung der Natur durch den Menschen kann kein Schaden entstehen, sodass im Grunde der Mensch durch seine Nutzungsentscheidungen das Risiko hervorbringt und eingeht, Opfer der Naturgewalten zu werden. Das Gefahrenpotenzial ist da, aber erst der Mensch produziert die Risiken. (Risiko = Gefahrenereignis + Verwundbarkeit).
- *Natural Hazard*: Wird unterschiedlich mit „Naturgefahr“ oder „Naturrisiko“ übersetzt.
- *Naturkatastrophe (disaster)*: Schädliche Folgen eines auslösenden Naturereignisses (Tote, Verletzte, Sachschäden, Ressourcen für den Wiederaufbau, Erschütterungen im politischen System...); sind abhängig von der Stärke des Ereignisses und der Anfälligkeit der Region.

2 Begriffe aus der Naturkatastrophenforschung

4.1 Umweltrisiken – Problemstellung

Naturrisiken

„Vulkaneruptionen gibt es seit Entstehung der Erde, d. h. seit 4,6 Milliarden Jahren. Pro Jahr eruptieren ungefähr 60 der etwa 550 aktiven Vulkane auf der Erde. Vulkaneruptionen wird es auch in Zukunft geben. Eine Änderung in ihrer Frequenz, Stärke, Art usw. ist in absehbarer Zeit nicht wahrscheinlich. [...]

...Vulkangefahren werden in Zukunft weiter zunehmen....“

Quelle: Schmincke, H.-U. (2000), S. 193

Die Aussagen von Hans-Ulrich Schmincke, einem der führenden Vulkanologen Deutschlands, wirken auf den ersten Blick widersprüchlich: Frequenz, Stärke und Art von Vulkaneruptionen ändern sich in absehbarer Zeit nicht, dennoch werden Vulkangefahren in Zukunft weiter zunehmen. Doch dahinter verbirgt sich nichts anderes als die Sicht der modernen Naturkatastrophenforschung: Naturereignisse wie Erdbeben, Vulkanausbrüche oder Tsunamis sind nicht per se „Katastrophen“. Wenn sie sich im „leeren“, vom Menschen nicht genutzten Raum ereignen, mögen sie zwar die Physiognomie der Erdoberfläche verändern, „katastrophale“ Auswirkungen rufen sie dabei aber nicht hervor. Natürliche Prozesse im System Erde stellen nur unter bestimmten Umständen eine Bedrohung für den Lebensraum des Menschen dar. Zu „Naturrisiken“ werden natürliche Phänomene erst durch eine inadäquate Inwertsetzung gefährdeter Räume oder durch eine für den Menschen nachteilige Einflussnahme auf Komponenten des Gesamtsystems.

Diese veränderte Vorstellung der Mensch-Umwelt-Beziehungen geht noch weiter: Wurde noch in den 1970er-Jahren grundlegend zwischen naturbedingten Gefahren und vom Menschen verursachten Bedrohungen (z. B. technologischen Risiken) unterschieden, so hat sich durch die Katastrophenforschung (M5) diese Sichtweise allmählich gewandelt. Mensch und Umwelt werden heute als interagierende Systeme begriffen. So erkannte man einerseits, dass anthropogen verursachte Umweltveränderungen über die Natur auf den Menschen zurückwirken (vgl. Diskussion zum **Klimawandel**). Andererseits zeigt sich, dass Naturkatastrophen nicht allein von geophysikalischen Prozessen abhängig sind, sondern die politischen und sozio-ökonomischen Rahmenbedingungen einer Gesellschaft eine „Verwundbarkeit“ für Naturkatastrophen hervorrufen können. Der Gegenstandsbereich der Naturkatastrophenforschung verschob sich damit insgesamt von den natürlichen Prozessen, hin zu den anthropogen beeinflussten Veränderungen der natürlichen Umwelt und den daraus resultierenden Wechselwirkungen.

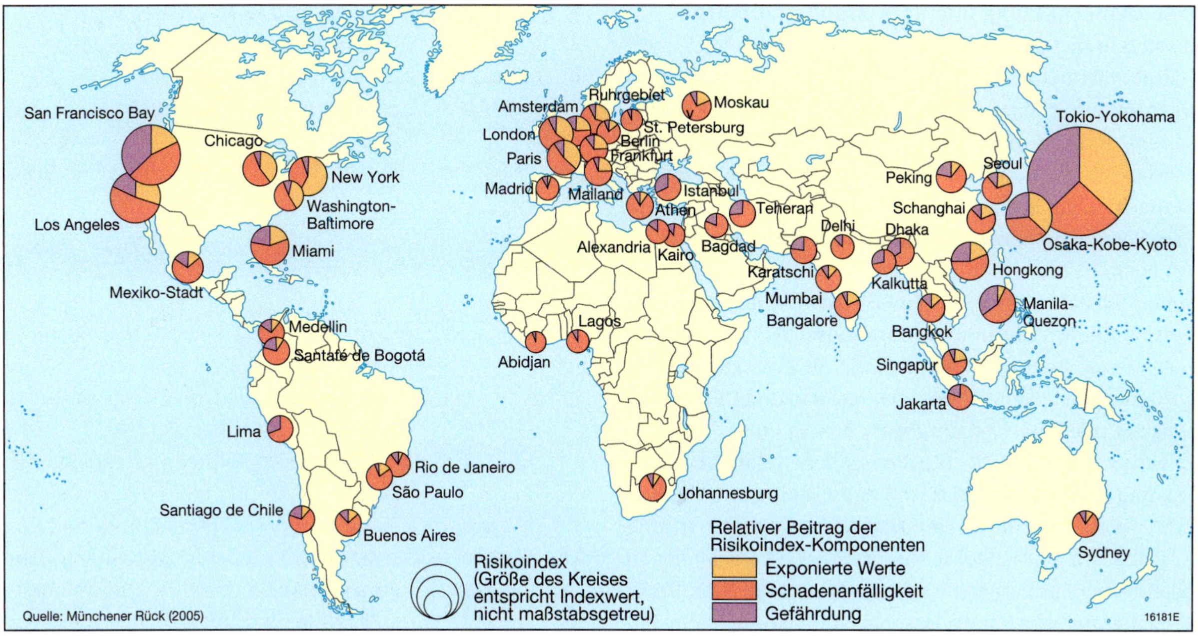

3 **Naturgefahren-Risikoindex für Metropolregionen**

- Globale Bevölkerungszunahme
- Steigender Lebensstandard und dadurch wachsende Wertbestände
- Konzentration von Bevölkerung und Werten in Metropolregionen und Megastädten
- Besiedlung und Industrialisierung stark exponierter Regionen (z. B. in Küstenbereichen)
- Anfälligkeit moderner Gesellschaften und Technologien
- Weltweite Änderungen der Umweltbedingungen (Klimaänderung, Wasserverknappung...)

4 **Gründe für die weltweite Zunahme von Naturkatastrophen (nach: Münchener Rück, 2005b)**

Aufgaben

1. Begründen Sie unter Einbeziehung von M1, M2 und M4, inwiefern Schminckes Aussagen zutreffend sind bzw. keine Widersprüche darstellen.
2. Erläutern Sie, unter welchen Umständen ein Naturereignis zu einem Naturrisiko bzw. zu einer Naturkatastrophe wird.
3. Stellen Sie in einer Tabelle anhand der folgenden Kriterien die verschiedenen Ansätze der Naturkatastrophenforschung (M5) gegenüber: zentrale Fragestellung, Ansätze zur Bewältigung von Katastrophen.
4. Arbeiten Sie aus M3 die durch Naturgefahren besonders bedrohten Bereiche auf der Erde heraus und begründen Sie jeweils den hohen Risikoindex.

1. Die Vulnerabilitätsschule
Sie untersuchte die Rahmenbedingungen, die eine Gesellschaft für eine Naturkatastrophe „verwundbar“ machen und war somit rein deskriptiv: Armut und Überbevölkerung führen beispielsweise dazu, dass mehr Menschen gezwungen sind, in Gefahrengebieten zu leben – bei gleichzeitig geringeren gesellschaftlichen Möglichkeiten, Vorsorgestrategien zu entwickeln. Ziel der Forschung war daher die Analyse gesellschaftlicher Rahmenbedingungen.

2. Die Disasterschule
Sie hatte den Umgang des Menschen mit einer bereits eingetretenen Naturkatastrophe zum Gegenstand. Man untersuchte, wie sich Naturkatastrophen auf soziale Strukturen (z. B. Organisationen, Institutionen, Gemeinden) auswirken bzw. man befasste sich mit dem individuellen Verhalten unmittelbar während und nach einer Katastrophe.

3. Die Chicagoer Schule (Hazardforschung)
Sie fragte, wie Menschen mit der Bedrohung durch eine potenzielle Naturkatastrophe umgehen und war daher ein verhaltensorientierter Forschungsansatz. Nach ihr stellen Naturereignisse nicht von sich aus, sondern erst durch die anthropogene Nutzung gefährdeter Gebiete eine Gefahr dar. Erst das Verständnis des individuellen Verhaltens der Menschen ermöglicht ein effizientes Management von Naturkatastrophen.

5 **Grundlegende Schulen der Katastrophenforschung**

Risikoeinschätzung und Katastrophenvorsorge

Da sich in den letzten Jahren der Trend abzeichnet, dass Naturkatastrophen drastisch zunehmen (M1, M2), also wachsende Schäden durch Naturereignisse wie Erdbeben, Stürme und Überschwemmungen verursacht werden, wird es immer wichtiger, die Risiken richtig abzuschätzen. Ein ganzer Forschungszweig – die Georisikoforschung bzw. das Umweltmanagement – beschäftigt sich mit diesem Problem seit beinahe 30 Jahren. Dabei ist zunächst natürlich die Erforschung der naturwissenschaftlichen Zusammenhänge dieser Phänomene von zentraler Bedeutung. Aber auch die Auseinandersetzung mit einer effektiven Vorsorge ist ein wichtiger Faktor im Umgang mit Naturkatastrophen.

Effektive Vorsorge hilft, die menschlichen und finanziellen Folgen von Naturkatastrophen im Rahmen zu halten (M3, M5). Vorsorge gegen Naturkatastrophen ist eine Aufgabe, die alle angeht. Nur wenn die verschiedenen Beteiligten zusammenwirken (z. B. Staat, Betroffene, Versicherungswirtschaft) lassen sich Risiko und Schäden effizient reduzieren. Aufgabe des Staates ist es, durch entsprechende Gesetze (z. B. zur Gebäudesicherheit oder zur Landnutzung) Naturkatastrophen vorzubeugen. Er ist verantwortlich für den Basisschutz der Allgemeinheit sowie für rechtzeitige Warnungen vor bevorstehenden Ereignissen.

Kaum eine Maßnahme zur Schadensreduktion ist so wichtig wie der Beitrag der Betroffenen. Sie müssen die gesetzlichen Vorgaben entsprechend ihrer individuellen Situation umsetzen und dazu beitragen, den Schaden zu minimieren: Entweder, indem sie im Vorfeld sich und hochwertige Dinge gar nicht erst dem Risiko aussetzen, oder indem sie im Ereignisfall entsprechende Warnungen und Notfallpläne beachten und sich danach verhalten.

Vorrangige Aufgabe der Versicherungen ist die Existenzsicherung. Sie können aber auch eine wichtige Rolle bei der Schadensreduktion spielen. Darüber hinaus versuchen Versicherer, durch Information und Aufklärung sowohl die breite Öffentlichkeit als auch die politischen Entscheidungsträger zu erreichen. Um Trends bei Naturkatastrophen zu untersuchen und ein Ereignis einer Größenordnung zuordnen zu können, wurde von der Münchener Rück eine Klassifizierung von Katastrophen vorgenommen (M2). Je nach ihren humanitären und monetären Auswirkungen werden die Ereignisse in 7 Klassen eingestuft. Als „groß“ werden Katastrophen in Anlehnung an die Definition der UN bezeichnet, wenn die Selbsthilfefähigkeit der betroffenen Regionen deutlich überschritten wird und überregionale oder internationale Hilfe erforderlich ist. Dies ist dann der Fall, wenn die Zahl der Todesopfer in die Tausende, die Zahl der Obdachlosen in die Hunderttausende geht; oder wenn die Gesamtschäden – je nach wirtschaftlichen Verhältnissen des betroffenen Landes – außerordentliche Größenordnungen erreichen.

0	Naturereignis	Keine Schäden (z.B. Waldbrand ohne Gebäudeschäden)			
1	Kleinst-schadenereignis	1–9 Tote und/oder kaum Schäden			
2	Mittleres Schaden-ereignis	10–19 Tote und/oder Gebäude- und sonstige Schäden			
			2000–2005	**1990er**	**1980er**
3	Mittelschwere Katastrophe	Ab 20 Tote. Gesamtschaden (in Mio. US-$)	›50	›40	›25
4	Schwere Katastrophe	Ab 100 Tote. Gesamtschaden	›200	›160	›85
5	Verheerende Katastrophe	Ab 500 Tote. Gesamtschaden	›500	›400	›275
6	Große Naturkatastrophe	Tausende Tote, Volkswirtschaft schwer betroffen			

2 Aufteilung in Katastrophenklassen

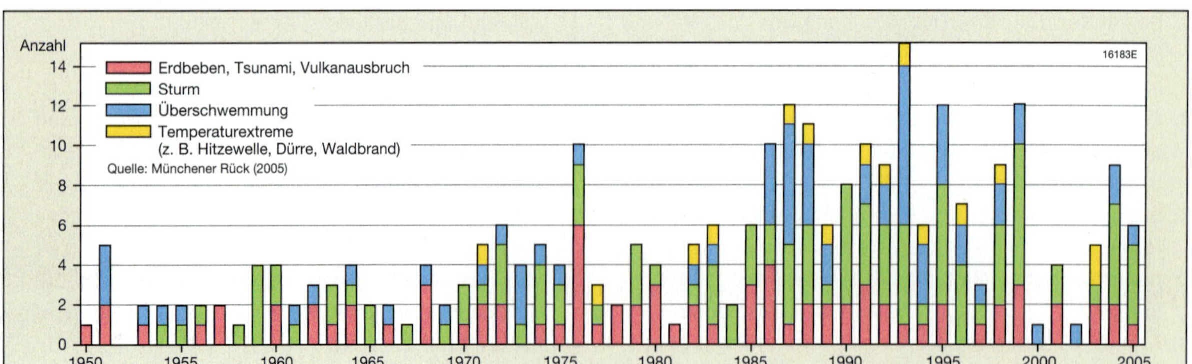

1 Großkatastrophen 1950-2005

Gefährdungszonen:
Bereiche der Erdoberfläche mit ähnlichem Gefährdungsgrad in Bezug auf eine bestimmte Naturgefahr. Die Abstufungen in geringer und höher gefährdete Bereiche bilden u.a. die Grundlage für Bauauflagen und für die Höhe von Versicherungsprämien.
Katastrophenmanagement:
Summe aller Maßnahmen und Aktionen einschließlich der Vor- und Nachsorge zur Verhinderung oder Bewältigung einer Katastrophe bei oder nach einem extremen Naturereignis.
Katastrophenvorsorge:
Sammelbegriff für alle vorbeugenden und vorbereitenden Maßnahmen, die im Hinblick auf die Risikominderung und die Minderung oder Verhinderung der Auswirkungen von Naturkatastrophen auf Menschen und ihre Lebensbedingungen getroffen werden (M4).

3 Glossar

- Entwicklung von Vorhersagemodellen
- Ausweisen und Freihalten von Risikogebieten (Siedlungsverbot)
- Katastrophenpläne
- Bereitstellung von Schutzräumen und Notunterkünften
- Ausbildung von Spezialistenteams
- Erziehung, Bewusstseinsbildung und Training der Bevölkerung
- Bereitstellung von Notfallgütern, Vorratsplanung
- Testen von Katastrophenszenarien
- Organisation temporärer Evakuierungen aus einem bedrohten Gebiet
- Vorbereitung der Bergungs- und Rettungsmaßnahmen
- Katastrophenhilfe
- Rehabilitation
- Versicherungsschutz

5 Maßnahmen zur Katastrophenvorsorge

Aufgaben

1. Beschreiben Sie die Entwicklung der Katastrophen bezogen auf die einzelnen Ereignistypen (M1) und nehmen Sie unter Einbeziehung von M2 Stellung im Hinblick auf die Entwicklung der Schäden.
2. Recherchieren Sie im Internet über eine aktuelle Großkatastrophe bezüglich Schadensausmaß und Qualität der Katastrophenvorsorge.
3. Erläutern Sie auf der Grundlage von M3, M4 sowie M5 allgemein, was man unter „Katastrophenmanagement“ versteht.
4. Ordnen Sie die Maßnahmen zur Katastrophenvorsorge tabellarisch den Bereichen „Warnung“, „Evakuierung“ und „Notfallplanung“ zu.
5. Stellen Sie in Anlehnung an M4 in einem Fließdiagramm die Wirkungszusammenhänge für Sturm-, Hochwasser- oder Hagelkatastrophen dar. Beziehen Sie dabei Überlegungen zur Flächennutzungsplanung ein.
6. Vergleichen Sie Ihre Überlegungen mit der tatsächlichen Bewältigung einer der in Aufgabe 5 genannten Naturkatastrophen in Ihrem Heimatraum.

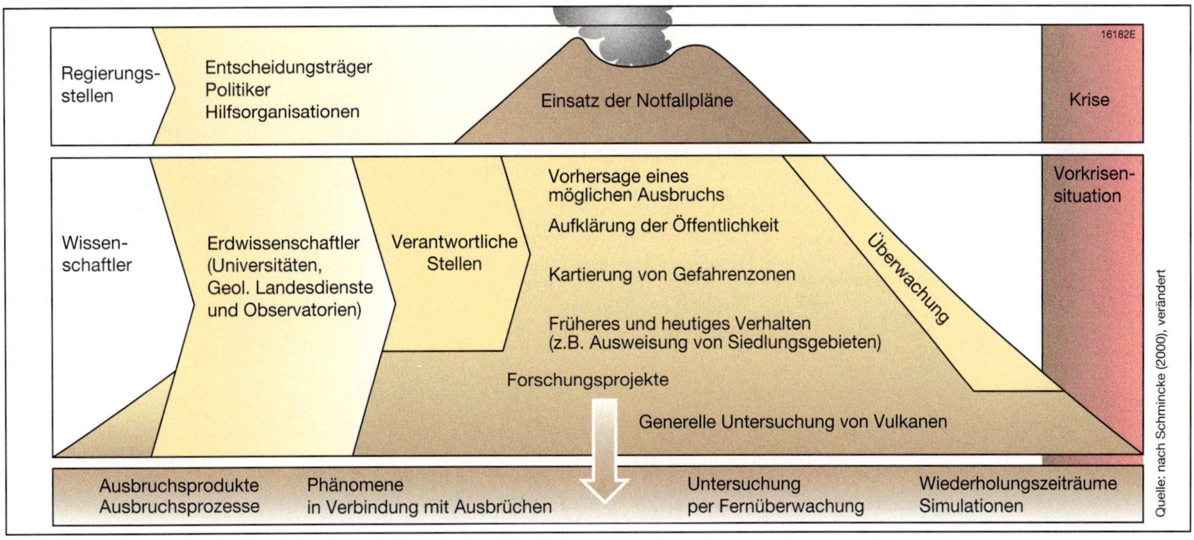

4 Wirkungszusammenhänge bei Naturkatastrophen (Beispiel Vulkanausbrüche)

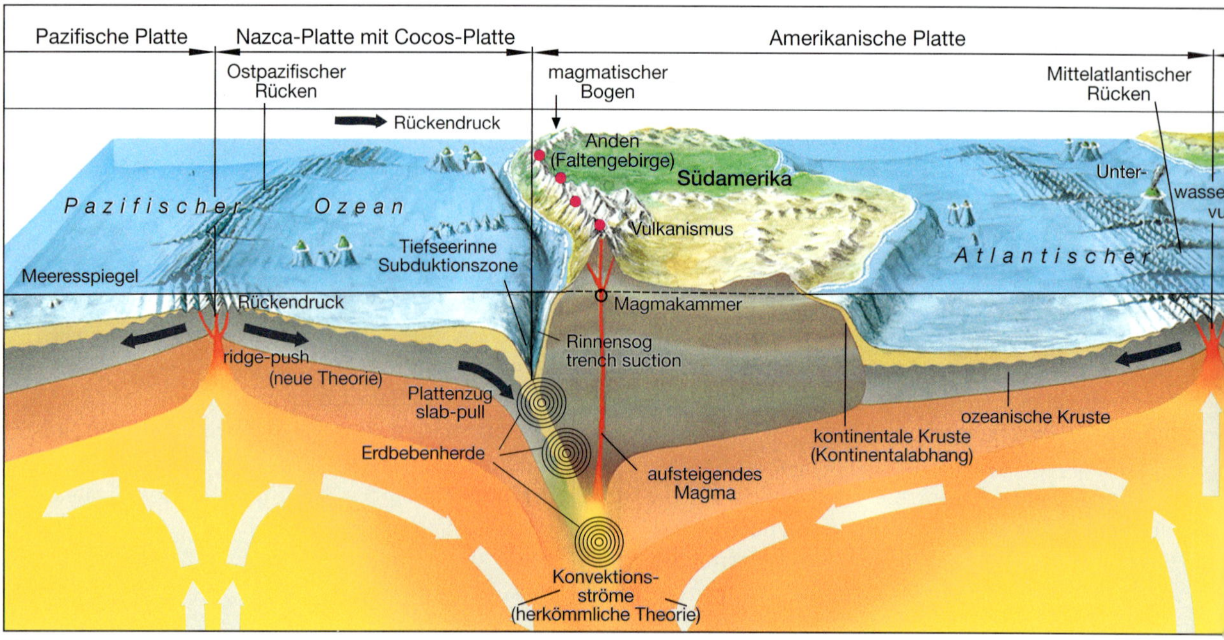

1 **Modell der Plattentektonik – herkömmliche und neue Theorien zu deren Antriebskräften**

4.2 Risiken aufgrund der Plattentektonik

Plattentektonische Grundlagen

Nach der Theorie der Plattentektonik besteht der äußere Teil der Erde aus relativ starren, verschieden großen Lithosphärenplatten (M2). Sie bewegen sich auf der Asthenosphäre mit unterschiedlichen Richtungen und Geschwindigkeiten. Ihre Grenzen gehören zu den tektonisch aktivsten Gebieten der Erde (M1).

Drei Arten von Plattengrenzen werden unterschieden: divergierende (konstruktive), konvergierende (destruktive) und konservative.

An *divergierenden Plattengrenzen* bewegen sich die Platten voneinander weg. In den dadurch entstehenden Riftzonen wird neues Lithosphärenmaterial gebildet. Deshalb werden sie auch konstruktive Plattengrenzen genannt. Sie finden sich vor allem entlang der mittelozeanischen Rücken. Aus dem Erdmantel aufdringende Schmelzen erstarren zu ozeanischer Kruste. Vulkanreihen längs dieser Riftzonen bilden Rücken oder Schwellen. Beiderseits der Riftzonen

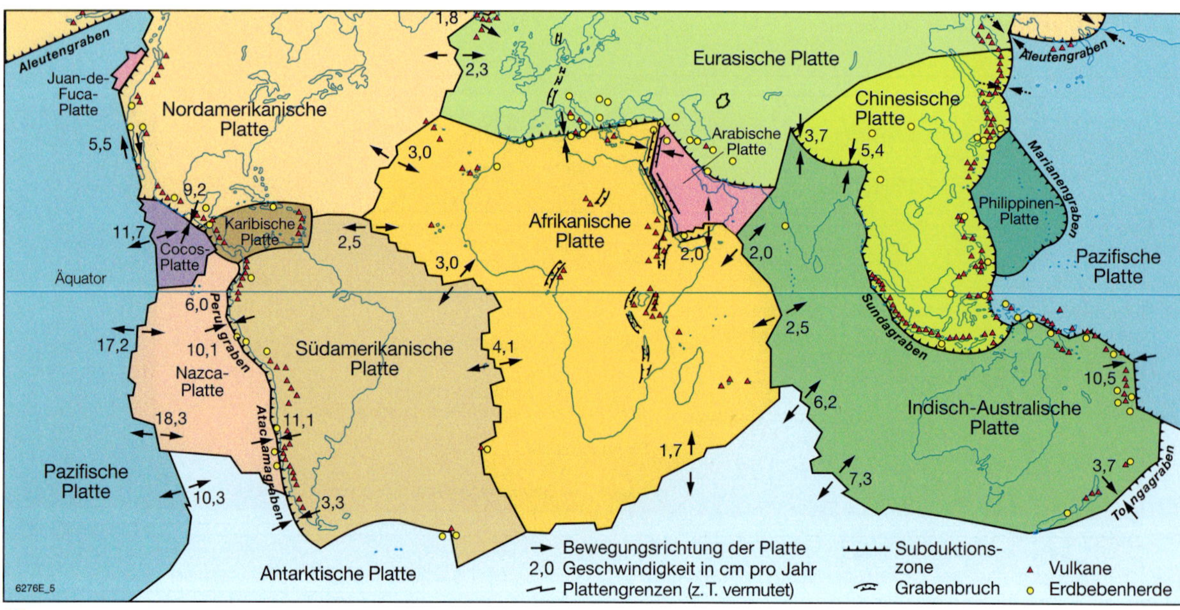

2 **Das Plattenmosaik der Lithosphäre**

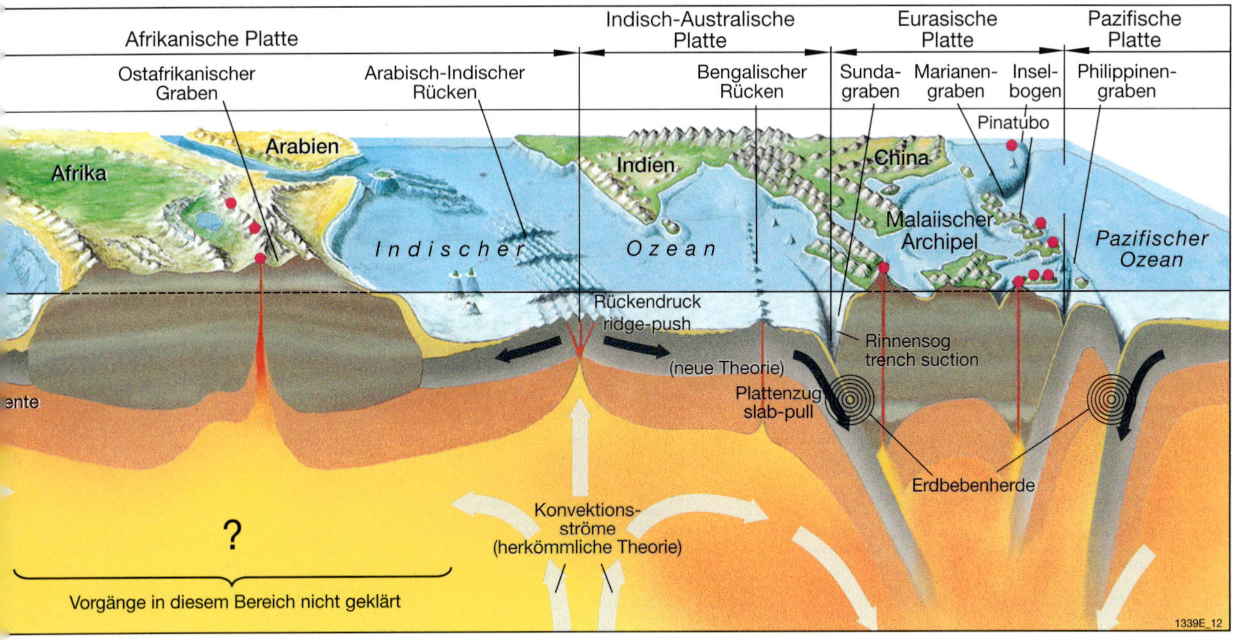

driften die Platten auseinander (Sea floor spreading). Auch innerhalb der kontinentalen Kruste treten Riftsysteme auf. Beispiele dafür sind das ostafrikanische Riftsystem oder der Oberrheingraben. Diese Grabensysteme sind tektonisch und magmatisch aktive Zonen innerhalb der sonst weitgehend inaktiven kontinentalen Plattenteile.

An *konvergierenden Plattengrenzen* bewegen sich Lithosphärenplatten aufeinander zu. Die Kruste engt sich ein, was dadurch ausgeglichen wird, dass eine Platte unter die andere abtaucht und in der sogenannten Subduktionszone in den Mantel gezogen wird. Bei Kollision zweier ozeanischer Platten wird in der Regel die ältere der beiden Platten wegen ihrer größeren Dichte subduziert. Kollidiert eine ozeanische mit einer kontinentalen Platte, taucht die ozeanische Platte wegen ihrer größeren Dichte unter die kontinentale in den Erdmantel ab. Die subduzierten Plattenteile werden dabei unter hohem Druck und hoher Temperatur verändert, die Platte wird vom Erdinneren „aufgenommen". Deshalb werden diese Regionen auch destruktive Plattengrenzen genannt.

An konvergierenden ozeanischen oder ozeanisch-kontinentalen Plattengrenzen bilden sich Tiefseerinnen wie der Marianengraben, der mit 11 034 Metern die größte Meerestiefe aufweist (Witjastief 1).

Konvergieren zwei kontinentale Platten, so werden die Kontinentalränder gegeneinander gepresst, deformiert und gefaltet. Mächtige Gebirge, wie der Himalaya, können sich dabei herausheben. Neue Hypothesen gehen davon aus, dass der obere Plattenanteil gefaltet wird, die tieferliegenden, schräggestellten Teile aber unter ihrem eigenen Gewicht abreißen und in den Erdmantel absinken.

An *konservativen Plattengrenzen* (Transformstörungen) wird Lithosphäre weder neu gebildet noch zerstört. Vielmehr gleiten Platten aneinander vorbei, wie z. B. an der San-Andreas-Störung in Kalifornien.

Antriebskräfte der Plattenbewegungen

Als Ursachen hierfür galten ursprünglich der Wärmefluss vom Erdkern zum Erdmantel und die damit verbundenen Konvektionsströmungen bzw. -zellen. Seit einigen Jahren gehen viele Wissenschaftler aber von einer größeren Zahl von Antriebskräften für die komplexen Plattenbewegungen aus (M1).

Platten gelten demnach nicht mehr als passiv: In der Subduktionszone sinkt die spezifisch schwere ozeanische Lithosphärenplatte durch ihr Eigengewicht ab. Der entstehende Plattenzug (*slab-pull*) wird also durch die größere Dichte der ozeanischen Lithosphäre gegenüber dem darunterliegenden Mantel hervorgerufen. Der absinkende Teil der Platte zieht die gesamte Platte mit sich und öffnet den mittelozeanischen Rücken. Als weitere Antriebskraft gilt der Rückendruck (*ridge-push*). Hierbei bewegt sich die Platte durch ihr Eigengewicht von den aufgewölbten mittelozeanischen Rücken weg. Die damit einhergehende Druckentlastung führt zur Magmabildung, dessen Aufstieg die Rücken aufwölbt. Als dritte Antriebskraft wirkt der Rinnensog (*trench suction*). Durch die Subduktion der einen Platte wird die nicht subduzierte (hangende) Platte in Richtung der Subduktionszone, also der Rinne, gezogen.

Aufgabe

Erklären Sie die Vorgänge an den verschiedenartigen Plattengrenzen. Nutzen Sie dazu auch M1.

1 **Tokio – Evakuierungsstützpunkt Shirahige Higashi**

Ballungsrisiken und Stadtplanung im Zeichen des Katastrophenschutzes – das Beispiel Tokio

Japan gehört zu den erdbebenreichsten Zonen der Erde. Zehn Prozent der weltweiten tektonischen Energie werden in und um Japan freigesetzt. Die seismische Aktivität unter dem japanischen Inselbogen rührt von der Lage des Archipels am östlichen Rand der eurasischen Kontinentalplatte her, wo sich die pazifische Platte und die philippinische Platte mit einer Geschwindigkeit von mehreren Zentimetern pro Jahr unter die Kontinentalplatte schieben. Hier bauen sich permanent Spannungen auf, die sich immer wieder durch mehr oder minder heftige Erdbeben lösen.

Oftmals verlaufen diese Beben ohne größere Folgen, im schlimmsten Fall kann ein nahe der Küste auftretendes Meeresbeben jedoch eine Katastrophe auslösen wie am 1. September 1923: Beim Kanto-Beben starben in Tokio und Yokohama mehr als 140 000 Menschen, die meisten infolge der durch das Erdbeben ausgelösten Brände. Das Feuer breitete sich damals in einigen fast nur aus Holzhäusern bestehenden Stadtgebieten schnell aus und zerstörte 700 000 Häuser. Die Freiflächen, auf die sich die Menschen geflüchtet hatten, waren nicht groß genug, um sie vor der Hitze und dem Sog des Feuers zu schützen.

Feuer als Sekundärwirkung von Erdbeben ist in seiner flächenhaften Wirkung gewöhnlich viel destruktiver als die primäre Naturkatastrophe. Deswegen muss präventiver Katastrophenschutz in Japan nicht nur die Stabilität, sondern auch die Brandresistenz von Gebäuden sowie die Evakuierungsmöglichkeiten bei Brandfällen berücksichtigen. Dies ist eine gewaltige Herausforderung für die Stadtplanung.

Tokio – „Höchstgefährdete Stadt auf dem Planeten"

Die Münchener Rück führt Tokio in einem „Naturgefahren-Risikoindex" als Spitzenreiter weit vor San Francisco (vgl. 127, M3). Da sich in dieser Megastadt Millionen von Menschen (derzeit 35 Mio.) und Sachwerte in Milliardenhöhe auf engstem Raum konzentrieren, ist sie die höchstgefährdete Stadt auf dem Planeten. Das Hochrisikogebiet versucht sich schon seit Jahrzehnten auf ein neues verheerendes Erdbeben wie zuletzt 1923 vorzubereiten.

Seit den 1960er-Jahren konzentriert sich die Katastrophenforschung in Japan, außer auf das erdbebensichere Bauen von Hochhäusern und die Einrichtung von Frühwarnsystemen, auch auf stadtplanerische Schutzmaßnahmen. Dabei steht das selbstverantwortliche Handeln auf dem Prüfstand. Die stadtplanerischen Prioritäten lassen sich dabei zeitlich in zwei Phasen gliedern, die nahtlos ineinander übergehen und bis heute Gültigkeit haben:

Strategien der 1960er- und 1970er-Jahre

- Wenige, aber große Evakuierungsstützpunkte mit Infrastrukturbasis und Vorratsdepot (Trink- und Löschwasser, Lebensmittel, medizinische Versorgung), die zu Normalzeiten als Parks, Sportflächen, Kinderspielplätze, Standorte für Schulen, Parkplätze u.ä. genutzt werden.
- Fluchtdistrikte und Fluchtstraßen – Shirahige Higashi (M1) ist bisher der einzige fertiggestellte Evakuierungsstützpunkt dieser Art. Seine 1,2 km lange, 40 m hohe Scheibenhauskette schützt als Brandmauer eine 10 ha große Park-/Freifläche, die im Notfall 80 000 Menschen bei 1,3 m^2 pro Person Zuflucht gewähren soll. Allerdings ist seine Unterhaltung sehr teuer.

Strategien der 1980er und 1990er-Jahre

- Konzept der „katastrophengeschützten Lebenskreise“ (identisch mit dem Einzugsbereich einer Grund- und Mittelschule, ca. 65 ha), abzusichern durch Brandschutzschneisen (M3). Statt Flucht oder Evakuierung verbleiben im Katastrophenfall die Betroffenen in ihrem „Lebenskreis“, der entsprechend baulich und infrastrukturell entwickelt wird. Die Schwerpunkte hierfür liegen im besonders gefährdeten Holzhausgürtel.
- Einbezug von Selbsthilfe-Organisationen – von den insgesamt 816 geplanten Lebenskreisen existieren erst wenige, da bestimmte Maßnahmen (z. B. Brandschutzschneisen) in einem so dicht überbauten Stadtgebiet wie Tokio nicht einfach geschaffen werden können. Die Umsetzung dieses Konzepts erfolgt daher im „Schneckentempo“.

Aufgaben

1. Beurteilen Sie die stadtplanerischen Konzepte der Stadt Tokio (M1 und M3) im Rahmen der Katastrophenvorsorge hinsichtlich der Kriterien Projektgröße und Bürgernähe.
2. Diskutieren Sie anschließend, welche der beiden Strategien langfristig erfolgversprechender ist.

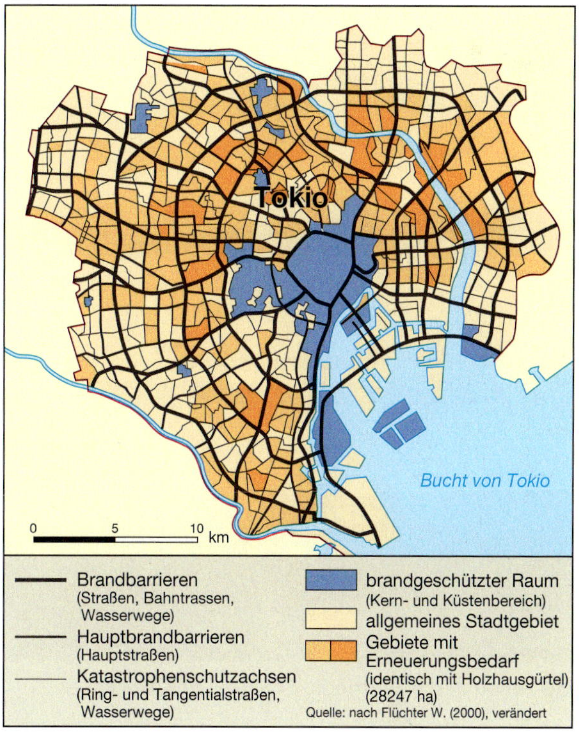

3 Katastrophengeschützte Lebenskreise

Entstehung: ruckartige Krustenbewegungen nach Lösen angesammelter Spannungen innerhalb der Lithosphäre; Vorkommen vorwiegend an den Plattengrenzen, wenn sich Platten verhaken; Auslösung jedoch auch durch Magmaaufstieg unterhalb von Vulkanen und durch Hohlraumeinsturz

Hypozentrum: In der Tiefe liegender Erdbebenherd, von dem sich die Erdbebenwellen in alle Richtungen ausbreiten.

Epizentrum: befindet sich senkrecht über dem Hypozentrum an der Erdoberfläche

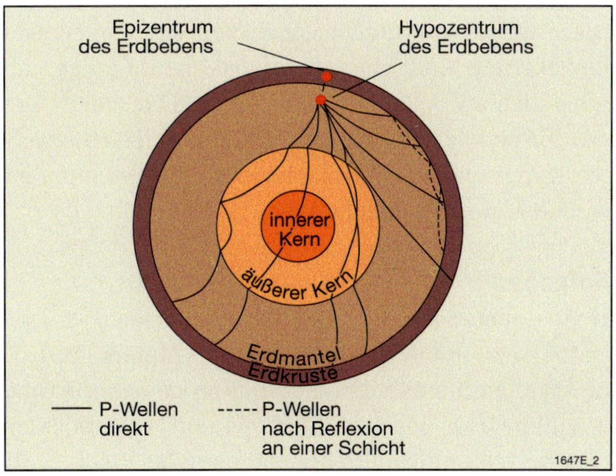

Seismische Wellen: Durch Erschütterungen hervorgerufene Schwingungen der Materieteilchen, die teils an der Erdoberfläche (L-Wellen), teils durch den Erdkörper verlaufen (schnellere P-Wellen und langsamere S-Wellen).

Seismogramme: Registrierung und Aufzeichnung von Erdbeben durch Seismometer in einem weltweiten Stationsnetz (Erdbebenobservatorien).

Mercalli-Skala: Messung der Erdbebenstärke nach Veränderungen und Schäden an der Oberfläche (12-teilige Skala).

Richter-Skala: Messung der Erdbebenstärke nach der maximalen Beschleunigung der Bodenbewegung mithilfe eines Seismographen; Berechnung der Magnitude als Maß für die Bebenintensität.

Folgen von Erdbeben: Verschiebungen, Absenkungen, Bodenrisse, Bergstürze, Rutschungen; durch submarine Beben (Seebeben) Auslösung von Tsunamis (Flutwellen)

Erdbebenvorhersage: zeitlich und räumlich exakte Vorhersage bis heute nicht möglich; nur Angabe von Wahrscheinlichkeiten; allerdings kennt man bestimmte Vorläuferphänomene (seismische Geschwindigkeiten, Neigung des Erdbodens, elektromagnetische Eigenschaften des Gesteins)

2 Erdbeben – Glossar/Grundwissen

1 Leben und Arbeiten im Schatten des Merapi

Risikowahrnehmung und Katastrophenvorbeugung am Merapi-Vulkan (Indonesien)

Am Merapi-Vulkan (Insel Java/Indonesien) besteht eine Ambivalenz zwischen Gunstraum und Naturgefahr: Auf der einen Seite gilt er wegen seiner Unberechenbarkeit und möglichen verheerenden Auswirkungen als einer der gefährlichsten Vulkane der Welt. Andererseits schufen die bisherigen Ausbrüche nach Verwitterungsprozessen der Lava einen fruchtbaren Boden, der einen Gunstraum für die Landwirtschaft und somit für menschliche Siedlungen geschaffen hat. Dadurch weist die Umgebung des 3 000 m hohen Merapi eine hohe Bevölkerungsdichte auf. Selbst unmittelbar am Fuße des Vulkans siedeln die Menschen so dicht wie in einer deutschen Großstadt.

Diese Fakten allein bedeuten schon ein hohes Risiko. Die Vulnerabilität gegenüber der Naturgefahr steigt jedoch zusätzlich noch durch die sozioökonomischen Verhältnisse: Während Schäden durch Naturkatastrophen z. B. in den USA zwischen 2 % und 4 % des BIP umfassen, und für 3–5 % aller Todesfälle verantwortlich sind, betragen in den Entwicklungsländern die Verluste durch solche Katastrophen das Mehrfache: ca. 14 % des BIP und 10–25 % der Todesfälle. Über 90 % der Verluste an Menschenleben durch Naturgefahren treten in Entwicklungsländern auf. Dagegen entstehen 75 % der ökonomischen Schäden in den Industrieländern. Das bedeutet dort zwar hohe absolute Verluste, jedoch besitzt der Wohlstand in diesen Ländern eine ausreichende Federkraft. Der wirtschaftliche Schaden in einem Entwicklungsland ist weitaus gravierender.

Gefahren am Merapi und Maßnahmen zur Prävention

Glutlawinen sind die primäre Gefahr, die vom Merapi direkt ausgeht und immer wieder zu verheerenden Zerstörungen geführt hat. Die bis zu 800° C heißen Stein- und Staublawinen bewegen sich mit Geschwindigkeiten von mehr als 100 km/h durch die Täler den Hang hinunter (M2). Sie können bis zu einem Radius von 12 km um den Gipfel reichen und bedrohen damit auch besiedelte Gebiete. Die als „Lahars“ bezeichneten Schlammströme sind die bedrohlichste sekundäre Gefahr am Merapi. Sie können nach dem Einsetzen der tropischen Niederschläge an den Flanken und besonders in den Tälern um den Gipfel herum entstehen, wenn sich nach einem Ausbruch die pyroklastischen Ablagerungen, insbesondere die Aschen, mit Regenwasser vermischen.

Diese Gefahren werden jedoch von der einheimischen Bevölkerung und von ansässigen Institutionen unterschiedlich wahrgenommen. Diese verschiedenen Interessen hinsichtlich der Schutzmaßnahmen erschweren deren Durchsetzung oder machen sie zum Teil unmöglich, wodurch die Vulnerabilität steigt.

Aufgaben

1. Bestimmen Sie die Lage (topographisch und geotektonisch) und den Vulkantypus des Merapi (M6).
2. Arbeiten Sie aus den Materialien das Konfliktpotenzial heraus, das sich durch die unterschiedlichen Interessen und Wahrnehmungen ergibt.
3. Erläutern Sie die „Entwicklungsländerproblematik“ in Zusammenhang mit Naturkatastrophen.

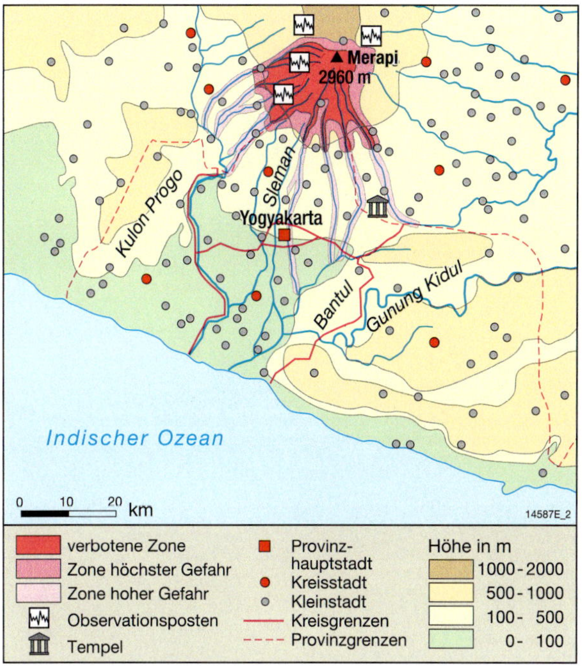

2 Einteilung der Gefahrenzonen am Merapi

- Merapi Volcano Observatory (MVO) zur Überwachung der Vulkanaktivität zwecks Warnungen
- Dammbau zur Kontrolle von Schlamm- und Schuttströmen
- Gefahrenzonierung am Merapi (M2)
- Transmigrasi-Programm: Umsiedlung der Bewohner aus der gesperrten Zone nach Sumatra
- Relokasi-Programm: Umsiedlung der Bewohner aus der gesperrten Zone in tiefer gelegene sichere Gebiete innerhalb der Region
- Bei beiden Programmen verspricht der Staat neuen Haus- und Grundbesitz.

3 Staatliche Kastrophenvorsorge am Merapi

- Misstrauen gegenüber Staat, dass dieser seine Versprechungen im Zusammenhang mit der Umsiedlung nicht einhält (Angst, dass Haus und Grund in den Zielgebieten im Regierungsbesitz bleiben)
- Verdacht, dass Behörden in der durch Umsiedlung frei werdenden Region (gesperrte Zone) touristische und Freizeiteinrichtungen genehmigen
- Alter Mythos, dass der Merapi an der Südflanke niemals ausbricht
- Vertrauen auf Vorhersagen übersinnlicher Dorf-„Dukuns“statt auf Hinweise des MVO

4 Misstrauen und Traditionalismus in der Bevölkerung

- zahlreiche eigene Investitionen in der bisherigen Heimatregion am Merapi wären im Falle der Umsiedlung vergeblich gewesen
- fruchtbare Böden und ausreichende Wasserversorgung am Merapi garantieren hohen Ertrag (dagegen schlechte Bodenverhältnisse in Zielgebieten)
- hoher Lebensstandard durch florierende Landwirtschaft am Merapi (eigenes Haus und technische Geräte wie etwa Parabolantennen)
- zum Teil weit entwickelte Infrastruktur in der Region des Merapi (asphaltierte Straßen, Strom- und Wasserversorgung); Zielgebiete dagegen infrastrukturell oft schlecht erschlossen
- Abschreckung durch enttäuschte Rückkehrer aus Zielgebieten (berichten von ungewohntem Klima, unbekannten Krankheiten, usw.)
- Risiko in einer fremden Umgebung umzukommen, wird höher eingeschätzt, als durch den Vulkan getötet zu werden

5 Probleme im Zusammenhang mit Transmigrasi

Entstehung vulkanischer Erscheinungen: Magmaaufstieg an Schwächezonen der Lithosphäre; Magma wird nach Austritt als Lava bezeichnet
Tiefengesteine (Plutonite): Erstarren der Schmelzen in der Erdkruste; langsame Abkühlung, dadurch grobkörnige, kristalline Struktur des Gesteins (z. B. Granit)
Ergussgesteine (Vulkanite): Lava erstarrt relativ schnell an Erdoberfläche; Gestein feinkörnig, ohne Kristallstruktur (z.B. Basalt); bei sehr schnellem Erstarren entsteht vulkanisches Glas (z.B. Obsidian)
Formen von Vulkanausbrüchen:
Effusiv: ruhiges Ausfließen entgaster, zumeist basischer Lava mit geringem SiO_2-Gehalt
Ejektiv/Explosiv: Ausbruch saurer und dickflüssiger Magmen mit hohem SiO_2-Gehalt und hohem Gasanteil, besonders gefährlich sind Ausbrüche, bei dem eine Feststoff-Gas-Dispersion (pyroklastischer Strom) entsteht, die sich sehr schnell hangabwärts bewegen kann
Ausgewählte vulkanische Reliefformen:
Schichtvulkane (Stratovulkane): kegelförmig, Aufbau aus sauren, zähflüssigen Laven und Lockermassen; Beispiel: Vesuv/Italien
Schildvulkane: flach gewölbt, entstehen bei hoher Fließgeschwindigkeit sehr heißer basischer Lava; Beispiele: Mauna Loa/Hawaii, USA oder Vogelsberg/Deutschland (erloschen)

6 Vulkanismus – Glossar/Grundwissen

1 Tsunami-Warn- und Informationsposter

Warn- und Schutzmöglichkeiten vor Tsunamis – Probleme und Chancen

Der Prozess der Entstehung, Ausbreitung und des Runups von Tsunamis ist sehr komplex, weil er durch viele Faktoren beeinflusst wird: Im Entstehungsgebiet zunächst von der Wassertiefe sowie der Art, Größe und räumlichen Orientierung des Anregungsvorgangs; die Ausbreitungsgeschwindigkeit des Tsunamis hängt von der Wassertiefe ab; die Wellenperioden, -längen und -höhen von Tsunamis werden durch den Küstenverlauf, das vertikale Profil im Flachwasserbereich sowie durch Eigenschwingungen des Wassers im Kontinentalschelfbereich und in Buchten, in die der Tsunami hineinläuft, beeinflusst. Auch Ebbe-Flut-Bedingungen zum Zeitpunkt des Auftreffens der Welle auf die Küste spielen eine Rolle.

„Diese vielfältigen Einflüsse erschweren genaue Vorausberechnungen der Höhe und zeitlichen Aufeinanderfolge von Tsunamiwellen sowie der Größe der Überflutungsgebiete an gefährdeten Küsten. Solche Szenarien können nur für konkrete und genau bekannte bzw. angenommene Tsunamiquellen und Küstensituationen annähernd ermittelt werden. Die möglichen Überschwemmungsgebiete, nach denen die Evakuierungszonen und Zufluchtsräume durch Katastrophenmanager festzulegen sind, sollten deshalb nicht zu klein angenommen werden.“

Quelle: Borman, P. (2008)

Die Laufzeit von Tsunamis durch Bereiche der Ozeane mit großer Wassertiefe lässt sich dagegen schnell und genau berechnen, sobald der Entstehungsort (das Epizentrum) bekannt ist. Zumindest für entfernte Küstenbereiche besteht dann eine ausreichende Tsunami-Vorwarnzeit, denn die Chance für eine rechtzeitige Warnung wächst mit der Entfernung einer Küste vom Entstehungsort des Tsunamis. Voraussetzungen für ein funktionierendes Frühwarnsystem sind neben einer Vielzahl verschiedener moderner Sensoren zur Gewinnung der erforderlichen Daten deren sofortige Weiterleitung (z. B. über Satelliten) und Verarbeitung in nahezu Realzeit. Davon hängt die umgehende Einspeisung der abgeleiteten Erkenntnisse in nationale und internationale Informationssysteme und Weitergabe an Alarmierungszentren ab (M3).

Der Sumatra-Andaman-Tsunami – 26.12.2004

Ausgangspunkt der Katastrophe von 2004 war ein Beben in der Subduktionszone vor Sumatra mit der Stärke 9,3 (Richterskala). Die ozeanische Platte schiebt sich hier von Westen her unter die Krustenplatte von Sumatra. Am 26.12.2004 lösten sich die seit Jahrzehnten aufgebauten Spannungen, indem die Sumatraplatte um etwa 13 m nach Westen zurückschnellte. Der Meeresboden wurde dabei um 2–3 m emporgehoben, wodurch die darüber liegende Wassersäule zum Schwingen gebracht wurde und sich mit mehreren Wellenbergen und Tälern

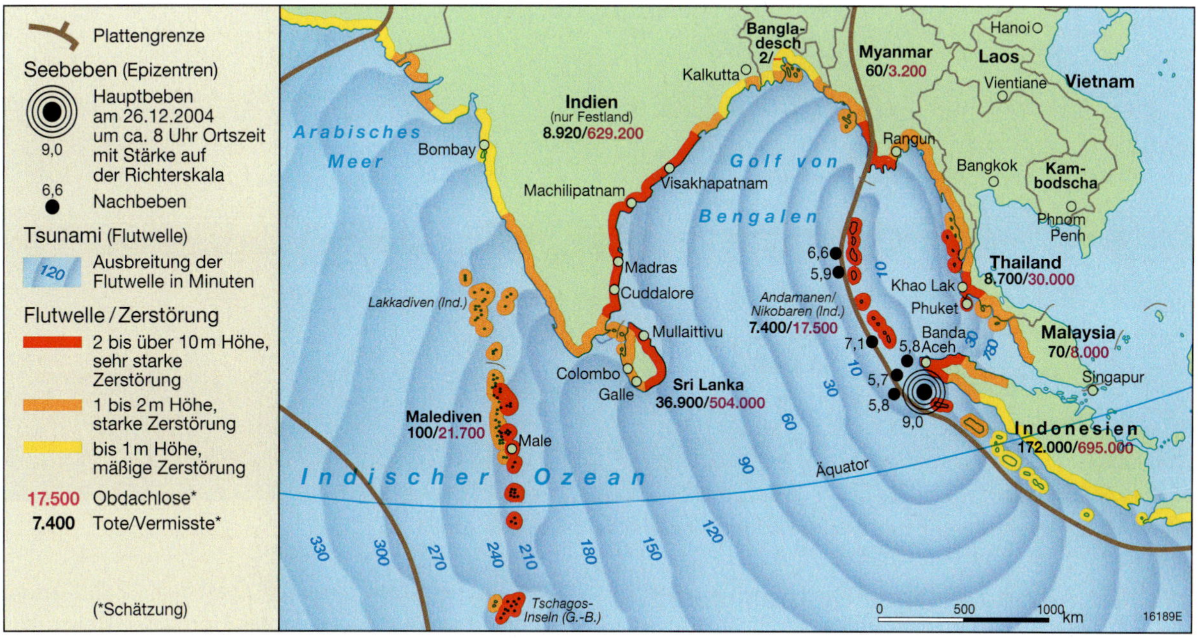

2 **Travel Time Map des Sumatra-Andaman-Tsunamis**

nach allen Seiten auszubreiten begann (M2). Insgesamt forderte dieser Tsunami an die 300 000 Menschenleben, zerstörte einige Hunderttausend Häuser und hinterließ etwa 3 Millionen Obdachlose. Die Ursachen für das verheerende Ausmaß dieser Flutwelle liegen sowohl in der dichten Besiedlung der Küstenregion als auch in der Abholzung der schützenden Mangrovenwälder.

Aufgaben

1. Recherchieren Sie über die Kritik am Vorwarnsystem hinsichtlich des Sumatra-Tsunamis 2004.
2. Informieren Sie sich mit Hilfe des Webportals des ITIC (International Tsunami Information Center) über die Funktionsweise von Tsunamiwarnsystemen (vgl. M3): http://www.prh.noaa.gov/itic/
3. Arbeiten Sie aus M1 die wichtigsten Prinzipien der Aufklärung der Bevölkerung im Hinblick auf Tsunamigefährdungen heraus.

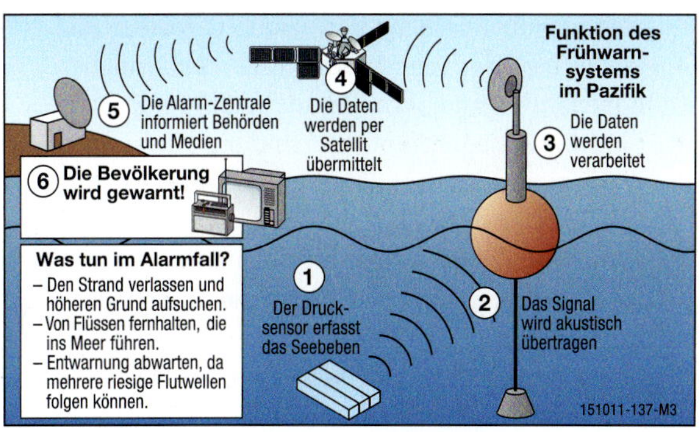

3 **Elemente eines Tsunami-Warnsystems**

Begriff: „Tsunami" = japanisch: „tsu" bedeutet Hafen und „nami" die Welle, also eine Welle, die besonders in Häfen und Buchten markant ausgeprägt ist und dort oft große Verheerungen anrichtet.

Entstehung:

a) Durch plötzliche Hebung oder Senkung des Meeresbodens; dabei Anregung zu 90 % durch starke, flache Erdbeben unter dem Ozeanboden, zum Teil auch durch Vulkanausbrüche; insgesamt Auftreten vor allem in Subduktionszonen.

b) Durch das Abrutschen großer Erdmassen ins Wasser bzw. durch untermeerische Erdrutsche.

c) Durch Einschläge großer kosmischer Projektile ins Meer.

Ausbreitung und Runup: Ausbreitung als sehr langperiodische Meereswellen über große Entfernungen hinweg; Ausbreitungsgeschwindigkeit abhängig von der Wassertiefe: Im tiefen Meer entspricht sie der eines Düsenverkehrsflugzeuges, im flachen Wasser etwa der eines schnellen Radfahrers. Wellenlänge (Schwankung 10–700 km) und Wellenhöhe (Amplitude) verändern sich ebenfalls mit der Wassertiefe: Je flacher das Wasser, umso kürzer die Abstände zwischen den Wellen und umso größer ihre Amplituden. Auf hoher See nimmt man Tsunamis wegen der enormen Wellenlängen nicht wahr. Erst im Flachwasser türmen sich gefährliche Wasserfronten bis zu mehreren 10 m Höhe auf (= Runup).

4 **Tsunamis – Glossar/Grundwissen**

1 **Spaß, Herausforderung und beeindruckende Landschaften in den Alpen**

4.3 Die Alpen zwischen Ökonomie und Ökologie

Naturraumpotenzial

Im Herzen Europas erstreckt sich der Alpenbogen mit einer W-O-Ausdehnung von 750 km und einer N-S-Erstreckung von 400 km. Die Gipfel der Westalpen erreichen zumeist Höhen zwischen 3000 und 4300 m ü. NN. Der höchste Gipfel ist der Montblanc mit 4807 m. Die Berge der Ostalpen sind etwas niedriger und laufen in Mittelgebirgs- und Hügellandformen aus.

In den Ostalpen ist eine deutliche geologische Dreiteilung erkennbar: die nördlichen und südlichen Kalkalpen und dazwischen die durch metamorphe kristalline Schiefer geprägten Zentralalpen. Während die Auffaltung des Gebirges im Übergang von der Jura- zur Kreidezeit begann, erfolgte die Hebung im Tertiär, sodass die Alpen zu den jungen Gebirgen zählen.

Physikalische Verwitterung, Steinschlag, Solifluktion, Lawinen und Muren formen das Hochgebirgsrelief, das unter anderem durch steile Hänge und schmale Grate geprägt ist. Die Gestalt der Alpen wurde stark durch das Pleistozän beeinflusst, das durch den Wechsel von Warm- und Kaltphasen seine charakteristischen Spuren hinterließ: Der glaziale Formenschatz prägt das Aussehen des Gebirges ebenso wie die formende Kraft der Flüsse. Tief eingeschnittenen Tälern stehen große Aufschüttungsflächen gegenüber.

Die außerordentlich große Formenvielfalt, insbesondere in ökologischer, klimatischer und morphologischer Hinsicht, macht die Alpen zu einem reizvollen und damit besonderen Raum von überregionaler ästhetischer Bedeutung für den Menschen. Sie bieten auch Platz für besondere Aktivitäten und bilden daher ein ideales Touristengebiet und das in einem der am dichtesten besiedelten und wohlhabendsten Räume der Erde.

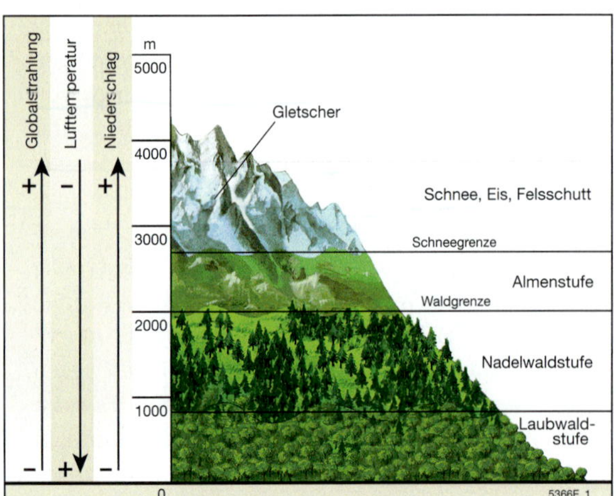

2 **Vielfältige Alpenlandschaft – Beispiel Höhenstufen**

Die Bayerischen Alpen besitzen alles, was eine Region attraktiv und reizvoll macht: Schneebedeckte Berggipfel grüßen aus majestätischer Höhe; atemberaubende Bergtäler bergen Gewässer und idyllische Orte; Seen laden ein zu gemächlichen Bootsfahrten und bezaubernde Städte versprühen Charme. Zu jeder Jahreszeit sind die Bayerischen Alpen eine Urlaubsregion par excellence. Ob zum Skifahren oder zu langen Schneewanderungen, zum Klettern und Bergsteigen, zum Rafting oder zum Mountainbiking [...] – die Bayerischen Alpen haben das ganze Jahr über Saison.

Quelle: www.kfh-urlaubsdialyse.de, 26.07.2008, verändert

3 **Naturraumpotenziale in einem Werbetext**

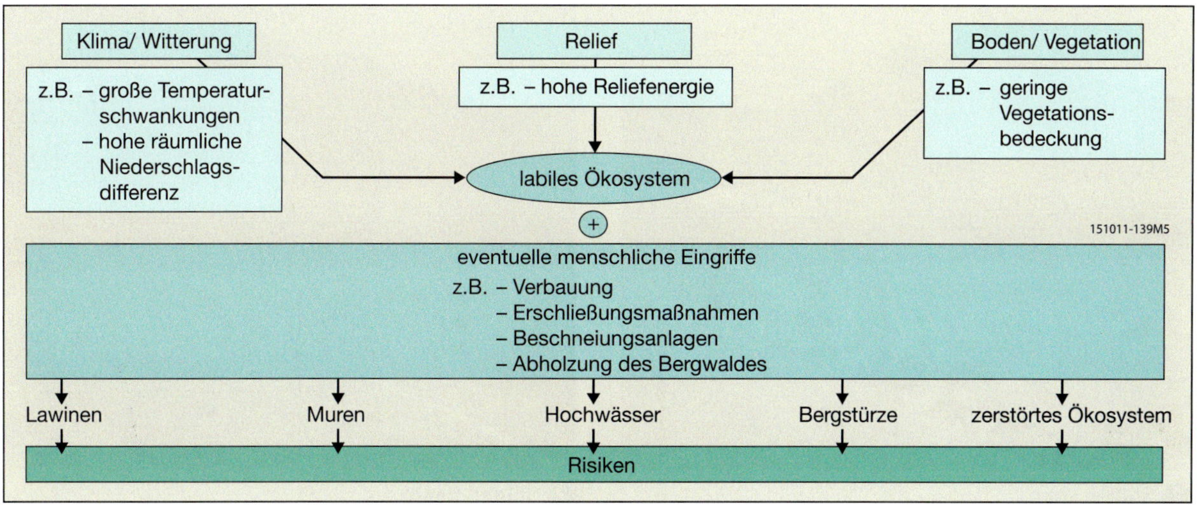

4 Reizvolle Bergwelt – gefährliche Bergwelt – gefährdete Bergwelt

Exkurs Lawinengefahr

Die natürlichen Voraussetzungen, die den Naturraum der Alpen so reizvoll machen, bergen gleichzeitig Gefahren, aus denen sich durch menschliches Tun Risiken ergeben. Diese Kausalität (M4) soll anhand des Beispiels Lawinen exemplarisch dargestellt werden:

Weltweit gehen jährlich etwa ein halbe Millionen Lawinen ab, die Jahr für Jahr ungefähr 200 Todesopfer fordern, davon ca. die Hälfte im Alpenraum. Lawinen werden bis zu 350 km/h schnell und können bis zu drei Mio. m^3 Schnee in Bewegung bringen. Die ungeheure Gewalt, mit der sie ganze Wälder vernichten, Felsgestein und Häuser mit sich reißen, basiert auf einen Druck von bis zu 100 t pro m^2.

Die Alpen bilden als das größte zusammenhängende Urlaubsgebiet der Welt, einen „Rummelplatz" für fast 200 Mio. Menschen. Daraus resultierende menschliche Eingriffe, wie z.B. die Abholzung des Bergwaldes für den Bau neuer Liftanlagen oder für Hotelkomplexe, führen zu einem erheblichen Lawinenrisiko: Der Mensch dringt in Räume ein, die der Gefahr von Lawinen ausgesetzt sind und zerstört gleichzeitig natürliche Schutzbarrieren wie z.B. Bannwälder (M6). Unangepasstes Verhalten in Gefahrräumen führt auch zu einem vermehrten Abgang von Lawinen. Insgesamt werden neun von zehn Lawinen von Menschen ausgelöst, die abseits markierter Pisten unterwegs sind.

Aufgaben

1. Erarbeiten Sie die Ursachen und „Faktoren" einer Lawine mithilfe geeigneter Fachliteratur und Internetseiten (z.B. www.lawine.org).
2. Verfassen Sie Kausalitätsketten für Gefahren und Risiken in den Alpen (M4).

5 Lawinenabgang in den Alpen (Staublawine)

6 Naturbelassene Wälder (Bannwald im Vordergrund) machen Lawinenverbauungen überflüssig (Hintergrund)

1 Sölden 1955

2 Sölden heute

Entwicklung des Alpentourismus – das Beispiel Sölden (Tirol)

In den „Ötzikeller“, die „Hühnersteign“, die „Yeti-Disko“ und unzählige weitere Bars und Diskotheken zieht es vor allem an Wochenenden scharenweise die Anhänger des ausgiebigen „Après-Ski“. Sölden im Ötztal gilt als Mekka für Ski- und Snowboardfahrer in Partylaune. Dank einer Gletscherbahn existiert der Wintertourismus hier ganzjährig. Auch wenn in den Sommermonaten Bergsteiger und Mountainbiker den Weg nach Sölden finden, sind für den Ort die 150 km Skipisten die wirtschaftliche Basis. Anhand der Alpengemeinde Sölden soll die touristische Entwicklung dargestellt werden, die sicher als exemplarisch für viele Orte in den Alpen gelten kann.

Das Interesse am Tourismus im Ötztal erwachte bereits im 19. Jahrhundert. Sölden war Ausgangspunkt für Bergtouren in die Ötztaler Gebirgswelt. Seit Ende des 18. Jahrhunderts ging die Bevölkerung der Gemeinde Sölden stark zurück. Das Inntal bot aufgrund der beginnenden Industrialisierung eine bessere Existenzgrundlage, sodass viele junge Menschen dorthin abwanderten. Im Fremdenverkehr erkannte man eine Möglichkeit zur Verbesserung der wirtschaftlichen Bedingungen für die Bevölkerung. Mit der Gründung des österreichischen Alpenvereins wurde die erste Schutzhütte in der Region errichtet. Immer mehr Menschen fanden im Hütten- und Wegebau eine Beschäftigung und erschlossen durch ihre Arbeit den Zugang zu Gletschern und Gipfeln für Bergwanderer.
Zu Beginn des 20. Jahrhunderts wurde Sölden durch den Bau einer Straße besser erreichbar. Zu dieser Zeit begann auch der Wintertourismus, die ersten Skiläufer kamen nach Sölden. 1922 wurde das Skigebiet Hochsölden erschlossen. Dennoch waren von den 88 000 Übernachtungen im Jahr 1930 noch 80 % Sommerurlauber. Erst der Bau des ersten Sessellifts 1948 brachte einen Aufschwung und einen Umschwung hin zum Wintertourismus mit sich. Durch die Erschließung weiterer Skigebiete und infrastrukturellen Ausbau zog Sölden immer mehr Urlauber an (M4). Heute arbeiten nahezu alle Einwohner direkt oder indirekt in der Tourismusbranche. Es gibt kaum ein Haus im Ort, das keine Gästebeherbergung anbietet.
Seit den 1990er-Jahren verzeichnen indes zahlreiche Wintersportorte in den Alpen einen Rückgang der Gästezahlen. Die Gründe dafür werden u. a. in unsicheren Schneeverhältnissen, schlechten Preis-Leistungs-Verhältnissen und stark gesunkenen Flugpreisen gesehen, welche ein Ausweichen in andere Urlaubsregionen ermöglichen. Sölden begegnete dieser Krise erfolgreich mit technischen Neuerungen, Komfortverbesserung und der Hinwendung zu neuen Zielgruppen, z. B. mittels medienwirksamen Großveranstaltungen (M6). Schlepplifte wurden weitgehend durch Sessellifte ersetzt. Zugleich wurde das Netz der Lifte erweitert. Die Söldener Bergbahnen verbinden inzwischen das Skigebiet mit den Gletscherpisten. Letztere garantieren zusammen mit den zahlreichen Schneekanonen Schneesicherheit.
Mit der Erweiterung der sportlichen Möglichkeiten ging der Ausbau der Unterhaltungsbranche im sogenannten

3 Quo vadis Alpen?

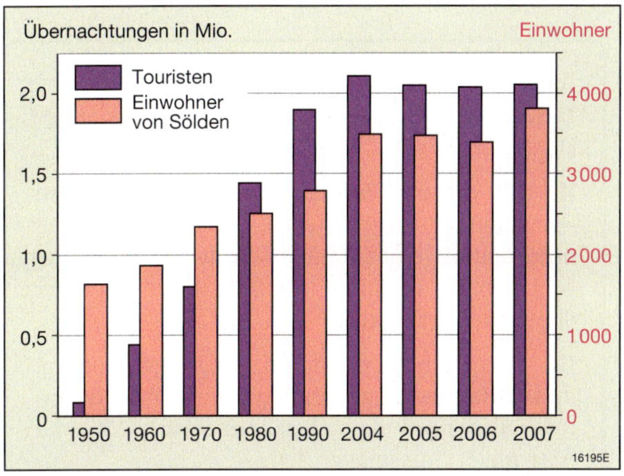

4 Sölden – Entwicklung der Einwohner- und Übernachtungszahlen

6 Sölden – Werbung für eine der vielen Veranstaltungen

Après-Ski-Bereich einher. Zwar fürchten Gastgeber um ihre alten Stammgäste, die einen ruhigen Urlaub verbringen wollen, doch für einen großen Teil des Publikums ist das Angebot am Abend wichtig für die Wahl des Urlaubsortes. Nächtliche Ski-Shows und Gletscherfeste mit Diskomusik und Alkohol gehören für viele Wintersportler dazu. In Sölden ist man diesen Erwartungen entgegengekommen und der Ort gehört heute zu den Gemeinden, die gut am Wintersport verdienen. Insbesondere die Bergbahnen profitieren in hohem Maße, sodass auch außerhalb des Ötztals investiert wird. Die Liftgesellschaft errichtete z. B. auf dem Fernpass ein modernes Rasthaus. Zahlreiche Werbeflächen werden dort genutzt, um Urlaub im Ötztal anzupreisen. Den Vermarktungsstrategien der Bergbahnen sowie großer Hotels und Sportgeschäfte müssen sich kleine Hotelbesitzer und Pensionswirte meist anschließen, um bestehen zu können. „Der Ritt auf der Trendkante" verspricht wirtschaftlichen Erfolg, erfordert aber auch Flexibilität und Investitionsbereitschaft.

Aufgaben

1. Beschreiben Sie Schwerpunkte der touristischen Entwicklung Söldens und das daraus resultierende veränderte äußere Erscheinungsbild der Gemeinde.
2. Entwerfen Sie Szenarien für die touristische Entwicklung der Gemeinde Sölden.
3. Bewerten Sie die Karikatur M3 im Kontext der Entwicklung der Gemeinde Sölden.

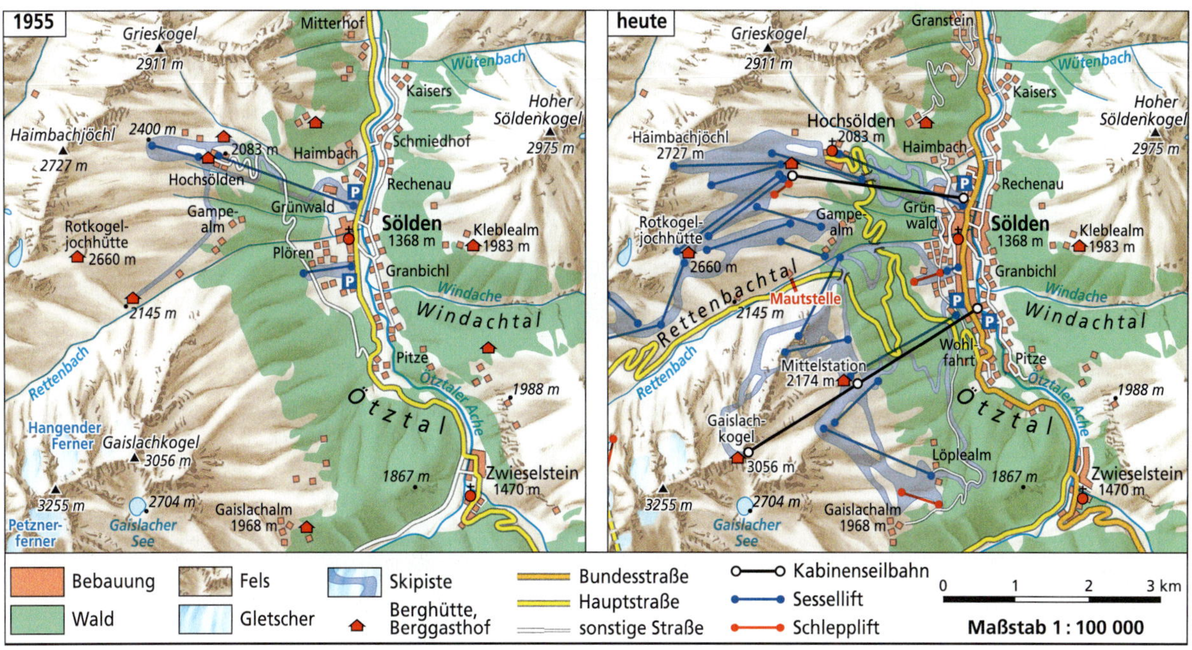

5 Touristische Erschließung – Karte Sölden 1955 und heute

Methode

Erstellen von Mindmaps und Wirkungsgefügen

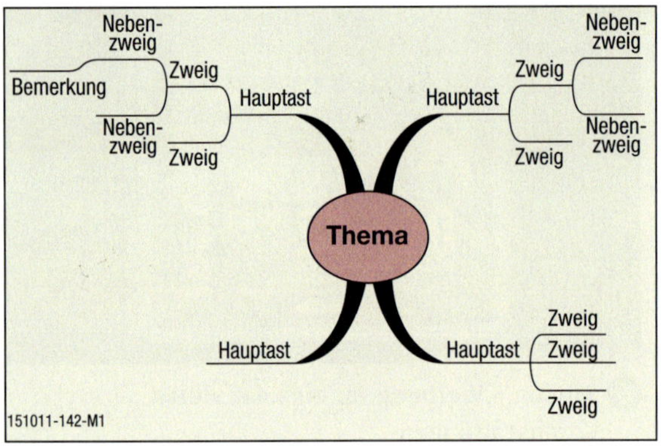

1 Schema einer Mindmap

Mindmaps

Die Kerninformationen eines Sachtextes beziehungsweise eines komplexen Sachverhaltes lassen sich anschaulich und strukturiert in einer Mindmap darstellen. Die in der Textanalyse herausgearbeiteten Kernaussagen werden in dieser „Gedächtnislandkarte" nicht fortlaufend linear angeordnet, sondern entlang verschiedener Stränge um das Thema herum gruppiert. Mindmaps geben die Gliederung eines Textes, Themas oder auch eines Planvorhabens wieder. Darüber hinaus spielt die Reihenfolge der Aspekte keine Rolle, die Mindmap kann jederzeit ergänzt werden.

Arbeitsschritte

I. Schreiben Sie das Thema in das Zentrum der Darstellung.

II. Von diesem Zentrum aus legen Sie nun verschiedene Hauptäste an. Jede dieser Linien repräsentiert einen Teilbereich des Themas. Beschriften Sie die Linie jeweils mit dem entsprechenden Oberbegriff.

III. Durch Anlegen von Verzweigungen entlang dieser Hauptstränge können Sie inhaltliche Untergliederungen darstellen. Beschriften Sie die Äste mit Schlüsselbegriffen.

IV. Ergänzend können Sie graphische Symbole oder Bilder in Ihre Mindmap integrieren. Diese können, ebenso wie die Verwendung von Farben, der besseren Visualisierung dienen, dürfen aber den Blick nicht vom Wesentlichen ablenken.

Aufgrund der optisch klaren Struktur und des auf Schlüsselbegriffe reduzierten Textes ist diese Darstellungsform sehr übersichtlich und einprägsam. Sie eignet sich deshalb auch zur Vorbereitung von Klausuren, bei der Visualisierung komplexer Inhalte oder als Basis für eine Präsentation. Mindmaps können von Hand oder mithilfe von entsprechender Software am Computer erstellt werden.

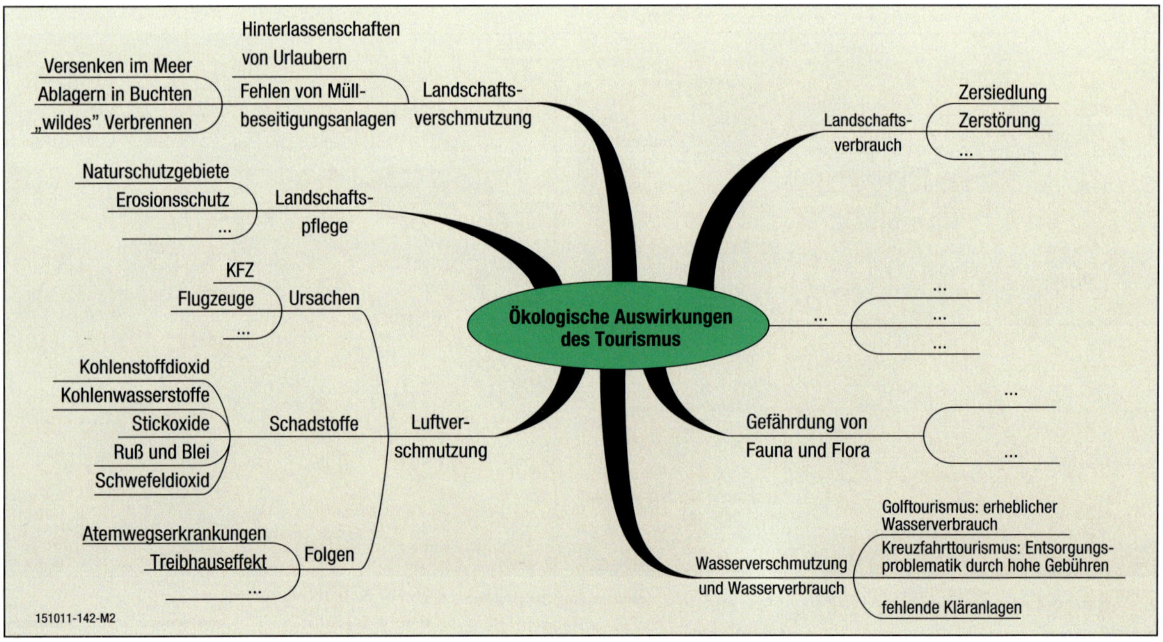

2 Beispiel-Mindmap zum Thema „Ökologische Auswirkungen des Tourismus"

Wirkungsgefüge

Aus einer Mindmap lässt sich die hierarchische Gliederung von Themenbereichen entnehmen, es werden in dieser Darstellungsform aber keine Beziehungen der Einzelaspekte untereinander aufgezeigt. Solche Zusammenhänge verdeutlicht das Wirkungsgefüge (auch Flussdiagramm oder Wirkungsschema genannt).
Durch Pfeile und ergänzende Symbole lassen sich Ursache-Folge-Beziehungen, sich verstärkende oder gegenseitig abschwächende Einflussgrößen und funktionale Vernetzungen übersichtlich visualisieren. In der Geographie kommen Wirkungsgefüge häufig zum Einsatz, um Verflechtungen und Auswirkungen von Einflussgrößen auf einen Raum darzustellen (vgl. S. 145, M4).

„Nichts ist so einfach, dass ein schlechtes Diagramm es nicht komplizieren könnte“ (Gene Zelazny).
Das Gegenteil ist wünschenswert: Häufig sind die Ursache-Folge-Beziehungen in komplexer Weise miteinander verknüpft. Bei der Darstellung ist deshalb besonders darauf zu achten, dass logische Zusammenhänge in visuell leicht erfassbarer Form aufbereitet werden. Die Anordnung der Einflussgrößen und die Wahl der Signaturen spielen hierbei eine zentrale Rolle. So können z. B. unterschiedliche Farben sowie Pfeilstärken und -arten (gestrichelt, durchgezogen, ein-, wechselseitig) dem Wirkungsgefüge Aussagekraft verleihen. Gleichzeitig müssen sie natürlich in einer Legende erklärt werden. Im nachfolgenden Schema werden demgegenüber auf relativ einfache und schematische Art die Wechselwirkungen und Wirkungszusammenhänge des Tourismus dargestellt, wie sie z. B. in den Alpen wirken.

Arbeitsschritte

I. Analysieren Sie Texte und Materialien zum Thema und notieren Sie wichtige Aspekte und Einflussgrößen in Form von Schlüsselbegriffen. Wenn Sie das Wirkungsgefüge am Computer erstellen, so ist es hilfreich, diese Begriffe in verschiebbare Textkästen zu schreiben. Fertigen Sie die Abbildung von Hand an, ist es bei komplexen Sachverhalten nützlich, die zentralen Aspekte zunächst auf Kärtchen festzuhalten.

II. Suchen Sie sinnvolle Oberbegriffe, denen Sie die Einzelaspekte zuordnen.

III. Machen Sie sich nun die Wechselbeziehungen zwischen den Aspekten klar. Berücksichtigen Sie Ursache und Wirkung, gegenseitiges Verstärken oder Abschwächen und Rückkoppelungen.

IV. Verdeutlichen Sie diese Wechselwirkungen mithilfe von Liniensignaturen. Verwenden Sie für Ursache-Folge-Beziehungen Pfeile (die Intensität lässt sich durch unterschiedliche Linienbreiten darstellen), veranschaulichen Sie Rückkoppelungen mit Doppelpfeilen und vermutete Zusammenhänge durch gestrichelte Linien. Wenn Sie darüber hinaus Symbole verwenden, sollten diese in einer Legende erklärt werden.

V. Die Darstellung sollte klar und übersichtlich sein. Gegebenenfalls ist es notwendig, die Anordnung der Einflussgrößen noch einmal zu überdenken und Textfelder bzw. Kärtchen zu verschieben, bevor sie fixiert werden. Die Verwendung von Farben ist zu empfehlen.

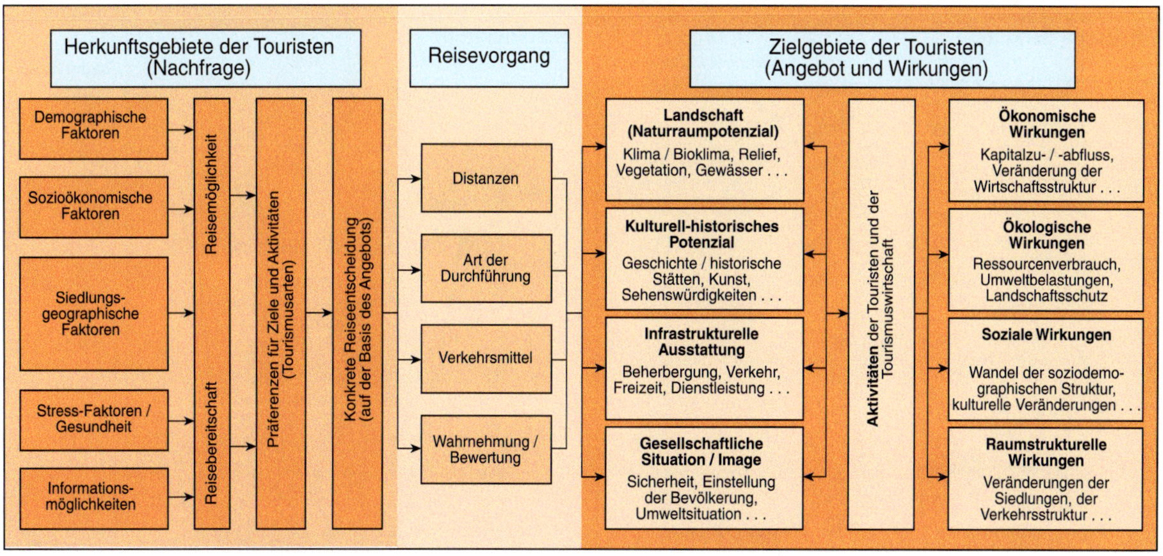

3 **Wirkungszusammenhänge im Rahmen des Tourismus**

1 Verkehrsbelastung in den Alpen

3 Auswirkungen einer Mure (Zermatt/Schweiz)

Die Folgen des Massentourismus

Etwa 60 bis 70 Millionen Urlauber reisen jedes Jahr in die Alpen und bleiben durchschnittlich eine knappe Woche. Noch einmal so viele Tagestouristen gesellen sich dazu. Fünf Millionen Betten stehen für fast 500 Millionen Übernachtungen zur Verfügung. Dieser Massenansturm bleibt nicht ohne Folgen.

Um dem rasant wachsenden Verkehrsaufkommen zu entsprechen, werden seit den 1960er-Jahren mit großem finanziellen und technischen Einsatz Straßen, Brücken und Tunnel gebaut (M1). Diese zerschneiden die Landschaft, zerstören Lebensräume von Flora und Fauna und belasten besonders die Anwohner der Hauptverkehrsadern. Neben erheblichen Beeinträchtigungen durch Lärm leiden die Menschen bei den häufigen Inversionswetterlagen insbesondere unter der Anreicherung der Luft mit Kohlenmonoxid, Stickoxiden sowie unter hohen Ozonbelastungen (M2). Obwohl viele Tourismusorte auch an das Eisenbahnnetz angebunden sind, entscheidet sich die Mehrzahl der Urlauber wegen größerer Flexibilität und komfortablerer Beförderung des Gepäcks für den Pkw. Auch für den Güterverkehr gilt: Das Verhältnis zwischen Straße und Bahn betrug 2007 61,5 % zu 38,5 % (Eurac Research, Bozen).

Neben der Verkehrserschließung gibt es weiteren Landschaftsverbrauch, verursacht durch Infrastruktureinrichtungen wie z. B. Hotels, Sportstätten und Parkplätze. Folgen sind Bodenversiegelung, Lärm, Abgase und Entsorgungsprobleme (Müll, Abwasser). Dazu kommen ästhetische Beeinträchtigungen. Im Sommer wie im Winter bedroht der Massentourismus das alpine Ökosystem. Selbst scheinbar umweltfreundliches Wandern, Klettern oder Mountainbiking führt aufgrund der erheblichen Trittbelastung besonders an großen Steigungen zur Zerstörung der Vegetation und in der Folge zu Bodenauswaschungen bis hin zu metertiefen Erosionsrinnen. Wildtiere werden häufig gestört und durch die Zerschneidung von Biotopen zum Teil ihrer Lebensgrundlage beraubt.

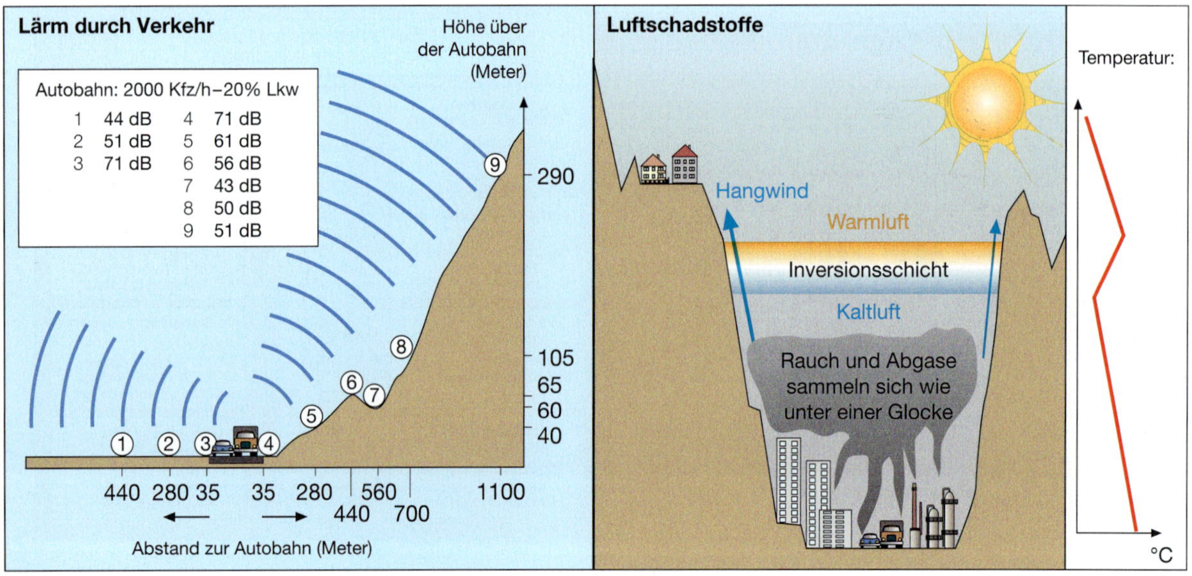

2 Wirkung von Lärm und Luftschadstoffen unter den naturräumlichen Vorraussetzungen der Alpen

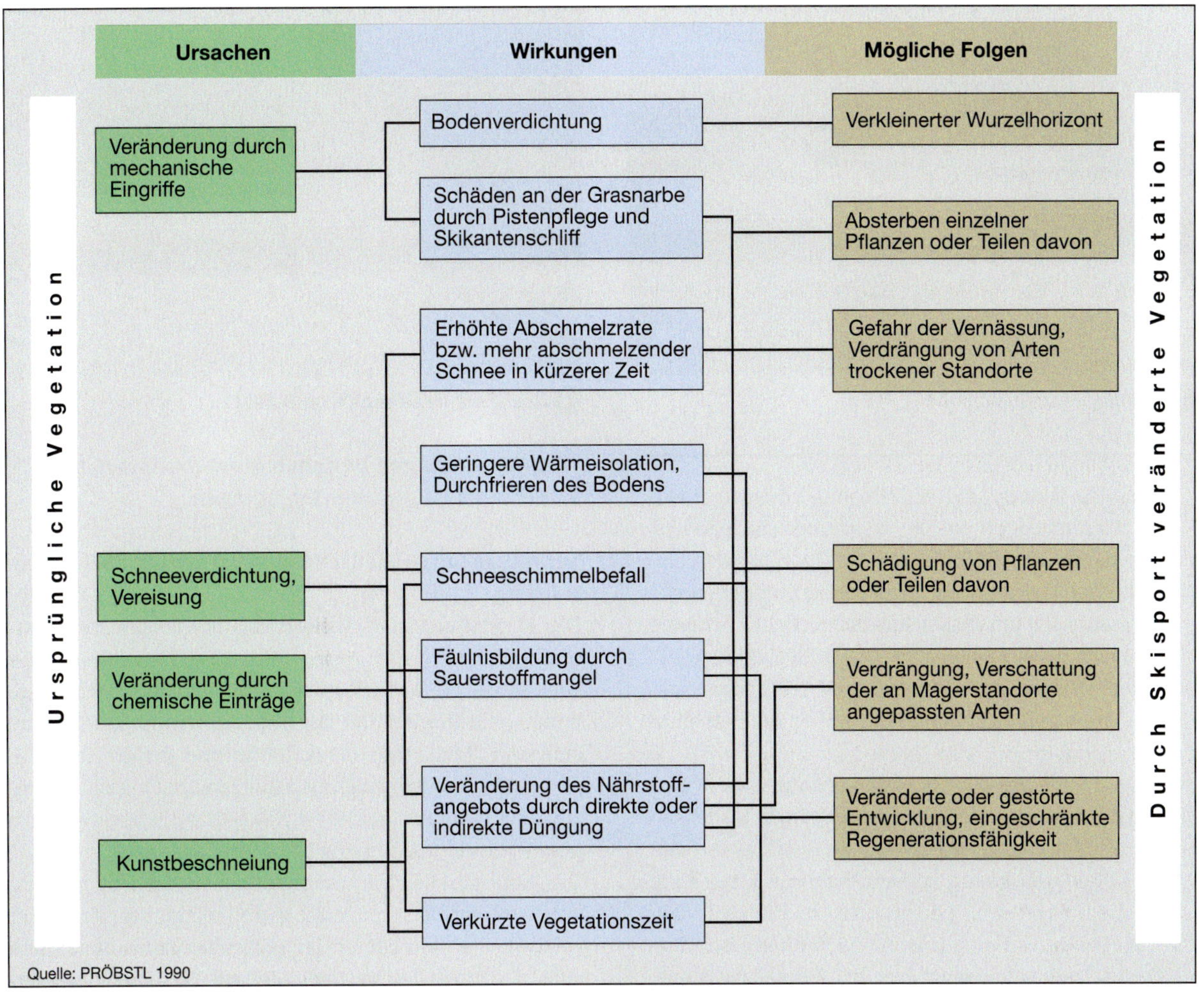

4 Mögliche Einflüsse des Skibetriebs auf die Vegetation der Skipiste

Noch weitaus größere Beeinträchtigungen ergeben sich durch den Wintersport (M3, M4, M5). Breite Schneisen müssen für Skilifte und Skipisten in die Hänge geschlagen werden. Häufig befinden sich diese in ökologisch labilen Bereichen an der Waldgrenze oder sogar oberhalb der Baumgrenze. Die Zerstörung des natürlichen Lawinenschutzes durch Bannwälder erhöht die Gefahr von Lawinen und Muren. Planierungen der Pisten schädigen die Pflanzendecke, führen zu Bodenverdichtung und verstärken damit den Oberflächenabfluss. Erosionsschäden und auch vermehrte Hochwasser in den Tälern sind die Folge.

Unabhängig von den ökologischen Folgen schafft eine zu einseitige wirtschaftliche Ausrichtung auch Abhängigkeiten. Einerseits von Kapitalgebern, zum anderen kann aber auch das Fernbleiben von Touristen, z. B. infolge von Naturkatastrophen, empfindliche Einbußen bedeuten. Mit großer Sorge blickt man diesbezüglich im gesamten Alpenraum vor allem auf die Folgen einer möglichen Klimaerwärmung.

5 Liftanlage im Sommer

Aufgaben

1. Erläutern Sie, inwiefern die hohe Reliefenergie die Belastung der Alpenregion verschlimmert (M2, M3).
2. Erklären Sie Ursachen und Folgen der Fäulnisbildung im Bereich einer Skipiste (M4).
3. Informieren Sie sich über Intention und Auswirkungen der Brennerblockaden.

1 Alpengletscher in Folie

Stündlich können 240 000 Personen von den mehr als 200 Liftanlagen auf die weitläufigen Hänge des Skigebietes „Les Trois Vallées“ transportiert werden. Ohne Wartezeiten oben angekommen, erwarten sie insgesamt 600 km Pisten unterschiedlicher Schwierigkeitsgrade in Höhenlagen von 1 100 bis 3 200 m. Zudem sichern Gletscherpisten und 1 300 Schneekanonen optimale Schneeverhältnisse bis ins Frühjahr.

Die perfekte Lage auf einem windgeschützten Hochplateau mit nach Norden ausgerichteten Pisten ist kein Zufall: „Anstelle ein Dorf zu suchen, in dem wir Liftanlagen bauen können, haben wir ein zum Skilaufen ideales Gebiet gesucht, in dem wir ein Dorf errichten können“, meint ein Bauingenieur. Die meisten der vollständig auf den Wintertourismus ausgerichteten Orte in den drei Tälern sind auf dem Reißbrett extra für den Skibetrieb geplant und gebaut worden.
Der große Ort Courchevel, der sich über fünf Stockwerke erstreckt, ist z.B. vor allem in Courchevel 1850 (die Zahl gibt die Höhenlage an) auf ein zahlungskräftiges Publikum zugeschnitten, das dort neben einem beeindruckenden Panorama auch Luxusboutiquen und mondäne Restaurants vorfindet. In Courchevel 1 650 dominieren Hochhäuser, während Courchevel 1 300 noch als ehemaliges Bergdorf zu erkennen ist. Mit dem Ausbau wurde hier bereits Mitte der 1940er-Jahre begonnen, während die meisten anderen geplanten Skiorte in den 1960er oder 1970er-Jahren entstanden sind. Ästhetische Überlegungen und Umweltaspekte wurden in dieser Zeit kaum berücksichtigt. Außer dem Skifahren spielt hier Snowboarden eine wichtige Rolle. Snowparks und Buckelpisten stehen den überwiegend jungen Touristen zur Verfügung.

2 Orte am Reißbrett

3 Kunstschneekanone im Einsatz

Wechselwirkungen zwischen Alpentourismus und seinen naturräumlichen Grundlagen

Verantwortung – Tourismus bedeutet Landschaftsgestaltung

Die Darstellung und Diskussion der Folgen des Massentourismus in den Alpen zeigt: Eine Entwicklung des Tourismus, die nicht Rücksicht auf ökologische Belange nimmt, hat direkte und negative Auswirkungen auf ihre eigenen Grundlagen – die Naturraumpotenziale. Des Weiteren werden hierdurch aus naturraumbedingten, potenziellen Gefahren konkrete Risiken bzw. sogar Katastrophen (vermehrt Lawinen- und Murenabgänge).
Das touristische Naturraumpotenzial der Alpen wird umso stärker beeinträchtigt, je umfangreicher und höher gelegen die durchgeführten Erschließungsmaßnahmen sind, das heißt je mehr der Mensch versucht, ein „perfektes“ für den Massentourismus geeignetes Gebiet zu erschaffen (M2).
Die Abhängigkeit der touristischen Nutzung von den ökologischen Rahmenbedingungen zeigt sich insbesondere vor dem Hintergrund der klimatischen Veränderungen, denn die Alpen gehören zu den Gebieten, in denen sich der Klimawandel besonders stark bemerkbar macht.

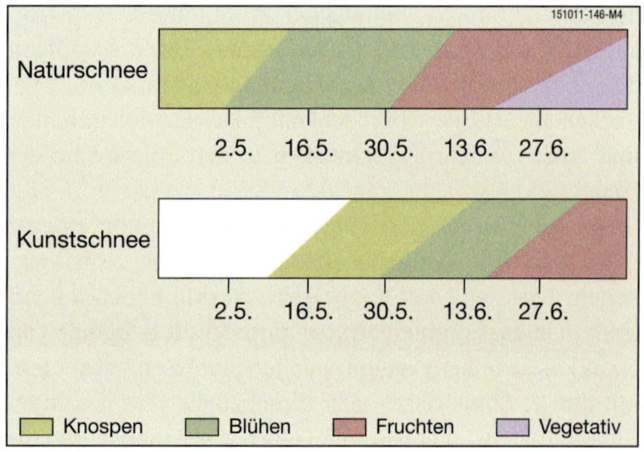

4 Natur- und Kunstschnee – Einfluss auf die Vegetation

5 Morteratschgletscher (Schweiz) 1911

6 Morteratschgletscher heute

Abhängigkeit – Alpentourismus und Klimawandel

Das Schmelzen der Gletscher und kürzere Zeiten mit geschlossener Schneedecke schüren insbesondere in den tiefer gelegenen Skigebieten Existenzängste. Die Häufung schneearmer Winter seit ca. 20 Jahren hat zu einer Sensibilisierung geführt. Eine Erwärmung der Jahresdurchschnittstemperatur um 2–3 °C würde die meisten Wintersportorte erheblich treffen. Das Verpacken der Gletscher in Folie (M1) kann nur eine kurzfristige Lösung sein und auch der stark angestiegene Einsatz von Schneekanonen (M3) wird kontrovers bewertet.

Befürworter des Kunstschnees argumentieren unter anderem damit, dass die durch künstliche Beschneiung ausreichende Schneedecke die Vegetation vor Scherschäden durch Skikanten schützt und die Skifahrer an die Piste bindet. Durch rechtzeitiges Beschneien soll Bodenkriechen verhindert werden. Gegner der Schneekanonen verweisen auf den großen Wasser- und Stromverbrauch. Aufgrund späteren Auftauens der kompakten Schneedecke beginnt das Wachstum der Vegetation später (M4). Wird bei zu hoher Temperatur beschneit, vereisen die Pisten. Bei Schneeschmelze erhöht sich so der Oberflächenabfluss. Naturschnee ist luftreicher als Kunstschnee, weniger dicht und kann besser auf Temperaturschwankungen reagieren. Zudem enthält Kunstschnee mehr Nährstoffe, was zur Veränderung der Pflanzengesellschaften führen kann. Dennoch werden Beschneiungsanlagen häufig eingesetzt, um Schneesicherheit und damit wirtschaftlichen Erfolg garantieren zu können. Anderenfalls ist zu befürchten, dass Skiurlauber in höher gelegene Gebiete abwandern. Die Beschneiung hat jedoch ihre Grenzen. Zumindest das Tagesminimum der Temperaturen muss negativ sein. Mit jedem Grad Temperaturerhöhung reduziert sich die Beschneiungsmöglichkeit um 5–10 %.

Eine Klimaerwärmung kann nicht exakt prognostiziert werden, dennoch erscheinen schon im Hinblick auf temporäre Schneearmut Veränderungen im Angebot überlegenswert. Ökologisch bedenklich und von technisch hohem Aufwand wäre die „Flucht nach oben“, die Erschließung von hoch gelegenen Gebieten. Eine weitere Möglichkeit liegt in fortschreitender Technisierung: *„Man nehme eine Abraumhalde aus längst vergangenen Bergbauzeiten, überwölbe sie mit einem prächtigen Kuppelbau und installiere eine leistungsstarke Kühlanlage. Dann stelle man einen Skilift auf, beschneie den Hang mit tüchtigen Schneekanonen und garniere das Ganze mit einem Knödelwirtshaus unten und einer Schnapshütte oben. Schon ist sie fertig, die alpine Kunstwelt. Die kann man in Simmering ebenso errichten wie in Osaka …“* (SIEBER, 2001).

Eine stärkere Betonung regionaler Charakteristika erlaubt eine stärkere Förderung des „Vier-Jahreszeiten-Tourismus“. Gezielt wird nach sportlichen, kulturellen und gesellschaftlichen Alternativen bei Schneearmut gesucht, z. B. Wellness, Konzerte, Gipfelfrühstück. Diese Angebote leisten bei ungünstigem Wetter sicher „Schadensbegrenzung“, inwiefern sie einen Ersatz zum Reisemotiv „Skifahren“ darstellen, ist aber fraglich.

Der Klimawandel stellt den Wintertourismus zunehmend vor Probleme – die Bedeutung des Sommertourismus wird daher in den Alpen zunehmen. Problematisch ist allerdings, wenn der Alpenraum weitgehend für den Skitourismus gestaltet wird – und daher optisch wie auch infrastrukturell für den Sommertourismus an Attraktivität verliert. Hinzu kommen Naturrisiken wie Bergstürze, Muren usw. die durch das Eindringen in relativ riskante Bereiche verursacht wurden. Immer mehr Tourismusorte setzen daher auf den Schutz ihrer Ressourcen. Der Begriff „Nachhaltigkeit“ wird zum Schlagwort.

Aufgaben

1. Beschreiben Sie die Auswirkungen des Kunstschnees im Vergleich zum Naturschnee auf die Vegetation.
2. Stellen Sie Möglichkeiten dar, wie Alpengemeinden versuchen, den Tourismus in jedem Fall aufrecht zu erhalten. Welche ökologischen Risiken sind damit verbunden?
3. Diskutieren Sie, ob die alpine Kunstwelt SIEBERS tatsächlich gefährdete alpine Regionen entlasten kann.

Und sie sägten an den Ästen
auf denen sie saßen,
und schrien sich zu ihre Erfahrungen
wie man besser sägen könne.
Und fuhren mit Krachen in die Tiefe,
und die ihnen zusahen beim Sägen
schüttelten die Köpfe
und sägten kräftig weiter.
Bertolt Brecht

1 Karikatur

Maßnahmen zum Schutz der Bergwelt

Was die Alpen anzubieten haben, intakte Natur, sauberes Wasser und eine attraktive Kulturlandschaft, ist durch die bisherige Denk- und Handlungsweise in der Tourismusindustrie bedroht.

In der heutigen Tourismusentwicklung zeichnen sich aber neue Trends ab: Trend zum naturnahen Reisen, Trend zur Aktivität im Urlaub, Trend nach Sinnfindung und nach Selbsterkenntnis durch Umwelterkenntnis. Viele Alpenurlauber nutzen heute für ihre Anreise öffentliche Verkehrsmittel, nehmen Rücksicht auf den Alltag und die Gewohnheiten der Einheimischen, schränken eventuell ihr Urlaubsprogramm ein und verzichten auf einen unangemessenen Komfort bzw. den gewohnten Lebensstil. Es existiert also ein Potenzial für eine neue, andere Tourismusentwicklung, die sich nicht allein nach wirtschaftlichen und technischen Zweckmäßigkeiten richtet, sondern sowohl die Forderungen nach einer intakten Umwelt beachtet, als auch die Bedürfnisse der Beteiligten, Einheimischen und Urlauber berücksichtigt. Eine solche Entwicklung bezeichnet man als „nachhaltig", die entsprechende Tourismusform als „sanft".

Sanfter Tourismus

Das Modell des sanften Tourismus umfasst Entwicklungsstrategien, die eine nachhaltige Entwicklung des Alpentourismus ermöglichen sollen. Hierbei ist es nach Untersuchungen nötig, den Tourismus umweltverträglicher zu gestalten. Präventiv sollen ökologische Gefahrenherde berücksichtigt werden. Zentrale Punkte sind:

- In großen Räumen auf der Grundlage von Gesamtkonzepten planen.
- Erschließung auf Schwerpunkte konzentrieren, um Boden zu sparen und Freiflächen sowie wertvolle Landschaften zu erhalten.
- Tourismus nur dort entwickeln, wo eine Eignung gegeben und ortsansässige Bevölkerung vorhanden ist (Verhältnis von Betten und Ortsansässigen bis höchstens 3:1).
- Einheimische Bevölkerung an der Planung und Durchführung aktiv beteiligen und ihr Arbeitskräftepotenzial berücksichtigen.
- Die Dimension der Bauvorhaben an den Jahresdurchschnittsbesucherzahlen orientieren.
- Förderung einer Sommer- und Wintersaison zur besseren Nutzung der Übernachtungskapazitäten.
- Technische Erschließung begrenzen.
- Landwirtschaft erhalten und stärken und den Tourismus gezielt integrieren.
- Beschäftigte im Tourismusgewerbe ausbilden und weiterbilden, damit sie die Urlauber gezielt über das Konzept des sanften Tourismus aufklären können.

Alpenschutzkonvention und „Perlen der Alpen"

Die Alpenkonvention, ein verbindlicher völkerrechtlicher Vertrag, verfolgt das Ziel, Lösungen für Probleme bei dem Schutz der Alpen zu erarbeiten. Laut Art. 2, Abs. 1 verpflichten sich die Vertragsparteien zu „eine(r) ganzheitliche(n) Politik zur Erhaltung und zum Schutz der Alpen unter […] Berücksichtigung der Interessen aller Alpenstaaten, ihrer alpinen Regionen sowie der Europäischen Wirtschaftsgemeinschaft unter […] nachhaltiger Nutzung der Ressourcen". Die Alpenkonvention verfolgt keine sektoralen Umweltziele, sondern will umfassend die nachhaltige Bewirtschaftung eines von 13 Mio. Menschen bewohnten Ökosystems regeln.

Eines der Projekte, ALPS MOBILITY, fördert die ökologische Verträglichkeit des touristischen Verkehrs in den Alpen. Das Projekt „Alps Mobilty II – Alpine Pearls" startete 2003. Es wurden sogenannte „Perlen der Alpen" no-

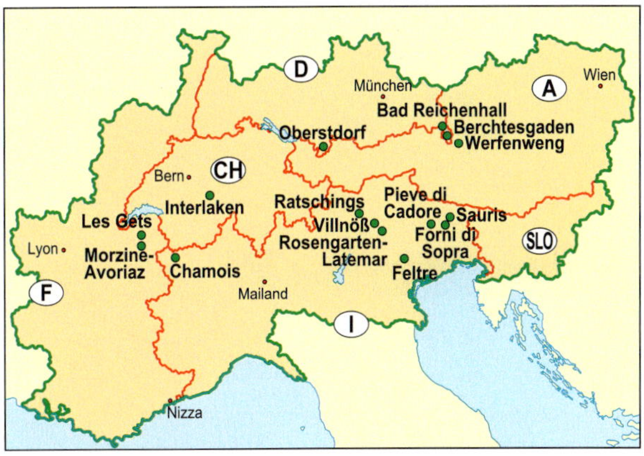

2 „Perlen der Alpen"

miniert – eine Kooperation von Tourismusorten, die den umweltfreundlichen Tourismus in den Alpen mit Schwerpunkt auf umweltfreundlicher Mobilität fördern wollen. Sie verbinden touristische Sehenswürdigkeiten und „sanfte Mobilität". Das Erlebnis regionaler Besonderheiten hinsichtlich der Landschaft und Kultur, in Verbindung mit hohen Qualitätsstandards und umweltverträglichen Verkehrsmitteln soll dem Gast „Enthastung" und Urlaubsgenuss bescheren. Die bisher nominierten Perlen unterscheiden sich in ihrer touristischen Infrastruktur deutlich und liegen in verschiedenen Ländern (M2). Organisierte Reisen sollen es dem Gast ermöglichen, Perle für Perle zu erobern.

Wichtige Werte für Alpine Pearls sind:
- Handeln nach den Grundsätzen der Nachhaltigkeit
- Schutz der Natur
- Wertschöpfung in der Region
- Wahrung der regionalen Identitäten und kulturellen Besonderheiten.

Daraus ergeben sich die Handlungsfelder:
- umweltverträglicher Tourismus und Verkehr
- Erhaltung der Landschaft
- Energieversorgung aus erneuerbaren Quellen
- Müllvermeidung
- Verwertung regionaler Produkte.

Aufgaben

1. Interpretieren Sie die Karikatur und das Gedicht M1.
2. Fassen Sie die Zielsetzungen des Sanften Tourismus und der Alpinen Perlen thesenartig zusammen und gehen Sie dabei auch auf eventuelle Grenzen ein.
3. Beurteilen Sie die Einschränkungen und Verbote als eine Möglichkeit, den Massentourismus in den Alpen einzudämmen (M4).
4. Recherchieren Sie, welche Ziele und Maßnahmen zum Schutz des Naturraums in der Alpenkonvention 1991 vereinbart wurden.

I. Skitechnische Faktoren
Schneesicherheit, Lawinensicherheit, Neigungsverhältnisse des Skigeländes, Exposition und Schneequalität, Windanfälligkeit, Bodenbeschaffenheit, Größe des Skiangebots, Länge der Skiabfahrten, Möglichkeit einer Talabfahrt, Ausbau und Erweiterungsmöglichkeit, Erholungswert, Sonnenscheindauer

II. Verkehrstechnische Faktoren
allgemeine Verkehrslage, spezielle Verkehrslage (im Ort), Parkmöglichkeiten (an Stationen), Lage der Bergstation(en) (Skistauräume, Aussicht, ...)

III. Umweltfaktoren
forstwirtschaftliche Aspekte, Aspekte der Wildbach- und Lawinenverbauung, ökologische Aspekte (Wasserversorgung und -entsorgung), Stromversorgung, Gesamteingriff in die Natur

IV. Ökonomische Faktoren
Sommernutzung, Kosten-Nutzen-Verhältnis, Bettenkapazität im Talbereich (Einzugsbereich), Konkurrenznähe anderer Skigebiete, „Hinterland" (Passanten für Wochenendverkehr), bereits bestehende Gastronomie- und Freizeiteinrichtungen, Möglichkeit des etappenweisen Ausbaus, regionale Bedeutung des Projekts

3 Nachhaltige Erschließung von Skigebieten – Faktoren

„Nach dem aktuellen Wetterbericht noch die Prognose für alle Skiabfahrtsfans, die es am kommenden Wochenende wieder in die Alpen zieht: In den Wintersportzentren um Garmisch-Partenkirchen und Mittenwald sind die Pistenkapazitäten aufgrund der hohen Zahl von Feriengästen schon zu 80 % ausgelastet. Dort muss mit längeren Wartezeiten zu den Pistenzufahrten bzw. auch mit Schließungen der Zufahrtsstraßen gerechnet werden. Das Wintersportgebiet um Berchtesgaden bietet am Sonntag ein zusätzliches Kartenkontingent zum doppelten Preis an. Die zusätzlichen Einnahmen aus der Lift- und Pistenbenutzung werden für die Beseitigung der Vegetations- und Bodenschäden im Frühjahr und Sommer eingesetzt. Aufgrund neuer Schneefälle melden die Wintersportzentren im Allgäu noch ausreichend Tageskarten an. Allerdings ist die Benutzung der Abfahrtsstrecken auf zwei Stunden beschränkt. Gänzlich geschlossen sind die Pisten bei Bayrischzell und Reit im Winkel, die sich in der zweijährigen Regenerationsphase befinden."

4 Fiktive Radiomeldung

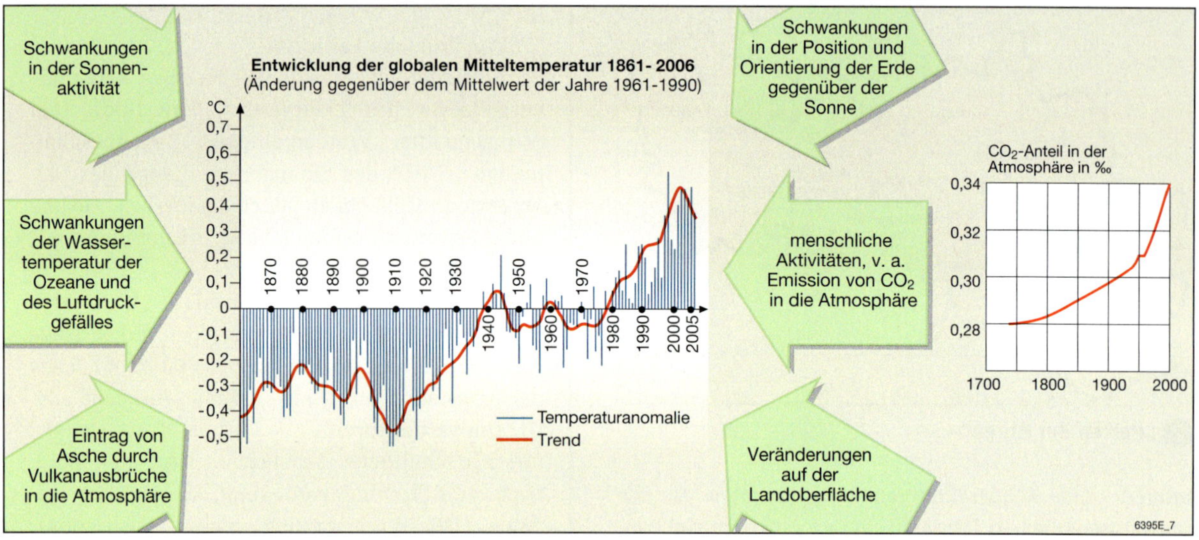

1 **Globale Jahresmittelwerte der bodennahen Lufttemperatur seit ca. 1850 und diskutierte Einflussfaktoren**

„Spricht man über Klimawandel, sind zunächst grundlegende Prozesse und Zusammenhänge zu klären, die zum Verständnis unseres Klimas und seiner Dynamik erforderlich sind. Dies beginnt bereits beim Begriff „Klimasystem", das nicht nur die Atmosphäre umfasst, sondern auch die weiteren Komponenten des Ozeans, der Landoberfläche, der Biosphäre und der Kryosphäre [...].
Weiterhin ist dieses Klimasystem durch variable Randbedingungen, externe Einwirkungen sowie interne Prozesse und Wechselwirkungen gekennzeichnet. Schon aus dieser einfachen Wahrnehmung lässt sich erschließen, dass das Klima keine konstante Größe sein kann, wie es früher erschienen haben mag [...]. Vielmehr beinhalten die verschiedenen Zustandsformen des Klimasystems einen permanenten Klimawandel auf unterschiedlichen zeitlichen und räumlichen Skalen, wie es sich beim Rückblick in die Erdgeschichte eindrucksvoll belegen lässt. Klimawandel gibt es also nicht erst seit dem Eingriff des Menschen in das Klimasystem, sondern er konstituiert eine grundlegende Eigenschaft dieses Systems. [...]

Wir leben also in einem hochkomplexen Klimasystem, das trotz enormer Kenntnisfortschritte in den letzten Jahrzehnten nach wie vor nicht umfassend verstanden ist und in seinen nichtlinearen Reaktionen auch immer wieder zu einer unerwarteten Dynamik führen kann."

Quelle: Jacobeit, J. (2007)

2 **Ein Klimaforscher zum Thema Klimawandel**

4.4 Klimawandel

Überblick – Zusammenhänge und Wechselwirkungen im Klimasystem der Erde

Den „klassischen Einstieg" in das Thema „Gegenwärtiger Klimawandel" bilden häufig Abbildungen, wie sie in M1 zu sehen sind. Der Zusammenhang scheint einfach: Seit die Menschheit in die Phase der Industrialisierung eingetreten ist und aufgrund ihrer dadurch bedingten Wirtschaftsweise den CO_2-Ausstoß erhöht hat, steigen die Temperaturen weltweit mehr oder minder kontinuierlich an. Viele Klimaforscher sehen die Zusammenhänge jedoch als weitaus komplexer an (M2). Die Abbildung M1 zeigt daher auch weitere diskutierte Einflussfaktoren, denn das Klimasystem ist kein isoliertes System, sondern unterhält mit anderen Subsystemen der Erde und des Weltalls Wechselbeziehungen. Es ist durch variable interne und externe Prozesse geprägt (M3 und M4).

Interne natürliche Einflüsse auf das Klima

Dazu zählen die Wechselwirkungen zwischen den verschiedenen Erdsphären. Als Ausdruck ozeanisch-atmosphärischer Wechselwirkungen ist am bekanntesten das ENSO-Phänomen (vgl. S. 28/29). Neben solchen Prozessen wird das Klima durch ozeanische Massen- und Energietransporte beeinflusst, die durch variable Temperatur- und Salzkonzentrationsverhältnisse in den Ozeanen angetrieben werden (thermohaline Zirkulation). Weitere interne Beeinflussungen des Klimas ergeben sich durch die Eis-**Albedo**-Temperatur-**Rückkopplung**, im Kontext des globalen Kohlenstoffkreislaufs, durch Wechselwirkungen des marinen Phytoplanktons mit der Atmosphäre oder durch Vulkanausbrüche, die Schwebstoffe in die Stratosphäre katapultieren.

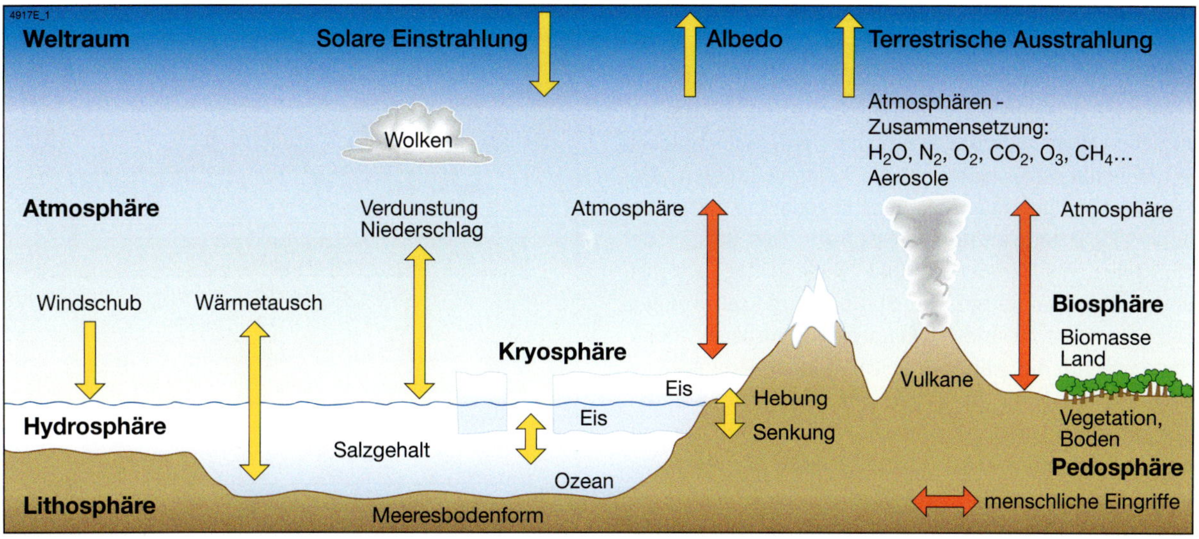

3 Schematische Darstellung des Klimasystems

Externe natürliche Einflüsse auf das Klima

Hierzu zählen solare Aktivitätsschwankungen, Variationen der astronomischen Erdbahnparameter (Erdumlaufbahn, Schiefe der Ekliptik, Präzession der Rotationsachse) und Meteoriteneinschläge, wenn sie hinreichend stark sind, um Substanzen bis in die Stratosphäre, also oberhalb von etwa 12 km Höhe, zu emittieren, wo sie ohne Wettereinfluss jahrelang verbleiben können.

Weitere natürliche Randbedingungen

Auch plattentektonische Prozesse beeinflussen das Klima, da sie die Land-Meer-Verteilung auf der Erde, die Beschaffenheit der Ozeanbecken, die Position der Kontinente und die Entstehung von Hochgebirgen bestimmen. So können zum Beispiel quer zur Hauptströmungsrichtung verlaufende Hochgebirgszüge die atmosphärische Zirkulation in klimaprägender Weise beeinflussen (vgl. S.19).

Anthropogene Eingriffe

Zu den natürlichen Antriebsfaktoren ist mittlerweile die zusätzliche Einflussnahme des Menschen auf das Klimasystem hinzugekommen. Diese geht vor allem auf folgende Aktivitäten zurück: Freisetzung klimawirksamer Spurengase, Partikelemissionen und Veränderungen der Erdoberflächenbeschaffenheit.

Die daraus resultierenden Folgen machen sich in unterschiedlichen Bereichen bemerkbar: In Änderungen des Lokal- und Regionalklimas, in Änderungen der Luftzusammensetzung, in Beeinträchtigungen der Ozonschicht oder gar in der Änderung des globalen Strahlungs- und Energiehaushalts durch den anthropogen verstärkten Treibhauseffekt. Dennoch ist es schwierig, die Bedeutung des Anteils der anthropogenen Klimabeeinflussung empirisch einzuschätzen. Einerseits sind vielfältige, sich überlagernde Einflüsse – natürliche und anthropogene – im Klimasystem zu berücksichtigen. Andererseits wirken diese mit unterschiedlichen Reaktionszeiten auf das Klimasystem ein (M4). Dieser Zeitfaktor bedingt, ob man lediglich von einer kleinskaligen „Klimavariabilität", von „Klimaschwankungen" im Bereich der dekadischen Zeitskala, oder von „Klimaänderungen" bzw. von einem „Klimawandel" spricht.

Prozesse	Zeit (Jahre)
Sonnenalterung (Energieabstrahlung)	Mio. bis Mrd.
Zusammensetzung der Erdatmosphäre	natürlich: Mio. bis Mrd., anthropogen: 10 – 100
Kontinentaldrift	Mio. bis Mrd.
Gebirgsbildung und Land-Meer-Verteilung	10 000 bis Mio.
Schwankungen der Erdbahnparameter	10 000 bis 100 000
Vegetationsänderungen	10 bis 1000
Sonnenfleckenzyklus	10 bzw. 22
Wirkung extremer Vulkanausbrüche	Monate bis Jahre
großräumige Luftdruckverteilung	Tage bis Jahreszeiten
Wettersysteme (z. B. Tiefdruckgebiete)	Tage bis Wochen

4 Klimarelevante Prozesse (Auswahl)

Aufgaben

1. Benennen Sie unter Einbeziehung von M4 die klimarelevanten Prozesse, die kurzfristige Klimaänderungen verursachen.
2. Erläutern Sie die menschlichen Einflüsse auf das Klimasystem und deren mögliche Auswirkungen (M3).

Natürlich bedingte Klimaänderungen

Im Laufe der Erdgeschichte änderte sich das Klima immer wieder. Phasen mit höheren oder niedrigeren Durchschnittstemperaturen wechselten sich ab (M2). Um natürliche Klimaänderungen in der erdgeschichtlichen Vergangenheit rekonstruieren zu können, müssen „Datenspeicher“ gefunden werden, sogenannte „Klimaarchive“. Da Daten von Klimamessungen, zum Beispiel der Klimaelemente Temperatur und Niederschlag, erst seit etwa 300 Jahren für einzelne Stationen und seit wenigen Dekaden weltweit und flächendeckend vorliegen, benötigt man für die Klimarekonstruktion andere Archive. Diese liefern keine unmittelbaren Messwerte, sondern nur indirekte Hinweise, sogenannte „Proxies“, die unterschiedliche Genauigkeiten, zeitliche Auflösungen und räumliche Aussagekraft aufweisen.

Auch historische Aufzeichnungen, zum Beispiel Berichte über mittelalterlichen Weinbau in Großbritannien, zählen zu diesen Klimaproxies. M1 zeigt, dass es sehr verschiedenartige Klimaarchive gibt, die unterschiedliche Rückschlüsse erlauben. Sie sind häufig nur mit großem labortechnischem Aufwand zu ermitteln und geben dennoch nur annäherungsweise über die Klimabedingungen während ihrer Bildung Auskunft.

Archiv	Minimal erfassbarer Zeitraum (in Jahren)	Maximal erfassbarer Zeitraum (in Jahren)	Informationen über
Eis	1	10^6	T, N, CL, B, V, E, S
Marine Sedimente	10	10^8	T, CW, B, E, M, N
Limnische Sedimente	<1	10^5	T, B, E, N, V, CW
Terrestrische Sedimente und Bildungen			
Löß	10^2	10^6	N, B, E, V
Dünen	10^2	10^5	N, B
Böden	10^2	10^6	N, B
Sinter (Tropfsteine)	10^2	10^5	CW, T, N
Fluviale Ablagerungen	10^2	10^5	N, B
Biologische Bildungen			
Baumringe	<1	10^4	T, N, B, V, E, S
Pollen	1	10^5	T, N, B
Korallen	1	10^4	CW, M, T, N
Torf/Moore	10^2	10^5	B
Historische Archive	<1	10^4	T, Z, N, B, V, E, M, S, CLW

T – Temperatur, N – Niederschlag, B – Biomasse und Vegetationszusammensetzung, V – Vulkanausbrüche, E – Veränderungen im Erdmagnetfeld, M – Meeresspiegelschwankungen, C – Chemische Zusammensetzung von Luft (CL) und Wasser (CW), S – Schwankungen in der Sonneneinstrahlung

1 Klimaarchive und deren Aussagekraft

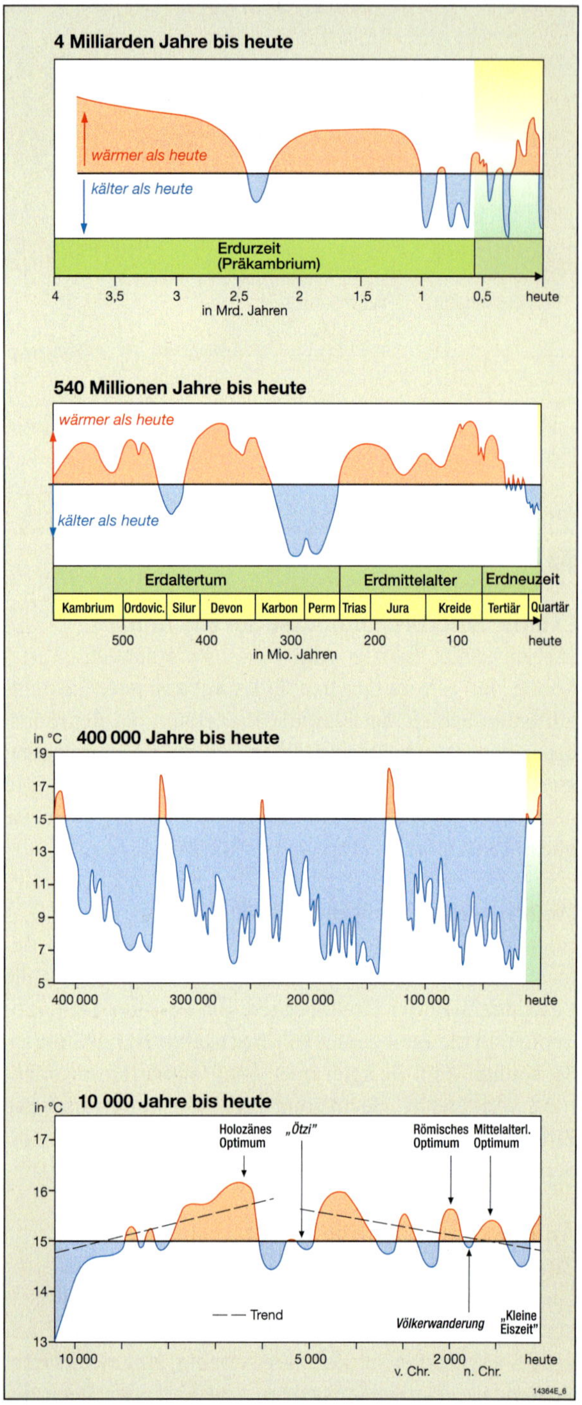

2 Temperaturkurven

Aufgaben

1. Recherchieren Sie über die Klimaarchive „Eisbohrkerne“, „Korallen“ und „Baumringe“ und beurteilen Sie diese nach Verfügbarkeit, Aufwand, Genauigkeit und Vielfalt der in ihnen enthaltenen Klimadaten.
2. Vergleichen Sie die Dauer der Kalt- und Warmphasen in den einzelnen Abbildungen von M2.

Beispiele für natürlich bedingte Klimaänderungen – Zyklischer Klimawandel

Auslöser für zyklisch auftretende Klimaschwankungen sind oft kleine Veränderungen im Strahlungshaushalt der Erde. So ist die Strahlungsenergie der Sonne, die auf der Erde ankommt, trotz der Bezeichnung „Solarkonstante" nicht immer gleich. Sie variiert in einem regelmäßigen Zyklus, dem Milankovitch-Zyklus (M4).

Der serbische Astrophysiker Milutin Milankovitch erkannte, dass die Hauptursache hierfür in der Umlaufbahn der Erde um die Sonne liegt. Diese schwankt zwischen einer fast kreisförmigen und einer eher elliptischen Bahn (Exzentrizität). Der Veränderungszeitraum dauert fast 100 000 Jahre. Weiterhin hat aber auch die sich in einem Zeitraum von 41 000 Jahren um wenige Grad verändernde Neigung der Erdachse (Erdschiefe) einen Einfluss auf den Strahlungshaushalt der Erde. Zudem taumelt die Erdachse wie ein Kreisel im Verlauf von 22 000 bis 26 000 Jahren (Präzession). Dadurch kommt es zu Schwankungen der Solarkonstante um 1,7 %. Der Milankowitch-Zyklus – die Kombination der in M4 dargestellten Veränderungen der Orbitaleigenschaften der Erde – gilt als Auslöser für die Entstehung von Eiszeiten.

Die Sonne selbst zeigt ebenfalls Schwankungen in der Strahlungsintensität innerhalb von Jahren bzw. Jahrzehnten. Diese zu messen wird durch die Beobachtung des Wechselspiels ermöglicht, welches zwischen den häufig als Maßzahl verwendeten, relativ kühlen Sonnenflecken (M3) und den weitgehend synchron auftretenden heißen Sonnenfackeln und sonstigen Eruptionen auftritt: Bei Aktivitätsmaxima der kühlen Sonnenflecken ergibt sich durch die gleichzeitige Zunahme von Fackeln und Eruptionen letztlich eine Erhöhung der Strahlungsintensität. Vereinfacht lässt sich sagen: Je mehr Sonnenflecken, desto höher ist die Aktivität der Sonne, was sich letztlich, zeitlich versetzt, auf das Erdklima auswirkt. Die Flecken treten in einem etwa elfjährigen Zyklus vermehrt auf. Umgekehrt gilt: In Jahren mit geringerer Fleckenzahl verringert sich die Sonnenstrahlung um einige zehntel Prozent. So korreliert das Maunder-Minimum mit der „kleinen Eiszeit" in der zweiten Hälfte des 17. Jahrhunderts (M3).

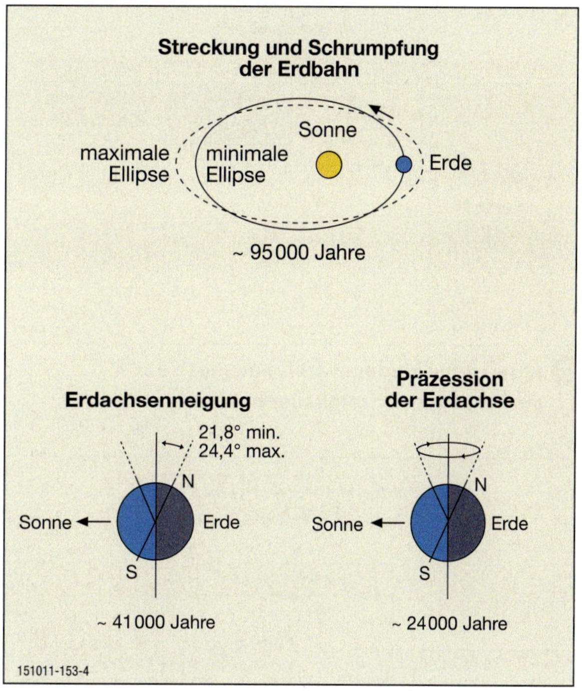

4 Veränderung der Erdbahnparameter

Aufgabe

Informieren Sie sich mittels geeigneter Fachliteratur oder relevanter Internetseiten über die derzeitige Einschätzung des Anteils der astronomisch bedingten Einstrahlungsschwankungen (M4) sowie der Sonnenfleckenaktivität (M3) an den gegenwärtigen Veränderungen im Erdklima.

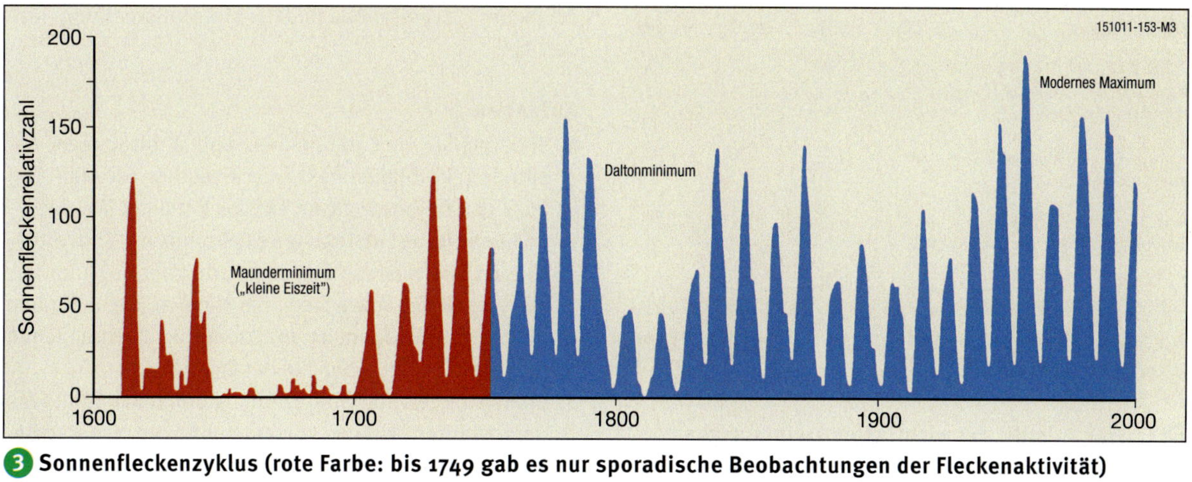

3 Sonnenfleckenzyklus (rote Farbe: bis 1749 gab es nur sporadische Beobachtungen der Fleckenaktivität)

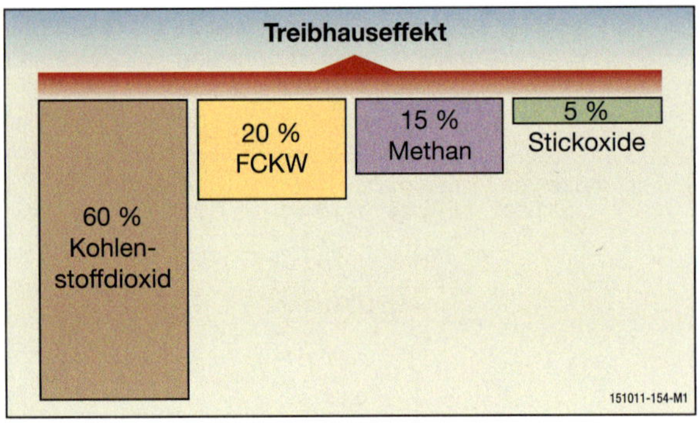

1 Anteil verschiedener Treibhausgase am anthropogenen Treibhauseffekt

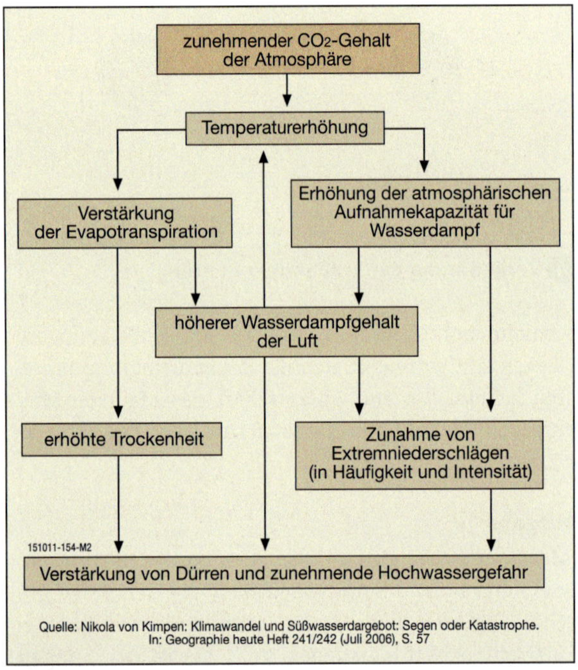

2 Auswirkungen des Temperaturanstiegs auf den Wasserkreislauf

Treibhausgas	CO_2	CH_4	N_2O	FCKW
Anteil der anthropogenen Emissionen am Stofffluss der Atmosphäre (in %)	5	70	40	100
Relatives Treibhauspotenzial (für 100 Jahre)	1	25	300	› 4000
Anteil am natürlichen Treibhauseffekt (in %)	22	2	4	0
Anteil am anthropogenen Treibhauseffekt (in %)	60	15	4	20
Mittlere Lebensdauer in Jahren nach anthropogener Emission	50 - 200	15	120	100

3 Charakteristika der wichtigsten Treibhausgase (nach IPCC 2007)

Anthropogene Einflüsse auf das Klima

Seit der Mensch sesshaft wurde und Ackerbau betrieb, veränderte er bewusst seine Umgebung. So kam es bereits durch die ersten großflächigen Rodungen der Wälder zugunsten der Ackerlandgewinnung zu anthropogen geprägten Klimabeeinträchtigungen.

Heute sind es in erster Linie die Emissionen von Kohlenstoffdioxid (CO_2) und anderen Treibhausgasen wie Methan (CH_4), Distickstoffoxid (N_2O) oder Fluorchlorkohlenwasserstoffen (FCKW), die den natürlichen Treibhauseffekt verstärken und so eine Klimabeeinflussung durch den Menschen bewirken. Zwar ist der CO_2-Gehalt der Atmosphäre auch dafür verantwortlich, dass die Lufthülle der Erde sich im Verlaufe ihrer Existenz von –15 Grad Celsius auf heute durchschnittlich + 18 Grad Celsius erwärmt hat, was auch zur Entwicklung des menschlichen Lebens auf dem Planeten Erde führte. Seit Beginn der Industrialisierung jedoch hat der Anteil der Spurengase in der Atmosphäre bei CO_2 um 30 Prozent, bei N_2O um 10 Prozent und bei Methan sogar um 120 Prozent zugenommen.

CO_2 hat eine etwa hundertjährige Verweildauer in der Atmosphäre, bevor es abgebaut ist. Es trägt zu über 50 Prozent zu einem anthropogen verstärkten Treibhauseffekt bei (M1, M3). Bei einer weiteren durch den Menschen verursachten Steigerung des CO_2-Anteils gehen die Wissenschaftler von einer fortschreitenden intensiven Erwärmung der Erdatmosphäre aus, was das Leben auf der Erde stark beeinträchtigen könnte. So erhöhen die anhaltenden Brandrodungen in den tropischen Regenwäldern der Erde den CO_2-Gehalt der Atmosphäre und verhindern durch die massenhafte Vernichtung von Pflanzen die Sauerstoffanreicherung durch Fotosynthese.

Auch das rasante globale Bevölkerungswachstum auf der Erde verschärft das CO_2-Problem. Es führt zu einem erhöhten Energie- und Brennstoffverbrauch sowie zu einer stetig ansteigenden Produktion von Nahrungsmitteln. Zur Methananreicherung in der Atmosphäre tragen unter anderem der Nassreisanbau und die Massentierhaltung (Rinder) bei.

Aufgaben

1. Erklären Sie den natürlichen und anthropogen verstärkten Treibhauseffekt und erläutern Sie den Einfluss von Treibhausgasen auf das Erdklima (M1, M2).
2. Erklären Sie die Entstehung des „Ozonlochs“ und recherchieren Sie, weshalb dieses gerade über der Antarktis am schnellsten gewachsen ist. Nennen Sie außerdem die mit der Ausdünnung der Ozonschicht verbundenen Gefahren für das Leben auf der Erde (M4).
3. Erläutern Sie unter Einbeziehung der in Schaubild M5 dargestellten Wirkungszusammenhänge, wie das Bevölkerungswachstum zur Klimaänderung beiträgt.

Ozon in der Atmosphäre – Schutz und Gefahr!

Das dreiatomige Sauerstoff-Molekül O_3 wirkt, je nachdem, in welchem Stockwerk der Atmosphäre es auftritt oder fehlt, lebensfeindlich oder lebensfreundlich.

In den Sommermonaten kommt es immer wieder zu einem Anstieg der Ozonkonzentration in den bodennahen Luftschichten (sogenannter Photosmog). Das für Menschen und auch für anorganische Stoffe schädliche Gas entsteht, wenn eine Vielzahl von Luftschadstoffen (zum Beispiel Autoabgase) sich bei hohen Temperaturen und starker Sonneneinstrahlung mit Luftsauerstoff vermischen.

Die Ozonkonzentration in über 20 Kilometer Höhe schützt vor zu hoher UV-Einstrahlung. Die in den vergangenen Jahrzehnten in großen Mengen emittierten Fluorchlorkohlenwasserstoffe (FCKW) zerstören dort das Ozon. Dies hat zur Bildung eines sogenannten „Ozonlochs" über den polaren Regionen und verstärkter UV-Strahlung geführt. Obwohl die Produktion von FCKW 1987 verboten wurde, wird sich wegen der hohen Verweildauer dieses Gases in der Atmosphäre die Ozonschicht erst 2065 erholt haben. Da durch die Stärke der UV-Strahlung unter anderem auch das Phytoplankton der Meere geschädigt wird, kommt es so auch zu einer Verstärkung des Treibhauseffektes.

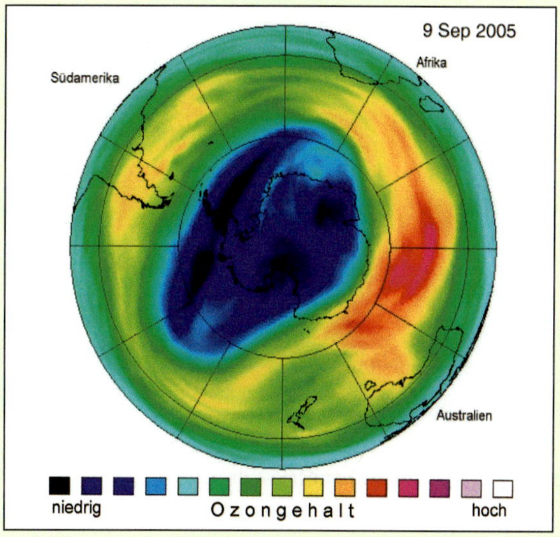

2005 war das „Ozonloch" mit 27,45 Millionen Quadratkilometern so groß wie nie zuvor.

Quelle: Süddeutsche Zeitung, 21./22.10.2006

4 Das „Ozonloch"

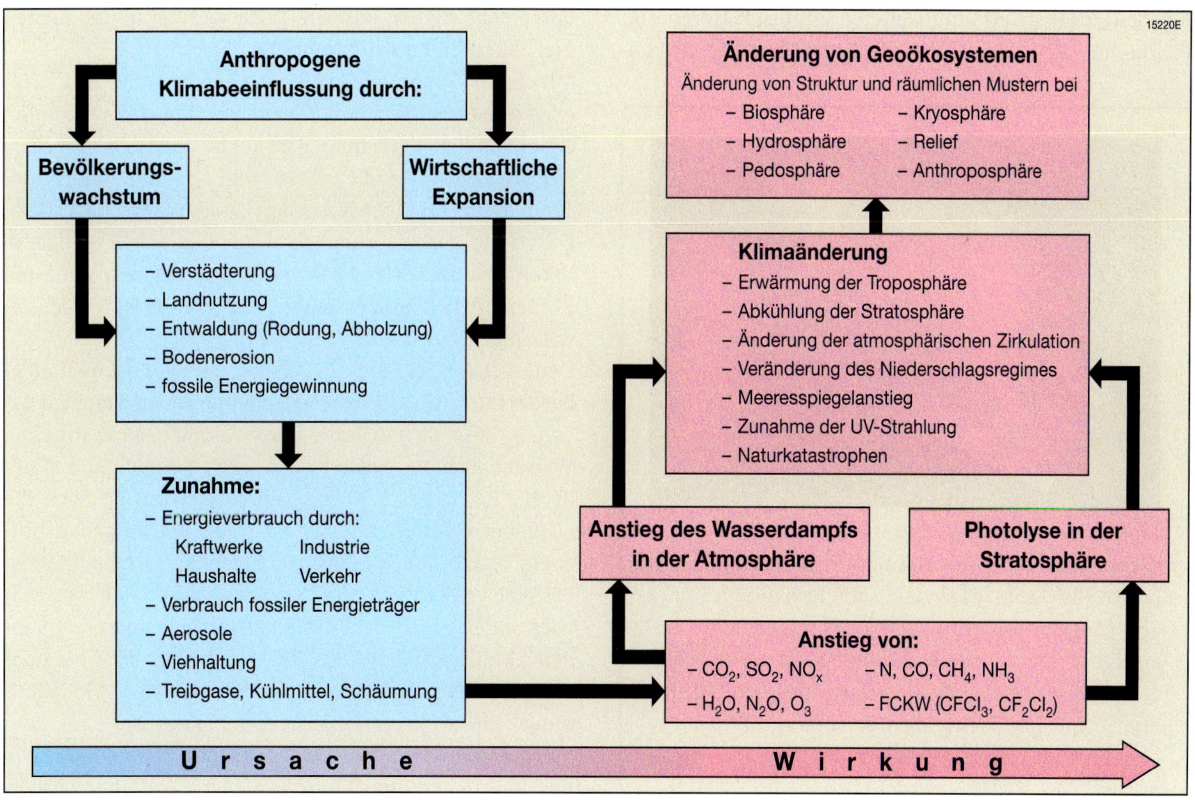

5 Anthropogene Klimabeeinflussung

Die numerische Berechnung von Klimamodellen erfordert eine sehr große Rechenleistung, wie sie von „Supercomputern" wie zum Beispiel dem Earth Simulator in Yokohama bereitgestellt wird.

In der Top-500-Liste lag der Earth Simulator von Juni 2002 bis Juni 2004 mit seiner Leistung als schnellster Rechner der Welt auf Platz 1. Seit Juni 2008 liegt er jedoch „nur" noch an 49. Stelle.

1 Blick in das Rechenzentrum des Earth Simulator, Yokohama (Japan)

Klimamodellsimulationen

Warum Klimamodelle?

Da das Klimasystem äußerst komplex ist, lässt es sich nicht durch einfache Wechselwirkungsbeziehungen beschreiben. Zwar ist die bekannte Temperaturkurve (vgl. S. 150, M1) eine wichtige wissenschaftliche Ausgangsbasis für viele plausible Diskussionsbeiträge, welche die rezente Erwärmung auf steigende Treibhausgaskonzentrationen zurückführen. Ein Beweis für einen kausalen Zusammenhang ist diese Kurve aber nicht, denn der Mensch „konkurriert" mit weiteren Einflussfaktoren und Prozessen, die Klimaschwankungen hervorrufen können (vgl. S. 152-154). Die für die Klimapolitik zentrale Frage, ob der Mensch seit Beginn der Industrialisierung das Klimageschehen dominiert, lässt sich daher auf der Basis einer einzelnen Zeitreihe nicht beantworten. Man braucht deshalb geeignete „Werkzeuge", um Abläufe im Klimasystem möglichst exakt abzubilden und Fragen hinsichtlich der mutmaßlichen anthropogenen Klimaänderung zu beantworten. Die Temperaturentwicklung muss mit und ohne den Einfluss des Menschen, also auch unter alleiniger Berücksichtigung der natürlichen Faktoren, untersucht werden können. Dazu wurden in den letzten drei Jahrzehnten **Klimamodelle** entwickelt.

Mit einem Klimamodell lässt sich am Computer ein virtuelles irdisches Klima simulieren, das auf den bekannten Gesetzmäßigkeiten und Rahmenbedingungen unseres Planeten basiert und Prozesse und Zustände wie Wind, Temperatur und Niederschlag zahlenmäßig ausdrückt. Durch die Verbesserung der Datenlage sowie genauere Kenntnisse des Klimasystems gelingt es den neuesten Klimamodellen immer besser, die komplexen Wechselwirkungen zu simulieren.

Dennoch werden auch in Zukunft alle auf Simulationen beruhenden Klimaprognosen gewisse Schwachstellen haben. So lässt sich z. B. die Entwicklung des ozeanischen Wärmehaushalts bislang noch nicht befriedigend simulieren. Besonders schwierig einzuschätzen ist auch die „Dimmerwirkung" der Aerosole: Die bei Vulkanausbrüchen, Waldbränden oder Staubstürmen hochgewirbelten Partikel reflektieren die Sonnenstrahlen. Sie verursachen damit einen dem Treibhauseffekt entgegenwirkenden „Kühlhauseffekt". Solche und andere positive oder negative Rückkopplungen erschweren die Modellbildung. Ein weiterer Unsicherheitsfaktor ist, dass kein Mensch die technologische, politische, demographische und kulturelle Entwicklung der Welt zuverlässig vorhersagen kann.

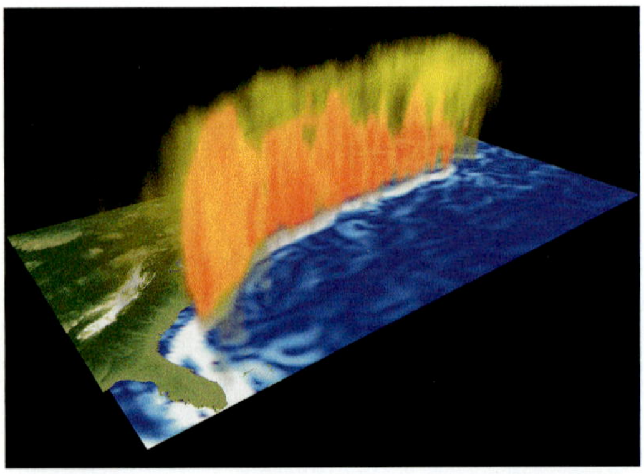

Japanische Klimaforscher belegten durch Satellitenmessungen und Simulationsrechnungen am Earth Simulator, dass der Golfstrom die gesamte Troposphäre bis etwa zwölf Kilometer Höhe beeinflusst. Diese durch Simulationen enstandene 3D-Ansicht zeigt, dass entlang des Golfstroms eine atmosphärische Aufwärtsbewegung zu beobachten ist.

2 Simulation zum Golfstrom

Wie funktionieren Klimamodelle?

Ein Klimamodell ist ein Computer-Modell zur Berechnung und Projektion des Klimas für einen bestimmten Zeitabschnitt. Das Modell basiert in der Regel auf einem Meteorologiemodell, wie es auch zur numerischen Wettervorhersage verwendet wird. Dieses Modell wird jedoch für die Klimamodellierung umfassend erweitert, um alle Größen korrekt abzubilden.

In der Regel werden ein Ozeanmodell, ein Schnee- und Eismodell für die Kryosphäre und ein Vegetationsmodell für die Biosphäre angekoppelt. Mathematisch entsteht dadurch ein gekoppeltes System von nicht-linearen, partiellen und gewöhnlichen Differentialgleichungen sowie algebraischen Gleichungen. Ein Klimamodell besteht aus Hunderttausenden von Gleichungen, wodurch es für die Parameter aus den einzelnen Modellen nun sowohl Bezüge in einem dreidimensionalen Raum als auch zeitliche Verläufe simulieren kann. Die numerische Berechnung dieses Gleichungssystems erfordert allerdings eine sehr große Rechenleistung, wie sie von Supercomputern wie dem Earth Simulator in Yokohama bereitgestellt wird (M1). Dieser Aufwand lohnt sich indes, da...

- ... die Einflussfaktoren sich isoliert betrachten und sich so die Zusammenhänge zwischen Einfluss und Auswirkung im Klimasystem quantitativ erfassen lassen
- ... am Computer sich das Klima schneller als in Echtzeit simulieren lässt; so lassen sich Zeiträume von mehreren Jahrhunderten in wenigen Monaten berechnen.
- ... mithilfe von Klimamodellen sich ein Blick in die klimatische Zukunft der Erde werfen lässt. Es kann beurteilt werden, ob menschliche Aktivitäten zu einer besorgniserregenden Veränderung des Erdklimas führen.
- ... Klimamodelle lückenlose Datensätze produzieren, die keinen Messfehlern unterliegen.

Erstellt werden globale Klimamodelle für die gesamte Troposphäre und regionale Klimamodelle für bestimmte geographische Ausschnitte der Erde. Die derzeit zehn auf unterschiedlicher Auswahl, Gewichtung und Verrechnungsweise der klimawirksamen Faktoren beruhenden „Erdsystem-Modelle" weichen in ihren Ergebnissen kaum voneinander ab. In einer Zusammenschau der derzeit besten Modellrechnungen gibt der 2007 vom IPCC (Intergovernmental Panel on Climate Change) veröffentlichte Sachstandsbericht zum Klimawandel die bis 2100 mögliche Temperaturerhöhung mit einer Spannweite von 1,1 °C bis 6,4 °C an. Die Differenz ergibt sich allein durch die gewählten unterschiedlichen Szenarien (M3).

Aufgaben

1. Erläutern Sie Stärken und Schwächen von Klimamodellen (Text, Fachliteratur).
2. Begründen Sie mithilfe von M3 die Diskrepanz zwischen „best case" und „worst case".

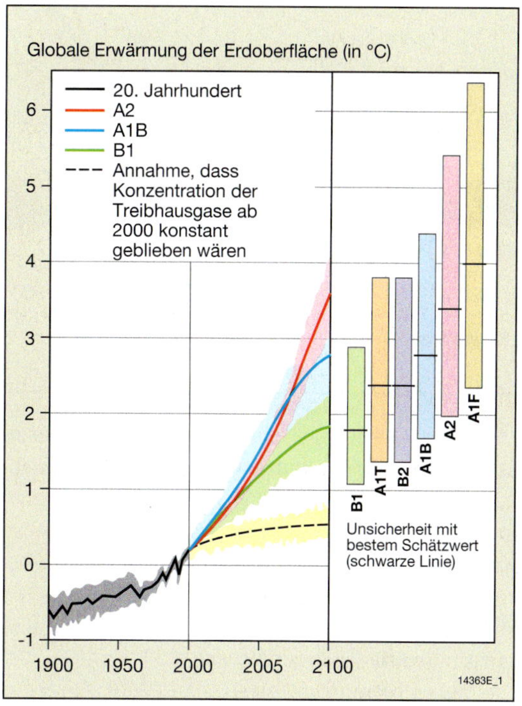

A-Szenarien: Ökonomie zumeist ohne Nachhaltigkeit

A1: starkes Wirtschaftswachstum, basierend auf verschiedenen Energiequellen: intensive Nutzung fossiler (A1F) bzw. nicht fossiler Energieträger (A1T) oder ein Mix aus beiden (A1B); schnelle und effiziente Einführung neuer Technologien; regionale Unterschiede der Einkommen sowie in kultureller und sozialer Hinsicht gleichen sich weitgehend aus; Bevölkerungsentwicklung erreicht um 2050 ihr Maximum

A2: sehr heterogene Entwicklung; Weltbevölkerung wächst stetig; die Entwicklung der Wirtschaft, des technologischen Fortschritts und der Einkommen driften weiter auseinander; der weltweite Fortschritt ist insgesamt langsam

B-Szenarien: Nachhaltige Ökonomie

B1: Bevölkerungsentwicklung wie in A1; schneller globaler Wandel zu einer Dienstleistungs- und Informationsökonomie mit Reduktion des Ressourcen- und Energieeinsatzes durch intelligente Technologien und nachhaltige Prinzipien; soziales Gleichgewicht und globale Gerechtigkeit steigen

B2: Weltbevölkerung steigt, aber langsamer als in A2; technologischer Wandel, wirtschaftliche und politische Entwicklung regional sehr unterschiedlich und insgesamt langsam; Energiebasis gemischt

3 Globale Szenarien nach IPCC 2007

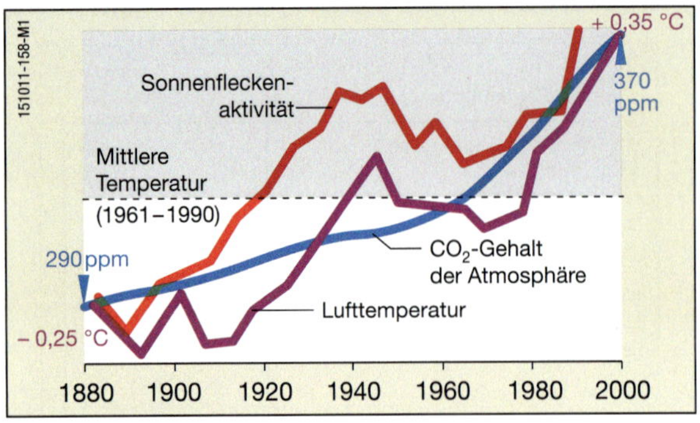

1 Klimatrends

„Seit die Möglichkeit einer menschlichen Beeinflussung des Klimas durch die Emission von Treibhausgasen (insbesondere CO_2) in den 1970er-Jahren in die Diskussion gebracht worden ist, gibt es Befürworter und Gegner dieser Vorstellung. Insbesondere im letzten Jahrzehnt sind eine Vielzahl von Forschungsarbeiten in diesem Bereich gemacht und in Fachkreisen diskutiert worden. [...]
Die Weltmeteorologie-Organisation (WMO) und das Umweltprogramm der UNO (UNEP) haben [...] das Intergovernmental Panel on Climate Change, IPCC, ins Leben gerufen, welches alle 5 bis 6 Jahre den aktuellen Stand des Wissens zum Thema Klimaänderung in einem Bericht zusammenfasst. [...]
Dieses in der Wissenschaft einmalige und in Fachkreisen breit abgestützte Gremium hat im letzten Bericht aufgrund der zahlreichen wissenschaftlichen Arbeiten und Indizien [...] festgestellt: „Unter Berücksichtigung der verbleibenden Unsicherheiten ist der Großteil der beobachteten Erwärmung im Verlaufe der letzten 50 Jahre wahrscheinlich auf die steigenden Treibhausgaskonzentrationen zurückzuführen".
Wie die verwendeten Ausdrücke „Unsicherheiten" und „wahrscheinlich" zeigen, ist es [...] nicht möglich, einen menschlichen Einfluss auf das Klima zu „beweisen". Das Klimasystem ist viel zu komplex, als dass ein eindeutiger Beweis überhaupt möglich wäre. Ebenso wenig lässt sich jedoch beweisen, dass der Mensch keinen Einfluss auf das Klima hat. Eine Zuordnung von Veränderungen im Klimasystem zu den verschiedenen Einflussfaktoren ist deshalb nur aufgrund von Indizien möglich. Nach heutigem Kenntnisstand spricht die überwiegende Zahl der Indizien für einen erheblichen Einfluss der anthropogenen Emissionen."

Quelle: www.umweltbundesamt.de, 10.07.2008

2 Das Umweltbundesamt zum Thema Klimawandel

Der anthropogene Anteil am Klimawandel in der Diskussion

Die Trendskeptiker:
Sie bestreiten, dass eine Klimaerwärmung überhaupt stattfindet. Den Erwärmungstrend in den Messdaten der Wetterstationen halten sie für einen Artefakt, der durch die Verstädterung um die Stationen herum entstanden ist (urban heat island effect).
Die Ursachenskeptiker:
Sie akzeptieren zwar die beobachteten Erwärmungstrends, sehen aber natürliche Ursachen dafür. Die meisten Ursachenskeptiker bezweifeln nicht, dass der Mensch für den CO_2-Trend, wohl aber, dass er für den Erwärmungstrend verantwortlich ist. Als Ursachen für die Erwärmung sehen sie Änderungen der Sonnenaktivität und/oder der kosmischen Strahlung an. Ein zweites Argument dieser Gruppe besteht in der Ansicht, dass die Reaktion des Klimasystems schwächer ausfällt, weil negative Rückkopplungen die Erwärmung abschwächen (etwa durch Bildung zusätzlicher Wolken). Einige Ursachenskeptiker bestreiten, dass der Mensch für den Anstieg des CO_2 verantwortlich ist. Ihrer Meinung nach wurde das CO_2 in der Atmosphäre durch natürliche Prozesse aus dem Ozean freigesetzt.
Die Folgenskeptiker:
Sie halten die globale Erwärmung für harmlos oder sogar für günstig. So betonen sie als mögliche positive Folge etwa die Ausdehnung der Landwirtschaft in höhere Breitengrade.

3 „Klimaskeptiker" und ihre Argumente

„Neben den Sachargumenten, die natürlich immer im Vordergrund stehen sollten, ist zum Verständnis des Phänomens „Klimaskeptiker" auch ein Blick auf deren Hintergründe hilfreich. Die drei Archetypen der „Klimaskeptiker" sind der bezahlte Lobbyist (vor allem die Kohleindustrie kämpft gegen Emissionsreduktionen), der Don Quichote (emotional engagierte Laien, häufig Pensionäre, auch einige Journalisten sind darunter...) und der exzentrische Wissenschaftler... Alle drei Gruppen agieren dabei wie Lobbyisten: Aus tausend Forschungsergebnissen werden die drei herausgesucht und präsentiert, welche die eigene Position stützen – notfalls auch mit einer großzügigen Auslegung."

Quelle: Rahmstorf, S. (2005), gekürzt

4 Meinung eines deutschen Klimaforschers

Methode

Durchführung einer Diskussion

„Nicht jeder Streit ist eine Diskussion, aber ohne Streitpunkt auch keine Diskussion!“

Eine Diskussion ist ein sachbezogenes, Alternativen abwägendes und ergebnisoffenes Gespräch. Unter Einhaltung von Gesprächsregeln werden gegensätzliche Standpunkte und Argumente ausgetauscht. Dabei können folgende Diskussionsformen unterschieden werden:

- Gruppendiskussion: Diskussion eines Themas innerhalb einer nicht zu großen Gruppe;
- Plenumsdiskussion: Darstellung unterschiedlicher Sichtweisen zu einem Thema mit anschließender Diskussion im Plenum (Diskussionsbeiträge der Zuhörer);
- Debatte: Kontroverses Gespräch, bei dem die Beteiligten versuchen, die Zuhörer von ihrer Ansicht zu überzeugen, indem sie argumentativ den gegnerischen Standpunkt zu erschüttern versuchen. Die Debatte erfolgt nach festgelegten Regeln.
- Podiumsdiskussion: Ein Thema wird von Experten kontrovers diskutiert. Eine solche Diskussion erfordert einen Moderator, Experten sowie ein Publikum.

Moderator: stellt die Teilnehmer kurz vor, leitet die Diskussion, ist für das Einhalten der Gesprächsregeln und der Redezeiten verantwortlich, bindet eventuell das Publikum in die Diskussion ein und versucht am Ende der Diskussion eine Zusammenfassung der Diskussionsergebnisse (M5).

Diskussionsklima	
- Ablehnung	- Akzeptanz
- Konfrontation	- Kooperation
- Manipulation	- Meinungsbildung
- Aggression	- Annäherung

151011-157-M6

6 Diskussionsklima

Experten: sind Repräsentanten bestimmter gesellschaftlicher Gruppen. Als Interessenvertreter vertreten sie ihre Meinung oft einseitig.
Publikum: kann je nach Vereinbarung Fragen an die Experten entweder während der Diskussion oder in einer abschließenden Diskussionsrunde stellen.

Da alle Beteiligten Sachkompetenz benötigen, um die Argumente überzeugend zu vertreten, ist eine vorgeschaltete Arbeitsphase nötig: Quellenstudium (Lehrbuch, Fachliteratur, Internet, Presse) und Übungsphasen (Referate, Gruppenarbeit zu Teilthemen). Jede Diskussion sollte einen „kontrollierten Dialog“ darstellen, der durch aktives Zuhören, durch konstruktive Beiträge sowie durch ein kooperatives Verhalten gekennzeichnet ist. Es gilt, Konfrontationen zu vermeiden (M6).

Aufgabe

Setzen Sie sich in einer Diskussion mit den verschiedenen Ansichten zum anthropogenen Anteil am Klimawandel auseinander (S. 150–158 und Fachliteratur).

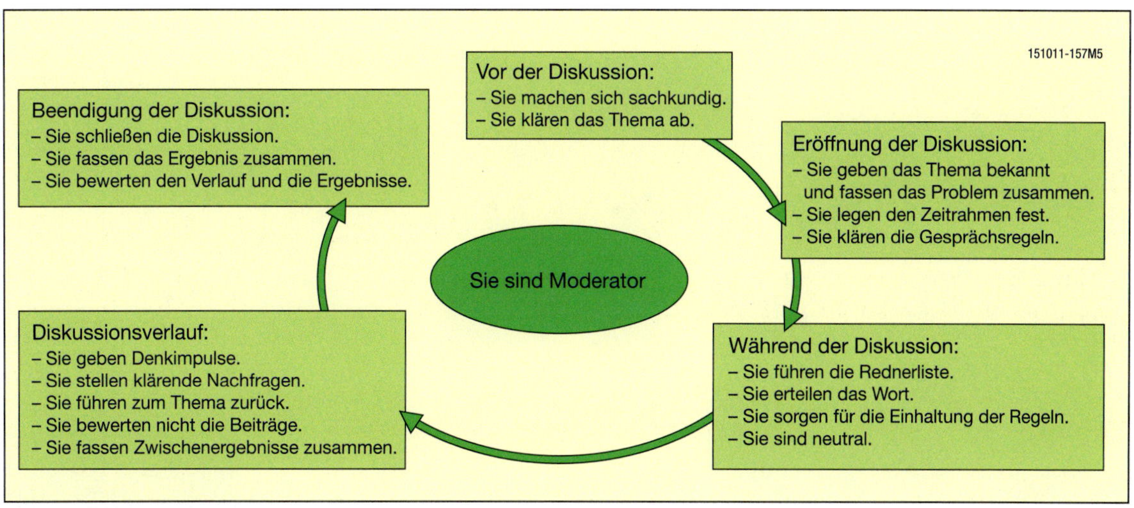

5 Moderationsschema

Mögliche Folgen des Klimawandels

Überblick – Globale Folgen der Klimaerwärmung

So lange das tatsächliche Ausmaß der Erwärmung noch nicht feststeht, ist es schwierig, die Folgen einer Klimaänderung abzuschätzen. Die ständige Ausweitung der Datenbasis und die immense Leistungssteigerung der Datenverarbeitung ermöglichen jedoch mittlerweile annähernde Aussagen. Dabei kommen alle Simulationen für den ungünstigsten Fall der ungebremsten Entwicklung des anthropogenen Treibhauseffekts übereinstimmend zu folgenden zentralen Aussagen:

Ozeane: Sie absorbieren einen großen Teil der CO_2-Emissionen und bremsen damit den Treibhauseffekt. Die bei der Lösung von CO_2 im Wasser entstehende Kohlensäure führt aber zu einer zunehmenden Versauerung der Meere. Der dadurch reduzierte Kalkgehalt bedeutet eine Gefahr für marine Organismen, die zum Aufbau ihrer Skelette und Schalen Kalk aus dem Meerwasser benötigen. Durch die Abschwächung von Gegensätzen im Rahmen der thermohalinen Zirkulation werden sich Meeresströmungen verändern, was Rückkopplungen mit dem Klima ganzer Erdteile zur Folge haben kann.

Tropen: Wegen der stärkeren Verdunstung wird die Luft über den tropischen Meeren feuchter. In Savannen- und Monsungebieten regnet es daher mehr. Tropische Wirbelstürme werden häufiger auftreten, da in immer mehr Meeresregionen die für ihre Bildung erforderlichen 26,5 °C Oberflächentemperatur vorliegen.

Mittlere Breiten: Da sich der Temperaturgegensatz zwischen Äquator und Polarregionen insgesamt abschwächt, werden die mittleren Breiten weniger zyklonal beeinflusst, also weniger wechselhaft. „Reste“ der vermehrt auftretenden tropischen Wirbelstürme können jedoch in die Westwindzone einscheren und Mitteleuropa erreichen. Durch die polwärtige Ausdehnung des Subtropenhochs werden die mittleren Breiten, insbesondere die mediterranen Gebiete Europas, aber insgesamt arider.

Polargebiete: Hier überwiegen aufgrund kalter Oberflächen stabile Luftschichtungen. Eine relative Erwärmung wirkt sich daher unmittelbar in Bodennähe aus, wodurch die arktischen Meereisflächen zu schmelzen beginnen. Schwindet diese Eisschicht, wird der Seegang größer und die arktischen Küsten unterliegen stärkerer Erosion. Außerdem sinkt die Albedo, wodurch die Eismassen schneller schmelzen. Schließlich werden auch Teile des Dauerfrostbodens in den subpolaren Gebieten auftauen, was große Mengen des bisher im Boden eingefrorenen Methans freisetzt. Auch dadurch verstärkt sich der Treibhauseffekt für die Arktis (negative Rückkopplung). Aufgrund der größeren Schnee- und Eismassen werden die Auswirkungen in der Antarktis zunächst nicht so gravierend wie in der Arktis sein.

Weitere Auswirkungen: Verschiebung der Vegetationszonen; Aussterben von Tier- und Pflanzenarten; Wasserversorgungsprobleme in austrocknenden Regionen; Abschmelzen von Gletschern und Zunahme von Überschwemmungen; Meeresspiegelanstieg ... (M1).

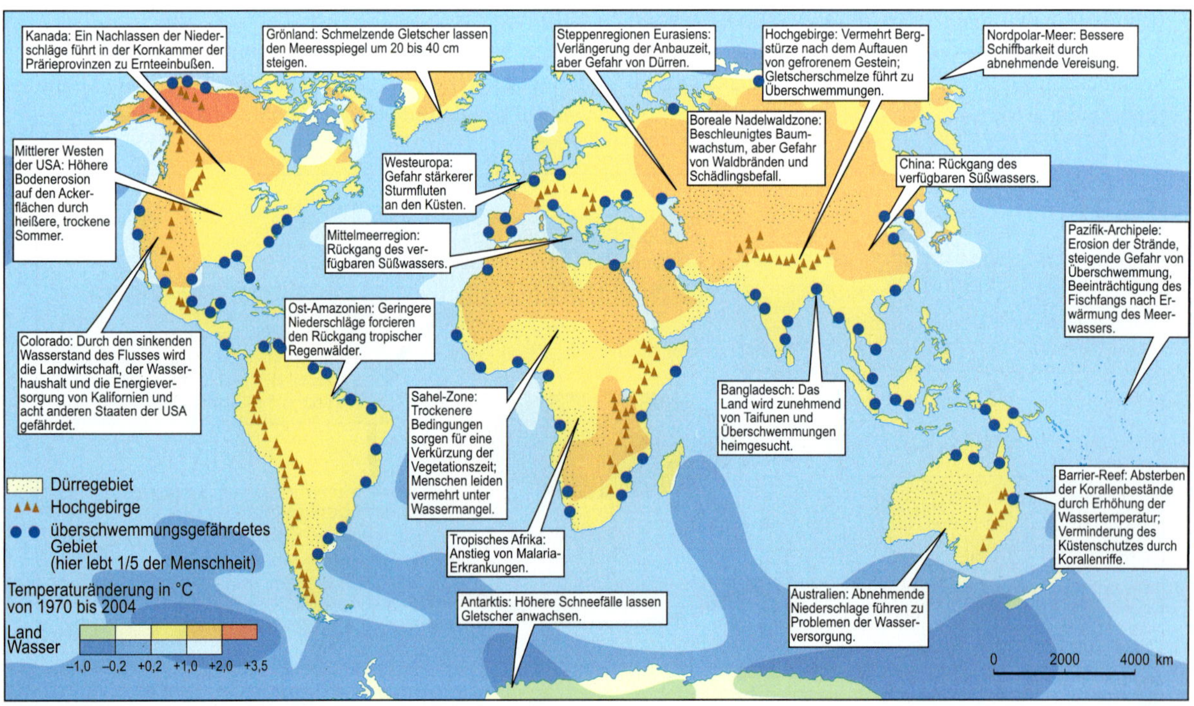

1 Mögliche Auswirkungen des Klimawandels im Laufe des 21. Jhd. (nach IPCC-Bericht 2007)

Regionale Folgen – Raumbeispiel: Deutschland

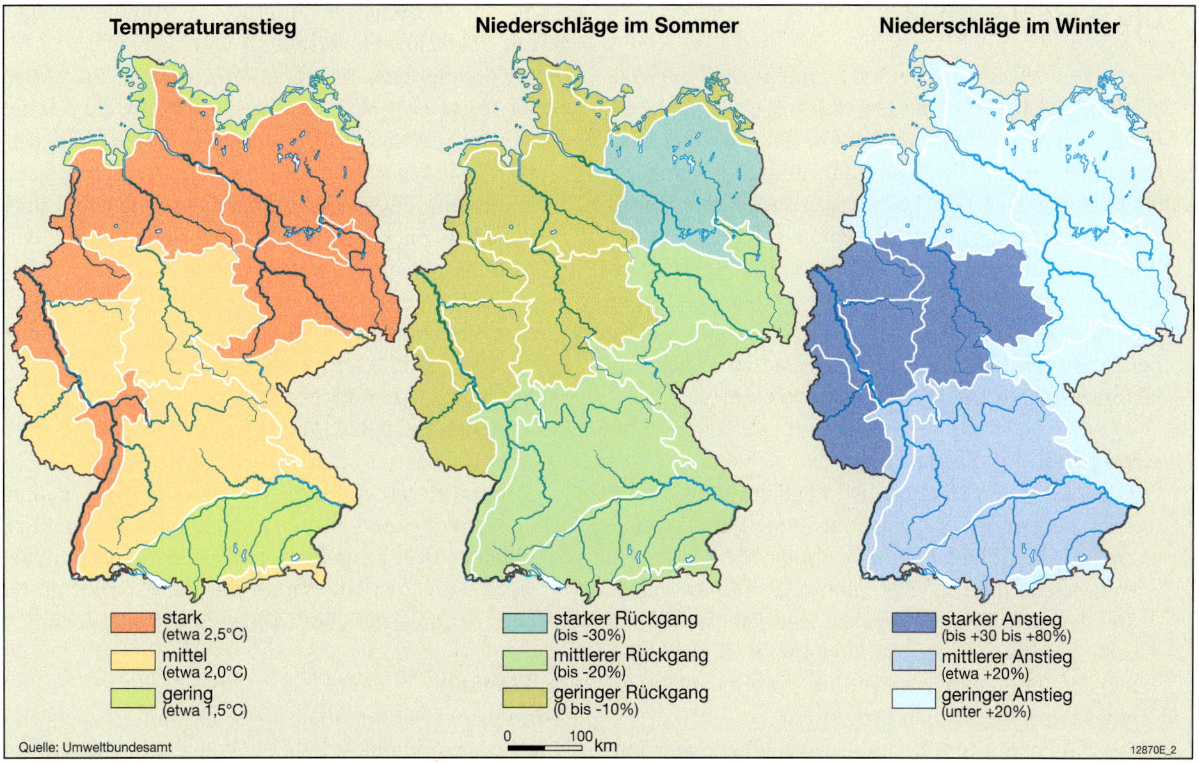

2 Mögliche Änderungen der Temperatur und der Niederschläge in Deutschland

Aufgaben

1. Erläutern Sie die Auswirkungen einer Klimaerwärmung für Bayern (M2, M3).
2. Erklären Sie folgende These mithilfe von M2 und M3: Ein erhöhtes Risiko für Waldbrände und Gesundheitsgefahren für die Bevölkerung gehören zu den erwarteten Klimafolgen in Deutschland.
3. Im Film „The day after tomorrow" wird ein Szenario entwickelt, welches das Versiegen des Golfstroms im Zusammenhang mit dem Klimawandel demonstriert. Diskutieren Sie die Hintergründe sowie die dadurch bedingten Auswirkungen auf Europa (Fachliteratur oder z.B. Recherche im Spiegel-Online-Archiv).

Wetterelement	Erwartete Änderung	Verlässlichkeit	Auswirkungen
Temperatur	1,7 Grad wärmer als 1900, v. a. Winter und Nächte wärmer	sehr gut	früher Pflanzenaustrieb, vermehrter Hitzestress, Rückgang des Permafrostes in den Alpen (vermehrt Felsstürze)
Hitzeperioden	häufiger, stärker	sehr gut	hohe Gesundheitsbelastung und Stress für die Biosphäre, mehr Waldbrände
Alpengletscher	60 % Flächen- und 80 % Massenverlust	sehr gut	extreme Abflussschwankungen
Meeresspiegelanstieg	ca. 10 cm gegenüber heute	sehr gut	Gefährdung der Nord- und Ostseeküste
Niederschlag	Sommer trockener, Herbst und Winter nasser mit mehr Regen statt Schnee, Ergiebigkeit von Einzelereignissen deutlich höher als bekannt	gut	erhöhte Überschwemmungsgefahr
Trocken- bzw. Dürreperioden	häufiger	befriedigend	Land- und Energiewirtschaft sowie Binnenschifffahrt betroffen, erhöhtes Waldbrandrisiko
Gewitter	intensiver	befriedigend	erhöhtes Risiko durch Starkregen, Hagel und Sturmböen
Blitze	viel häufiger	gut	erhöhte Schäden
Tornados	häufiger	gering	erhöhte Schäden
Sturmfluten	bis zu 20 cm auflaufend	gut	stärkere Gefährdung der Nordseeküste
Außertropische (Winter-) Stürme	Tendenz zu heftigeren, evtl. weniger Stürmen bei veränderten Zugbahnen	unsicher	erhebliches Schadensrisiko

3 Erwartete Folgen des Klimawandels für Deutschland bis 2040 (Quelle: Deutsche Meteorologische Gesellschaft)

Methode

Die Projektmethode

Die Arbeit an einem „Projekt“ ermöglicht eine vielschichtige selbstständige Erforschung eines Themenfeldes – z.B. des Klimawandels. Da Projekte eine längere Planungs- und Durchführungszeit beanspruchen, sind Teamarbeit, Selbstorganisation und Selbstverantwortung grundlegende Voraussetzungen (M4). Projekte sollten einen engen Bezug zur Praxis besitzen und verschiedene Sachgebiete themenbezogen miteinander vernetzen. Das fächerübergreifende Arbeiten ist von daher ein wichtiges Merkmal des Projektunterrichts (interdisziplinäre Projekte).

1. Vorbereitung, Zielsetzung

Diskutieren Sie im Plenum über mögliche Ziele und Interessen, entwerfen Sie zusammen eine Projektidee:

- Im Aufgabenblock (S. 163) finden Sie diejenigen Folgeerscheinungen des globalen Klimawandels, die der Lehrplan für die 11. Jahrgangsstufe zur projektbezogenen Bearbeitung angibt. Entscheiden Sie sich im Plenum je nach Ihrer Interessenlage für eines der angegebenen Projektthemen.
- Zur Sammlung und Koordinierung inhaltlicher Einzelaspekte des Projektthemas können Techniken wie Brainstorming oder Mindmapping (vgl. S. 142) hilfreich sein. Alle Aspekte werden gesammelt und in einfacher Form festgehalten. Bei einer Mindmap steht in der Mitte die Frage/das Thema, von welchem aus Hauptäste gezogen werden, an die sich Unterthemen und Fragestellungen anbauen lassen. So entsteht auf relativ schnelle und für alle überschaubare Weise eine Übersicht. Mithilfe der Moderationstechnik Kartenabfrage (M1) kann erreicht werden, dass dieser Schritt zugleich dokumentiert wird. Bei dieser Visualisierungsmethode schreibt jeder Schüler im Zusammenhang mit einer Fragestellung des Projekts seine Ideen auf Karten, die dann an der Wand (Tafel) fixiert werden. Anschließend werden die Karten nach Themen gruppiert und die Gruppen mit Überschriften versehen (= „clustern“).
- Ein Schüler bzw. eine Schülerin wird als Projektleiter festgelegt (M3). Dieser übernimmt die Verantwortung für das Projekt und leitet die Planung, d.h. koordiniert, kontrolliert und steuert. Der Projektleiter kann entweder von der Lehrkraft oder durch Vorschlag oder Abstimmung innerhalb des Schülerplenums bestimmt werden. Bei der Projektleitung ist auch eine Rotation denkbar. Die Lehrkraft steht dem Projektleiter als kompetenter und vermittelnder Experte in allen Phasen zur Seite.
- In die Phase der Vorbereitung fällt auch die Einteilung der Gruppen. Verschiedene Gruppen sollten sich auf zentrale Einzelaspekte des Projektthemas „spezialisieren“. Innerhalb Ihrer Gruppe sollten Sie anschließend weitere Ideen für ein inhaltlich arbeitsteiliges Vorgehen entwickeln. Es ist sinnvoll, wenn Aufgaben wie „Hüter der Zeit“, Schriftführer oder Gruppensprecher frühzeitig verteilt werden.

2. Planung

Formulieren Sie innerhalb der einzelnen Gruppen Ihr Projektziel und entwickeln Sie einen Arbeitsplan:

- Halten Sie fest, welche Aktivitäten (Informationen, Recherchen, Materialien...) notwendig sind. Erarbeiten Sie einen Zeitrahmen und stellen Sie diesen z.B. mithilfe eines Balkendiagrammes (M2) graphisch dar. Die Aufgaben der einzelnen Gruppenmitglieder können auch schriftlich fixiert werden.
- Die Zielformulierung hat auch die Funktion und Wirkung einer verbindlichen Abmachung, vor allem innerhalb der Arbeitsgruppe und evtl. auch mit dem Plenum und/oder der Projektleitung. Sie kann deshalb nur gemeinsam verändert werden. Im Laufe des Arbeitsprozesses können sich die Ziele ändern. Die Gruppenziele werden formuliert und z.B. in Plakatform an die Wand gehängt, wo sie jederzeit einer neuen Situation angepasst werden können.

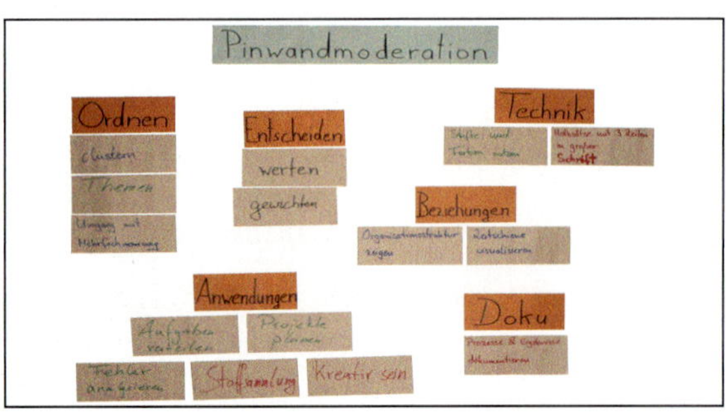

1 Moderationsmethoden (Kartenabfrage, Clustern)

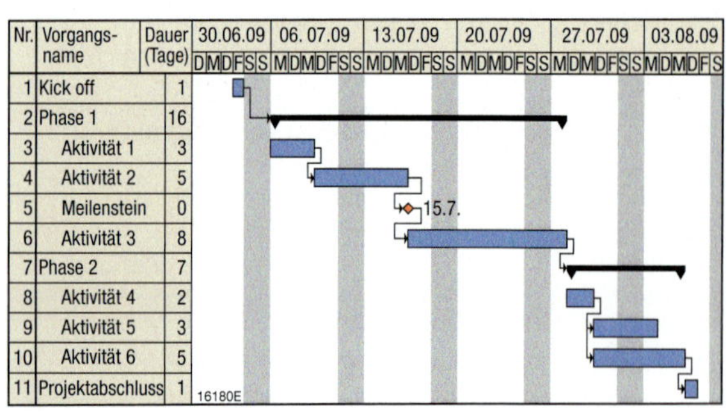

2 Balkendiagramm

3. Ausführung, Erarbeitung

In arbeitsteiliger Gruppenarbeit geht es nun um die Umsetzung des Arbeitsplans:

- Der Projektleiter muss darauf achten, dass die Teams sich regelmäßig treffen und nach festen Regeln kommunizieren. Er muss sich außerdem einen Überblick über den „Stand der Dinge" in den einzelnen Teams verschaffen. Bei Diskussionen über auftretende Probleme erfüllt er wichtige Funktionen (M3).
- Sinnvoll sind Gruppensitzungen zu Beginn der Projekttage, um die einzelnen Arbeitsabläufe zu besprechen. Planen Sie auch außerunterrichtliche Sitzungen ein, um organisatorische oder inhaltliche Probleme zu klären. Solche „Fixpunkte" können auch durch Zwischenberichte oder Exkursionen gestaltet und bereichert werden. Über den Fortschritt des Projekts fertigen die Teams kurze Protokolle an.

4. Präsentation

Überlegen Sie sich eine geeignete Präsentationsform für Ihre Arbeitsergebnisse:

- Die Präsentationen müssen sorgfältig vorbereitet werden, weil sie als „Produkt" ein wesentlicher Teil des Projektprozesses sind. Im Gegensatz zum traditionellen Unterricht geht es beim Projektunterricht darum, Ergebnisse zu produzieren, die über den eigenen Wissenszuwachs hinaus auch Mitteilungswert für andere haben. Diese „Öffentlichkeit" kann z. B. in Eltern, außerschulischen Partnern, Mitschülern der gleichen Jahrgangsstufe oder der Unter- oder Mittelstufe bestehen. Sollten Sie Ihr Produkt auf die letztgenannte Zielgruppe ausrichten, erfordert dies eine altersgemäße Aufbereitung Ihrer Ergebnisse.
- Die Möglichkeiten der Präsentation sind vielfältig: Folien, PowerPoint gestützte Vorträge, die Erstellung einer CD, Plakate in der Aula der Schule (Besucher durch Ausstellung führen!), Videoaufzeichnungen, Experimente, Objekte/Modelle, Internetpräsenz.
- Als Grundlage der Öffentlichkeitsarbeit für die Schule kann außerdem eine interne und externe Dokumentation der Projektergebnisse erfolgen: Intern z. B.: Schwarzes Brett, Bibliothek, Chronik, Schülerzeitung, Fachsitzung der jeweiligen Fachschaft, Lehrerkonferenz, Durchsage, Abschlussbericht an den Elternbeirat; Extern z. B.: Jahresbericht, Zeitung, Einreichung für Wettbewerb, Schulhomepage

5. Auswertung und Beurteilung, Reflexion

Diskutieren Sie das Ergebnis und die Durchführung des Projekts (= Evaluation), holen Sie Feedbacks ein:

- Die Auswertung des Projekts ist unabdingbar für die Weiterentwicklung der Qualität zukünftiger Projekte. Die formulierten Ziele werden auf Basis gesammelter Daten überprüft und daraus Konsequenzen gezogen.
- Das Projekt ist nach folgenden Fragen zu beurteilen bzw. zu reflektieren: Haben wir unsere Ziele erreicht? Wo traten Probleme auf? Was ist gut gelaufen? Was lernen wir für zukünftige Projekte?
- Ein wirksames Mittel zur Beeinflussung des Verhaltens der Projektteilnehmer ist das Feedback. Es kann sowohl durch Externe als auch durch die Lehrkraft oder durch Schüler untereinander im Rahmen eines Gesprächs erfolgen.

Aufgabe

Untersuchen Sie projektbezogen unter Einbeziehung aktueller Forschungsergebnisse eine der Folgeerscheinungen des globalen Klimawandels:

- das Abschmelzen von Inlandeismassen oder Gletschern,
- das Auftauen des Permafrostbodens,
- die Zunahme von Wirbelstürmen,
- die Zunahme von Hochwasserereignissen,
- den Anstieg des Meeresspiegels.

Erfassen Sie das globale Ausmaß und die regionale Differenzierung der jeweiligen Folgeerscheinung, stellen Sie die Ergebnisse anschaulich dar und bewerten Sie diese.

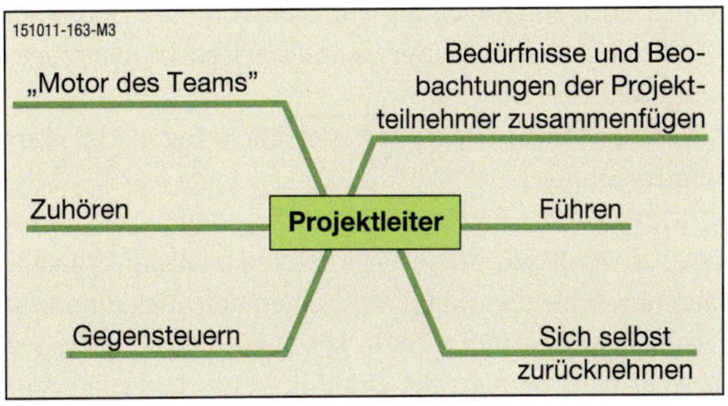

3 Funktionen eines Projektleiters

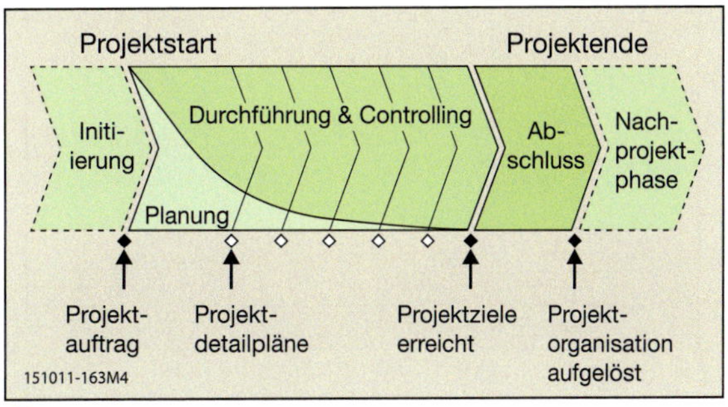

4 Checkliste Projektablauf

1 Vernagtferner von der Kreuzspitze – Vergleich der Gletscherstände

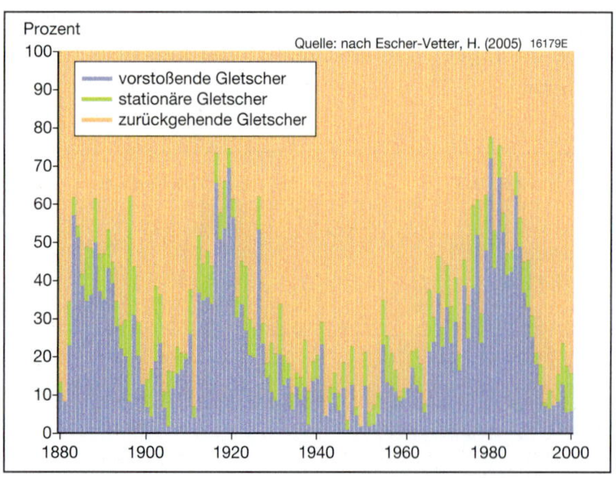

2 Prozentanteile der Gletscherbewegungen in den Schweizer Alpen zwischen 1880 und 2000

Ideen zu einem Projektthema: „Veränderungen im hochalpinen Raum – Folgeerscheinungen des rezenten Klimawandels?"

Initiierung und Projektauftrag

Die Veränderungen von Gletschern eignen sich in besonderem Maße für ein Projekt zum Thema „Klimawandel": Zum einen leitet man weltweit „Schlüsselbotschaften" für Klimabeobachtungen daraus ab; zum anderen werden Gletscher schon seit der Mitte des 19. Jahrhunderts systematisch erforscht, sodass die Materiallage hervorragend ist (M1). Das davon abzuleitende Faktum des Gletscherabschmelzens ist eindeutig und augenscheinlich. Komplexer gestaltet sich dagegen die Frage nach den Ursachen des Abschmelzens vieler Gletscher. In der Fachliteratur wird beispielsweise darauf hingewiesen, dass der Gletscherschwund nach 1850 im Kontext des Endes der „Kleinen Eiszeit" zu sehen ist. Außerdem weisen die skandinavischen meerzugewandten Gletscher durchaus positive Massenbilanzen auf. Und auch die jährlich erfassten Zungenänderungen von etwa 100 Gletschern in den Schweizer Alpen seit 1880 zeigen eine große Anzahl vorstoßender Gletscher zwischen 1965 und 1985 (M2). Aus diesen Gründen wurde das Projektthema mit einem Fragezeichen am Ende versehen. Die Frage, ob der Gletscherschwund und andere Veränderungen im hochalpinen Raum auf den derzeitigen Klimawandel zurückzuführen ist, soll im Projekt durch die Gegenüberstellung wissenschaftlicher Hypothesen problematisiert werden.

Mögliche Einzelaspekte zum Projektthema

Die inhaltlichen Ansatzpunkte für die einzelnen Arbeitsgruppen sind beim vorliegenden Thema vielfältig. M3 und M4 zeigen ein Spektrum von Möglichkeiten.
Zu untersuchende Teilaspekte im Hinblick auf die Kryosphärenelemente (M3) sind zum Beispiel:

- das Verhalten der Gletscher bzw. deren Massenbilanzen während der großen und kleinen Eiszeiten (evtl. zunächst auf die Alpengletscher beschränkt, anschließend eine Untersuchung mit globalem Blickwinkel) sowie eine Recherche über die bis in die letzten Jahrzehnte hineinreichenden Schwankungen der Gletscher,
- eine Ursachenforschung hinsichtlich der höheren Akkumulationsraten der skandinavischen meerzugewandten Gletscher,
- Untersuchungen über Auftauerscheinungen des Permafrostbodens.

Der Klimawandel im Hochgebirge ist zudem ein Lehrbeispiel für die Reaktion von vernetzten Mensch-Umwelt-systemen und die damit einhergehende Veränderung unserer Lebensgrundlagen. In M4 werden entsprechende Vernetzungen gezeigt; die Graphik kann daher als Entscheidungshilfe dienen, mit welchen Aspekten sich die Teilgruppen in diesem Rahmen beschäftigen könnten.

Schnee, Gletscher und Permafrost prägen die Hochgebirge, haben jedoch unterschiedliche Eigenschaften und Funktionen in alpinen Ökosystemen. Ihre Veränderungen wirken sich bei einem Klimawandel unterschiedlich aus. Einige Beispiele: *Schnee:* Zukunftstrends können wegen der Abhängigkeit von kurzfristigen Wetterabläufen nur schwer eingeschätzt werden. Wichtig ist, dass Schnee im Sommer die Gletscher in den höheren Lagen vor dem Abschmelzen und den Permafrost vor der Überhitzung schützt. Ein atmosphärischer Temperaturanstieg könnte die Sommerschneefälle verringern und den Gletscherschwund verstärken.

Permafrost: Das Tauen des Permafrostes bis in tiefere Schichten ist zwar ein Jahrhunderte dauernder Prozess, trotzdem wird bei anhaltender Klimaerwärmung der Untergrund auftauen, wodurch der Zusammenhalt der gefrorenen Schutt/Eis-Gemische verloren geht.

Gletscher: Im 20. Jahrhundert haben die meisten Gletscher der Erde an Fläche, Länge und Volumen verloren. Dieser Gletscherschwund gilt als deutliches Zeichen für eine globale und schnelle Klimaänderung. Sowohl die Gletscher wie auch der Permafrost hängen stark von der zukünftigen Entwicklung der Schneefälle mit ihren Unberechenbarkeiten ab.

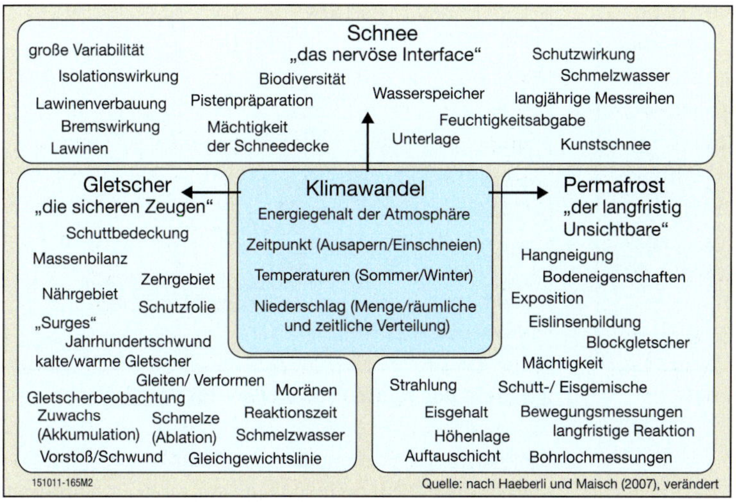

3 **Inhaltliche Ansatzpunkte für Arbeitsgruppen zu den Kryosphärenelementen**

Die Wechselwirkungen zwischen Mensch und Natur und ihre Wirkungen auf die Lebensräume in den Hochgebirgen sind hier im Zusammenhang mit den durch den Klimawandel zu erwartenden Veränderungen veranschaulicht. Einige Beispiele: Da Gletscher im wärmer werdenden Klima schnell verschwinden, die Vegetation ihnen aber langsamer nachfolgt, muss mit erhöhtem Abtrag auf den eisfreien und tief auftauenden Schuttflächen gerechnet werden. Bei Hangneigungen über 25° bilden sich Murgänge mit großem Zerstörungspotenzial. Mit dem Verlust von Permafrost in Felswänden steigt die Wahrscheinlichkeit von Fels- und Bergsturzereignissen. Auch die ausgleichende Wirkung der Hochgebirge auf den Wasserkreislauf wird mit steigender Temperatur reduziert: Wenn in immer größeren Höhen Regen statt Schnee fällt, kommt dieser sofort zum Abfluss und erhöht die Spitzenabflüsse. Der Wintertourismus wird in den Tallagen schwieriger, in der Höhe steigt dafür der Andrang. Die Produktion von Kunstschnee und Gletscherabdeckungen mit Schutzfolien breiten sich rasch aus und zeigen, wie die Probleme mit den Temperaturen, aber auch mit den immer höher werdenden Ansprüchen der Kunden steigen.

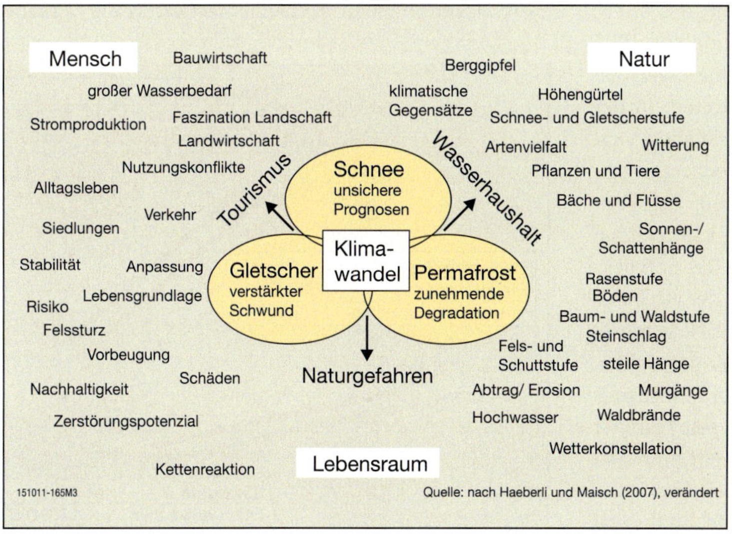

4 **Inhaltliche Ansatzpunkte für Arbeitsgruppen zu den Zusammenhängen Mensch – Natur – Lebensraum**

„Das Klima auf der Erde ändert sich. Dieser Wandel ist durch menschliches Handeln ausgelöst worden. Es herrscht in der Wissenschaft Einigkeit, dass einem gefährlichen Klimawandel in zweierlei Weise begegnet werden muss. [...]
Zum einen muss alles daran gesetzt werden, den Ausstoß von Treibhausgasen zu verringern oder besser ganz zu vermeiden (engl. „mitigation” = Ursachenbekämpfung). Da die globale Erwärmung aber schon im Gange ist und sich allenfalls eindämmen [...] lässt, müssen wir uns auch an die Folgen des Klimawandels so gut es geht anpassen (engl. „adaption“ = Anpassung an die Folgen). Bei diesem Umbruch von epochaler Dimension geht es darum, [...] das Unbeherrschbare zu vermeiden und das Unvermeidbare zu beherrschen.“

Quelle: Endlicher, W. (2007)

1 Ein Klimaforscher zum Thema Klimawandel

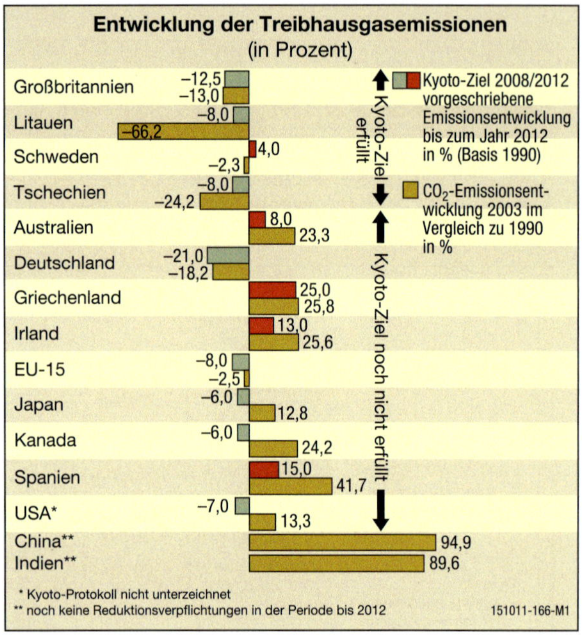

2 Ziele des Kyoto Protokolls – Ist und Soll

Klimaschutz und Klimapolitik

Mitigation – Bekämpfung der Ursachen

Die unbefriedigenden Ergebnisse der zahlreichen Konferenzen, die seit der 1. Weltklimakonferenz 1979 stattfanden, zeigen die Schwierigkeiten bei der Umsetzung konkreter Maßnahmen in der internationalen Klimapolitik. Da der Klimaschutz nicht nur aus ökologischer, sondern verstärkt auch aus ökonomischer Sicht ständig an Bedeutung gewinnt, wird auf der politischen Ebene versucht, internationale Vereinbarungen zu treffen, um die globalen Treibhausgasemissionen zu reduzieren.

Das Kyoto-Protokoll

Auf der Grundlage der Klimarahmenkonvention von 1992 ist am 16. Februar 2005 nach einem siebenjährigen zähen Ringen das Kyoto-Protokoll in Kraft getreten. In der Vereinbarung verpflichten sich die Industrieländer auf eine Reduktion ihrer Treibhausgasemissionen um insgesamt 5,2 % (im Vergleich zu 1990) bis zum Zeitraum 2008–2012. Das gemeinsame Reduktionsziel soll regional sehr unterschiedlich erreicht werden (M2). Die Entwicklungsländer und Schwellenländer sind von der Reduzierungspflicht ausgenommen, auch eine zunächst vorgesehene freiwillige Selbstkontrolle wurde wieder gestrichen. Wenn die USA eine Unterzeichnung des Kyoto-Protokolls weiterhin ablehnen, wird es kaum möglich sein, Länder mit schnell wachsenden Emissionen, wie z. B. China und Indien, beim Klimaschutz in die Pflicht zu nehmen.
Im Kyoto-Protokoll ist außerdem der Handel mit sogenannten Emissionszertifikaten geregelt (M3). Der **Emissionshandel** (geregelt in Artikel 17 des Kyoto-Protokolls) ermöglicht es Staaten, die ihre Treibhausgasemissionen stärker als erforderlich senken, mit ihren überschüssigen Reduktionen zu handeln, um sie mit Emissionen aus anderen Quellen zu verrechnen. Dieser Handel kann auf nationaler oder internationaler Ebene stattfinden bzw. von Unternehmen untereinander abgewickelt werden. Eine EU-Richtlinie regelte den Start des Emissionshandels in Europa ab dem 1. Januar 2005.
Unternehmen bekommen eine bestimmte Menge an Zertifikaten zugeteilt, die von Periode zu Periode abnimmt. Unternehmen, die bereits größere Anstrengungen zum Klimaschutz geleistet haben oder sich als besonders innovativ zeigen, können überschüssige Zertifikate verkaufen.

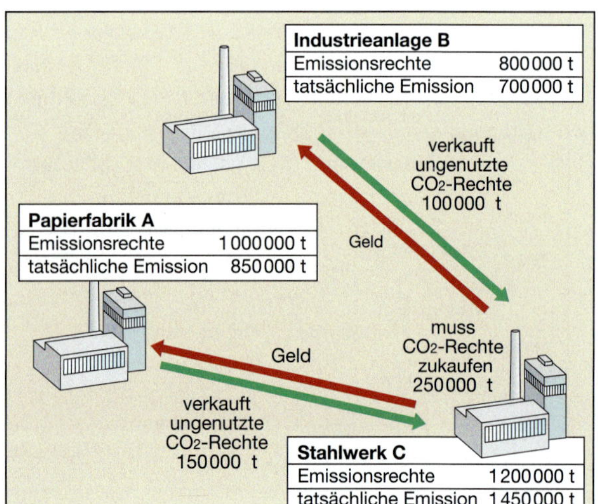

3 Prinzip des Emmissionshandels

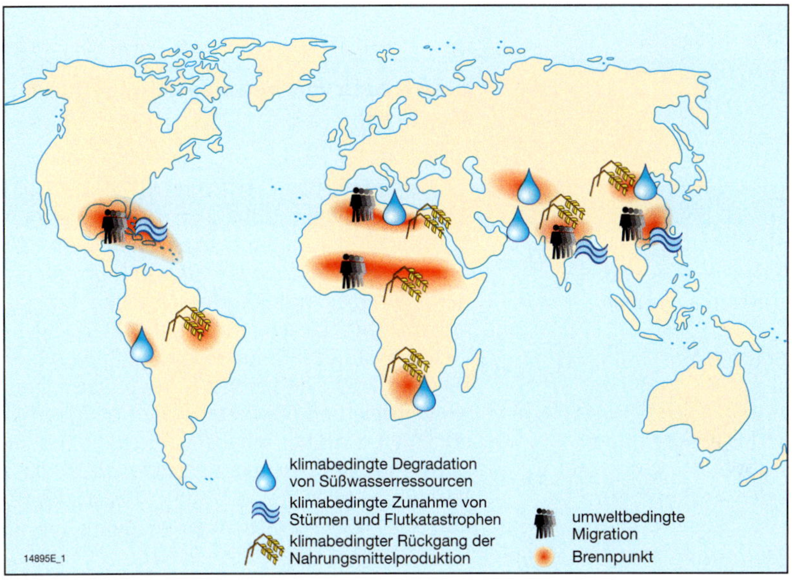

Brennpunkte, die sich zu Krisenherden entwickeln können: Ökologisch und politisch labile Gebiete, v. a. subtropische und tropische „Südländer" (Maghreb, Sahel, südliches Afrika, Zentral-, Süd- und Südostasien).

Konfliktpotenzial (Beispiele):
- Hungerflüchtlinge: Auslösung riesiger Migrationsströme aus Nordafrika und dem Sahel nach Europa.
- Umsiedlung von Millionen Menschen aus Megastädten durch Meeresspiegelanstieg.
- Konflikte um den Zugang zu Wasser und Energie zwischen Ober- und Unterliegerstaaten durch Gletscherschwund in Zentralasien und in den tropischen Anden.

4 Sicherheitsrisiko durch Klimawandel

Sie haben damit eine zusätzliche Einnahmequelle. Umweltsünder müssen zusätzliche Anstrengungen unternehmen oder Rechte zukaufen, um ihre Verpflichtungen zu erfüllen. Wer diese nicht einhält, muss eine Strafe zahlen.

Adaption – Anpassung an die Folgen

Zu den Anpassungsmaßnahmen an die Folgen des Klimawandels gehört zum Beispiel, dass man an allen Küsten dem steigenden Meeresspiegel durch Maßnahmen des Küstenschutzes wird Rechnung tragen müssen. Große Flächen fruchtbaren Ackerlandes sind durch Erhöhung der Deiche vor Überflutung zu schützen. Auf wiederholte „Jahrhundertfluten" muss man sich in Westdeutschland ebenso einstellen wie auf sommerliche Wasserknappheit und Dürren in Ostdeutschland. In der Landwirtschaft müssen neue, an die veränderten klimatischen Standortbedingungen angepasste Sorten angebaut werden.

In den Großstädten wird der thermische Stress und damit die gesundheitliche Gefährdung der Bewohner ansteigen, was mittelfristig einen klimagerechten Stadtumbau notwendig macht. „Intelligente Gebäude" sind erforderlich, die im Winter die Wärme drinnen und im Sommer draußen halten. Bestimmte Allergien und Krankheiten können zunehmen; in den Urlaubsgebieten Südeuropas wird man evtl. wieder mit Malaria rechnen müssen, was eine entsprechende Prophylaxe erforderlich macht.

Aufgrund des Sicherheitsrisikos, das vom Klimawandel ausgeht (M4), ist Klimapolitik auch als vorsorgende Entwicklungs- und Sicherheitspolitik zu verstehen. Projekte für eine nachhaltige Landnutzung und Aufforstung müssen gefördert werden. Die Diversifizierung der Energieversorgung, die Steigerung der Energieeffizienz und des Anteils erneuerbarer Energien sind weitere zentrale Aufgaben der internationalen Kooperation. Globale Informations- und Frühwarnsysteme für klimatische Naturrisiken sind zu entwickeln. Modellhafte Klima-Energie-Partnerschaften mit Ländern wie Indien, Mexiko und Südafrika wären vorstellbar und sind schon im Kyoto-Protokoll im Instrument des „Clean Development Mechanism" (CDM) vorgesehen. Auch die 2000 formulierten „Millennium Development Goals" der Vereinten Nationen zur „Halbierung" von Armut und Hunger sind nicht nur ein Ziel der Entwicklungs-, sondern auch der Klimapolitik.

Aufgaben

1. Setzen Sie sich ausführlicher mit dem Kyoto-Protokoll auseinander:
   a) Verschaffen Sie sich einen Überblick über die Ziele der darin manifestierten Klimapolitik.
   b) Beurteilen Sie die Auswirkungen einer weiteren Ablehnung des Kyoto-Protokolls durch die USA auf den weltweiten Klimaschutz.
   c) Recherchieren Sie im Internet, inwieweit Deutschland und Europa ihren Verpflichtungen aus dem Kyoto-Protokoll nachkommen.
2. Erklären Sie das System des Emissionshandels und nehmen Sie zu seiner Bedeutung und Wirksamkeit Stellung (M3).
3. Vergleichen Sie die Rolle der Industrie- und der Entwicklungsländer in der Klimapolitik und im Klimaschutzprozess.

Überblick Arbeitsmethoden

Auswertung einer Wetterkarte (S. 32/33)

Für die Erstellung einer Bodenwetterkarte werden alle drei Stunden die Messwerte der einzelnen Wetterstationen den Wetterdienstzentralen per Datenleitung übermittelt. Die Informationen werden mit verschiedenen Zeichen auf Wetterkarten dargestellt. So kann das konkrete Wettergeschehen abgelesen werden.

Für die Auswertung wird die räumliche Verteilung der Luftdruckgebilde und der Verlauf der Isobaren herangezogen. Die Lage der Fronten und deren Abfolge lassen Voraussagen über Temperaturveränderungen, Bewölkung, Niederschlagsbildung, Windrichtung und -geschwindigkeit zu. Symbole geben Auskunft zur Lufttemperatur, Bewölkung, Art der Niederschläge, Windrichtung und -geschwindigkeit der einzelnen Stationen.

Auswertung von Wettersatellitenbildern (S. 38/39)

Die für Europa relevanten Satellitenbilder stammen von dem Wettersatelliten METEOSAT 08, der in circa 37 000 km Höhe über dem Schnittpunkt des Äquators mit dem Nullmeridian steht. Dieser sendet VIS Bilder, die die Intensität der reflektierten Sonnenstrahlung wiedergeben und somit nur tagsüber verfügbar sind. IR Bilder zeigen die Strahlungsintensität im infraroten Spektralbereich. Da diese farbig dargestellt werden, kann man wolkenfreie und bewölkte Land- und Meeresteile erkennen. Darüber hinaus ist auch die Art und Musterung der Bewölkung ersichtlich, so dass eine Vorhersage über Wetterfronten, Tiefdruckwirbel und Kalt/Warmluft getroffen werden kann.

Interpretation von Klimadiagrammen (S. 44/45)

Klimadiagramme ermöglichen es, den Jahresgang von Temperatur und Niederschlag einer Station übersicht-lich darzustellen. Im Klimadiagramm nach Walter/Lieth sind die Niederschläge als Kurve aufgetragen. Damit ist eine Information leicht ablesbar: Liegt die Temperaturkurve über der Niederschlagskurve, dann kann man von ariden Verhältnissen während dieses Zeitraumes ausgehen, liegt sie darunter, so handelt es sich um eher humide Bedingungen. Für die Zuordnung einer Station zu einer Klimazone ist der Jahresgang der durchschnittlichen Lufttemperatur und der durchschnittlichen Niederschlagssumme in Betracht zu ziehen. Für die Erklärung der klimatischen Gegebenheiten einer Station berücksichtigt man die atmosphärische Zirkulation und regionale/lokale Besonderheiten.

Erstellen von Mindmaps (S. 142)

Mindmaps geben die Gliederung eines Textes, Themas oder auch eines Planvorhabens wieder. Da sie das zu behandelnde Thema auf Schlüsselbegriffe reduzieren und übersichtlich darstellen, sind sie u.a. auch zur Vorbereitung von Klausuren geeignet. In der Mitte steht das Thema. Von dort aus führen einzelne Hauptäste, die sich wiederum in Nebenäste verzweigen.

Erstellen von Wirkungsgefügen (S. 143)

In der Geographie kommen Wirkungsgefüge (auch Flussdiagramm oder Wirkungsschema genannt) häufig zum Einsatz, um Verflechtungen und Auswirkungen von Einflussgrößen auf einen Raum darzustellen. Durch Pfeile und ergänzende Symbole lassen sich Ursache-Folge-Beziehungen, sich verstärkende oder gegenseitig abschwächende Einflussgrößen und funktionale Vernetzungen übersichtlich visualisieren.

Kausalprofile zeichnen und auswerten (S. 65)

Kausalprofile stellen die Weiterentwicklung von Höhenprofilen dar, indem sie zusätzlich stichwortartige Angeben enthalten, die in tabellarischer Form unter der Graphik angeordnet, bzw. als Signaturen in der Graphik enthalten sind. Angaben z. B. zum geologischen Bau, zu klimatischen Besonderheiten, zur ursprünglichen Vegetation, den Reliefformen, der Wassersituation, Bodentypen oder auch zu anthropogenen Einflüssen. Damit kann man Zusammenhänge zwischen den einzelnen Faktoren erklären.

Isolinien (S. 76/77)

Isolinien verbinden alle benachbarten Punkte gleichen Wertes bzw. gleicher Intensität miteinander. In den topographischen Karten sind sie als Höhenlinien (Isohypsen) das Hauptdarstellungsmittel für das Geländerelief. Thermoisoplethen stellen den Jahres- und den Tagesgang der Temperatur an einem Ort dar. Weitere in der Geographie oft verwendete Isolinien sind: Isobaren (Linien gleichen Luftdrucks z. B. in einer Wetterkarte), Isobathen (Linien gleicher Wassertiefe) und Isohythen (Linien gleicher Niederschlagsmenge).

Durchführung einer Diskussion (S. 159)

Eine Diskussion ist ein sachbezogenes, Alternativen abwägendes und ergebnisoffenes Gespräch. Unter Einhaltung von Gesprächsregeln werden gegensätzliche Standpunkte und Argumente ausgetauscht. Man unterscheidet zwischen Gruppendiskussion, Plenumsdiskussion, Debatte und Podiumsdiskussion.

Die Projektmethode (S. 162/163)

Die Inhalte und Fragestellungen eines Projektes entstammen der außerschulischen Realität und erfordern eine fächerübergreifende Herangehensweise. Unter dem Gesichtspunkt der interdisziplinären Arbeit ist die Geographie für Projekte besonders gut geeignet, da sie Mensch und Natur in den beiden Zweigen der Anthropogeographie und der Physischen Geographie gleichermaßen betrachtet. Die Phasen der Projektarbeit untergliedern sich in Vorbereitung und Zielsetzung, Planung, Ausführung und Erarbeitung, Präsentation, Auswertung und Beurteilung, Reflexion.

Glossar

A

Abflussmenge
: Wasserführung eines Fließgewässers in m^3/s.

Abflussregime
: Typisches und regelmäßiges Abflussverhalten eines Flusses. Jahresmaximum und Jahresminimum der Wasserführung werden durch Niederschlags-/Verdunstungsverhältnisse sowie ggf. die Schneerücklage und -schmelze gesteuert. Einfache A. zeigen ein Maximum und ein Minimum im Jahresverlauf, komplexe A. zeigen mindestens zwei Minima/Maxima.

Absorption
: Prozess des in sich Aufnehmens, z.B. von Strahlung.

Akkumulation (Sedimentation)
: Ansammlung von Verwitterungs-, Abtragungs- und Bodenmaterial.

absolute Feuchte
: Absoluter Wert des Wasserdampfgehaltes in der Luft (in g/m^3).

adiabatisch
: → *feucht-*, → *trockenadiabatisch*

Advektion
: Horizontale Verlagerung von Luftmassen beim Druckausgleich durch Wind.

Aerosol
: Feinste Partikel, die in der Luft schweben.

Albedo
: Anteil der Sonnenstrahlung, der von der Erdoberfläche reflektiert und in den Weltraum zurückgestrahlt wird. Sie kann Werte zwischen 0 und 1 annehmen und ist umso größer, je heller die Oberfläche ist (Messgerät: Albedometer).

Anökumene
: Gebiete, die aufgrund extremer geographischer Bedingungen unbesiedelt sind. Gegensatz: → *Ökumene*

Antipassat
: Luftströmung, die meist polwärts gerichtet ist. Der A. ist ein schwacher aber in mächtiger Schicht auftretender Strom über den Passatwinden.

Antizyklone
: (→ *Hochdruckgebiet*) Gebiet mit hohem Luftdruck und absinkender Luftbewegung; dreht sich aufgrund der → *Corioliskraft* auf der Nordhalbkugel mit dem Uhrzeigersinn, auf der Südhalbkugel gegen den Uhrzeigersinn. Gegensatz: → *Zyklone*

Anthroposphäre
: Der vom Menschen gestaltete Raum.

äquatoriale Tiefdruckrinne
: Ein Ring niedrigen → *Luftdrucks*. Er befindet sich im April bzw. im Oktober am Äquator und wandert im Laufe des Jahres nach Norden bzw. Süden zwischen den → *Wendekreisen*. Hier steigt die durch den → *Zenitstand* der Sonne aufgeheizte Luft auf, sodass sich am Boden ein → *Tiefdruckgebiet* ausbildet und Zenitalregen fällt.

arid
: Geographische Räume oder → *Klimate*, in denen die mittlere Niederschlagsmenge niedriger ist als die potentielle Verdunstungsmenge. Gegensatz: → *humid*

Asthenosphäre
: Oberer, zähflüssiger Teil des Erdmantels bis in eine Tiefe von ca. 200 Kilometern. Auf der Asthenosphäre bewegen sich die starren Platten der → *Lithosphäre*.

Assimilation
: Umwandlung körperfremder in körpereigener Stoffe.

Atmosphäre
: Gasförmige, mehrschichtige Hülle eines Himmelskörpers, speziell die bis zu 1000 km hohe Lufthülle der Erde. Sie → *absorbiert* gefährliche Strahlungsbestandteile der Sonne und reguliert die Temperatur auf der Erde (→ *Treibhauseffekt*). In der untersten Schicht, der Troposphäre, spielen sich die Wettervorgänge ab. In der darüber liegenden Stratosphäre befindet sich die → *Ozonschicht*.

atmosphärische Zirkulation
: Globale Zirkulation und Austausch von unterschiedlich temperierten Luftmassen.

autotroph
: Ernährungsform von Lebewesen, die aus anorganischen Verbindungen, organische Verbindungen herstellen können. Diese bilden dann die Grundlage für die heterotrophe Ernährung anderer Organismen. Findet sich bei fast allen Pflanzen sowie vielen Bakterien.

B

Bewässerungsfeldbau
: Form der landwirtschaftlichen Nutzung, bei der die Niederschläge in der Wachstumszeit nicht ausreichen. Dies kann in Gebieten mit geringen Niederschlägen der Fall sein oder bei Pflanzenkulturen, die besonders viel Wasser benötigen, wie z. B. Reis. Bei unsachgemäßer Bewässerung in Trockengebieten besteht die Gefahr der → *Versalzung*.

Biosphäre
: Teil der Landschaftshülle der Erde, der von lebenden Organismen bewohnt wird.

Biotop
: Kleine, räumlich abgrenzbare Einheit des Lebensraums.

BIP (Bruttoinlandsprodukt)
: Wert sämtlicher Waren und Dienstleistungen, die während eines Jahres innerhalb eines Landes von In- und Ausländern produziert werden. Das BIP pro Kopf benutzt man zum weltweiten Vergleich des Wohlstands der Staaten.

BNE (Bruttonationaleinkommen)
: Gesamtwert aller Waren und Dienstleistungen, die von den ständigen Bewohnern eines Staates in einem Jahr produziert werden (im In- und Ausland); wurde früher auch Bruttosozialprodukt (BSP) genannt.

Bodendegradation
: Verschlechterung des Bodens durch landwirtschaftliche Übernutzung oder durch natürliche Einflüsse. B. führt zur Veränderung der Struktur und stofflichen Zusammensetzung des Bodens sowie zum Nachlassen der → *Bodenfruchtbarkeit*.

Bodenerosion
: Abtragung des Bodens durch Wasser, Wind und → *Bodenkriechen*; besonders nachdem die schützende Pflanzendecke zerstört ist.

Bodenfruchtbarkeit
: Eine hohe B. ermöglicht ein ertragreiches Wachstum von Kulturpflanzen. B. ist bedingt durch die natürliche Bodenbildung und -erhaltung sowie die Kultivierung des Bodens durch Pflügen, Ent- bzw. Bewässerung, Düngung etc.

Bodenkriechen (Versatzdenudation)
Bewegung einer Masse mit flächenhaftem Bodenabtrag.

boreale Zone
Je nach Definition kaltgemäßigte bzw. kalte → *Klimazone*. Typisch sind sehr kalte Winter jedoch warme Sommer. Die meisten hierzu gehörenden Gebiete liegen fern von Küsten; daher sind auch geringe Niederschlagswerte typisch.

C

Cash Crop
Engl. Begriff für agrarische Produkte, die – meist in Entwicklungsländern – nicht zur Ernährung der Bauern angebaut werden, sondern überwiegend für den Export bestimmt sind. Sie werden häufig großflächig auf → *Plantagen* angebaut, wie z. B. Kaffee, Erdnüsse oder Baumwolle. Gegensatz: food crops

Corioliskraft
Aus der Erdrotation resultierende Scheinkraft, die u. a. Winde und Meeresströmungen auf der Nordhalbkugel nach rechts und auf der Südhalbkugel nach links ablenkt. Ihre Stärke nimmt dabei vom Äquator zu den Polen hin zu.

D

Delta
Bezeichnung für eine Flussmündung, die durch ständige → *Akkumulation* von Sedimenten aufgrund der geringeren Fließgeschwindigkeit in das Meer oder einen See hineinwächst.

Depletion Mid-Point
Glockenförmiger Verlauf der Abbaumenge von Rohstoffen bei dem der D.M.-P. das Fördermaximum beschreibt. Grundlage ist die „Hubbert-Kurve", ein betriebswirtschaftliches Modell zur Lebenskurve einer Produktion.

Desertifikation
Das Vordringen der Wüste in trockene Gebiete. Die D. wird zum Teil durch falsche oder zu starke Nutzung der Wüstenrandgebiete durch den Menschen ausgelöst. Infolge des Klimawandels wird von einer anthropogenen Verstärkung des Effekts ausgegangen.

E

Ecofarming
Integration von Ackerbau, Tierhaltung und Holz- bzw. Sekundärstoffgewinnung mit dem Ziel, das Ökosystem des Regenwaldes nicht übermäßig zu stören. Dies erfolgt durch die Nachahmung der natürlichen Nährstoffkreisläufe. Methoden hierfür sind z.B. die Terrassierung der Felder, Fruchtfolgewechsel, Anbau stickstoffbindender Pflanzen und Anlage von Komposthaufen. Das benötigte Knowhow wird den Bauern durch Projekte staatlicher Initiativen und Entwicklungshilfe vermittelt. E. ist im Idealfall wenig kapitalintensiv, jedoch vor allem am Anfang sehr arbeitsintensiv.

Einzugsgebiet
Das gesamte von einem Fluss und seinen Nebenflüssen entwässerte Gebiet.

Ekliptik
Die gedachte Sonnenbahn am Erdenhimmel. Die Ebene der E. ist identisch mit der Ebene auf der die Erde die Sonne umläuft. Durch die Neigung der Erdachse steht die Ebene der E. in einem Winkel von 23,5° zur Äquatorebene. In einem Zyklus von ca. 41000 Jahren verändert sich dies, was Erdschiefe bezeichnet wird.

El Niño
Der El Niño (span.: das Kind oder Christkind) ist ein natürliches Klimaphänomen im tropischen Pazifik. Alle 3 bis 7 Jahre um die Weihnachtszeit kommt es zu Veränderungen der zyklischen Meeresströmungen und atmosphärischen Strömungen, was in Südostasien zu ausbleibenden Niederschlägen und damit zu Dürren führt. Vor den Küsten Südamerikas stirbt hingegen das Planktons, Fischschwärme bleiben aus. Forscher vermuten die Ursache für das häufigere und stärkere Auftreten des Phänomens in der globalen Erwärmung.

Emission
Ausstoß von festen, flüssigen oder gasförmigen Schadstoffen aus Anlagen (z. B. Kraftwerken) oder bei technischen Abläufen (z. B. Kraftfahrzeugen).

Emissionshandel
Handel mit Emissionszertifikaten nach Art. 17 des Kyoto-Protokolls. Staaten oder Firmen ist es seit dem 1.1.2005 erlaubt, ihre Emissionsrechte (Mengen der erlaubten Treibhausgasproduktion) weiterzuverkaufen. Reduziert ein Staat oder Unternehmen seine Emissionen mehr als erforderlich, kann dieser Überschuss an Staaten oder Unternehmen verkauft werden, die zu viele Treibhausgase produzieren.

ENSO-Phänomen
Zusammenfassender Begriff von → *El Niño* und der Southern Oscillation (regelmäßige Luftdruckschwingung zwischen tropischen West- und Südostpazifik), der die Änderungen von Meeresströmungen und Luftdruckverhältnissen im tropischen Pazifik beschreibt.

Entwicklungsland
Als E. gilt ein Land, in dem das Pro-Kopf-Einkommen unter 500 US-$ pro Jahr liegt. Die Merkmale vieler E. sind z.B. ein hohes Bevölkerungswachstum, ein niedriger Lebensstandard, eine hoher Prozentsatz an Analphabeten sowie eine mangelhafte Infrastruktur. Der Begriff ist heute umstritten, da die Einteilung der Länder auf den Wertvorstellungen der Industriestaaten beruht.

Erneuerbare (regenerative) Energien
Energie, die aus sich selbst erneuernden Quellen stammt, wie z. B. aus der Sonne, Wind, Biomasse und aus Wasserkraft. Die Umweltbelastung aus deren Nutzung ist zumeist minimal bis nicht vorhanden.

Erosion
Abtragung und Transport von Boden und Gestein durch die natürlichen Kräfte von Wind, Wasser und Eis oder durch Bodenbewegung. Die E. ist ein wichtiger natürlichen Prozess, der jedoch oft durch menschliche Aktivitäten ausgelöst bzw. verstärkt wird. Mögliche Folge: → *Bodenerosion*. Die wichtigsten Kräfte sind fließendes Wasser (fluviatile E.), Wind (äolische E.) und Eis (glaziale E.).

Eutrophierung
Nährstoffübersättigung von Gewässern durch Abwässer aus Haushalten, Industrie und Landwirtschaft. Die Folgen können verstärktes Algenwachstum, hoher Sauerstoffverbrauch und das „Umkippen" des Gewässers sein.

Evaporation
Verdunstung an Wasserflächen und an der Bodenoberfläche.

Exzentrizität
Schwankung zwischen einer kreisförmigen und einer elliptischen Umlaufbahn der Erde um die Sonne.

F

feuchtadiabatisch
Beschreibt die Zustandsänderung einer auf- bzw. absteigenden Luftmasse unter dem Einfluss der Kondensation. Durch die Kondensation wird Energie in Form von Wärme frei. Demnach kühlt sich die Luft um 0,5 °C je 100 m ab (feuchtadiabatischer Temperaturgradient).

Föhn
Warmer Fallwind, der vor allem in den Alpenregionen bekannt ist. Durch das Gebirge werden Luftmassen zum Auf- oder Absteigen gezwungen. Beim Aufsteigen kühlt die Luft ab, es kommt zur Wolkenbildung und Niederschlägen. Beim Absteigen erwärmt sich die Luft wieder, so dass der F. warm und trocken ist.

Fotosynthese
Komplexer biochemischer Prozess, bei dem unter Ausnutzung des Energiegehaltes des Lichts aus CO_2 und Wasser organische Kohlenstoffverbindungen gebildet werden.

Fossilierung/fossil
Bildung von Fossilien. Die organische Substanz wird abgebaut und nur die harten Bestandteile des Organismus bleiben als Fossil innerhalb eines Gesteins übrig.

Freihandelszone
Zusammenschluss mehrer Staaten zu einer Wirtschaftszone. In der F. ist der Außenhandel der beteiligten Staaten keinen Beschränkungen wie Zöllen u. ä. unterlegen.

Frontalzone
Grenzbereich unterschiedlichen Luftdrucks aufgrund des verschiedenen Wärmegehaltes von äquatorialer und polarer Luft.

Frostschuttzone
Zone, in der die Verwitterung durch → *Frostsprengung* vorherrscht. Die F. schließt sich der → *subpolaren Zone* an und reicht bis an die Eisgrenze der → *polaren Zone*.

Frostsprengung (Frostverwitterung)
Tritt in kalten Klimaten auf, in denen sich Tauwetter und Frost abwechseln. Durch das Gefrieren von Wasser, welches in Gesteinshohlräume eindringt, nimmt das Wasservolumen um 11 % zu und sprengt so das Gestein. Die F. kann bis in ca. 2 m Tiefe reichen.

G

Gewässergüte
Maß der Wasserqualität eines Gewässers. Die G. ist abhängig von chemischen, biologischen und physikalischen Kenngrößen.

Gewässerstrukturgüte
Maß der Formenvielfalt eines Gewässers. Je näher ein Gewässer dem Zustand eines potentiell natürlichen Gewässers kommt, desto höher ist seine Gewässerstrukturgüte.

Globalstrahlung
Gesamtmenge der direkten Sonnenstrahlung und der diffusen Himmelsstrahlung, die eine horizontale Flächeneinheit erhält.

Gradientkraft
Jene Kraft, die Luftmassen von hohem zu tiefem Druck in Bewegung setzt. Der entstehende Wind wird als Gradientwind bezeichnet.

Großwetterlage
Bleiben die Luftdruckverhältnisse und die zugehörigen Wettermerkmale in Meereshöhe und der mittleren Troposphäre über mehrere Tage stabil, spricht man von einer G. Sie werden in kontinentalem Kontext betrachtet und sind für die → *Witterungsverhältnisse* maßgebend.

Grundwasser
Entsteht durch das Versickern von Niederschlagswasser und dem Eindringen von Flusswasser in Lockersedimente oder Gesteinshohlräume. Das G.bewegt sich aufgrund der Schwerkraft bzw. des hydrostatischen Druckes.

Grundwasserleiter
Durchlässige, grundwasserführende Gesteinsschicht, durch welche das Waser fließen kann.

H

Hadley-Zelle
Luftmassen, die an der → *innertropischen Konvergenzzone* aufsteigen, fließen in der Höhe polwärts ab. Im Bereich der Subtropen sinken sie ab und fließen mit den Passatströmungen wieder Richtung Äquator.

HDI (Human Development Index)
Vergleichsindex der menschlichen Entwicklung. mit dem man den Entwicklungsstand eines Landes bewertet. Er besteht aus drei Bestandteilen: dem → *Bruttoinlandsprodukt*, der durchschnittlichen Lebenserwartung und dem Anteil der Analphabeten.

Höhenstufe
Durch Klimaverhältnisse und der damit zusammenhängenden Pflanzendecke und Wirtschaftsweise geprägte Höhenlage im Gebirge. Ausschlaggebend für die Bildung von Höhenstufen ist die Abnahme der Temperatur um durchschnittlich 0,6°C je 100 m sowie die Veränderung der Niederschlagsmenge in der Höhe.

humid
In humiden Klimaten fällt mehr Niederschlag als verdunsten kann (Gegensatz: → *arid*).

Humus
Bei der Umwandlung und Zersetzung von abgestorbenem organischem Material im Boden wird durch die Neubildung von Stoffen Humus produziert. Dieser Prozess wird durch Bodenlebewesen, die den Boden durchmischen und das Material abbauen, begünstigt. H. beeinflusst durch sein Wasserhaltevermögen und seinen Nährstoffgehalt die ökologischen Funktionen des Bodens.

Hydrosphäre
Bezeichnet die Wasserhülle der Erde und macht ca. 71 % der Erdoberfläche aus. Zu der H. gehören

die Ozeane, die Festlandgewässer und die Wassermassen, die in Eis und Schnee an den Polen und in den Gletschern gebunden sind.

I/J

Innertropische Konvergenzzone (ITC) Die → *äquatoriale Tiefdruckrinne* wird auch als ITC bezeichnet. In dieser Zone der inneren → *Tropen* treffen die Passate der Nord- und Südhalbkugel zusammen (sie konvergieren).

Inversion
Temperaturumkehr in der → *Atmosphäre*, bei der die normale Schichtung von kalter über warmer Luft umgedreht ist (und die warme Luftschicht die kalte wie ein Deckel am aufsteigen hindert). Dies führt zu guter Fernsicht in den Hochlagen und Dunst bzw. Smog in den Tieflagen.

Isolinien
Linien,die in Karten Bereiche mit gleichem Wert ausweisen, z. B. Höhenlinien (Isohypsen), Luftdrucklinien (Isobaren) oder Temperaturlinien (Thermoisopleten).

Jetstream
Zone orkanartiger Winde in der oberen Troposphäre im Bereich der → *planetarischen Frontalzone*, wo sie durch starke Luftdruckgefälle hervorgerufen werden.

K

kalte Zone
→ *Landschaftszone*, die durch eine geringe Sonneneinstrahlung charakterisiert ist. Im Mittel liegen die Jahresdurchschnittstemperaturen bei 0 °C oder darunter. Die kalte Zone wird unterteilt in → *polare*, →*subpolare* und → *boreale* (kaltgemäßigte) Zone.

Kaltfront
Grenzfläche zwischen warmer und kalter Luft auf der Rückseite des Warmluftsektors einer → *Zyklone*

Klima
Das Klima beschreibt die für einen Ort typischen Zustände der erdnahen → *Atmosphäre*. Meteorologen beobachten die Wetter- und Witterungsvorgänge, sammeln Klimadaten und bestimmen die Durchschnittswerte im langjährigen Mittel (mindestens 30 Jahre). Beeinflusst wird das Klima nicht nur von der Breitenlage, sondern auch von der Höhenlage, der Entfernung vom Meer und der Lage zu Gebirgen (Klimafaktoren).

Klimaarchiv
Gibt Auskunft über vergangene Klimaverhältnisse. Diese Informationen sind z.B. in Jahresringen von Bäumen oder in Meeressedimenten enthalten.

Klimaelement
Es beeinflusst die Zugehörigkeit eines Gebietes zu einer bestimmten → *Klimazone*. Klimaelemente sind: Temperatur und Temperaturverlauf, Niederschlagsmenge, Niederschlagsverteilung, Verhältnis von Verdunstung und Niederschlag, Wechselwirkung von → *Klima* und Pflanzenwelt.

Klimaklassifikation (effektiv, genetisch)
Sie gliedert die atmosphärischen Verhältnisse durch eine Zusammenfassung der Klimaerscheinungen. Effektive: Wird durch die Kombination von Werten einzelner Klimaerscheinungen (Temperatur, Niederschlag) ermittelt. Genetische: Gliedert nach der Ursache, d.h. nach der allgemeinen Zirkulation und ihren planetarischen Luftmassenbewegungen.

Klimamodell
Mathematisches Modell, womit Vorhersagen zu künftigen globalen klimatischen Entwicklungen getroffen werden.

Klimawandel
Begriff, der die Veränderungen des globalen Klimas zusammenfasst.

Klimazonen
In etwa breitenkreisparallel angeordneten Zonen auf der Erde mit typischen allgemeinen Klimavoraussetzungen. Die Klimazonen sind durch die unterschiedlichen Einstrahlungsverhältnisse und die planetarische Zirkulation bedingt. Die zonale Anordnung wird durch die Verteilung der Ozeane und Kontinente sowie durch den Einflusse der Hochgebirge überprägt.

Kohlenstoffkreislauf
Erklärt den Zyklus des Kohlenstoffs in der Geosphäre. In → *Atmosphäre*, → *Hydrosphäre*, → *Biosphäre* und → *Lithosphäre* ist K. gespeichert und wird durch verschiedene Prozesse freigesetzt. und gebunden.

Konvektion
Vertikale Bewegung von Luftmassen, verursacht durch Erwärmung.

Kryosphäre
Bereich der Erdoberfläche, der aus gefrorenem Wasser besteht.

Kulturlandschaft
Vom Menschen intensiv umgestaltete Landschaft.

kurzgeschlossener Nährstoffkreislauf
Im tropischen Regenwald ist der Nährstoffkreislauf verkürzt: 80 % der Nährstoffe gelangen nicht in den Boden, da sie durch ein dichtes Geflecht von Wurzeln und dem → *Mykorrhiza-Pilz* direkt wieder aufgenommen werden.

Kyoto-Protokoll
Übereinkunft der 1997 von den Vereinten Nationen (UN) in Kyoto (Japan) durchgeführten Klimakonferenz.

L

Landschaftszone (geographische Zone)
Naturlandschaftlicher Großraum, mit relativ einheitlichen Ökosystembedingungen, insbesondere basierend auf der klimatischen Gliederung der Erde.

Landwechselwirtschaft
Stationäre Landwirtschaft, gekennzeichnet durch einen Wechsel bei der Landnutzung einer Anbaufläche, z.B. zwischen Acker-, Grün-, und Weideland bzw. der Brachezeit.

latente Wärme
Bei Aggregatzustandsänderungen umgesetzte, „verborgene" Wärmemenge, die entweder aufgenommen oder abgegeben wird.

Laterit
Verhärteter Boden auf Silikatgestein in den Subtropen und Tropen. Er ist durch einen Mangel an Kieselsäure mit Eisen- und Aluminiumoxiden angereichert und daher rötlich gefärbt.

Lithosphäre
Durch festes Gestein geprägter

Teil der Erde. Die Lithosphäre umfasst die Erdkruste und den oberen Teil des Erdmantels.

Logistik
: Bezeichnung für alle inner- und zwischenbetrieblichen Transport-, Lager- und Umschlagvorgänge. Logistikzentren sind z. B. Häfen, Güterbahnhöfe und Flugplätze.

Luftdruck
: Der Luftdruck ist das Gewicht, das eine Luftsäule vom Erdboden bis zur Obergrenze der → *Atmosphäre* auf eine bestimmte Fläche ausübt. Er nimmt mit der Höhe ab. Er wird mit dem Barometer in der Einheit Hektopascal (hPa) gemessen. Der „Normaldruck" beträgt im Meeresniveau durchschnittlich 1013 hPa. Luftmassen mit zu ihrer Umgebung relativ hohem Luftdruck werden als Hochdruckgebiet (→ *Antizyklone*) bezeichnet. Luftmassen mit relativ niedrigem Luftduck als Tiefdruckgebiet (→ *Zyklone*).

M

Mäander
: Fluss- oder Talschlingen", die vor allem im Unterlauf auftreten.

Meeresströmungen
: Sie entstehen durch ständig in gleiche Richtung auf die Meeresoberfläche einwirkende Winde, die die Wassermassen bis in eine Tiefe von höchstens 150 Meter in Bewegung setzen.

Melioration
: Begriff, der wert- bzw. ertragssteigernde Bodenpflegemaßnahmen umschreibt (z.B. Düngen)

Mittelbreiten
: Die → *Beleuchtungszone* zwischen den Wendekreisen und den Polarkreisen. Hier ist der Sonneneinfallswinkel während des gesamten Jahres kleiner als 90°, aber größer als 0°.

Monsunzirkulation
: Monsune sind beständig wehende Winde, die im Jahresverlauf ihre Richtung um ca. 180° ändern. Sie sind Ausgleichsströmungen zwischen sich wechselnden Luftdruckgegensätzen zwischen Festland und Meer.

Multinationales Unternehmen
: („Multis", „Global Players") In mehreren Staaten, oft weltweit operierende und auch produzierende Großunternehmen.

Mykorrhiza-Pilz
: Im → *tropischen Regenwald* weit verbreiteter Pilz, der mit seinem Geflecht die Saugwürzelchen von mehrjährigen Pflanzen umspinnt. Der Pilz versorgt diese mit aufgefangenen Nährstoffen und bekommt dafür im Austausch Kohlenhydrate. Pflanze und Pilz sind voneinander abhängig; stirbt ein Teil, kann der andere nicht überleben.

N

Nachhaltigkeit
: Grundsatz, die wirtschaftliche Entwicklung so zu beeinflussen, dass nicht mehr an Rohstoffen und Lebensgrundlagen verbraucht wird, wie erneuert werden kann. Dadurch sollen zukünftige Generationen die gleichen Lebensmöglichkeiten haben wie die heute lebende. Das Prinzip stammt aus der Forstwirtschaft: Einen Wald nachhaltig zu bewirtschaften bedeutet, in einem Zeitraum nicht mehr Holz einzuschlagen, als im gleichen Zeitraum nachwächst.

nachwachsender Rohstoff
: → *Rohstoff*, der in der Land- oder Forstwirtschaft erzeugt wird, also immer wieder nachwachsen kann, wie z. B. Flachs, Raps, oder Holz.

Nährstoffkreislauf
: Bezeichnung für den Auf- und Abbau in der Natur. Dabei werden abgeworfene Blätter, Früchte und Zweige sowie Überreste von Tieren im Boden zersetzt. Pilze fangen die Nährstoffe auf und stellen sie den Pflanzen für neues Wachstum zur Verfügung. Damit ist der Kreislauf geschlossen.

Naturraumpotenzial
: Angebot des Naturraums, das für den Menschen eine Leistung durch Nutzung darstellt.

Naturraumkomponenten
: Gesamtheit der Bestandteile einer Landschaft (Relief, Boden, usw.)

nival
: Vom Schnee beeinflusst.

Nomadismus
: Nicht sesshafte Lebensweise von Menschen innerhalb der Trockengebiete, in denen im Jahresverlauf das Futter- und Wasserangebot für deren Lebensgrundlage, die Viehherden, wechselt.

O

Oberflächenwasser
: Wasser, das in Flussläufen auf der Erdoberfläche abfließt.

Okklusion
: Wetterfront, die durch Vereinigung einer → *Kaltfront* mit einer → *Warmfront* entsteht. Dabei schiebt sich die schnelle Kaltfront unter die Warmfront. Die Windstärke nimmt ab, es fallen kaum Niederschläge.

Ökosystem
: Eine aus Lebewesen sowie ihrer Umwelt bestehende Einheit, die sich im Gleichgewicht befindet.

Ökumene
: Vom Menschen dauerhaft besiedelten Gebiete.
: Gegensatz: → *Anökumene*

Ökozone
: Großräume der Erde, die sich aus einheitlichen ökologischen Bedingungen ergeben (Klima usw.) → *Landschaftszone*.

OPEC
: Die 1960 gegründete Organization of Petroleum Exporting Countries verfolgt das Ziel einer gemeinsamen Politik in den Erdöl-Förderstaaten. Durch Absprache unter den Ländern sollen Preisschwankungen auf dem Weltmarkt vermieden werden.

Ozonschicht
: Die Ozonschicht in der Stratosphäre schützt das Leben weitgehend vor der energiereichen ultravioletten Strahlung der Sonne. Sie ist in ca. 35 km Höhe besonders konzentriert. Besonders über der Antarktis lässt sich seit den 1970er-Jahren eine Abnahme des stratosphärischen Ozons beobachten (Ozonloch). Als Auslöser hierfür gelten v. a. die Fluor-Chlor-Kohlenwasserstoffe (FCKW).

P/Q

Passatzirkulation
: In sich geschlossene tropische Luftzirkulation. Am Äquator steigen warme Luftmassen auf,

kühlen ab und strömen in großer Höhe polwärts (→ *äquatoriale Tiefdruckrinne*). Im Bereich der → *Wendekreise* sinken sie zu Boden (Subtropischer Hochdruckgürtel) und strömen als Passate zum Äquator zurück. Hier werden sie erwärmt und steigen wieder auf.

Pedosphäre
: Jener Bereich der Erdoberfläche, in dem sich → *Atmosphäre*, → *Biosphäre*, → *Hydrosphäre* und → *Lithosphäre* durchdringen. In der P. finden die Prozesse statt, die zur Bodenbildung führen.

Permafrostboden
: Ständig gefrorener Boden der → *polaren*, → *subpolaren* und → *borealen Zone*, der nur in den Sommermonaten oberflächlich auftaut. Merkmal der → *Tundra*.

Photolyse
: Die Aufspaltung einer Verbindung unter Einwirkung von Licht, z.B. bei der → *Fotosynthese*.

Photosmog
: Anstieg der Ozonkonzentration in den bodennahen Luftschichten. Tritt bei warmem Wetter auf und entsteht aus der Verbindung von Stickoxiden, Kohlenwasserstoffen und der UV-Strahlung.

Phytomasse
: Menge der lebenden Pflanzenmasse in einem Gebiet.

Phytoplankton
: Mikroskopisch kleine Algen, die passiv im Meer schweben und von Strömungen verdriftet werden. Grundlage des Lebens im Meer und einer der wichtigsten Sauerstoffproduzenten.

planetarische Frontalzone
: Übergangszone zwischen tropischer Warmluft und polarer Kaltluft bei etwa 30° bis 50° N/S.

Plantagenwirtschaft
: Landwirtschaftliche Produktionsweise, basierend auf einen Großbetrieb. Dieser baut auf weit ausgedehnten Flächen zumeist nur ein landwirtschaftliches Produkt (z. B. Bananen, Kaffee, Kautschuk) für den Weltmarkt an → *cash crops*. Die Weiterverarbeitung erfolgt zumeist auf der P.

Plattenzug (slab pull)
: Abtauchen eines spezifisch schweren, relativ alten Plattenteils (Slab) gemäß den physikalischen Gesetzmäßigkeiten unter eine spezifisch leichtere, jüngere Platte. Der P. ist somit Unterstützung des Aufstiegs magmatischer Schmelzen an untermeerischen Rückensystemen (Plattenkonvergenz durch → *Subduktion*).

Pluton
: Gesteinskörper aus Tiefengestein (Plutoniten) von beträchtlicher Größe, der innerhalb der Erdkruste erstarrt ist.

pluvial
: Bezieht sich auf die Pluvialzeit, die die Klimaperioden der Subtropen und Tropen im jüngsten Eiszeitalter (Pleistozän) beschreibt.

Polarzone
: Region nördlich des nördlichen Polarkreises auf der Nordhalbkugel und südlich des südlichen Polarkreises auf der Südhalbkugel.

Präzession
: Kreiselförmige Drehung der Erdachse um die Senkrechte auf der Ebene, die die Erdbahn (Umlaufbahn) beschreibt. Eine volle Umdrehung dauert etwa 26000 Jahre. Ursache sind die Anziehungskräfte von Sonne und Mond.

Puffer
: Die Fähigkeit eines Ökosystems, Störungen und Eingriffe abschwächen und auffangen zu können.

Quanat (Foggara)
: Bewässerungsform in Nordafrika und Nordasien zur Versorgung der Oasen mit Wasser. Hierfür wird ein unterirdischer Kanal vom Gebirgsfuß zur Oase angelegt.

R

Rainwater Harvesting
: Bewässerungsmethode mit ablaufendem Regenwasser. Angepasst an die Gegebenheiten erfolgt die Bewässerung z.B. durch Abflusskanäle oder Terrassensysteme.

Raubbau
: Wirtschaftsweise, bei der die natürlichen → *Rohstoffe* ausgebeutet werden, ohne auf ihren Bestand bzw. ihre Erneuerung zu achten.

Recycling
: (englisch: Rückführung) Verfahren, um die Rest- und Abfallstoffe in den Produktionsprozess zurückzuführen und damit wiederzuverwerten. Beispiel: Glas.

Regenfeldbau
: Ackerbau, bei dem die Pflanzen ihren Wasserbedarf allein aus den Niederschlägen decken.

Rekultivierung
: Wiederherstellung von durch menschliche Nutzung gestörten bzw. zerstörten Landschaftsteilen und Ökosystemen.

relative Feuchte
: Sie drückt das Verhältnis aus zwischen der in der Luft enthaltenen Wasserdampfmenge und jener, die bei gegebener Temperatur maximal möglich ist.

Reserve
: Vorräte an → *Ressourcen*, die sich zur wirtschaftlich effektiven Gewinnung für von der Industrie benötigten → *Rohstoffe* eignen.

R/V Verhältnis
: Das Reserven-/Verbrauchsverhältnis beziffert die Reichweite der → *Reserve* eines → *Rohstoffes* in Jahren.

Respiration
: D.h. Atmung, Veratmung zur Energiegewinnung unter Umwandlung von Sauerstoff und Kohlenstoffverbindungen zu CO_2.

Ressourcen
: Güter der Natur, die sich zur Nutzung durch den Menschen eignen, z. B. natürliche Roh- und Wertstoffe, Energien und Prozesse.

Rinnensog (trench suction)
: Antriebskraft an Plattengrenzen. Die subduzierte Platte zieht die hangende (nicht subduzierte) Platte mit sich in Richtung der geschaffenen Rinne.

Rohstoff
: Ausgangsmaterial, das zur Herstellung von Gütern benötigt wird.

Rückendruck (ridge-push)
: Auseinanderdrücken zweier Platten durch konvektiven Aufstieg magmatischer Schmelzen an untermeerischen Rückensystemen (Plattendivergenz durch → *Seafloor-spreading*).

Rückkopplung
: Allgemein die Rückwirkung von Veränderungen von Teilkomponenten, z.B. eines → *Ökosystems*, auf die anderen. R. können positive (positve R.) und negative (negative R.) Folgen für das Gesamtsystem haben.

S

Savanne
Hauptvegetationsform der wechselfeuchten Tropen zwischen Wüste und → *tropischem Regenwald*. Es gibt die Feuchts. (hohe Gräser und Bäume), die Trockens. (Gräser, Sträucher sowie vereinzelt Bäume) und die Dornstrauchs. (kurze Gräser).

Schwemmkegel
Ablagerungsbereich eines Flusses. Er entsteht dort, wo das Gefälle plötzlich stark abnimmt und der Fluss somit seine Materialfracht nicht mehr mit sich nehmen kann.

Sea-floor-spreading
Prozess der Ozeanbodenvergrößerung an konstruktiven Plattengrenzen durch Bildung neuer ozeanischer → *Lithosphäre* infolge von → *Plattenzug*, → *Rückendruck* und → *Rinnensog*.

Sekundärwald
Wald, der nach Rodung des Primärwaldes (Naturwald) nachwächst. Er ist artenärmer, kleinwüchsiger und enthält in den Tropen auf absehbare Zeit keine Edelhölzer (z. B. Mahagoni).

Selektiver Holzeinschlag
Im Gegensatz zum Kahlschlag (totale Abholzung eines Waldgebietes) werden ausgewählte („reife") Bäumen bzw. gewünschte Holzarten im Mischwald mit ungleichaltrigen Bäumen gefällt.

Seeretention
Zwischenspeicherung von abfließendem Niederschlagswasser in einem See. Diese Zurückhaltung des Abflusses kann Hochwasserereignisse ablindern und Niedrigwasserphasen überbrücken.

Solarkonstante
Bezeichnung für die Strahlungsleistung der Sonne (1368 W/m^2).

Solifluktion
Bodenfließen in Bereichen des → *Permafrostes*. Taut die Oberfläche des gefrorenen Bodens auf, bewegt sich dieser Teil mit seinem Boden- und Gesteinsmaterial auf dem noch gefrorenen Untergrund kriechend vorwärts.

Strahlungshaushalt
Kurzwellige Strahlung trifft durch die → *Atmosphäre* auf die Erdoberfläche. Die Energie wird in langwellige Strahlung umgesetzt, welche in die Atmosphäre abgegeben wird. Hinzu kommt eine Energieabgabe in Form von Konvektions- und Verdunstungswärme und die direkte Reflexion der einfallenden kurzwelligen Strahlung. Bestandteil ist auch die Absorption und Reflexion von Strahlung durch Wolken.

Subduktionszone
In den Erdmantel durch Plattenzug abtauchende Lithosphärenplatte (destruktive Plattengrenze).

subpolare Zone
Südlich an die → *polare Zone* anschließende Klimazone. Typisch sind trockene, kalte Winter, geringe Sommerniederschläge und undeutlicher Jahreszeitenwechsel.

Subsistenz (-wirtschaft)
Wirtschaften mit dem Ziel der Selbst- bzw. Eigenversorgung; besonders in → *Entwicklungsländern* weit verbreitet.

Substitution
Ersetzen von Gütern durch jeweils andere, z.B. das Ersetzen von fossilen → *Rohstoffen* durch → *nachwachsende*.

Symbiose
Wechselwirkung zweier oder mehrerer Organismen verschiedener Art zu gegenseitigem Vorteil.

T

Tageszeitenklima
Klima, für dessen Ausprägung tägliche Schwankungen der → *Klimaelemente* von höherer Bedeutung sind als die jahreszeitlichen Veränderungen.

Taupunkt
Der Punkt, an dem eine feuchte Luftmasse komplett gesättigt ist, also eine relative Luftfeuchte von 100% aufweist.

thermohaline Zirkulation
Teil des marinen Zirkulationssystems. Die Strömungen werden durch Unterschiede in Temperatur und Salzgehalt des Wassers verursacht.

Thermokline
Übergangszone zwischen verschieden temperierten Wasserschichten, in der das Temperaturgefälle am grössten ist.

Tonminerale
Für den Stoffhaushalt und die Fruchtbarkeit eines Bodens wichtige Silikate, deren Einzelteilchen nicht größer als 0,002 mm sind.

Tragfähigkeit
Allgemein das Leistungsvermögen eines Raumes unter Berücksichtigung seiner Regenerationsfähigkeit. Bezeichnet daher auch die mögliche Bevölkerungskapazität.

Transpiration
Verdunstung von Wasser über die Spaltöffnungen in den Blättern von Pflanzen.

Treibhauseffekt
Der Erwärmungseffekt der → *Atmosphäre*. Er resultiert daraus, dass kurzwellige Sonnenstrahlung an der Eroberfläche in langwellige Wärmestrahlung umgewandelt wird. Diese wird nach Abstrahlung in Richtung Weltall bevorzugt von Wasserdampf- und Kohlenstoffdioxidmolekülen (Treibhausgase) in der Atmosphäre auf die Erde zurückreflektiert. Dadurch wird die globale Mitteltemperatur in Bodennähe auf + 15 C angehoben (natürlicher Treibhauseffekt). Werden die Treibhausgase durch den Menschen vermehrt, sodass die Temperatur weiter ansteigt, wird dies als anthropogener Treibhauseffekt bezeichnet.

trockenadiabatisch
Beschreibt eine Zustandsänderung einer auf- bzw. absteigenden Luftmasse. Die trockene aufsteigende Luft kühlt sich um 1 °C je 100 m ab (trockenadiabatischer Temperaturgradient).

Trockengrenze
Trennlinie zwischen Gebieten mit Niederschlagsüberschuss (→ *humid*) und Niederschlagsdefizit (→ *arid*).

Tropen
→ *Beleuchtungszone* zwischen den → *Wendekreisen*. Die Sonne steht sehr hoch über dem Horizont und zweimal im Jahr senkrecht. Die Temperaturen sind gleichbleibend hoch; es gibt keine Jahreszeiten. Man unterscheidet zwischen den inneren (immerfeuchten) Tropen (Äquator bis 10° nrdl und sdl. Breite) sowie den äußeren (sommer-, bzw. wechselfeuchten) Tropen (10° bis Wendekreis).

tropischer Regenwald
Immergrüner Wald der immerfeuchten Tropen. Das Klima des Regenwaldes zeichnet sich durch hohe Temperaturen und Niederschläge aus. Charakteristisch sind Artenvielfalt und Stockwerkbau.

Tundra
Überwiegend baumlose Steppe, die einen Übergang von den Arktischen Kältewüsten zur Taiga bildet. Wegen der kurzen Vegetationszeit wachsen hier nur Gräser, Moose und Flechten.

V

Vegetationszone
Region mit einheitlichen Pflanzengesellschaften. Die Vegetationszonen sind u. a von den klimatischen Bedingungen abhängig und entsprechen daher weitgehend der Ausdehnung der → *Klimazonen*.

Verdunstung
Übergang eines Stoffes vom flüssigen in den gasförmigen Zustand.

Versalzung
Im Boden aufsteigendes Grundwasser führt gelöste Salze mit nach oben. Nach der → *Verdunstung* des Wassers bildet das Salz auf der Bodenoberfläche eine Salzkruste. Bodenversalzung tritt bei künstlicher Bewässerung v.a. in → *ariden* Gebieten auf.

Verwitterung (physikalisch, chemisch)
Umwandlung oder Zerstörung von Gesteinen oder Mineralen durch äußere Einflüsse wie Temperatur, Wind und Wasser sowie durch chemische Prozesse.

virtuelles Wasser
Mathematisches Hilfsmittel zur Berechnung des realen Wasserverbrauchs eines Landes. Der Import von Produkten (zu deren Herstellung Wasser benötigt wird) wird zu deren inländischen Verbrauch gerechnet. Von dieser Summe abgezogen wird der Export von Produkten.

Vorfluter
Fließgewässer, welches Wasser (Vorflut) aus einem anderen Fließgewässer niederer Ordnung aufnimmt.

W

Walker-Zirkulation
In Ost-West-Richtung angeordnete Zirkulationszellen von Luftmassen in Äquatornähe. Die W.-Z. zeigt eine enge Wechselwirkung von Luftmassen- und Meeresströmungen und ist Bestandteil des *El Niño*-Phänomens.

Wanderfeldbau (Shifting Cultivation)
Traditionelle Anbauform in den Tropen. Wenn der Boden erschöpft ist und die Erträge zurückgehen, werden die Felder verlegt. Neue Anbauflächen werden vor allem durch Brandrodung gewonnen.

Wärmehaushalt (latente Wärme)
Er beschreibt den Umsatz und Austausch von Wärmeenergie. Der W. der Erde ist eng mit dem → *Strahlungshaushalt* verknüpft. Die Erdoberfläche gibt Energieströme in Form von Verdunstungswärme und Konvektionswärme (latente Wärme) an die → *Atmosphäre* ab.

Warmfront
Grenzfläche an Spitze des Warmluftsektors einer → *Zyklone*.

Wasserbilanz
Summe der Prozesse, die in einem wasserhaltigen System bzw. einem → *Einzugsgebiet* eines Wasserkörpers auftreten. Berücksichtigt werden Niederschlag, Abfluss, → *Verdunstung*, Rücklage und Aufbrauch.

Wasserhaushalt
Beschreibt den Umsatz und Austausch von Wasser. Faktoren für den W. der Erde sind Niederschlag (N), Abfluss (A), → *Verdunstung* (V), Rücklage (R) in Speichern (z.B. Seen) und Aufbrauch (B). Die daraus resultierende Wasserhaushaltsgleichung lautet:
$N = A + V + (R - B)$.

Wasserkreislauf
Beschreibt den Weg des Wassers vom Meer zum Land und wieder zurück. Durch → *Verdunstung* wird dem Meer Wasser in die → *Atmosphäre* entzogen, wo es durch den Wind über das Festland getragen wird. Nach der Kondensation gelangt es als Niederschlag auf die Landoberfläche, wo es verdunstet und versickert das Wasser teilweise und / oder wird als Abfluss den Fließgewässern und somit dem Meer zugeführt.

Water Poverty Index
Maßzahl, um die Wasserversorgung der Länder global vergleichen zu können. Einbezogen werden neben den vorhandenen Wasserressourcen der Zugang dazu, ihr Verbrauch und Umwelteinflüsse.

Wendekreise
So werden die beiden Breitenkreise genannt, über denen die Sonne einmal im Jahr senkrecht steht. Sie liegen bei 23,5° nördlicher und südlicher Breite.

Westwindzone
Sie umfasst eine globale atmosphärische Windströmung, die durch Boden- und Höhenwinde aus Westen besteht (Westwindzirkulation). Diese kommt in den → *Mittelbreiten* zwischen 30° bis 60° auf der Nord- und der Südhalbkugel vor.

Wetter
Das Wetter ist der augenblickliche Zustand der → *Atmosphäre* in einem bestimmten Gebiet. Zu den beobachtbaren und messbaren Erscheinungen des W. (Wetterelemente) gehören → *Luftdruck*, Wind, Bewölkung, Niederschlag und Temperatur.

Witterung
Typische Abfolge von Wetterzuständen (z.B. hinsichtlich Niederschlag und Temperatur). Hierdurch kann z.B. eine Jahreszeit charakterisiert werden.

X

xeromorph
Gestalt einer Pflanze, die an Trockenheit angepasst ist.

Z

Zenit
Gedachter Punkt am Himmel, der sich senkrecht über dem Beobachtungspunkt an der Erdoberfläche befindet.

Zyklone
Tiefdruckgebiet, das an der Polarfront entsteht und mit der Westwinddrift nach Osten zieht.

Register

Literaturverzeichnis / Internetadressen

Literatur

Barth, H.-K. (1977): Der Geokomplex Sahel. = Tübinger Geographsiche Schriften 71. Tübingen.

Behrend, R. [Hrsg.] (2006): Regenwald Report 1/06, S. 7. Hamburg. Download unter: http://www.regenwald.org/pdf/rdr-report0601.pdf

Berz, Gerhard (2002): Naturkatastrophen im 21. Jahrhundert. In: Geographische Rundschau 54 (2002) 1, S. 9. Braunschweig.

Bormann, P. (2008): Infoblatt Tsunami, Version 01/08, Helmholtz-Zentrum Potsdam, Deutsches GeoForschungsZentrum – GFZ. Potsdam.

Brauns, T. & Scholz, U. (1997): Shifting Cultivation – Krebsschaden aller Tropenländer? In: Geographische Rundschau 49 (1997)1, S. 5. Braunschweig.

Bubenzer O. & Radtke U. (2007): Natürliche Klimaänderungen im Laufe der Erdgeschichte. In: Endlicher, W. und F.-W. Gerstengarbe (Hrsg.) Der Klimawandel – Einblicke, Rückblicke und Ausblicke, S. 17. Potsdam.

Endlicher, W. und Gerstengarbe, F.-W. (Hrsg.) (2007): Der Klimawandel – Einblicke, Rückblicke und Ausblicke, Potsdam.

Escher-Vetter, H. (2005): Gletscher als Zeugen von Klimaänderungen. In: Wetterkatastrophen und Klimawandel, Münchener Rück, S. 116. München.

Endlicher, Wilfried (2007): Das Unbeherrschbare vermeiden und das Unvermeidbare beherrschen – Strategien gegen die gefährlichen Auswirkungen des Klimawandels. In: Endlicher W. und F.-W. Gerstengarbe (Hrsg.) (2007): Der Klimawandel – Einblicke, Rückblicke und Ausblicke, S. 119. Potsdam.

Flüchter, W. (2000): Tokyo vor dem nächsten Erdbeben. Ballungsrisiken und Stadtplanung im Zeichen des Katastrophenschutzes. In: Geographische Rundschau 52 (2000), H. 7-8, S. 54-61. Braunschweig.

FAO (2005): State of the World' Forests. S. 95. Rome. Download unter: ftp://ftp.fao.org/docrep/fao/007/y5574e/y5574e00.pdf

Gerloff, J. U. (2008): Ölsande und Ölschiefer – Reserven des globalen Ölmarktes?. In: Geographische Rundschau 60 (2008), H.1, S. 42-49. Braunschweig.

Greenpeace (2001): Die Mahagoni-Mafia. Berlin. Download unter: http://www.greenpeace.de/fileadmin/gpd/user_upload/themen/waelder/Die_Mahagoni-Mafia_final.pdf

Haeberli, W. & Maisch, M. (2007): Klimawandel im Hochgebirge. In: Endlicher W. und F.-W. Gerstengarbe (Hrsg.) (2007): Der Klimawandel – Einblicke, Rückblicke und Ausblicke, S. 98-107. Potsdam.

Hidajat, R. (2002): Risikowahrnehmung und Katastrophenvorbeugung am Merapi-Vulkan (Indonesien). In: Geographische Rundschau 54 (2002), H. 1, S. 24-29. Braunschweig.

Hidajat, R. (2006): Wie entsteht eine Naturkatastrophe? In: Praxis Geographie 12 (2006), S. 4-6. Braunschweig.

Jacobeit, J. (2007): Zusammenhänge und Wechselwirkungen im Klimasystem. In: Endlicher, W. und F.-W. Gerstengarbe (Hrsg.) Der Klimawandel – Einblicke, Rückblicke und Ausblicke, S. 1-16. Potsdam.

Karger, C. (1996): Wahrnehmung und Bewertung von „Umweltrisiken". Was können wir aus der Forschung zu Naturkatastrophen lernen? = Arbeiten zur Risikokommunikation, H. 57, Jülich.

Krings, Th. (2004): Baumwollproduktion für den Weltmarkt: verzerrter Wettbewerb und die Folgen für Mali (Westafrika) In: Geographische Rundschau 56 (2004), H.11, S. 26-33. Braunschweig.

Münchner Rück (2005): Megastädte – Megarisiken. Trends und Herausforderungen für Versicherung und Risikomanagement. In: Edition Wissen, Nr. 302-04270, S. 41. Wien.

Münchner Rück (2005b): Jahresrückblick Naturkatastrophen 2005. In: Edition Wissen, Nr. 302-04771, S. 14, Wien.

Pohl, J. und Geipel, R. (2002): Naturgefahren und Naturrisiken. In: Geographische Rundschau 54, H. 1, S. 4, Braunschweig.

Pröbstl, U (1990): Skisport und Vegetation: Die Auswirkungen des Skisports auf die Vegetation der Skipiste. Weilheim.

Stöppel Verlag-Buchvertrieb Weilheim, Germany, 1990.

Radowitz, B. (2006): Mit Federschmuck gegen Megawatt. In: Süddeutsche Zeitung vom 26.07.2006.

Rahmstorf, S. (2005): Die Klimaskeptiker. In: Münchener Rückversicherung (Hrsg.) (2005): Wetterkatastrophen und Klimawandel. Sind wir noch zu retten? S. 76-83, München.

Schmincke, Hans-Ulrich (2000): Vulkanismus. Wissenschaftliche Buchgesellschaft. Darmstadt.

Scholz, F. (2004): Geographische Entwicklungsforschung. Stuttgart.

Schultz, J. (1988): Die Ökozonen der Erde. Stuttgart.

Whittaker, R.H. (1970): The population structure of vegetation. The Hague.

Wiese, B. (1997): Afrika. Stuttgart.
WWF (2007): Infrastrukturprojekte am Amazonas = Hintergrundinformationen 10/2007. Frankfurt a. Main. Download unter: http://www.wwf.de/fileadmin/fm-wwf/pdf_neu/HG_Infrastrukturprojekte_am_Amazonas.pdf

Weiterführende Literatur:

Barsch, H. (1996): Naturressourcen der Erde und ihre Nutzung. Gotha.
Gernandt, P. (2007): Bodenkunde in der Geographie. Braunschweig.
Horlemann, L. (2006): Virtueller Wasserhandel zur Überwindung der Wasserkrise. In: Das Parlament Nr. 25, Berlin.
Hupfer, P. & Kuttler, W. (2006): Witterung und Klima. Stuttgart, Leipzig.
Klohn, W. & Windhorst, H.-W. (2006): Physische Geographie – Böden, Vegetation, Landschaftsgürtel. = Vechtaer Materialien zum Geographieunterricht, H. 6. Vechta.
Klötzli, F. (1993): Ökosysteme. Stuttgart, Jena.
Lauer, W. & Bendix, J. (2004): Klimatologie. = Das geographische Seminar. Braunschweig.
Leser, H. (Hrsg.) (2005): Diercke Wörterbuch Allgemeine Geographie. München.
Leser, H. (1997): Landschaftsökologie. Stuttgart.
Mauser, W. (2007): Wie lange reicht die Ressource Wasser? Vom Umgang mit dem blauen Gold. Frankfurt am Main.
Müller-Hohenstein, K., Miotke, F.-D. (1997): Die geoökologischen Zonen der Erde. In: Länder, Völker, Kontinente Bd. 1: Die Erde als Natur und Lebensraum. Gütersloh.
Rahmstorf, S. & Richardson, K. (2007): Wie bedroht sind die Ozeane? Biologische und physikalische Aspekte. Frankfurt/Main.
Rahmstorf, S., Schellnhuber, H.-J. (2006): Der Klimawandel. München.
Scholz, U. (1998): Die feuchten Tropen. Das geographische Seminar. Braunschweig.
Wackernagel, M. & Rees, W. (1997): Unser ökologischer Fußabdruck. Basel, Boston, Berlin.
Walch, D., Neukamp, E. (1989): Wolken, Wetter. München
Wissenschaftlicher Beirat der Bundesregierung Globale Umweltveränderungen (WBGU) 1997: Welt im Wandel – Wege zu einem nachhaltigen Umgang mit Süßwasser. Jahresgutachten.
UN-Weltklimareport. 2007. Köln.
UNESCO (2006): Water a shared responsibility. World Water Develepement Report 2. New York.

Hinweis:
Zu den meisten Themen dieses Werkes sind in den folgenden Fachzeitschriften oder Schriftenreihen weitere Aufsätze oder Themenhefte erschienen:

- Geographische Rundschau
  - 3/2008 Alpenraum
  - 1/2008 Globale Energieresourcen
  - 10/2007 Umgang mit Risiken
  - 4/2007 Paläoklimaforschung
  - 2/2006 Wasserpolitik
  - 11/2005 Krisenherd Persischer Golf
  - 1/2004 Klimawandel
- Praxis Geographie
  - 9/2008 Energie und Umwelt
  - 6/2008 Syndrome des Globalen Wandels
  - 1/2008 Polarjahr 2007/2008
  - 11/2007 Flüsse und Bäche
  - 12/2006 Naturgefahren
  - 9/2006 Meere und ihre Nutzung
  - 9/2005 Ressourcen und Konflikte
  - 5/2005 Klimawandel
  - 12/2004 Tourismus

Aktuelle Materialien und Statistiken bieten unter anderem folgende Periodika:

- Der Fischer Weltalmanach
- aktuell
- Globale Trends
- Statistisches Jahrbuch Deutschland (www.destatis.de)
- Statistisches Jahrbuch Europa (www.eds-destatis.de/index.php)

Internetadressen

Hinweis:
Die folgenden Internetadressen verweisen direkt auf die im Buch genannten Internetlinks. Falls auf der Website vorhanden, ist das Veröffentlichungsdatum des Artikels genannt, alternativ ist das Zugriffsdatum vermerkt.

www.spiegel.de, 30.06.2007: http://www.spiegel.de/reise/aktuell/0,1518,491506,00.html
www.zeit.de, 18.08.2005: http://www.zeit.de/2005/34/Amazonien_3
www.tiss.zdv.uni-tuebingen.de, 18.11.2008: http://tiss.zdv.uni-tuebingen.de/webroot/sp/spsba01_S99_1/paper4c.htm
www.abendblatt.de, 24.05.2006: http://www.abendblatt.de/daten/2006/05/24/566227.html
www.greenpeace.de, 24.01.2008: http://www.greenpeace.de/themen/waelder/nachrichten/artikel/amazonien_zerstoerung_des_regenwaldes_schreitet_weiter_voran/
www.worldagroforestrycentre.org, 24.06.2008: http://www.worldagroforestry.org/wca2009/downloads/2nd_WCA_Announcement_2.pdf
www.gtz.de, 25.06.2008: http://www.gtz.de/de/themen/wirtschaft-beschaeftigung/finanzsysteme/12467.htm
www.eirene.org, 25.06.2008: http://www.eirene.org/programme/zfd/zfd.mali/index.html
www.dw-world.de, 15.04.2006: http://www.dw-world.de/dw/article/0,2144,1962583,00.html
www.daserste.de, 03.10.2004:

http://www.daserste.de/weltspiegel/beitrag.asp?uid = n42ffa6d0junmdc5
www.highnorth.no, 02.07.2008: http://www.highnorth.no/deutsch/Jager/ma-hu-in-de.htm
www.diepresse.com, 28.03.2008: http://diepresse.com/home/wirtschaft/economist/373141/index.do?from = simarchiv
www.sueddeutsche.de, 26.11.2007: http://www.sueddeutsche.de/reise/artikel/144/144814/
www.tagesschau.de, 20.05.2006: http://www.tagesschau.de/ausland/meldung116250.html
www.fmprc.gov, 30.04.2004: http://www.fmprc.gov.cn/ce/cede/det/zt/sxgc/t94527.htm
www.rohstoffwelt.de, 27.03.2007: http://www.rohstoffwelt.de/news/artikel.php?sid = 241
www.kernenergie.de, 26.10.2008: http://www.kernenergie.de/r2/de/Gut_zu_wissen/KE_und_Umwelt/index.php
www. umweltinstitut.org, 08.12.2007: http://umweltinstitut.org/pressemitteilungen/2007/2007_12_08-547.html
www.contranetz.de, 26.10.2008: http://www.contranetz.de/atom/index.php?/atom/news/newsanzeige.php?newsid = 9519&id = 50
www.welt.de, 24.06.2008: http://www.welt.de/welt_print/article2138964/Die_sieben_atomaren_Mythen.html
www.welt.de, 24.04.07: http://www.welt.de/hamburg/article831236/Gabriel_Die_Asse_ist_der_Gau_der_Endlager_Debatte.html
www.cafebabal.com, 14.03.2005: http://www.cafebabel.com/ger/article/13356/die-eu-hangt-von-energieimporten-ab.html
www.spiegel.de, 26.08.2002: http://www.spiegel.de/politik/ausland/0,1518,210272,00.html
www.auswaertiges-amt.de, 28.10.2008: http://www.auswaertiges-amt.de/diplo/de/Laenderinformationen/VereinigteArabischeEmirate/Wirtschaft.html
www.berlinonline.de, 09.04.2008: http://www.berlinonline.de/berliner-zeitung/archiv/.bin/dump.fcgi/2008/0409/wissenschaft/0002/index.html
www.sueddeutsche.de, 26.06.2008: http://www.sueddeutsche.de/automobil/artikel/246/182679/
www.kfh-urlaubsdialyse.de, 26.07.2008: http://www.kfh-urlaubsdialyse.de/bayerische-alpen.html
www.umweltbundesamt.de, 10.07.2008: http://www.umweltbundesamt.de/klimaschutz/klimaaenderungen/faq/grundsaetzliches.htm

Weiterführende Internetadressen:

http://vortex.plymouth.edu (Jetstream)
http://www.ag-energiebilanzen.de (Arbeitsgemeinschaft Energiebilanzen)
http://www.alpconv.org (Alpenkonventionsbericht 2006)
http://www.atmosphere.mpg.de/enid/2.html (Atmospheric Chemistry Department)
http://www.auswaertiges-amt.de (Länderinformationen)
www.bgr.bund.de (Bundesanstalt für Geowissenschaften und Rohstoffe)
http://www.bmu.de (Bundesministerium für Umwelt, Naturschutz, Reaktorsicherheit)
http://www.census.gov/ipc/www/idb (Weltbevölkerungsdaten)
http://www.dwd.de (Deutscher Wetterdienst)
http://www.enso.info (El Niño)
http://www.esso.de/ueber_uns/info_service/publikationen/downloads (Broschüren zum Download, u.a. Oeldorado = jährlich aktualisiertes Datenmaterial zur weltweiten Ölversorgung, -vorkommen etc.)
http://www.fao.org (Food and Agriculture Organization of the United Nations)
http://www.geospot.de/wasserkonflikt/ressource.htm (Ressource und Konfliktstoff Wasser)
http://www.greenpeace.de (Startseite der Umweltschutzorganisation mit Seiten u.a. zum Zustand des borealen Nadelwalds oder zum Klimawandel)
http://www.ipcc.ch (IPCC – Intergovernmental Panel on Climate Change)
http://www.klimadiagramme.de (Klimadiagramme weltweit)
http://www.menschenrechtwasser.de (Organisation MenschenRecht Wasser)
http://www.met.fu-berlin.de/terra3d/de/animations.htm (zahlreiche Animationen)
http://www.nachhaltigkeitsrat.de (Rat für nachhaltige Entwicklung)
http://www.narrowbandimaging.com/home_page.htm (Jetstream)
http://www.oecd.org (Organisation für wirtschaftliche Zusammenarbeit und Entwicklung)
http://www.oekosystem-erde.de/index.html (Ökosystem Erde)
http://www.opec.org (Startseite der OPEC - [Organisation Erdöl exportierender Länder])
http://www.regenwald.org (Homepage des Vereins „Rettet den Regenwald“)
http://www.unesco.org/water (Fokus Wasser auf der Homepage von UNESCO)
http://www.wetter-klimawandel.de (Übersicht zum Klimawandel)
http://www.wwf.de (Naturschutzorganisation „World Wildlife Fund“)

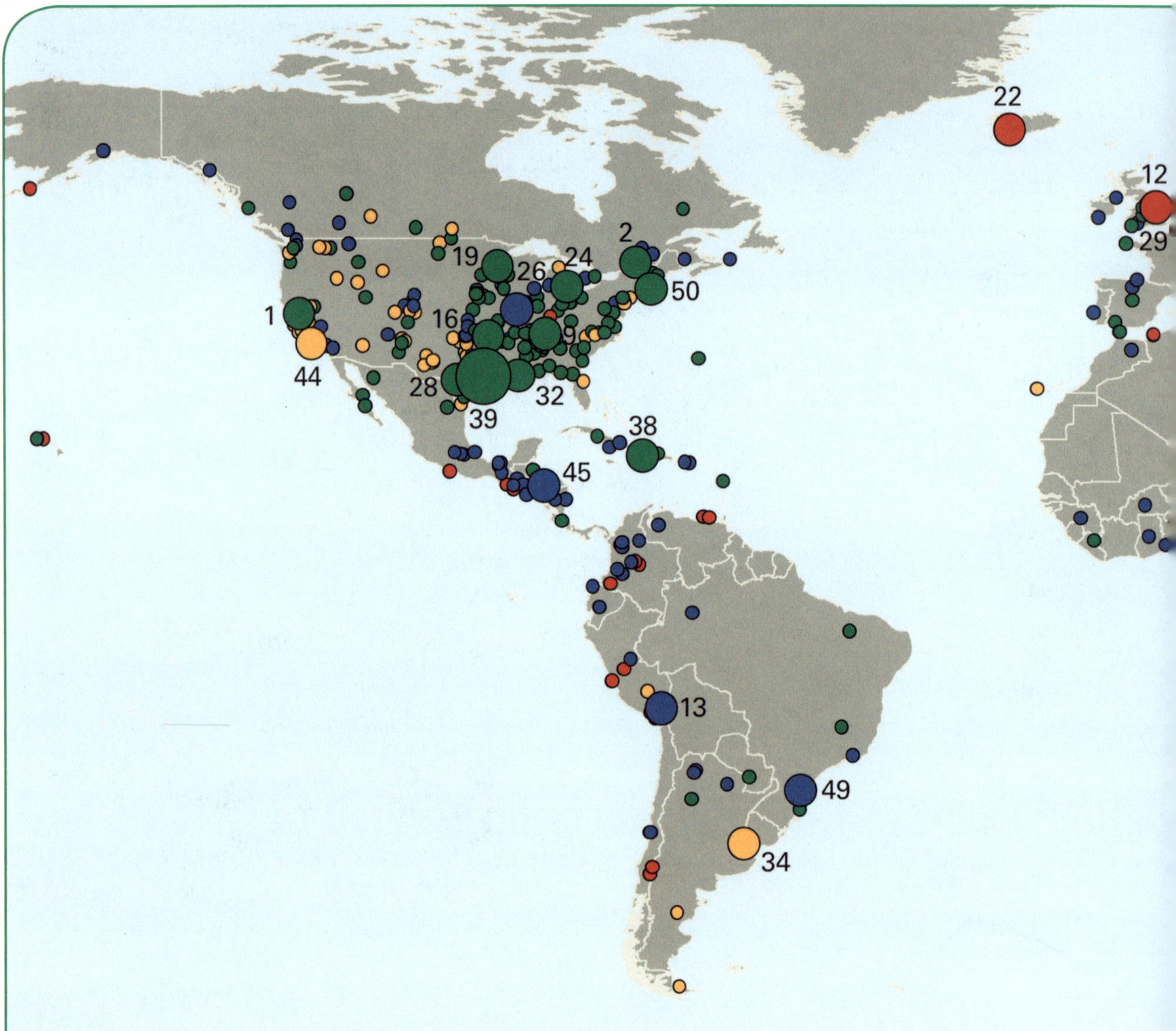

750 Elementarschadenereignisse, davon

◯ 50 bedeutende Ereignisse (Auswahl)

◯ 4 große Naturkatastrophen

- **Geophysikalische Ereignisse**: Erdbeben, Vulkanausbruch
- **Meteorologische Ereignisse:** Tropischer Sturm, Wintersturm, Unwetter, Hagel, Tornado, lokaler Sturm
- **Hydrologische Ereignisse:** Sturzflut, Flussüberschwemmung, Sturmflut, Massenbewegung (Erdrutsch)
- **Klimatologische Ereignisse:** Hitze-, Kältewelle, Waldbrand, Dürre

Große Naturkatastroph

Nr.	Datum	Region
3	10.1.–13.2.	China
17	2.–5.5.	Myanm
18	12.5.	China
39	7.–14.9.	Karibik/